凝聚态物理学进展

(第二版)

田　强　涂清云　编著

科学出版社

北　京

内 容 简 介

本书介绍了凝聚态物理学领域中一些方向的重要进展，内容从相关的基本概念和基本知识出发，由浅入深. 全书共十六章，前三章是固体物理学的基本内容，包括晶体结构、晶格振动与声子、能带理论，然后是人工物性剪裁和纳米科技、结构与物性、非线性输运现象、晶格非线性振动、锁模现象、磁效应和磁现象、量子霍尔效应、准周期结构、分形结构和分数维、半导体发光和显示、非线性光学材料简介、非共振非线性光学效应、超导和超流. 各章内容相对独立，介绍凝聚态物理学中一些进展的基本现象、基本理论和研究方法.

本书可作为综合大学及其他院校本科生和研究生的教材，也可供有关专业的科研工作者、教师和学生用作参考书，同时可作为高级科普读物.

图书在版编目(CIP)数据

凝聚态物理学进展/田强，涂清云编著. —2 版. —北京：科学出版社，2013.6

ISBN 978-7-03-037669-5

Ⅰ. ①凝… Ⅱ. ①田… ②涂… Ⅲ. ①凝聚态-物理学-研究 Ⅳ. ①O469

中国版本图书馆 CIP 数据核字(2013) 第 117145 号

责任编辑：钱 俊 周 涵／责任校对：刘小梅

责任印制：徐晓晨／封面设计：陈 敬

科 学 出 版 社出版

北京东黄城根北街 16 号

邮政编码：100717

http://www.sciencep.com

北京建宏印刷有限公司 印刷

科学出版社发行 各地新华书店经销

*

2005 年 7 月第 一 版 开本：B5(720 × 1000)

2013 年 6 月第 二 版 印张：23 3/4

2018 年 5 月第七次印刷 字数：460 000

定价：168.00 元

(如有印装质量问题，我社负责调换)

第二版前言

《凝聚态物理学进展》(第一版)由科学出版社于 2005 年出版, 本书是北京师范大学物理系大学四年级 "凝聚态物理学进展" 选修课的教材. 《凝聚态物理学进展》(第一版) 出版后, 有几个高校也开设了这样的课程并选用本书作为教材, 他们还索取了我们编制使用的课件. 在六年间此书共印刷了四次, 总印数 5800 本.

作为大学本科教材, 本书内容都是从基本的概念和知识出发, 由浅入深; 各章内容相对独立, 介绍凝聚态物理学进展的一个专题内容. 第二版保留了第一版的这些特点, 并根据近几年的新进展, 新增了第 7 章 "晶格非线性振动" 和第 15 章 "非共振非线性光学效应", 第 1 章中增加了附录 "青铜器时代到铁器时代的发展", 第 2 章中增加了一节 "具有在位势的原子链的晶格振动", 还增加了附录 "原子链与均匀杆纵振动的色散关系比较", 第 4 章中增加了一节 "磁量子阱", 第 9 章中增加了一节 "磁电阻和巨磁电阻", 第 12 章中增加了一节 "分数维方法研究量子阱中的激子和极化子" 等, 局部还进行了几十处的补充和改写; 另外, 对第一版中的一些错误做了改正.

本书内容的选取, 考虑了凝聚态物理学的一些重要进展, 同时受限于作者的科研兴趣, 也有一些方面本书没有涉及. 感谢对于第一版提出意见和建议的教师和同学, 诚恳地希望读者批评指正.

作　者

2012 年 11 月于北师大

第一版前言

凝聚态材料是人类进行生产和生活活动的物质基础, 对社会生产力的提高起着巨大的推动作用. 每一项技术的发展, 首先要有相应的材料作基础, 新材料和器件的突破往往导致新的技术及其产业的诞生, 对工业乃至人类生活产生重大的影响.

凝聚态是固态和液态的通称, 凝聚态物理学是研究固体和液体的基础科学. 此外, 凝聚态物理学还研究介于固、液两态之间的物态 (例如液晶、玻璃、凝胶等)、稠密气体和等离子体, 以及只在低温下存在的特殊量子态 (超流体、BEC 即玻色–爱因斯坦凝聚体等).

凝聚态物理学大体上可以划分为两大领域: 固体领域和液体领域. 固体领域包括固体的电子性质、固体的结构和振动激发、临界现象和相变、固体的磁学性质、固体中缺陷和扩散以及表面和界面、半导体、超导体等. 液体领域分为经典液体、液晶、聚合物、非线性动力学、不稳定性和混沌等分支领域.

凝聚态物理学日新月异, 不断取得新进展.

20 世纪 40 年代半导体材料的研究, 特别是 pn 结的研究和 1947 年晶体管的发明, 使人类的生产和生活发生了巨大的改变; 1947 年美国的固体物理学家巴丁 (John Bardeen)、肖克莱 (William Shockley)、布拉顿 (Walter Brattain) 共同研究试制成功晶体管, 这是 20 世纪最重要的发明之一, 获得 1956 年度诺贝尔物理学奖. pn 结已经进入人类生产和生活的各个方面, 成为现代生产和生活方式中不可缺少的基本元件. 1969 年半导体超晶格概念的提出, 又开辟了人工物性剪裁的广阔天地, 方兴未艾.

1986 年氧化物超导体的研究, 使人们很快发现了液氮温区的高温超导体, 使超导现象的广泛实际应用成为可能; 超导磁悬浮列车、超导磁控核聚变、磁流体发电、受控热核反应、超导线圈储能技术、超导电子计算机、超导电子学器件等得到很快的发展. 已故的超导材料权威 Matthias 曾讲过: "如能在常温下, 例如 300K 左右实现超导电性, 那么现代文明的一切技术都将发生变化."

纳米科技 (Nano-ST) 和纳米材料科学, 是 20 世纪 80 年代末诞生并迅速发展的新学科; 这是一个小尺寸的大世界, 它在一个新的层次上, 将更深刻地改变人类的生产和生活; 纳米材料具有许多新奇的性质, 向人们打开了一个广阔的新材料领域. 纳米技术将在 21 世纪对科学技术的发展起重要作用, 正如现今国际社会微米技术领先的国家在世界上处于霸主的地位, 未来将属于首先掌握纳米科技的国家.

在 2001 年世界十大科技进展中, 贝尔实验室研制出单分子晶体管, 用一个单一的有机分子制造出了世界上最小的晶体管, 它们的大小接近 1nm, 被称为纳米晶体管, 这种晶体管将导致更小更强芯片的诞生; 以北莱茵–威斯特法伦州纳米研究联合会和埃森大学为首的多家德国科研机构, 研制单电子纳米开关取得初步进展, 单电子的纳米开关电路有可能成为未来更小、更精确和能耗更低的芯片的基础; 日、英科学家在激光核聚变研究上获得新进展, 使用激光照射由重氢和碳制成的中空燃烧球, 并对它进行超高密度的压缩, 然后使用输出功率为 1×10^{14}W 的超高强度激光, 在万亿分之一秒的时间内把它加热到百万摄氏度, 进而引发核聚变.

当今材料科学领域十分活跃, 理论上的新概念、技术上的新构思、工艺上的新方法不断出现. 为了适应当今科学技术的发展, 从 1999 年开始, 我们在大学四年级开设了"凝聚态物理学进展"(原"材料科学进展") 选修课. 本书是为该课程所写的教材; 在开课的同时, 本书不断完善, 并不断增加最新的科学新发现、新进展."材料科学进展"课程建设, 在 2000 年 9 月获得北京师范大学教育教学成果奖. 本书现在是我校物理系大学四年级"凝聚态物理学进展"选修课和研究生课程班"现代物理专题"课的教材.

本书内容安排如下：前三章是固体物理学的基本内容, 包括晶体结构、晶格振动与声子、能带理论. 没有学习过固体物理学的学生, 可以通过这三章的学习, 具备一定的固体物理学基础, 以便开始学习凝聚态物理学进展; 第 4 章从超晶格开始, 学习人工物性剪裁和纳米科技; 第 5 章是结构与物性, 材料的性质不仅决定于组成材料的原子, 而且决定于这些原子的排列方式即材料的微观结构. 第 6 章是非线性输运现象, 包括耿氏效应、负微分电导现象、孤子、有机导体及其孤子输运; 第 7 章是锁模现象, 这是一类非线性相互作用产生的现象, 本章在介绍倍周期现象的基础上, 介绍凝聚态物理学中的一些模式锁定现象; 第 8 章是磁效应和磁现象, 介绍了周期势场中的电子能带在磁场中的变化; 第 9 章是量子霍尔效应; 第 10 章是准周期结构; 第 11 章是分形结构和分数维; 第 12 章是半导体发光和显示, 介绍半导体平板显示器件、微光像增强器件、固体激光器、量子点激光器等; 第 13 章是非线性光学材料简介; 第 14 章是超导和超流. 各章内容都是从基本的概念和知识出发, 由浅入深; 各章内容相对独立, 介绍凝聚态物理学进展的一个专题内容.

本书内容的选取, 考虑了凝聚态物理学的一些重要进展, 同时受限于作者的科研兴趣, 也有一些重要方面本书没有涉及. 由于我们的科研水平有限和教学经验不足, 书中无疑会有不少错误和缺点, 诚恳地希望读者批评指正.

田　强

2004 年 12 月于北师大

目　　录

第 1 章　晶 体 结 构

1.1　晶体结构的基本概念

1.1.1　几个基本概念

1. 晶体和基元

晶体是由完全相同的原子、分子或原子团在空间有规则地周期性排列构成的固体材料. 构成晶体的完全相同的原子、分子或原子团, 称为基元. 基元是一个原子的晶体, 如铜、金、银等; 基元由两个或两个以上原子构成的晶体, 如金刚石、氯化钠、磷化镓等. 有些无机物晶体的基元可多达 100 个以上的原子, 如金属间化合物 $NaCd_2$ 的基元包含 1000 多个原子; 而蛋白质晶体的基元包含多达 10000 个以上的原子.

基元是构成晶体的完全相同的原子、分子或原子团, 这里 "完全相同" 有两方面的含义：一是原子的化学性质完全相同, 二是原子的几何环境完全相同. 例如, 石墨层晶体, 或二维蜂巢结构, 它的基元不是一个碳原子, 而是由两个碳原子构成的, 它是一个复式晶体; 类似地, 金刚石也是完全由碳原子构成的晶体, 虽然碳原子的化学性质完全相同, 但是碳原子的几何环境不完全相同, 存在两种不同几何环境的碳原子, 金刚石晶体的基元也是由两个碳原子构成的.

2. 晶格

为了研究晶体的周期结构, 用数学上的几何点来代表每一个基元的空间位置, 得到描述晶体基元空间分布的空间点阵; 其中的几何点称为空间点阵的阵点. 用几组平行直线连接空间点阵的所有阵点, 得到的网格称为空间格子; 阵点在晶格中称为格点.

为了研究晶体的几何特征, 用位于原子平衡位置的几何点替代每一个原子, 得到一个与晶体几何特征相同, 但无任何物理实体的几何点阵; 该几何点阵对应的几何格子称为晶格. 如果晶体由完全相同的一种原子组成, 则这种晶体的晶格与晶体基元的空间格子相同, 这种晶体的晶格称为简单晶格; 如果晶体的基元中包含两种或两种以上的原子, 则每一种等价原子各构成与基元的空间格子相同的网格, 称为子晶格, 每一种等价原子的子晶格具有相同的几何结构, 整个晶格可以看成是由各个等价原子形成的子晶格相互位移套构而成, 这种基元中包含两种或两种以上的原子的晶体的晶格称为复式晶格.

3. 原胞和原胞基矢

构成晶体的最小周期性结构单元称为原胞; 原胞的边矢称为原胞基矢 (又称为初基基矢), 通常用 $\boldsymbol{a}_1$, $\boldsymbol{a}_2$, $\boldsymbol{a}_3$ 表示. 其中 "最小" 有两个方面的含义: 一是要求该周期性结构单元的体积最小, 二是表面积最小; 对于二维晶体的原胞, 则要求在周期性结构单元的前提下, 面积最小, 且周长最短.

图 1.1 是晶体的空间点阵、原胞和原胞基矢示意图, 其中各个平行四边形的面积都相等, 且都是面积最小的周期性结构单元, 但同时满足周长最短要求的是最左边的一个; 最左边的边矢为 $\boldsymbol{a}_1$ 和 $\boldsymbol{a}_2$ 的平行四边形为该晶体的原胞, $\boldsymbol{a}_1$ 和 $\boldsymbol{a}_2$ 是原胞基矢.

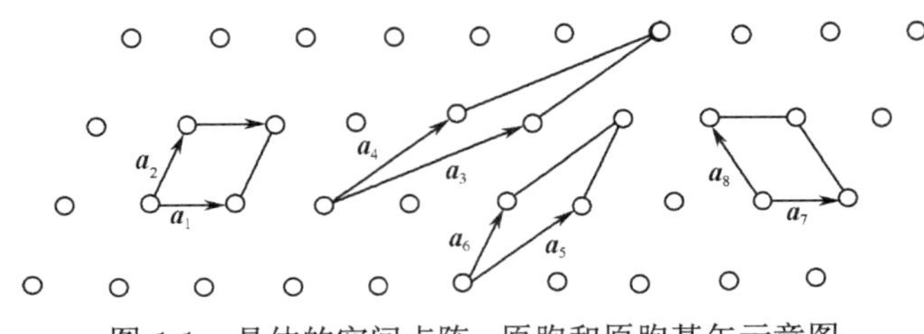

图 1.1　晶体的空间点阵、原胞和原胞基矢示意图

通常, 原胞作为最小的周期性结构单元的判据是一个原胞只包含一个基元.

4. 布拉维 (Bravais) 格子和晶体周期性的描述

所有的阵点可以用位矢 (或称正格矢)

$$\boldsymbol{R}_n = n_1\boldsymbol{a}_1 + n_2\boldsymbol{a}_2 + n_3\boldsymbol{a}_3 \tag{1.1}$$

表示的空间点阵称为布拉维点阵, 其中 n_1, n_2, n_3 取所有整数. 表示晶体基元空间位置的空间点阵, 就是布拉维点阵. 与布拉维点阵相对应的晶格称为布拉维格子.

晶体结构可以形象地表示为

$$\text{晶体结构} = \text{布拉维点阵} + \text{基元} \tag{1.2}$$

晶体的周期性, 可以用布拉维点阵描述, 也可以等价地用原胞和原胞基矢描述.

5. 单胞和单胞基矢

晶体的原胞是构成晶体的最小的周期性结构单元, 但是原胞往往由于太小而不能反映晶格的对称性. 在能够保持晶格对称性的前提下, 构成晶体的最小的周期性结构单元称为晶体的单胞; 单胞的边矢称为单胞基矢, 通常用 $\boldsymbol{a}, \boldsymbol{b}, \boldsymbol{c}$ 表示. 例如,体心立方和面心立方的原胞都是一个立方对称性不直观的平行六面体; 在二维情况下, 有心长方形晶格的原胞为菱形, 其长方形的对称性不直观, 能够反映该晶体对称性的周期性结构单元是比菱形原胞稍大一些的长方形, 该长方形单元就是该晶体的单胞.

原胞是晶体最小的周期性结构单元, 利用原胞基矢可以很方便地写出各个格点的位矢; 而单胞直观地反映了晶体的对称性. 在晶体结构分析和性质研究中, 晶体的原胞和单胞各有所长.

6. 维格纳–塞茨原胞

还有另一种外形比较复杂但能反映晶格对称性的原胞, 称为维格纳–塞茨原胞 (简称 W-S 原胞). 它是一个阵点与最近邻阵点 (有时也包括次近邻) 的连线中垂面所围成的多面体, 其中只包含一个阵点; 对于晶体, 一个原胞只包含一个基元. 如图 1.2 所示, 二维正六角点阵的 W-S 原胞为正六边形, 它比 $\boldsymbol{a}_1$ 和 $\boldsymbol{a}_2$ 所组成的原胞更明显地反映出点阵的对称性.

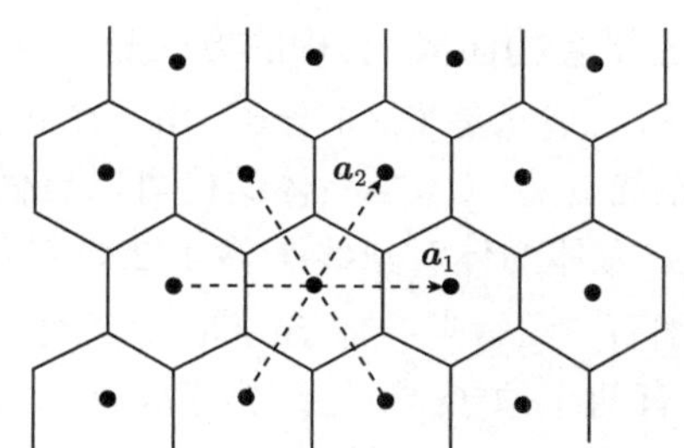

图 1.2 二维正六角点阵的 W-S 原胞

在三维情况下, 简立方点阵的 W-S 原胞仍为立方体, 体心立方点阵的 W-S 原胞为截角八面体, 面心立方点阵则为菱形十二面体, 如图 1.3 所示.

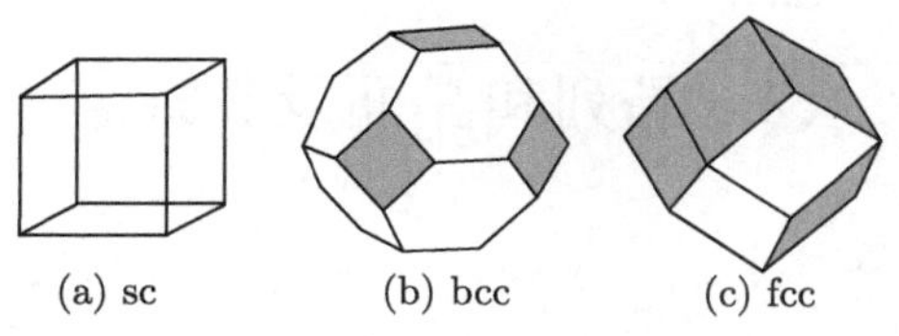

图 1.3 sc, bcc, fcc 点阵的 W-S 原胞

显然, W-S 原胞是对称性原胞, 它具有晶体所属点阵点群的全部对称性. 一切保持点阵不变的旋转、反映和反演操作都将同时保持 W-S 原胞不变. 这对理论分析将带来方便.

1.1.2 典型的晶格结构

(1) 简单立方：又称简立方 (simple crystal, sc), 简单立方晶体比较少见. Ⅵ A 族元素晶体钋 (Po) 在室温时是简单立方结构.

(2) 体心立方：碱金属 Li, Na, K 等是体心立方 (bcc) 结构.

(3) 面心立方：Cu, Ag, Au 等金属晶体的结构是面心立方 (fcc). 面心立方的配位数为 12, 这是自然界最高的配位数, 面心立方是自然界最密集的堆积方式之一, 称为面心密排; 从面心立方的体对角线方向来分析, 面心立方的密排面是按 ABCABC··· 方式层层密排而成的.

(4) 六角密排：Be, Mg, Zn 等金属晶体的结构是六角密排结构. 六角密排结构的配位数也是 12, 与面心立方的致密度相同; 六角密排结构的密排面是按 ABAB··· 方式层层密排而成的. 另外, 六角密排晶格结构是一个复式晶格, 晶体的基元是由两个原子组成的; 而面心立方晶格是简单晶格.

(5) NaCl 结构：该结构的基元是 NaCl 分子, 由一个正离子和一个负离子组成; NaCl 结构的布拉维格子是面心立方; NaCl 晶体结构可以看做是 Na 的面心立方子晶格和 Cl 的面心立方子晶格套构而成, 套构的方式是沿立方体的棱平移 1/2 棱长.

(6) CsCl 结构：该结构的基元是 CsCl 分子, 由一个正离子和一个负离子组成; CsCl 结构的布拉维格子是简立方; CsCl 晶体结构可以看做是 Cs 的简立方子晶格和 Cl 的简立方子晶格沿立方体的体对角线平移 1/2 体对角线长度套构而成.

(7) 金刚石结构：金刚石、元素半导体 Si, Ge 等具有金刚石结构. 金刚石结构是复式晶格结构, 基元中有两个原子, 布拉维格子是面心立方; 金刚石晶格结构是两个面心立方子晶格沿立方体的体对角线平移 1/4 体对角线长度套构而成.

(8) 闪锌矿结构：ZnS, 化合物半导体 GaAs, GaP 等具有闪锌矿结构. 与金刚石结构很相像, 金刚石结构的基元是化学性质相同的两个原子, 而闪锌矿结构的基元是两个不相同的原子.

1.2 晶列和晶面及其标志

1.2.1 晶列和晶向指数

任意两个格点的连线, 构成一个晶列. 任一晶列上都有无穷多个格点; 任一晶列都有无穷多条互相平行的晶列, 构成一个晶列簇; 每一个晶列簇都将晶体中所有的格点包含无遗.

晶列的取向称为晶向; 晶向用晶向指数来表示. 晶向可以在原胞基矢坐标系中表示, 也可以在单胞基矢坐标系中表示; 通常是选取单胞基矢坐标系. 在一个晶列

上, 任取一格点 A, 在单胞基矢坐标系中, 从该点到最近邻格点 B 的位移矢量为

$$\boldsymbol{AB} = m\boldsymbol{a} + n\boldsymbol{b} + p\boldsymbol{c}$$

该晶列就可用 $[mnp]$ 来标志; m, n, p 可约化为三个互质的整数, 这三个互质的整数放在方括号中, 就称为该晶列的晶向指数; 一个晶列簇中的各个晶列, 其晶向指数相同.

1.2.2　晶面和晶面指数

任意三个不共线的格点构成一个晶面, 任一晶面上都有无穷多个格点; 任一晶面都有无穷多个互相平行的晶面, 构成一个晶面簇; 每一个晶面簇都将晶体中所有的格点包含无遗.

一个晶面的标志, 就是要指明它的空间方位; 一个晶面的空间方位, 由该晶面在三个坐标轴上的截距完全确定; 与这三个截距的倒数相对应的三个互质整数, 就称为该晶面的晶面指数. 晶面指数有两种, 基于单胞基矢坐标系的晶面指数称为密勒指数, 基于原胞基矢坐标系的晶面指数称为面指数.

下面首先采用单胞基矢坐标系, 讨论标志晶面的密勒指数. 若一个晶面在单胞基矢坐标系的三个基矢方向上的截距分别为 $l\boldsymbol{a}, m\boldsymbol{b}, n\boldsymbol{c}$, 用 l, m, n 三个数字就可以标志晶面的空间方位, 但是, 如果晶面与某一基矢平行, 这三个数字中就有一个为无限大; 故采用截距的倒数 $\dfrac{1}{l}, \dfrac{1}{m}, \dfrac{1}{n}$, 并约化为三个互质的整数 h, k, l 来标志晶面. 一个晶面在单胞坐标系三个基矢方向上的截距倒数, 约化为三个互质的整数放在圆括号中, 即 (hkl), 用来标志该晶面; 放在圆括号中的这一组三个互质整数 (hkl) 就称为该晶面的密勒指数.

类似地, 如果在原胞基矢坐标系中, 一个晶面在三个基矢 $\boldsymbol{a}_1, \boldsymbol{a}_2, \boldsymbol{a}_3$ 方向上的截距的倒数, 约化为三个互质的整数 h_1, h_2, h_3, 放在圆括号中 $(h_1h_2h_3)$, 用来标志该晶面; 放在圆括号中的这一组三个互质整数 $(h_1h_2h_3)$ 就称为该晶面的面指数.

晶面的密勒指数和面指数, 使用起来各有所长; 根据情况不同, 两种晶面指数的方便程度不同; 在做习题过程中和进一步学习过程中, 晶面的密勒指数和面指数都会用到.

1.3　对称操作和点群

1.3.1　对称操作和点对称操作

使物体自身重合、保持不变的旋转、镜面反映、中心反演等操作, 称为该物体的一个对称操作.

保持物体中至少一个点不动的对称操作, 称为点对称操作. 旋转操作、镜面反映、中心反演等都是点对称操作; 而滑移反映和螺旋操作不是点对称操作.

1.3.2 晶体的基本点对称操作

1. 周期性与对称性的相互制约

晶体具有周期性, 即平移对称性, 平移对称性限制了晶体中不可能存在 5 次对称轴和 7 次以及 7 次以上的对称轴. 证明如下.

设 A, B 是晶体中任一晶列上的两个相邻的格点, 如图 1.4 所示, 格点间距为 a. 如果该晶格具有在纸面上旋转 θ 角的对称操作, 即绕 A 旋转 θ 角后, 晶格自身重合, 这时格点 B 转到了格点 B'; 显然, 旋转 $-\theta$ 角也是该晶体的一个对称操作, 则绕 B 旋转 $-\theta$ 角后, 晶格自身重合, 这时格点 A 转到了格点 A'.

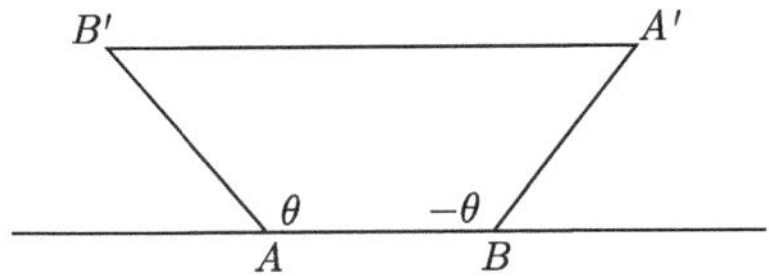

图 1.4 晶体中不存在 5 次对称轴的证明

显然, $B'A'//AB$, 即 $B'A'$ 是与 AB 平行的一个晶列, 同属一个晶列簇. 由晶体的平移对称性, 可知 B' 与 A' 的间距应是格点间距 a 即 AB 的整数倍, 即

$$\overline{B'A'} = m\overline{AB} \tag{1.3}$$

注意到 $\overline{B'A} = \overline{BA'} = \overline{AB} = a$, 即

$$2a\sin\left(\theta - \frac{\pi}{2}\right) + a = ma \tag{1.4}$$

化简得到转角 θ 满足的关系式

$$\cos\theta = \frac{1-m}{2} \tag{1.5}$$

由于 $-1 \leqslant \cos\theta \leqslant 1$, 上式能够成立的整数 m 只有 5 个

$$m = 3, 2, 1, 0, -1$$

对应于

$$\cos\theta = -1, -\frac{1}{2}, 0, \frac{1}{2}, 1$$

对应的转角 θ 为

$$\theta = \frac{2\pi}{2}, \frac{2\pi}{3}, \frac{2\pi}{4}, \frac{2\pi}{6}, \frac{2\pi}{1} \tag{1.6}$$

这说明晶体中的纯旋转对称轴只可能是 1, 2, 3, 4, 6 次对称轴, 不可能有 5 次轴, 也不可能有 7 次轴和 7 次以上的对称轴.

2. 基本的点对称操作

晶体基本的点对称操作, 有以下 4 类 8 种.

(1) 旋转或称纯旋转, 即绕过原点的轴转动 $\dfrac{2\pi}{n}$ 角的旋转操作, 记作 c_n, 其中 n 只能取 1, 2, 3, 4, 6. $n=1$ 就是恒等操作, 即 $c_1=E$; 且 $c_n^n=E$.

晶体的对称转轴中, 通常总有一个转轴的对称性高于其他的转轴; 对称性最高的转轴就称为主轴. 在讨论问题时, 一般都将主轴取作坐标系的 z 轴.

(2) 镜面反映, 记作 σ. 如果镜面是与主轴垂直的水平镜面, 则记作 $\sigma_{\rm h}$; 如果镜面是包含了转轴的垂直镜面, 则记作 $\sigma_{\rm v}$; 如果镜面包含转轴并平分两个垂直于该转轴的 2 次轴的夹角, 则记作 $\sigma_{\rm d}$. 显然, $\sigma_{\rm d}$ 是 $\sigma_{\rm v}$ 的一种特殊情况. $\sigma^2=E$.

(3) 中心反演, 记作 I. 显然, $I^2=E, I=\sigma_{\rm h}c_2$.

(4) 旋转反映, 记作 s_n. 这是一个复合操作, 即 $s_n=\sigma_{\rm h}c_n=c_n\sigma_{\rm h}$. 显然, $s_2=I$ 是中心反演. 可以证明, 只有 s_4 是一个独立的对称操作; 例如, 正四面体的对称性, 必须用 s_4 才能完整地描述.

以上是基本的 8 种独立的点对称操作; 晶体的对称性在这 8 种点对称操作下才能得到完全的描述.

1.3.3　对称性高低的数学描述

如图 1.5 所示的几个几何图形, 它们的对称性显然是不同的. 几何图形对称性的高低用点对称操作的多少来描述; 点对称操作越多, 对称性越高.

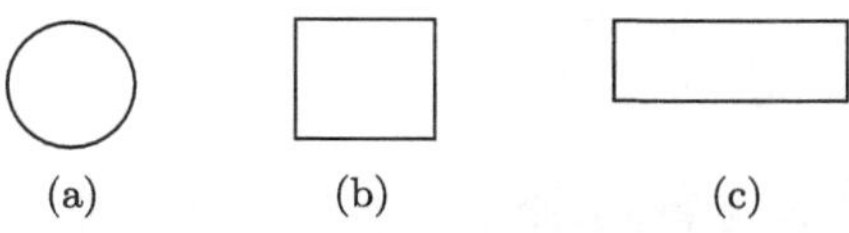

图 1.5　对称性不同的几个图形

正方形有 8 个点对称操作: E, c_4, c_2, c_4^3 和 4 个 σ; 长方形有 4 个点对称操作: E, c_2 和 2 个 σ; 正方形的点对称操作数多于长方形, 故正方形的对称性高于长方形. 而圆有无穷多个旋转和镜面, 即有无穷多个点对称操作, 圆的对称性最高.

点对称操作都是借助于空间的某点、某一直线或某一平面来实现的, 在对称操作下它们是固定不动的. 这样的点、直线或平面称为对称元素, 简称对称素.

1.3.4　群和对称操作群的概念

1. 群

定义了群乘运算的一组元素的集合, 如果满足下列 4 个条件, 就称为群, 用 G 表示, 集合中的元素称为群元. 群乘运算就是从集合中任意两个元 A, B 得出确定的元 C, 记为 $AB=C$.

(1) 单位元存在：集合中存在单位元 E, 使集合中的任意元 A 有

$$EA = AE = A$$

(2) 逆元存在：集合中每一元 A 有逆元 A^{-1} 存在, 满足

$$A^{-1}A = AA^{-1} = E$$

(3) 封闭性：集合中任意两个元的乘积, 都在此集合之内.

(4) 结合律成立：

$$A(BC) = (AB)C$$

群元的数目称为群的阶, 记作 g. 若 g 为有限, 则称作有限群, 否则, 就是无限群.

2. 对称操作群

群元是对称操作的群, 称为对称操作群. 下面介绍的晶体点群都是对称操作群的例子.

1.3.5 点群和晶体点群

群元是点对称操作的群, 称为点群. 晶体点群共有 32 个, 下面首先介绍几个重要的晶体点群.

1. 立方体的点群 O_{h} 群

点群 O_{h} 又称为正六面体群, 其群元是使正六面体即立方体自身重合的所有对称操作; O_{h} 群是晶体点群中最大的一个群, 共有 48 个群元, 其中 24 个群元是绕不同轴的纯旋转.

2. 正四面体的对称操作群 T_{d} 群

T_{d} 群的群元是使正四面体自身重合的所有对称操作; 正四面体有 3 个 2 次轴和 4 个 3 次轴, 在加上一个恒等操作, 就有 12 个绕不同轴的纯旋转; 正四面体的每一个 2 次轴都对应一个旋转反映轴, 有 6 个旋转反映对称操作, 还有 6 个镜面, T_{d} 群共有 24 个群元.

3. 正六棱柱的对称操作群 $D_{6\mathrm{h}}$ 群

正六棱柱的对称元素有一个 6 次主轴和 6 个与之垂直的 2 次轴, 还有一个水平镜面. 由对称元素可知, 正六棱柱的纯转动对称操作有 12 个, 再考虑水平镜面, 正六棱柱的对称操作群 $D_{6\mathrm{h}}$ 共有 24 个群元.

4. 32 个晶体点群简介

(1) C_n 群. 这种群只包含一个 n 次旋转轴, 称为轴转动群, 又称做回转群. n 可取 5 个值, 对应着 5 个群 C_1, C_2, C_3, C_4, C_6.

(2) $C_{n\mathrm{h}}$ 群. 这种群是由 C_n 群与水平镜面 σ_h 组合而成. $C_{n\mathrm{h}}$ 群共有个 $2n$ 群元, $g=2n$. 对应着 n 的 5 个取值, 这种群也有 5 个.

(3) $C_{n\mathrm{v}}$ 群. 这种群含有 n 次转轴及通过主轴的垂直镜面, 是由 C_n 群与 n 个通过主轴的垂直镜面 σ_v 组合而成. $C_{n\mathrm{v}}$ 群共有 $2n$ 个群元, 即 $g=2n$.

由于 $C_{1\mathrm{v}}$ 群与 $C_{1\mathrm{h}}$ 群等价, 这种群只有 4 个.

(4) S_{2m} 群. 这种群只包含 n 次旋转反映轴, 且 $n=2m$. 这种群只有 3 个: S_2, S_4, S_6. 其中 $S_2=\{E, s_2=\sigma_\mathrm{h}c_2=I\}=C_I, s_4=\{s_4, s_4^2, s_4^4, s_4^4\}$ 等.

(5) D_n 群. D_n 群有一个 n 次主轴和 n 个与之垂直的 2 次轴, 所以这种群的阶为 $2n$, 群元都是纯转动.

由于 D_1 群与 C_2 群相同, 所以, 可能的 D_n 群是 D_2, D_3, D_4, D_6, 共有 4 个.

(6) $D_{n\mathrm{h}}$ 群. 这种群是由 D_n 群与水平镜面 σ_h 组合而成的, 因此, $D_{n\mathrm{h}}$ 群共有 $4n$ 个群元, 其中 $2n$ 个是 D_n 群的纯转动.

由于 $D_{1\mathrm{h}}$ 群与 $C_{2\mathrm{v}}$ 群相同, 所以, 可能的 $D_{n\mathrm{h}}$ 群共有 4 个.

(7) $D_{n\mathrm{d}}$ 群. 这种群是由 D_n 群与垂直镜面 σ_d 组合而成的, 其中 σ_d 镜面包含转轴并平分两个垂直于该转轴的 2 次轴之间的夹角.

由于 σ_d 及 2 次轴的存在, n 次主轴同时是 $2n$ 次旋转反映轴; 因此, $n>3$ 的 $D_{n\mathrm{d}}$ 群是不存在的, 而且 $D_{1\mathrm{d}}$ 群与 $C_{2\mathrm{v}}$ 群相同, 可能的 $D_{n\mathrm{h}}$ 群只有 $D_{2\mathrm{h}}$ 和 $D_{3\mathrm{h}}$, 共 2 个.

(8) 立方体群. 这些群不存在主轴, 但存在互相垂直的等价轴; 这些群是描述正多面体对称性的群. 这些群共有 5 个, 分别记作 T 群、T_d 群、T_h 群、O 群、O_h 群. T 群是正四面体的纯转动群 $g=12; T_\mathrm{h}=T\otimes C_\mathrm{I}, g=24; O$ 群是立方体的纯转动群, $g=24$.

至此, 我们将 32 个晶体点群全部列出来了. 在这 32 个点群中, 除正六面体群 O_h 和正六角柱群 $D_{6\mathrm{h}}$ 是相互无关的两个群之外, 其余的 30 个点群都是 O_h 群或 $D_{6\mathrm{h}}$ 群的子群.

1.4　7 大晶系和 14 种布拉维格子

自然界中晶体多种多样、千变万化. 按晶体点群对称性分类, 晶体分为七大类, 称为 7 大晶系; 布拉维格子只有 14 种, 如图 1.6 所示.

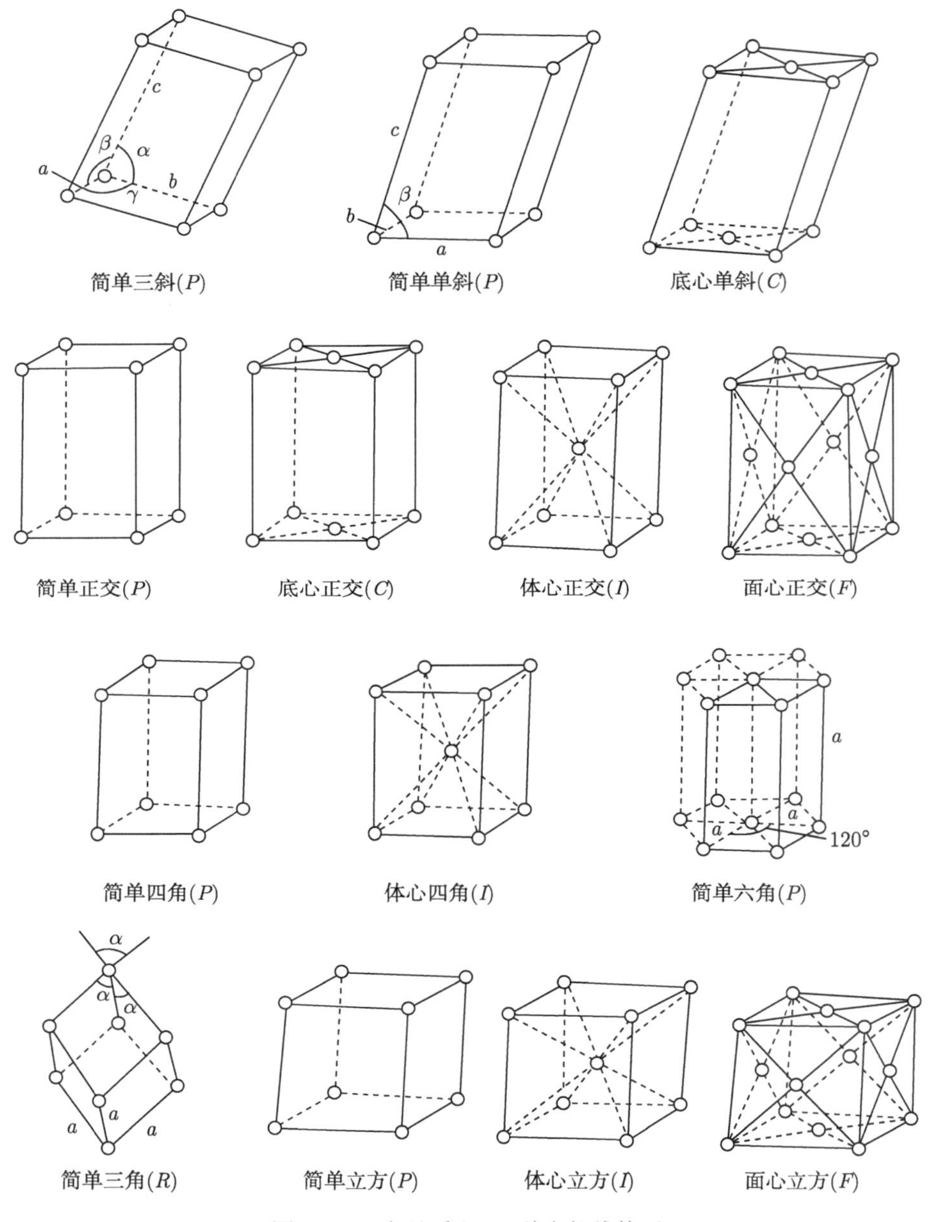

图 1.6　7 大晶系和 14 种布拉维格子

晶系是以单胞的轴长和轴间夹角的不同来划分的. 单胞的三个轴长 a, b, c 称为晶格常数, 或点阵常数. 立方晶系只有一个晶格常数.

确定一个格子的布拉维格子, 或者确定一个点阵的布拉维点阵, 其一般步骤是:

首先判断这个点阵中的阵点 (或原子) 是否完全相同, 找出点阵的基元和对应的布拉维点阵; 然后, 判断该点阵的类型, 找出能够反映该点阵对称性的最小的周期性结构单元, 确定是 14 种布拉维格子的哪一种.

二维晶格有 4 个晶系、5 种布拉维格子：简单斜方、简单长方、中心长方、简单正方、简单六角.

1.5 倒易点阵

1.5.1 定义

晶体的布拉维点阵由三个原胞基矢 $\boldsymbol{a}_1, \boldsymbol{a}_2, \boldsymbol{a}_3$ 来描述. 由原胞基矢 $\boldsymbol{a}_1, \boldsymbol{a}_2, \boldsymbol{a}_3$ 定义三个新矢量

$$\begin{aligned}
\boldsymbol{b}_1 &= \frac{2\pi}{\Omega}\boldsymbol{a}_2 \times \boldsymbol{a}_3 \\
\boldsymbol{b}_2 &= \frac{2\pi}{\Omega}\boldsymbol{a}_3 \times \boldsymbol{a}_1 \\
\boldsymbol{b}_3 &= \frac{2\pi}{\Omega}\boldsymbol{a}_1 \times \boldsymbol{a}_2
\end{aligned} \tag{1.7}$$

称为倒易点阵的基矢, 其中 $\Omega = \boldsymbol{a}_1 \cdot (\boldsymbol{a}_2 \times \boldsymbol{a}_3)$ 是晶体原胞的体积. 由 $\boldsymbol{a}_1, \boldsymbol{a}_2, \boldsymbol{a}_3$ 三个基矢描述的点阵叫做正点阵 (或正格子), 由基矢 $\boldsymbol{b}_1, \boldsymbol{b}_2, \boldsymbol{b}_3$ 描述的点阵称做倒易点阵或倒格子. 每一个正点阵都有一个与之相对应的倒易点阵; 正点阵线度的量纲为 [长度], 倒易点阵线度的量纲为 $[长度]^{-1}$, 与波矢的量纲相同.

倒易点阵中格点 (简称倒格点) 的位矢可以表示为

$$\boldsymbol{G}_h = h_1\boldsymbol{b}_1 + h_2\boldsymbol{b}_2 + h_3\boldsymbol{b}_3 \tag{1.8}$$

通常称为倒格矢, 其中 h_1, h_2, h_3 分别为整数.

1.5.2 二维晶格的倒格子

对于二维晶格, 利用倒格子基矢的定义计算倒格子基矢时, 取 $\boldsymbol{a}_3$ 为 $\boldsymbol{a}_1 \times \boldsymbol{a}_2$ 方向的单位矢, 即取 $\boldsymbol{a}_3 = \hat{k}$ 即可. 这时

$$\begin{aligned}
\boldsymbol{b}_1 &= \frac{2\pi}{S}\boldsymbol{a}_2 \times \hat{k} \\
\boldsymbol{b}_2 &= \frac{2\pi}{S}\hat{k} \times \boldsymbol{a}_1
\end{aligned} \tag{1.9}$$

其中, S 为二维晶格原胞面积的大小 $S = |\boldsymbol{a}_1 \times \boldsymbol{a}_2|$.

1.5.3　基本性质

由倒易点阵的基矢定义, 可得出倒易点阵的一些基本性质.

(1)
$$\boldsymbol{a}_i \cdot \boldsymbol{b}_j = 2\pi\delta_{ij} \tag{1.10}$$

该性质由倒格子基矢的定义直接可证. 在方向上, $\boldsymbol{a}_i$ 与 $\boldsymbol{b}_j (i \neq j)$ 互相垂直; 但是 $\boldsymbol{a}_i$ 与 $\boldsymbol{b}_i$ 不一定平行. 同时易知

$$\boldsymbol{R}_n \cdot \boldsymbol{G}_h = 2\pi\mu \tag{1.11}$$

其中, μ 为整数.

(2) 倒易点阵原胞体积 Ω^* 与正点阵原胞体积 Ω 之间有

$$\Omega^* = \boldsymbol{b}_1 \cdot (\boldsymbol{b}_2 \times \boldsymbol{b}_3) = \frac{(2\pi)^3}{\Omega} \tag{1.12}$$

用矢量运算公式 $\boldsymbol{A} \times \boldsymbol{B} \times \boldsymbol{C} = (\boldsymbol{A} \cdot \boldsymbol{C})\boldsymbol{B} - (\boldsymbol{A} \cdot \boldsymbol{B})\boldsymbol{C}$, 上式易证. 对于二维晶格, 其倒格子原胞面积大小为

$$S^* = |\boldsymbol{b}_1 \times \boldsymbol{b}_2| = \frac{(2\pi)^2}{S} \tag{1.13}$$

(3) 倒格矢 $\boldsymbol{G}_{h_1 h_2 h_3}$ 垂直于晶面 $(h_1 h_2 h_3)$.

(4) 晶面方程和面间距公式为

$$\boldsymbol{r} \cdot \frac{\boldsymbol{G}_h}{|\boldsymbol{G}_h|} = nd \tag{1.14}$$

对于简单正交晶格, 有面间距公式为

$$d = \frac{1}{\sqrt{\left(\dfrac{h}{a}\right)^2 + \left(\dfrac{k}{b}\right)^2 + \left(\dfrac{l}{c}\right)^2}} \tag{1.15}$$

这时 $(h_1 h_2 h_3) = (hkl)$.

(5) 具有晶格周期性的物理量 $V(\boldsymbol{r}) = V(\boldsymbol{r} + \boldsymbol{R}_n)$ 可以用倒格矢 $\boldsymbol{G}_h$ 展开成傅里叶级数

$$V(\boldsymbol{r}) = \sum_{G_h} V(\boldsymbol{G}_h) \mathrm{e}^{\mathrm{i}\boldsymbol{G}_h \cdot \boldsymbol{r}} \tag{1.16a}$$

$$V(\boldsymbol{G}_h) = \frac{1}{\Omega} \int V(\boldsymbol{r}) \mathrm{e}^{-\mathrm{i}\boldsymbol{G}_h \cdot \boldsymbol{r}} \mathrm{d}\boldsymbol{r} \tag{1.16b}$$

1.5.4　布里渊区

布里渊区是倒格子空间中以原点为中心的部分区域. 从倒格子空间原点, 作最近邻、次近邻、再次近邻 ······ 的连线, 再画出这些连线的垂直平分面. 包含原点的多面体包围的区域就是第一布里渊区, 与第一布里渊区相邻, 且与第一布里渊区体积相等的区域为第二布里渊区, 与第二布里渊区相邻, 且与第一布里渊区体积相等的区域为第三布里渊区 ······. 第一布里渊区又称为简约布里渊区, 简称布里渊区 (BZ).

晶体倒易点阵的维格纳–塞茨原胞, 就是第一布里渊区. sc 正点阵的倒点阵, 其形状仍为 sc, 其 BZ 在倒格子空间中的形状与图 1.3(a) 相同. fcc 正点阵的倒点阵, 其形状为 bcc, 其 BZ 形状与图 1.3(b) 相同. bcc 正点阵的倒点阵, 其形状为 fcc, 其 BZ 形状与图 1.3(c) 相同. BZ 是波矢量空间中的对称化原胞, 它具有倒点阵点群的全部对称性, 利用倒易点阵的定义容易证明, 同一晶体的正、倒点阵有相同的全部对称性.

对于二维晶格和一维晶格, 其布里渊区的定义与三维晶格相同. 以二维晶格为例, 首先由原胞基矢 $\boldsymbol{a}_1, \boldsymbol{a}_2$ 计算出该二维晶格的倒格子基矢 $\boldsymbol{b}_1, \boldsymbol{b}_2$, 在倒格子空间画出各倒格子点, 从倒格子空间原点作最近邻、次近邻、再次近邻 ······ 的连线, 再画出这些连线的垂直平分线, 就可以得到包含原点的多边形, 即第一布里渊区, 与第一布里渊区相邻, 且与第一布里渊区面积相等的区域就是第二布里渊区, 等等.

1.6　平移对称性和玻恩–卡门边界条件

1.6.1　晶体的宏观对称性和微观对称性

晶体的宏观对称性是晶体在旋转、反演等对称操作下保持不变的性质. 晶体的宏观对称性讨论的是晶体外部结晶多面体的对称性; 晶体的宏观对称性不仅表现在几何外形上, 而且反映在晶体的宏观物理性质中. 由于晶体在宏观上占有一定空间, 不可能有平移对称操作, 所以宏观的晶体对称群只能由点对称操作组成; 晶体的宏观对称性是在晶体原子的周期性排列基础上产生的, 同时晶体原子的周期性排列又使晶体的宏观对称性受到严格的限制, 使宏观的晶体对称群只有 32 种, 称为 32 种点群, 决定晶体的 32 种宏观对称类型.

晶体的微观对称性讨论的是晶体内部结晶构造的对称性. 由于晶体尺寸远大于原子间距, 微观上可以将晶体看做无限大, 这样, 晶体内部基元的周期性排列, 就存在平移这一对称变换, 这是在宏观对称中所不能出现的对称变换; 平移变换与旋转和镜面反映联合, 又产生出螺旋轴 (screw axes) 和滑移反映面 (glide planes) 两类非点式对称操作. 由此可导出 230 种对称操作群, 称为空间群. 由于平移、螺旋轴和滑移反映面这三种对称要素都只能在微观的无限图形中存在, 因而特别称它们为微观对称要素.

宏观的晶体是一个有限的几何体, 占有一定的空间, 不可能有平移对称变换; 在考虑晶体的微观对称时, 需要引入位置的概念, 即要考虑到距离的问题, 相应地需要考虑平移这一对称变换. 平移对称变换能否存在, 就成了晶体的微观对称与宏观对称之间的分水岭.

另一方面, 晶体的宏观性质是连续的, 而微观上晶体内部结晶构造及其性质是不连续的. 晶体的不连续性在晶体的微观性质上表现得极为明显, 但在晶体的宏观性质上, 由于宏观观察结果的统计性, 不连续性被掩盖掉了. 晶体的宏观对称性是微观结晶构造的宏观统计表现, 它只具有方向的概念; 而晶体的微观对称性不仅具有方向的概念, 同时具有位置的概念. 例如, 对于 NaCl 晶体, 其硬度关于 (100) 面 m 是镜面对称的, 如图 1.7 所示, 即在 A 方向和 B 方向上硬度是相等的, 则所有与面 m 平行的平面都是硬度的对称面, 与镜面的位置无关; 而在微观结构上, 其对称镜面只能位于分立的晶面上, 对称镜面的位置是确定的, 只考虑方向而不考虑位置是不行的.

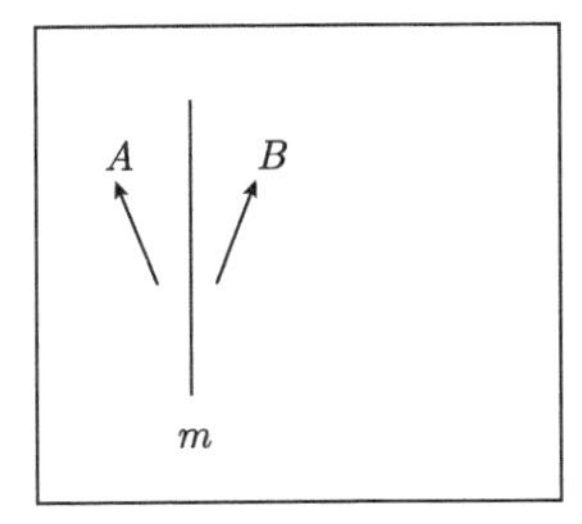

图 1.7　对称镜面示意图

对于点群对称性, 宏观晶体的 32 种点群与微观的点群是一样的, 宏观的点群对称性是微观的原子周期性排列所具有的对称性的宏观表现. 微观的原子周期性排列, 决定了其旋转对称轴只能是 1, 2, 3, 4, 6 次轴, 决定了微观的点群对称性, 同时决定了宏观的晶体对称性, 宏观的点群对称性是微观的点群对称性的反映, 这两者是相互依存并且统一的.

1.6.2　玻恩–卡门周期性边界条件

严格地讲, 只有无限理想晶体才具有平移对称性. 实际晶体的尺寸都是有限的, 边界面的存在必然会破坏平移对称性. 但是, 考虑到大块晶体的尺寸 (如 1cm) 是原胞边长即原子间距 (1~10Å) 的 $10^7 \sim 10^8$ 倍. 当研究大块晶体的性质时, 表面效应并不重要, 大块晶体的性质与边界条件近似无关. 例如, 一块铁的热学性质、电学性质等, 对边界是不敏感的; 如果将边界去掉一部分, 这块铁的热学性质、电学性质等还是原来那样. 于是, 可以人为地设计一种特殊的边界条件, 使有限晶体也具有平移不变性, 这就是玻恩–卡门边界条件提出的背景.

对于一个由 N 个原胞组成的一维原子链, 设想有无数个与之完全相同的一维原子链, 将它们首尾连接起来, 成为一个无限长的一维原子链. 这就是玻恩–卡门周期性边界条件. 在玻恩–卡门周期性边界条件下, 一维原子链具有了平移对称性, 原

来的 N 个原胞组成的一维原子链与之不同的只是边界上的原子; 同时, 对于这个无限长的一维原子链有关系式

$$f_n = f_{N+n} \tag{1.17}$$

f 是原子链中的一个物理量, 上式反映了第 n 个原胞与第 $N+n$ 个原胞是全同的. 在玻恩–卡门周期性边界条件下, 原来的一维原子链的边界条件确实发生了改变, 但是, 由于互作用是短程的, 实际的有限晶体中只有边界上极少数原子的运动受到相邻的假想晶体的影响, 绝大部分原子的运动实际上不会受到这些假想晶体的影响.

玻恩–卡门边界条件还有一种表示形式. 由于晶体的尺寸相对于原子间距是一个大数, 设想把 N 个原胞组成的一维原子链首尾衔接形成一个环, 如图 1.8 所示, 称为玻恩–卡门循环边界条件.

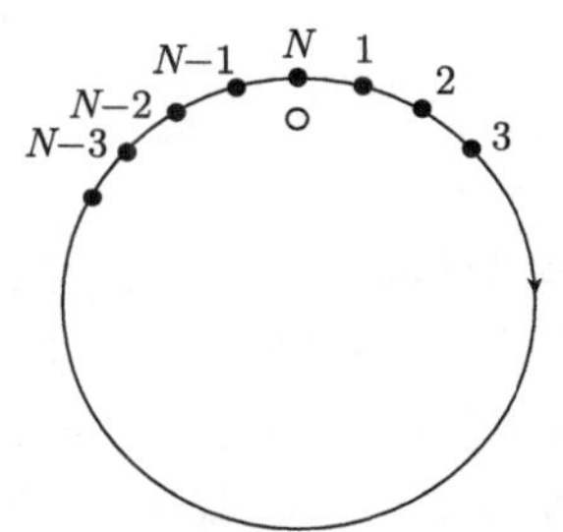

图 1.8　玻恩–卡门循环边界条件

其效果与上面的无数个完全相同的一维原子链首尾连接起来是一样的, 即一维原子链具有了平移对称性, 原来的 N 个原胞组成的一维原子链与该环不同的只是边界上的原子, 同时, 上面的关系式也是一样的.

一般地, 玻恩–卡门边界条件在数学上归结为 $N_i\boldsymbol{a}_i(i\!=\!1,2,3)$ 的平移操作是恒等操作. 玻恩–卡门边界条件在晶格振动和电子能带理论中都要用到. 正是由于边界条件对于晶体的体性质影响可以忽略, 晶体的晶格振动、电子能带等性质对于边界条件不敏感, 这样, 边界条件在一定范围内可以随意选择. 为便于数学运算, 在固体物理学中经常采用玻恩–卡门边界条件.

附录 1　晶体学的产生和发展

晶体知识作为一门科学出现, 科学界公认是在 17 世纪中叶, 距今已有 300 多年的历史.

1669 年, 丹麦学者 N. Steno(1638～1686) 在对石英和镜铁矿晶体观察之后, 首先发现并提出了晶体的面角守恒定律. 在此基础上, 人们在千变万化的晶体外形上找到了初步的规律, 从而奠定了晶体学, 特别是几何结晶学的基础. 到 1772 年, 法国学者 R. Del'lele(1736～1790) 总结他测量的 500 种矿物晶体的形态, 写出了一本关于晶体形态的重要著作, 肯定了面角守恒定律的普遍性. 外界条件能使某一组晶面相对地变小或变大, 使晶体外形不同, 但是, 同一种晶体由于内部结构相同, 使两

个对应晶面或晶棱间的夹角恒定不变, 从此, 人们了解到晶体晶面的相对位置是守恒的, 是每一种晶体的固有特征.

1784 年, 法国科学家阿羽伊 (R. J. Hauy,1743~1822) 发表了关于晶体内部构造的新见解：晶体均由无数具有多面体形状的分子平行堆砌而成. 他于 1801 年发表著名的整数定律 (阿羽伊定律：晶面族的法线与三个基矢的夹角余弦之比等于三个整数之比)

$$\cos(\boldsymbol{a}_1, \boldsymbol{n}) : \cos(\boldsymbol{a}_2, \boldsymbol{n}) : \cos(\boldsymbol{a}_3, \boldsymbol{n}) = h_1 : h_2 : h_3$$

这由现在晶面指数的知识很容易理解. 晶面指数为 $(h_1h_2h_3)$ 的晶面, 有

$$\begin{aligned} a_1 \cos(\boldsymbol{a}_1, \boldsymbol{n}) &= h_1 d \\ a_2 \cos(\boldsymbol{a}_2, \boldsymbol{n}) &= h_2 d \\ a_3 \cos(\boldsymbol{a}_3, \boldsymbol{n}) &= h_3 d \end{aligned}$$

其中 d 是晶面间距. 由此可得阿羽伊定律, 从而满意地解释了晶体外形与其内部构造之间的关系. 据此引出, 晶体乃是对称的, 晶体的对称性不但为晶体外形所具有, 同时也表现在晶体的物理性质上.

1805~1809 年间, 德国矿物学家 C. S. Weiss(1780~1856) 根据对晶体的面角测量数据进行晶体投影和理想形态的绘制等, 确定了晶体中不同旋转对称轴的对称性, 总结出了晶体的对称定律, 即在晶体的外形上只可能有 1, 2, 3, 4 和 6 次旋转对称轴, 而不可能有 5 次和高于 6 次的旋转对称轴存在. Weiss 于 1813 年首先提出将晶体分为 6 大晶系, 他的工作为晶体对称性分类奠定了基础.

1830 年, 德国矿物学家 J. F. C. Hessel(1796~1872) 首先推导出晶体外形可能具有的一切对称组合, 即 32 种对称型 (点群). 到 1867 年, 俄国物理学家加多林 (1828~1892) 独立地用严密的数学方法推导出晶体外形对称可能有的形式：32 种对称型.

在对称理论迅速发展期间, Weiss 和密勒 (W. H. Miler, 1801~1880) 分别于 1818 年和 1839 年先后创立了用以表示晶面空间位置的 Weiss 符号和密勒符号.

在阿羽伊的晶体构造理论的启示下, 19 世纪产生的空间点阵和空间格子构造理论, 逐渐演化成为质点在空间规则排列的微观对称学说. 1842 年, 德国学者弗兰肯汉姆 (M. L. Frankenheim,1800~1869) 推导出 15 种可能的空间格子. 1855 年, 法国结晶学家布拉维 (A. Bravais, 1811~1863) 运用严格的数学方法推导出晶体的空间格子只有 14 种, 为近代晶体构造学理论奠定了基础. 因此这 14 种空间格子被称为布拉维格子.

到 19 世纪末, 由于晶体宏观对称理论的迅速发展, 整个几何结晶学理论达到了相当成熟的程度, 晶体构造的几何理论已被许多学者所接受, 但是, 这种理论还有赖于实验的证明. 1895 年, 德国物理学家伦琴 (1845~1923) 意外地发现了 X 射

线; 1909 年, 德国学者劳厄 (M. V. Laue, 1827~1960) 提出了 X 射线通过晶体会出现干涉现象的设想, 并很快由他的学生弗利德利希 (Friedrich) 和克尼平 (Knipping) 做了实验, 证明了晶体格子构造的真实性. 劳厄及其学生们开创了晶体学研究的新时代, X 射线分析使晶体结构和分子构型的测定从推断转为测量. 此后, 英国学者布拉格父子 (W. H. Bragg 和 W. L. Bragg) 做了大量的测量工作, 并改善了晶体结构测定的理论和实验技术, 从而开拓了晶体结构研究的新领域.

附录 2　青铜器时代到铁器时代的发展

人类的文明进步与材料科学发展相伴. 人类文明的不同发展阶段, 可以用不同的材料来断代, 不同的材料标志着人类文明的不同发展程度.

这里主要介绍青铜器时代到铁器时代的发展.

1. 人类文明发展阶段用材料来断代

众所周知, 人类文明的发展阶段, 可以用材料划分为石器时代、青铜器时代、铁器时代、硅时代 (微电子时代) 以及碳时代 (纳电子时代).

1865 年英国考古学家约翰 · 拉博克 (John Lubbock, 1834~1913) 在他的一本教程《史前时代》(*Pr-Historic Times*) 中根据当时流行的达尔文社会进化论思想提出了一种理论, 即世界历史可以分为四个阶段: 石器时代、青铜器时代、铁器时代和蒸汽时代. 他的这部教程在世界范围内译成几种语言并多次重印, 得到了广泛的传播. 这一时代划分的方法后来被做了一定的修改, 石器时代被进一步划分为旧石器时代和新石器时代 (其中还有一个过渡时期: 中石器时代), 另外还增加了一个石和铜共同被用做工具的时代, 即铜石并用时代.

石器时代的人们, 在学会了冶炼铜、制作和使用青铜器, 人类的文明就远远超越了石器时代, 进入了青铜器时代; 同样, 当铁器成为了人们的主要生产和生活器具, 人类就进入了工业文明发展阶段; 微电子时代的代表性材料是硅, 有了硅, 才有了二极管、晶体管、集成电路、大规模集成电路、超大规模集成电路等; 随着碳 60 分子、碳纳米管等的发现, 人类正在走向纳电子时代, 碳是纳电子时代科学技术的代表性材料, 纳电子时代也被称为碳时代.

2. 铜和青铜器时代

铜 (copper) 是紫红色金属, 熔点 1083.4°C; 铜是优良的导体, 导电性仅次于银, 其导电率为银的 94%. 铜合金 (copper alloys) 通常分为黄铜 (brass, 铜锌合金)、白铜 (铜镍合金) 和青铜 (bronze) 三大类. 除黄铜、白铜外, 其余的铜合金都称为青铜. 青铜前面常冠以合金元素的名称, 如锡青铜、铝青铜、铍青铜等. 用量最大的是锡青铜和铝青铜, 强度最高的是铍青铜.

塑性最好的铜合金为低锌黄铜, 热态或冷态的变形均可达到 90%以上. 此外, 大部分铜合金均有较好的热加工性能, 其变形温度在 500~1050°C. 黄铜因锌和铜的成分配比不同, 其延展性也不同, 如果锌的成分超过 45%, 出来的黄铜将没有作为铜的用处. 含锌这么高的黄铜成了粉状物, 被用做焊接剂. 典型的黄铜通常含有 1/3 的锌和 2/3 的铜. 首次使用黄铜是在约公元前 1400 年的巴勒斯坦. 罗马人用黄铜制作花瓶、盘、珠宝、衣服上的胸针和扣子. 黄铜的造价较高, 罗马时期一些硬币就是用黄铜制造的. 黄铜盘子在 16 世纪时仍流行于欧洲, 直到在 “新大陆” 发现了银矿以后, 银制盘才取代了黄铜盘成为首选, 但黄铜继续被广泛用于制作烛台、日晷、钟表和乐器. 黄铜合金因铜和锌的含量比例不同或者因掺入其他金属而性质不同, 色泽也各异. 锌的比例越低, 黄铜光泽越耐久. 先加一定比例的锌, 再加入不到 1%的砷、磷或锑, 光泽耐久性会更强. 锌与铜的比例若达到四六分, 黄铜的颜色就十分接近黄金了. 这种合金叫做蒙知合金 (Muntz). 若铜的比例占 70%, 锌的比例占 30%, 黄铜的硬度最大, 称为弹壳铜. 若在合金中添加铅, 则黄铜的可加工性会得到提高.

青铜是我们所知道的最早的合金, 或者说两种金属的合成物. 青铜于公元前 3500 年在中东地区问世. 这种合金含有铜和锡, 硬度比铜大而仍然有良好的可塑性. 锡也是一种软质金属, 这或许有点出人意外, 但两种金属制成的合金因为晶状颗粒相混合, 其硬度比其中所含的任何一种金属的硬度都大. 铸造大钟用的青铜, 或者叫做 “钟铜”, 其锡的含量为 20%~25%. 现代的黄铜里常混合少量的其他金属, 如磷青铜, 用于制造阀门和其他机器部件, 镍青铜和铝青铜的抗腐蚀性能更强, 常用做船用螺旋桨和管道装置材料. 铜币所用的青铜其铜的含量是 95%, 锡含量是 4%, 锌含量是 1%.

易于冶炼使青铜的使用成为公元前 3500 年到公元前 1000 年间古代文明标志的原因之一. 青铜硬度较大而比铜容易铸造, 也更容易熔化. 与铜不同的是, 青铜作为一种耐久和坚硬的合金, 很快对当时的生产和生活产生了影响. 青铜可以用来制造工具和器材, 而相比之下铜的质地就太软了. 青铜的硬度足可以打磨刀刃, 因此可以用来替代燧石刀和矛头, 也可以铸成剑. 使用青铜武器的将士很快就会击败同等规模使用石头和燧石武器的敌人. 青铜斧和青铜刀可用来砍伐木材和制作木器. 而铜因为质地柔软, 常与金一起被用来制作装饰品.

中国最早的铜器是在仰韶文化时期, 距今已有 6000 余年. 青铜器是我国金属冶铸史上最早出现的合金. 青铜器文化在中国历史久远, 一般将其分为三个阶段, 即形成期、鼎盛期和转变期. 形成期是距今 4000~4500 年的龙山时代, 相当于尧舜禹所处的时代; 鼎盛期包括夏、商、西周、春秋及战国早期, 延续约 1600 余年, 即通常所说的中国青铜器文化时代; 转变期是指战国末期到秦汉时期, 这时青铜器正逐步被铁器所取代, 数量骤减, 形式上也由在礼仪祭祀和战争活动等重要场合使用的礼乐兵器变为日常用品, 随之而来的是器制种类、构造特征和装饰艺术的转变.

公元前 2500 年的龙山文化遗存中发现的青铜器是铜和锡的合金, 有时还含有一定的铅. 其残片质地厚薄均匀, 是用多陶范法铸造的青铜器. 齐家文化遗存处出土有一些青铜器、黄铜器、红铜器、铜镜、炼铜坩埚的整体或残片, 还有炼铜剩下的铜渣. 这说明公元前 2000 年的齐家文化已进入青铜时期.

夏代是一个基本掌握了青铜冶铸技术的时代, 在著名的考古发掘地河南偃师二里头出土的一件青铜爵 (图 1.9)最能说明当时的青铜工艺水平, 含铜 92%, 锡 7%, 系复合范铸造而成. 河南安阳殷墟出土的司母戊大方鼎, 是中国商周时代最大和最重的青铜器, 也是世界上最大的古青铜器之一, 它高 133cm、长 111cm、宽 79cm, 重 832.84kg, 如图 1.10 所示. 商朝的酒器四羊方尊(图 1.11) 花纹分为三层, 有地纹、主纹, 还有一层高浮雕的装饰, 其制模、浇铸工艺都十分复杂, 而且造型生动逼真, 是商朝铸造工艺的杰出代表. 吴、越的青铜宝剑, 名闻天下, 西方相同水平的冷兵器是在 1300 年之后才出现的.

图 1.9　青铜爵 (夏代). 河南偃师二里头出土

图 1.10　司母戊大方鼎. 河南安阳殷墟出土

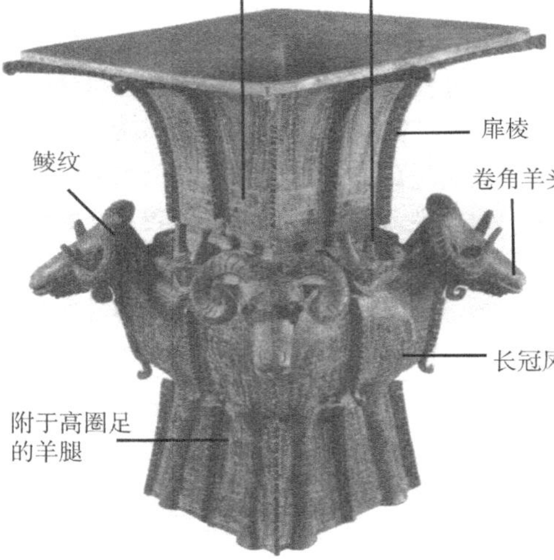

三角夔纹和兽面纹
蜿蜒的高浮雕蛇身有爪龙
扉棱
鲮纹
卷角羊头
长冠凤纹
附于高圈足的羊腿

图 1.11　四羊方尊

3. 青铜冶炼技术

青铜器的制作工艺大体分为冶炼和铸造两大部分.

冶炼是制造青铜器的一道重要程序. 青铜合金里面要加的主要是锡和铅. 加锡的作用是降低合金的熔点, 提高青铜的强度和硬度, 减少金属线收缩量; 加铅则是为了减少枝晶间显微缩孔的体积和改善金属的切削加工性能. 首先要选取原料, 孔雀石是用来冶铜的矿物原料, 锡矿石和方铅矿分别用来冶炼纯锡和纯铅. 紧接着就是熔炼. 先分别炼出铜、锡、铅, 然后再将三者按照一定的比例混合, 进行第二次熔炼.

铸造是最后成型的关键一步. 夏商周时代, 铸造器型复杂的铜器都是采用多范铸造的方法. 最早的范是石范, 大约商中期以后, 陶范迅速取代了石范. 陶范的基本铸造法就是先用泥制出模型, 再在泥模上筑一层泥, 作为外范. 在外范之上刻出花纹来, 然后将泥模刮去一层, 刮出的厚度就是铜器的壁厚, 将刮过的泥模作为内范, 最后在内、外范之间空隙中浇铸铜液, 冷却后拆除范, 铜器就铸成了. 对于复杂的器型, 主要采用分铸法. 分铸法分为三种: ①分别铸出主、附件, 然后用钎焊连接; ②先铸主件, 在主、附件连接部分留出榫卯结构, 然后将附件范与主体结合, 浇铸附件; ③先铸附件, 再将附件与主件范连接, 再浇铸主件. 这是一种非常巧妙的方法.

“火候” 一词, 在今天常被用于形容事物的环境气氛. 它的最初本意是观察发热物体的火焰颜色. 在冶炼或烧制陶瓷的过程中, 历代工匠都以火焰颜色来判别炉体内温度的高低. 因此, 火候实际上是古人创造的一种经验的高温目测技术. 虽然它具有很大的经验性, 亦不能标出温度的具体数值, 但它却有充分的科学性. 火焰颜色确实反映了温度的高低以及炉内气氛等多层意义. 战国时期巴人浇铸铜剑的温度可以精确地控制在 1050~1100°C. 在近代物理学中, 各种物质的不同特征火焰色及其所对应的温度, 成为近代光谱学中鉴别物质的方法之一.

《考工记》最早记述了冶铸青铜的火焰颜色: “凡铸金之状, 金与锡, 黑浊之气竭, 黄白次之; 黄白之气竭, 青白次之; 青白之气竭, 青气次之. 然后可铸也.” 明代朱载堉对《考工记》中这段文字作了如下解释: “至于火候、气色, 乃铸工之细务, 亦必详言之. 曰: 凡用金为器, 必和之以锡. 初炼之时, 火色黑浊者, 秽杂尚多也. 炼去秽杂, 火色变而黄白, 亦未净洁也. 熔炼既久, 变而青白, 稍净而未净也. 白色尽去, 火色纯青, 则其炼之至精, 然后可用以铸焉.” 后来用 “炉火纯青” 形容人的技艺、学问和道德情操所达到的高尚境界.

4. 从青铜器到铁器的发展

在约公元前 1000 年铁取代青铜的时候, 只是因为铁的产量较大, 比制造青铜所需的锡更易得, 所以也更便宜些. 但在炼制工具和武器方面, 铁并不如铜有优势.

关于从青铜器到铁器的发展, 这里引用郭沫若 (1892~1978) 在《青铜时代》中的一段话: “把铜铁的转换归之于使用的频繁, 以致材料的缺乏, 这表示着古人的知识不够. 事实上是铁的效用比铜更大, 故有铁的冶铸的发明和进步, 便把铜的主要地位夺取了. 这也不是一朝一夕便转换到的. 铁的开始使用应该比周秦之际还要早. 宇宙中除在殒石里面多少含有天然铁之外, 所有的铁都是和别的元素化合着而形成矿物的, 由铁矿中把铁提炼出来的发明, 不知道是在中国的什么时候. 文献上可考见的, 大抵在春秋初年已经就有铁的使用了. ⋯ ⋯ 当铁的冶金初被发明的时候, 应该只能有生铁的使用, 只能用来铸造一些简单的手工用具, 待到后来炼钢术发明了, 然后才能用来造积极的兵器. 钢的发明大约在战国末年, 因为那时的楚国已经在用铁的兵器了. ⋯⋯《史记 · 范雎传》载秦昭王语: ‘吾闻楚之铁剑利而倡优拙, 夫铁剑利则士勇, 倡优拙则思虑远.’ 据这些资料, 可以知道铁的冶铸在战国末年已经达到高度的水准了. ”

在汉代, 我国的冶炼技术已经发展到比较成熟的阶段. 钢铁冶炼的重大技术发明和突破, 带来了铁器的大规模普及和推广. 铁制农具广泛应用于农业生产, 铁兵器被应用于军事, 不仅增强了综合国力, 而且也促进了社会生产力的大发展.

5. *古代冶铁技术*

铁 (iron) 是银白色金属, 熔点 1536.5°C, 比铜的熔点 1083.4°C 要高 400 多摄氏度, 当含有其他元素时熔点会降低.

中国是世界上最早使用铁器的国家之一. 春秋时期大量铁制品的出土, 表明大约在公元前 8∼ 前 7 世纪我国就开始生产和使用铸铁. 在自然界中, 只有陨石是纯铁. 含铁的主要矿石是赤铁矿和磁铁矿. 纯铁作为工业材料使用很少. 应用较多的是铁中含有一定量的碳及其他元素的合金. 通常按碳及其他元素的含量, 分为铸铁、生铁和工业纯铁.

工业冶铁多采用还原法, 即在鼓风炉内加入铁矿石、石灰石和焦炭, 随着焦炭的燃烧, 炉内温度从上向下逐渐升高, 氧化铁矿石逐渐被焦炭和一氧化碳还原并熔化为铁液. 这种铁液冷却凝固后形成的固态铁中, 还含有碳、硅、锰、磷、硫及其他微量元素, 称为生铁 (pig iron). 其中磷和硫是生铁中的有害杂质. 生铁经进一步加工, 可获得纯铁.

冶铁高炉的鼓风设备叫 “橐”(音 tuó), 是一只皮制的鼓风机. 这种橐, 在汉代又作了进一步的改进, 由皮革制作的风囊和木架构成, 有入风口和排风口, 把几个橐连在一起的称为排橐或排, 它可以增大进风量, 增强燃烧的火力, 把炉温迅速提高到炼铁所需要的 1200 多摄氏度. 最早, 橐用人力畜力带动. 据史书记载, 当时的炼铁, 需要上百匹马拉动大型排橐鼓风, 加上装运矿石的成百上千的工人, 真是人强马壮. 但是, 无论人力还是畜力鼓风机都不能满足日益发展的炼铁的需要, 炼铁业呼唤更有力的鼓风机的出现, 于是功率更强大的水力鼓风机 —— 水排应运而生了. 宋代的王祯在《农书》中详细记载了水排的结构和工作原理, 并绘图说明. 水排是在湍急的水流之滨竖立起的巨大的木轮, 靠水流的冲击力带动木轮转动, 再由传动机构带动橐排的转动, 从而将强大的风吹入高炉. 古代水力鼓风机所包括的动力机构、传动机构和工作机构三部分已经达到相当完备的程度, 制作技术和尺寸大小与中国高炉的规模相适应, 举世无匹. 欧洲出现水力鼓风机是在 12 世纪.

炒铁是我国古代钢铁冶炼的重大发明, 是一种简便有效的炼铁术. 方法是把含碳量过高的可锻铸铁加热到半流体状态, 再和铁矿石粉混和起来不断"翻炒", 让铸铁中所含碳元素不断渗出、氧化, 从而得到中碳钢或低碳钢. 如果继续炒下去, 就得到含碳更低的熟铁. 这种方法始于西汉, 东汉的《太平经》中就明确记载了炒铁技术, 在河南巩县的古冶铁遗址中也发现了以炒铁制作的铁币和炒铁炉.

西汉时期, 铁器迅速取代了铜、木、石等器具, 占据了农业和手工业生产中的主导地位. 铁器优良的性能和功用, 使它成为人们生活中不可或缺的工具.

6. 青铜器文化点滴

大家对青铜器并不感到陌生, 因为它离我们并不遥远, 在历史博物馆里便可见它们的身影, 像河南安阳出土的司母戊大方鼎就闻名于世. 在我们的语言中, 也不乏相关术语, 闪耀着青铜器文化的光芒, 像是问鼎、定鼎、晋爵、爵位、尊敬、模范、师范、规范等, 这些都与青铜器息息相关. 有春秋战国时期问鼎的故事, 现在一些领域中还有问鼎的说法; 河南洛阳以及陕西岐山的周公庙 (又称元圣庙) 中就有定鼎堂; "范儿" 也是目前的一个流行词语, 例如北京的电视中有说法 "京城老街的潮范儿十足". 相关的生活用语还有锤炼、锻炼、千锤百炼、火候、炉火纯青等.

思考题和习题

1. 什么是晶体? 证明晶体不可能具有 5 次对称轴和 7 次以及 7 次以上对称轴.

2. 分别说明下列三种结构是简单晶格还是复式晶格? 并指出每种结构的布拉维格子. (1) 底心立方体; (2) 边心立方体 (前、后、左、右四个面心各有一个格点); (3) 二维蜂巢形结构.

3. 证明面心立方格子与体心立方格子互为正倒格子.

4. 写出正方形和长方形的对称操作, 比较其对称性的高低.

5. 立方体有多少个对称操作? 具体分析其纯旋转对称操作.

6. 简述周期性与对称性的相互联系与制约.

参 考 文 献

程开甲. 1959. 固体物理学. 北京: 高等教育出版社

崔云昊. 1989. 晶体对称理论三百年. 大自然探索, 4: 92

方俊鑫, 陆栋. 1980. 固体物理学. 上海: 上海科学技术出版社

郭沫若 (1892~1978). 2005. 青铜时代. 北京: 中国人民大学出版社

马本堃, 杨先发, 等. 1992. 固体物理基础. 北京: 高等教育出版社

第 2 章　晶格振动与声子

晶体是由晶格和电子两大系统构成的; 晶格的振动普遍地影响着晶体各方面的性质. 晶格振动直接与晶体的热学性质有关, 同时, 在晶体的光学性质、电学性质、超导电性等方面, 晶格振动都有重要的影响.

2.1　简 谐 近 似

以一维单原子链为例. 一维单原子链的每个原子都相同, 原子质量为 m , 原子间平衡距离为 a, 晶格振动在 t 时刻第 n 个原子对平衡位置的偏离为 u_n, 如图 2.1 所示.

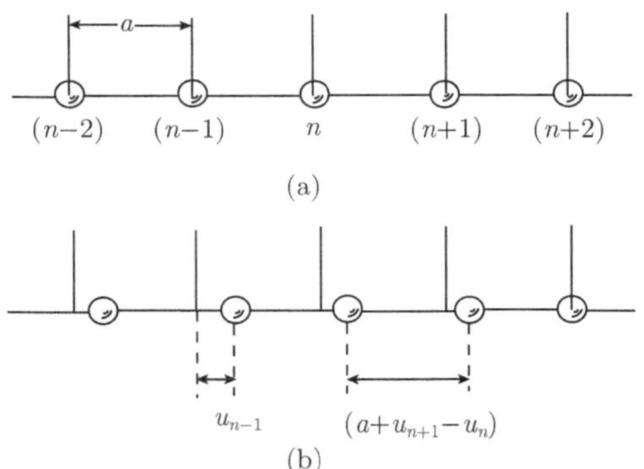

图 2.1　一维单原子链的晶格振动

平衡时, 两个最近邻原子间势能为 $U(a)$; 原子偏离平衡位置时, 相邻两原子间距为 $r=a+\delta$, 相对位移 $\delta=u_n-u_{n-1}$, 势能变为 $U(r)=U(a+\delta)$. 把势能 $U(r)$ 在平衡位置 $r=a$ 作泰勒展开

$$U(r)=U(a)+\left(\frac{\mathrm{d}U}{\mathrm{d}r}\right)_a\delta+\frac{1}{2}\left(\frac{\mathrm{d}^2U}{\mathrm{d}r^2}\right)_a\delta^2+\frac{1}{3!}\left(\frac{\mathrm{d}^3U}{\mathrm{d}r^3}\right)_a\delta^3+\cdots \tag{2.1}$$

其中 $U(a)$ 为常数, $\left(\dfrac{\mathrm{d}U}{\mathrm{d}r}\right)_a=0$.

对于微振动, δ 很小, 通常可以忽略 δ^3 项及其更高次项. 在晶体原子相互作用势能的泰勒 (Taylor) 展开式中, 忽略三次方和三次方以上项的近似, 称为简谐近似.

在简谐近似下

$$U(r) = U(a) + \frac{1}{2}\beta\delta^2 \tag{2.2}$$

其中 $\beta = \left(\frac{\mathrm{d}^2U}{\mathrm{d}r^2}\right)_a$ 称为力常数; 相邻原子之间的相互作用力为

$$f = -\frac{\mathrm{d}U}{\mathrm{d}r} = -\frac{\mathrm{d}U}{\mathrm{d}\delta} = -\beta\delta \tag{2.3}$$

这是一个线性回复力.

相互作用势能泰勒展开式中的三次方和三次方以上的项称为非简谐项. 与非简谐项有关的物理效应, 称为非简谐效应.

2.2　一维单原子链的晶格振动

实际的晶体都是三维的, 三维晶格振动的讨论在数学上比较复杂. 为了研究晶格振动的主要特点及基本内容, 可以从一维晶格的本征振动这一理想的简单情形入手, 而得出的结论很容易推广到三维情形. 另外, 有些重要的晶体材料具有准一维的特性, 讨论一维晶格也有其直接的现实意义.

2.2.1　简谐近似和最近邻近似下的运动方程

如图 2.1 所示, 由 N 个原子构成的、原子质量为 m 、原子平衡间距为 a 的一维单原子链, 原子之间的力通常是短程的, 只需考虑最近邻原子之间的相互作用. 在只考虑最近邻原子相互作用的最近邻近似下, 第 n 个原子的简谐近似下的牛顿运动方程为

$$\begin{aligned} m\frac{\mathrm{d}^2u_n}{\mathrm{d}t^2} = f_{n,n+1} + f_{n,n-1} = &- \beta(u_n - u_{n+1}) - \beta(u_n - u_{n-1}) \\ =&\beta(u_{n+1} + u_{n-1} - 2u_n) \end{aligned} \tag{2.4}$$

2.2.2　色散关系

上式是 N 个方程耦合在一起的联立方程组. 其中原子链两端的边界原子的运动方程与上式形式不同; 考虑到原子间的作用主要是近邻相互作用, 边界上的少数原子对原子链的振动影响不大, 故采用玻恩–卡门边界条件. 在玻恩–卡门边界条件下, 原子链中所有原子的运动方程形式相同, 使数学求解大为简化. 这时, 形式相同的 N 个方程耦合在一起的联立方程组有行波解

$$u_n = A\mathrm{e}^{\mathrm{i}(qna-\omega t)} \tag{2.5}$$

q 是波矢, ω 是圆频率.

将行波解式 (2.5) 代入运动方程, 得到一维单原子链原子振动形成的行波 (简称格波) 的频率–波矢关系为

$$m(-\omega^2)u_n = \beta(\mathrm{e}^{\mathrm{i}qa} + \mathrm{e}^{-\mathrm{i}qa} - 2)u_n$$

即

$$\omega^2 = \frac{2\beta}{m}(1-\cos qa) = \frac{4\beta}{m}\sin^2\left(\frac{qa}{2}\right) \tag{2.6}$$

或

$$\omega = 2\sqrt{\frac{\beta}{m}}\left|\sin\left(\frac{qa}{2}\right)\right| \tag{2.7}$$

波的频率–波矢关系 $\omega = \omega(q)$ 通常称为色散关系. 真空中光波的色散关系为 $\omega = cq$, 或 $\nu = c/\lambda$, c 是真空中光速; 声波的色散关系为 $\omega = v_{\mathrm{s}}q$, v_{s} 是声波的波速, 在标准状态下空气中声速 $v_{\mathrm{s}} = 340\mathrm{m/s}$; 上述光波和声波的色散关系比较简单, 圆频率 ω 或频率 $\nu = \omega/2\pi$ 与波矢 q 成正比, 而格波的色散关系是非线性的.

2.2.3　原子链的分立性与布里渊区

格波解式 (2.5) 是波矢 q 的周期函数

$$u_n\left(q + \frac{2\pi}{a}\right) = u_n(q) \tag{2.8}$$

并且色散关系也是波矢 q 的周期函数

$$\omega\left(q + \frac{2\pi}{a}\right) = \omega(q) \tag{2.9}$$

由于周期性, 我们可以限制波矢 q 在一个周期的范围内. 通常选以原点为对称心的一个周期

$$-\frac{\pi}{a} < q \leqslant \frac{\pi}{a} \tag{2.10}$$

这就是一维单原子链的布里渊区. 晶格振动的所有可能状态都包含在该布里渊区中, 这个区域之外的波矢 q 不提供任何新的振动状态.

例如, $q = \dfrac{\pi}{2a}$ 与 $q' = \dfrac{5\pi}{2a}$ 振动状态中, 晶格原子的位移 u_n 是完全一样的, 即相差一个倒格矢的两个振动状态$q = \dfrac{\pi}{2a}$ 与 $q' = \dfrac{5\pi}{2a}$ 中, 所有原子的振动完全相同.

这是原子链的分立性的结果, 由于原子链中的原子是分立的, 同一个振动状态 $\{u_n\}$可以用不同的波矢或波长来描述; 布里渊区的大小与原子间距成反比, 若原子间距减小, 布里渊区随之增大; 对于连续的弦的振动, 一个振动状态只能用唯一确定的波矢或波长来描述, 不可能用不同的波矢或波长来描述.

2.2.4 晶体线度的有限性与波矢的分立性

由于实际晶体的长度是有限的, 记为 $L = Na$, 根据玻恩–卡门边界条件, 有

$$u_n = u_{n+N} \tag{2.11}$$

代入格波解式 (2.5), 得

$$\mathrm{e}^{\mathrm{i}qNa} = 1 \tag{2.12}$$

即

$$qNa = 2\pi l \quad (l\text{为整数}) \tag{2.13}$$

再考虑到波矢 q 的取值范围布里渊区, 得到波矢 q 的可能取值为 N 个分立的值

$$q_l = \frac{2\pi}{Na}l \quad \left(l = -\frac{N}{2}, -\frac{N}{2}+1, \cdots, 0, 1, 2, \cdots, \frac{N}{2}\right) \tag{2.14}$$

由于波矢 q 的每个具体取值与一个整数 l 相对应, 故在上式中给波矢 q 添加了下角标 l.

由 N 个原子构成的一维单原子链, 系统的自由度数为 N. 晶格振动波矢 q 的可能取值个数 N 即独立振动模式数, 与系统的自由度数相等, 这是一个普遍结论.

一维单原子链晶格振动的波矢是分立的, 相邻两个波矢的差为

$$\Delta q = \frac{2\pi}{Na} = \frac{2\pi}{L} \tag{2.15}$$

Δq 与原子链的线度 L 成反比, 随着 L 的增大, Δq 逐渐减小; 当原子链无限长时, Δq 为零, 这时波矢连续取值.

波矢的分立性, 与系统线度的有限性有关, 这在量子力学中的一维无限深势阱中电子能量本征态的求解中, 已经学习过. 对于 $0 < x < L$ 的一维无限深势阱, 电子能量本征波函数为

$$\psi(x) = A\sin kx \tag{2.16}$$

无限深势阱中的电子波函数满足驻波边界条件, 即

$$\psi(0) = \psi(L) = 0 \tag{2.17}$$

由此可以得到电子波矢的取值为

$$k_l = \frac{\pi}{L}l \tag{2.18}$$

l 是整数. 相邻两个波矢的差为

$$\Delta k = \frac{\pi}{L} \tag{2.19}$$

与一维单原子链类似, Δk 与势阱的线度 L 成反比, 随着 L 的增大, Δk 逐渐减小; 当势阱无限宽时, Δk 为零, 这对应于自由空间中的电子, 波矢是连续取值的.

2.3　一维双原子链的晶格振动

2.3.1　一维双原子链的色散关系

一维双原子链是由两种不同的原子构成的一维原子链, 如图 2.2 所示.

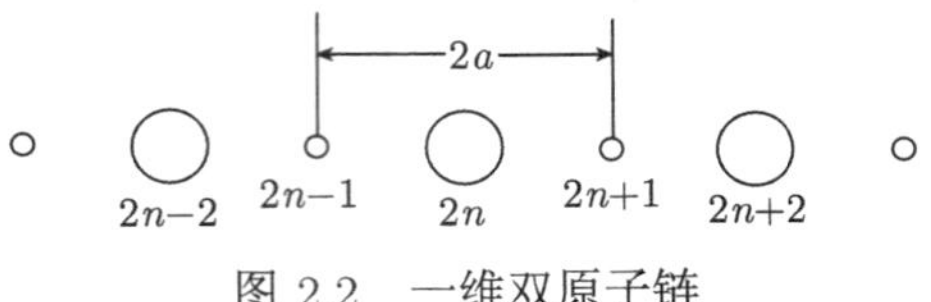

图 2.2　一维双原子链

由 N 个质量为 m 和 N 个质量为 M 的两种原子 P 和 Q 相间排列而成, 原子平衡间距为 a, 晶格周期为 $2a$. 在简谐近似和最近邻近似下, 第 n 个原胞原子的牛顿运动方程为

$$m\frac{\mathrm{d}^2u_{2n+1}}{\mathrm{d}t^2} = -\beta(u_{2n+1}-u_{2n+2})-\beta(u_{2n+1}-u_{2n}) \tag{2.20a}$$

$$M\frac{\mathrm{d}^2u_{2n}}{\mathrm{d}t^2} = -\beta(u_{2n}-u_{2n+1})-\beta(u_{2n}-u_{2n-1}) \tag{2.20b}$$

这是 $2N$ 个方程耦合在一起的联立方程组, 该方程组有行波解

$$u_{2n+1} = A\mathrm{e}^{\mathrm{i}[q(2n+1)a-\omega t]} \tag{2.21a}$$

$$u_{2n} = B\mathrm{e}^{\mathrm{i}(q2na-\omega t)} \tag{2.21b}$$

将行波解代入运动方程 (2.20), 得

$$(2\beta-m\omega^2)A-(2\beta\cos qa)B=0 \tag{2.22a}$$

$$-(2\beta\cos qa)A+(2\beta-M\omega^2)B=0 \tag{2.22b}$$

这是 A,B 的线性齐次方程组, A,B 有非零解的条件是系数行列式为零, 从而得到一维双原子链晶格振动的色散关系

$$\omega_{\pm}^2=\beta\frac{m+M}{mM}\left[1\pm\sqrt{1-\frac{4mM}{(m+M)^2}\sin^2(qa)}\right] \tag{2.23}$$

行波解式 (2.21) 和色散关系是波矢 q 的周期函数. 由于周期性, 得到波矢 q 的取值范围

$$-\frac{\pi}{2a}\leqslant q\leqslant\frac{\pi}{2a} \tag{2.24}$$

这就是一维双原子链的布里渊区. 晶格振动的所有可能状态都包含在该布里渊区中, 这个区域之外的波矢 q 不提供任何新的振动状态.

再由于晶体的长度是有限的, 为 $L = N2a$, 根据玻恩–卡门周期性边界条件, 有

$$q = \frac{2\pi}{N2a}l \quad \left(l = -\frac{N}{2}, -\frac{N}{2}+1, \cdots, 0, 1, 2, \cdots, \frac{N}{2}\right) \tag{2.25}$$

由 N 个原胞构成的一维双原子链, 其晶格振动波矢 q 的可能取值个数与原胞数相等; 每个原胞中有两个原子, 系统的自由度数为 $2N$, 总的格波数目即独立振动模式数, 与系统的自由度数相等, 这是普遍的结论.

2.3.2　声学波和光学波

一维双原子链晶格振动的色散关系有两支, 取正号的一支频率比较大, 称为光频支, 取负号的一支称为声频支; ω_+ 对应的格波称为光学波, ω_- 对应的格波称为声学波.

在长波极限 $(q \to 0)$ 下, 对于光学波 ω_+, 由式 (2.22) 得

$$\left(\frac{B}{A}\right)_+ = -\frac{m}{M} \tag{2.26}$$

即光学波描述原胞质心不动, 原子相对于质心的振动; 对于声学波 ω_-, 有

$$\left(\frac{B}{A}\right)_- = 1 \tag{2.27}$$

即声学波描述原胞质心的振动.

在短波极限下, 即在布里渊区边界$q = \dfrac{\pi}{2a}$ 处, 由于 $\cos qa = 0$, 同样由式 (2.22) 得到: 对于光学波 ω_+, $B = 0$, 这是波节在大原子处的驻波; 对于声学波 ω_-, $A = 0$, 这是波节在小原子处的驻波. 在短波极限下, 光学波和声学波都是驻波.

2.4　三维晶格振动的一般结论

对于 N 个原胞组成的三维晶体, 设每个原胞中有 γ 个原子, 该晶体的晶格振动有以下三个一般结论:

(1) 格波共有 3γ 支, 其中 3 支声频支, 其余 $3(\gamma-1)$ 支为光频支;

(2) 每支格波有 N 个振动模;

(3) 共有 $3\gamma N$ 个振动模.

2.5　简正坐标和声子

为简明起见, 以一维单原子链为例. 在简谐近似和最近邻近似下, 原子链的能

量为

$$H = T + U = \sum_n \frac{1}{2} m\dot{u}_n^2 + \sum_n \frac{1}{2}\beta(u_n - u_{n-1})^2 \tag{2.28}$$

在简谐近似下, 晶格振动可以由振动模的线性叠加表示

$$u_n(t) = \frac{1}{\sqrt{Nm}} \sum_q Q_q(t) \mathrm{e}^{\mathrm{i}qna} \tag{2.29}$$

在数学上, $\mathrm{e}^{\mathrm{i}qna}$ 构成正交归一的完备函数集, 上式是严格的. 其中展开系数 $Q_q(t)$ 称为简正坐标, 通常是复数. 由于原子的振动位移 $u_n(t)$ 为实量, 即

$$u_n^*(t) = u_n(t) \tag{2.30}$$

要求简正坐标 $Q_q(t)$ 满足

$$Q_q^*(t) = Q_{-q}(t) \tag{2.31}$$

可以证明, 整个晶格振动系统的哈密顿量为

$$H = T + U = \sum_q \frac{1}{2}(|p_q|^2 + \omega_q^2 |Q_q|^2) \tag{2.32}$$

其中 $p_q = \dot{Q}_q$ 称为正则动量. 该式说明, 晶格振动的哈密顿量可表述为各独立振动模式即格波的能量之和; 而每一个独立振动模式的能量

$$h_q = \frac{1}{2}|p_q|^2 + \frac{1}{2}\omega_q^2 |Q_q|^2 \tag{2.33}$$

为正则坐标表达的简谐振子的能量. 按照量子力学, 一个简谐振子的能量本征值为

$$\varepsilon_q = \left(n_q + \frac{1}{2}\right)\hbar\omega_q \tag{2.34}$$

其中 n_q 取 0, 1, 2 等整数值. 晶格振动的能量量子 $\hbar\omega_q$ 称为声子. 晶格振动的总能量表示为

$$E = \sum_q \left(n_q + \frac{1}{2}\right)\hbar\omega_q \tag{2.35}$$

晶格振动的能量是量子化的, 其能量量子称为声子; 整个晶格振动的运动状态可用声子气体来描述.

声子是固体材料中的一个基本的能量量子, 对材料的多方面性质都有着重要的影响. 热传导现象就是声子运动和相互作用的结果; 声子对材料的电阻有重要的影响, 金属电阻随温度升高而增大的现象主要就是声子增多, 对电子散射增强的结果; 声子还在超导现象中扮演着重要的角色, 声子与电子相互作用, 使两个电子结合成库珀 (Cooper) 对, 从而产生超导现象.

2.6 固 体 比 热

固体的定容热容定义为

$$C_V = \left(\frac{\partial E}{\partial T}\right)_V \tag{2.36}$$

其中 E 是固体的内能. 固体的内能 E 包括晶格系统的内能 $E_{\rm L}$ 和电子系统的内能 $E_{\rm e}$, 相应地固体的定容热容量可以写为

$$C_V = \left(\frac{\partial (E_{\rm L} + E_{\rm e})}{\partial T}\right)_V = C_{V{\rm L}} + C_{V{\rm e}} \tag{2.37}$$

其中$C_{V{\rm L}} = \left(\frac{\partial E_{\rm L}}{\partial T}\right)_V$ 称为晶格热容量, $C_{V{\rm e}} = \left(\frac{\partial E_{\rm e}}{\partial T}\right)_V$ 称为电子系统热容量. 电子系统热容量在低温下比较显著.

本节只讨论晶格热容量 $C_{V{\rm L}}$. 为简化记号, 略去表示晶格系统的下脚标 L, 将 $E_{\rm L}$ 简记作 E, 将晶格热容量 $C_{V{\rm L}}$ 简记作 C_V.

下面只讨论简单晶格的情况, 复式晶格的讨论请见附录 2.

2.6.1 晶格比热的经典困难

对于由 N 个原子构成的三维简单晶格, 晶格热容量在高温下的实验结果为 $3Nk_{\rm B}$, 在低温下, 热容量按 T^3 趋于零.

经典理论中, 由能量均分定理得到, 原子的每一个自由度的平均能量是 $k_{\rm B}T$, 则 N 个原子构成的三维晶体的内能为

$$E = 3Nk_{\rm B}T \tag{2.38}$$

晶格热容量为

$$C_V = \left(\frac{\partial E}{\partial T}\right)_V = 3Nk_{\rm B} \tag{2.39}$$

这是一个与温度无关的常量. 上式的结果称为杜隆–珀蒂定律.

经典的杜隆–珀蒂定律, 在高温下与实验结果符合很好, 但是无法解释晶格热容量在低温下趋于零的实验结果. 这是经典物理理论遇到的一个不能解决的困难问题, 只有晶格振动的量子理论, 才能正确地解释晶格热容量在低温下趋于零的实验结果.

2.6.2 晶格振动能量和比热

晶格振动的能量是量子化的, 频率为 ω 的晶格振动能量为 $\left(n+\frac{1}{2}\right)\hbar\omega$, 其中 n 是声子数. 在温度为 T 时, 其平均能量为

$$E(\omega)=\frac{\hbar\omega}{\mathrm{e}^{\hbar\omega/k_{\mathrm{B}}T}-1}+\frac{1}{2}\hbar\omega \tag{2.40}$$

考虑由 N 个原子构成的三维晶体, 该晶体有 3 支声频支格波, 共 $3N$ 个振动模. 该晶体总的晶格振动能量为

$$E(T)=\sum_{i=1}^{3N}\left(\frac{\hbar\omega_i}{\mathrm{e}^{\hbar\omega_i/k_{\mathrm{B}}T}-1}+\frac{1}{2}\hbar\omega_i\right) \tag{2.41}$$

其中 ω_i 是第 i 个振动模的振动频率.

由上式得到晶格热容量为

$$C_V=\sum_{i=1}^{3N}k_{\mathrm{B}}\left(\frac{\hbar\omega_i}{k_{\mathrm{B}}T}\right)^2\frac{\mathrm{e}^{\hbar\omega_i/k_{\mathrm{B}}T}}{(\mathrm{e}^{\hbar\omega_i/k_{\mathrm{B}}T}-1)^2} \tag{2.42}$$

这就是晶格热容量的计算公式, 具体将晶格的 $3N$ 个振动模振动频率 ω_i 代入计算求和.

2.6.3 爱因斯坦模型

上面的晶格热容量的计算公式是量子理论的结果, 但是计算求和比较繁杂. 在爱因斯坦模型中, 认为 $3N$ 个振动模的振动频率 ω_i 都相同, 记作 ω_{E}, 称为爱因斯坦频率, 这样, 晶格振动能量和晶格热容量分别为

$$E(T)=3N\left(\frac{\hbar\omega_{\mathrm{E}}}{\mathrm{e}^{\hbar\omega_{\mathrm{E}}/k_{\mathrm{B}}T}-1}+\frac{1}{2}\hbar\omega_{\mathrm{E}}\right) \tag{2.43}$$

$$C_V=3Nk_{\mathrm{B}}\left(\frac{\hbar\omega_{\mathrm{E}}}{k_{\mathrm{B}}T}\right)^2\frac{\mathrm{e}^{\hbar\omega_{\mathrm{E}}/k_{\mathrm{B}}T}}{(\mathrm{e}^{\hbar\omega_{\mathrm{E}}/k_{\mathrm{B}}T}-1)^2} \tag{2.44}$$

该结果在高温下 $C_V\to 3Nk_{\mathrm{B}}$, 与实验结果相一致, 低温下 $C_V\to 0$, 解决了经典理论无法解释的晶格热容量在低温下趋于零的实验结果. 爱因斯坦模型虽然得到低温下 $C_V\to 0$ 的结果, 但是, 由于该模型过于简单, 其结果是低温下晶格热容量随温度以指数方式趋于零, 这与实验规律是不同的.

下面学习更精细的德拜模型.

2.6.4 德拜模型

德拜模型把晶体看成是连续介质, 对于简单晶体, 德拜模型有两点近似.

1. 线性色散关系近似

$$\omega = vq \tag{2.45}$$

其中 v 是格波的波速. 为简明起见, 假定纵的和横的格波波速相同.

2. 球形等频面近似

$$q_x^2 + q_y^2 + q_z^2 = \frac{\omega^2}{v^2} \tag{2.46}$$

在计算晶格热容量之前, 首先讨论一下德拜模型的频率分布函数, 即态密度 $\rho(\omega)$. 由频率空间与波矢空间的等式

$$\rho(\omega)\mathrm{d}\omega = W(q)4\pi q^2\mathrm{d}q \tag{2.47}$$

其中 $W(q) = \left(\dfrac{Na}{2\pi}\right)^3 = \dfrac{V}{(2\pi)^3}$ 是波矢空间的态密度, V 是晶体体积, 则态密度为

$$\rho(\omega) = \frac{V}{2\pi^2 v^3}\omega^2 = A\omega^2 \tag{2.48}$$

系数 $A = \dfrac{V}{2\pi^2 v^3}$ 由下式确定

$$3N = \int_0^{\omega_\mathrm{D}} \rho(\omega)\mathrm{d}\omega = \frac{1}{3}A\omega_\mathrm{D}^3 \tag{2.49}$$

ω_D 是由总状态数决定的积分上限, 称为德拜频率, 得

$$\rho(\omega) = 9N\frac{\omega^2}{\omega_\mathrm{D}^3} \tag{2.50}$$

该态密度与 ω^2 成正比, 称为德拜平方态密度.

由于色散关系是准连续的, 晶格热容量计算公式 (2.42) 中的取和可以改用积分表示为

$$C_V = \int_0^{\omega_\mathrm{D}} k_\mathrm{B}\left(\frac{\hbar\omega}{k_\mathrm{B}T}\right)^2 \frac{\mathrm{e}^{\hbar\omega/k_\mathrm{B}T}}{(\mathrm{e}^{\hbar\omega/k_\mathrm{B}T}-1)^2}\rho(\omega)\mathrm{d}\omega \tag{2.51}$$

将德拜平方态密度代入, 为积分方便, 令 $\xi = \dfrac{\hbar\omega}{k_\mathrm{B}T}$, $\xi_\mathrm{D} = \dfrac{\hbar\omega_\mathrm{D}}{k_\mathrm{B}T} = \dfrac{\Theta_\mathrm{D}}{T}$, 其中 $\Theta_\mathrm{D} = \dfrac{\hbar\omega_\mathrm{D}}{k_\mathrm{B}}$ 称为德拜温度, 则上式改写为

$$C_V = 9Nk_\mathrm{B}\left(\frac{T}{\Theta_\mathrm{D}}\right)^3 \int_0^{\xi_\mathrm{D}} \frac{\xi^4\mathrm{e}^\xi}{(\mathrm{e}^\xi-1)^2}\mathrm{d}\xi \tag{2.52}$$

首先分析高温 ($T \gg \Theta_m$) 情况下的晶格热容. 这时, 由于 $\xi \ll 1$, 上式简化为

$$C_V \to 9Nk_{\rm B}\left(\frac{T}{\Theta_{\rm D}}\right)^3\int_0^{\xi_{\rm D}}\xi^2{\rm d}\xi = 3Nk_{\rm B} \tag{2.53}$$

在高温时与实验结果符合很好.

在低温情况下, 式 (2.52) 简化为

$$\begin{aligned}C_V &\to 9Nk_{\rm B}\left(\frac{T}{\Theta_{\rm D}}\right)^3\int_0^{\infty}\frac{\xi^4{\rm e}^\xi}{({\rm e}^\xi-1)^2}{\rm d}\xi\\ &= 9Nk_{\rm B}\left(\frac{T}{\Theta_{\rm D}}\right)^3\frac{4\pi^4}{15} = \frac{12\pi^4}{5}Nk_{\rm B}\frac{T^3}{\Theta_{\rm D}^3}\end{aligned} \tag{2.54}$$

得到低温下晶格热容量以 T^3 趋于零, 与实验结果符合很好, 上式常称为德拜 T^3 定律.

德拜模型与实际晶体的差别, 使得在低温下的理论结果与实验结果的数值会有所不同, 这可以通过调节理论表示式中的德拜温度 $\Theta_{\rm D}$, 使理论与实验尽量符合.

2.7 具有在位势的原子链的晶格振动

原子链中原子之间存在相互作用势能, 同时可能存在与邻近原子无关的在位 (on-site) 势能. 近年来, 随着生物神经信号传输、聚合物中能量输运、约瑟夫森结阵列等方面的研究, 作为神经、聚合物、约瑟夫森结阵列等一维系统基本物理模型的一维双原子链的研究得到拓展. 特别是具有在位势的一维 Klein-Gordon 双原子链 (Gorbach et al., 2003) 和 β-FPU 双原子链 (Maniadis et al., 2003) 备受关注.

2.7.1 具有在位势的运动方程和色散关系

相邻原子之间平衡距离为 a 的一维双原子链, 原子质量分别为 M 与 m ($M > m$), 以 u_{2n} 表示第 n 个原胞内质量为 M 的原子离开平衡位置 $x_{2n}^0 = 2na$ 的位移, 以 u_{2n+1} 表示第 n 个原胞内质量为 m 的原子离开平衡位置 $x_{2n+1}^0 = (2n+1)a$ 的位移.

简谐近似下, 具有在位势的一维双原子链晶格振动哈密顿量为

$$\begin{aligned}H = \sum_n\Big[&\frac{1}{2}M\dot{u}_{2n}^2 + \frac{1}{2}m\dot{u}_{2n+1}^2 + \frac{1}{2}\beta(u_{2n}-u_{2n+1})^2\\ &+ \frac{1}{2}\beta(u_{2n+1}-u_{2n+2})^2 + \frac{1}{2}\eta u_{2n}^2 + \frac{1}{2}\eta u_{2n+1}^2\Big]\end{aligned} \tag{2.55}$$

其中 β 是最近邻原子之间相互作用的力常数, η 是在位势能的力常数. 相应的晶格振动运动方程为

$$M\ddot{u}_{2n} = -\beta(2u_{2n} - u_{2n+1} - u_{2n-1}) - \eta u_{2n} \tag{2.56a}$$

$$m\ddot{u}_{2n+1} = -\beta(2u_{2n+1} - u_{2n+2} - u_{2n}) - \eta u_{2n+1} \tag{2.56b}$$

线性齐次方程组 (2.56) 有行波解

$$u_{2n} = A\mathrm{e}^{\mathrm{i}[\omega t - q(2n)a]} \tag{2.57a}$$

$$u_{2n+1} = B\mathrm{e}^{\mathrm{i}[\omega t - q(2n+1)a]} \tag{2.57b}$$

代入运动方程 (2.56), 得

$$(M\omega^2 - 2\beta - \eta)A + 2\beta\cos(qa)B = 0 \tag{2.58a}$$

$$2\beta\cos(qa)A + (m\omega^2 - 2\beta - \eta)B = 0 \tag{2.58b}$$

这是关于 A 和 B 的线性齐次方程组. A 与 B 有非零解的条件是方程组 (2.58) 的系数行列式为零, 得到晶格振动色散关系

$$\omega_\pm^2 = \frac{1}{2}\left\{\frac{2\beta+\eta}{m} + \frac{2\beta+\eta}{M} \pm \left[\left(\frac{2\beta+\eta}{m} - \frac{2\beta+\eta}{M}\right)^2 + \frac{16\beta^2\cos^2(qa)}{Mm}\right]^{1/2}\right\} \tag{2.59}$$

下面讨论在位势对色散关系的影响.

2.7.2　在位势对色散关系的影响

记

$$\omega_1^2 = 0, \quad \omega_2^2 = \frac{2\beta}{M}, \quad \omega_3^2 = \frac{2\beta}{m}, \quad \omega_4^2 = 2\beta\left(\frac{1}{M} + \frac{1}{m}\right) = \frac{2\beta}{\mu}$$

ω_1、ω_2、ω_3 和 ω_4 分别是无在位势时的声频支底、声频支顶、光频支底和光频支顶的频率. 其中 μ 是两种原子的约化质量, $\mu = \dfrac{Mm}{M+m}$. 这时, 色散关系式 (2.59) 写为

$$\omega_\pm^2 = \frac{1}{2}\{\omega_4^2 + \Omega_m^2 + \Omega_M^2 \pm [(\omega_3^2 - \omega_2^2 + \Omega_m^2 - \Omega_M^2)^2 + 4\omega_3^2\omega_2^2\cos^2(qa)]^{1/2}\} \tag{2.60}$$

其中 $\Omega_m = \sqrt{\dfrac{\eta}{m}}$ 和 $\Omega_M = \sqrt{\dfrac{\eta}{M}}$ 分别是只具有 (简谐) 在位势能的孤立轻、重原子的振动频率.

记两种原子的质量比为 $p = \dfrac{M}{m}$, 则 $\omega_3^2 = p\omega_2^2$, $\omega_4^2 = (p+1)\omega_2^2$ 以及 $\Omega_m^2 = p\Omega_M^2$, 上式改写为

$$\omega_\pm^2 = \frac{1}{2}\{(p+1)(\omega_2^2 + \Omega_M^2) \pm [(p-1)^2(\omega_2^2 + \Omega_M^2)^2 + 4p\omega_2^4\cos^2(qa)]^{1/2}\}$$

记 $\lambda = \dfrac{\eta}{2\beta}$, 表示在位势的相对强度, 则 $\Omega_M^2 = \lambda\omega_2^2$. 色散关系进一步改写为

$$\omega_\pm^2 = \frac{1}{2}\omega_2^2\{(p+1)(\lambda+1) \pm [(p-1)^2(\lambda+1)^2 + 4p\cos^2(qa)]^{1/2}\} \tag{2.61}$$

在布里渊区边界 $q_B = \pi/2a$ 处

$$\omega_\pm(q_B)^2 = \begin{cases} \omega_3^2 + \Omega_m^2 \\ \omega_2^2 + \Omega_M^2 \end{cases} \tag{2.62}$$

在位势的存在使声频支顶 $\omega_-(q_B)$ 和光频支底 $\omega_+(q_B)$ 有不同程度的升高. 由于 $\Omega_m > \Omega_M$, 所以在位势使晶格振动频隙变宽.

在布里渊区中心 $q = 0$, 有

$$\omega_\pm(0)^2 = \frac{1}{2}\omega_2^2\{(p+1)(\lambda+1) \pm [(p-1)^2(\lambda+1)^2 + 4p]^{1/2}\} \tag{2.63}$$

显然, $\omega_-(0) \neq 0$, 在此出现了频隙, 这是有在位势时色散关系的一个显著特征.

图 2.3 是取 $p = 2$, 即 $M = 2m$, 对于 $\lambda = \dfrac{\eta}{2\beta}$ 分别为 0 (虚线)、0.1 (实线) 和 0.3 (点划线) 时的色散关系. $\lambda = 0$ 时的色散关系就是大家熟知的

$$\omega_\pm^2 = \frac{1}{2}\{\omega_3^2 + \omega_2^2 \pm [(\omega_3^2 - \omega_2^2)^2 + 4\omega_3^2\omega_2^2\cos^2(qa)]^{1/2}\} \tag{2.64}$$

随着在位势的增大, 色散关系 $\omega(q)$ 各处均有不同程度的升高; 对于非零的在位势, 声频支在布里渊区中心的 $\omega_-(0)$ 不再为零, 且随在位势的增大而增大.

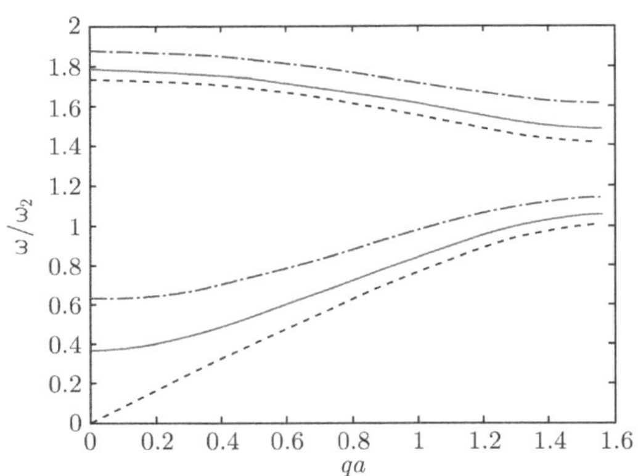

图 2.3　相互作用势不变情况下不同强度在位势时的色散关系

图中取 $M = 2m$, $\lambda = \dfrac{\eta}{2\beta}$ 分别为 0(虚线)、0.1(实线) 和 0.3(点划线)

而对于 $\beta = 0$, 即原子之间无相互作用的不连续 (AC) 极限下, 式 (2.60) 化为

$$\omega_\pm = \begin{cases} \Omega_m = \sqrt{\dfrac{\eta}{m}} \\ \Omega_M = \sqrt{\dfrac{\eta}{M}} \end{cases} \tag{2.65}$$

这是孤立原子在简谐在位势作用下的振动频率. 当原子之间有相互作用时, 彼此独立的一列原子就形成原子链, 互相耦合在一起的原子振动就形成格波.

2.7.3　在位势对于长声学模的影响

对于无在位势 ($\eta = 0$) 时声学模的振动图像, 由式 (2.58b) 得

$$\left(\frac{A}{B}\right)_{-} = -\frac{m\omega_{-}^{2}(q) - 2\beta}{2\beta\cos(qa)} \tag{2.66}$$

对于长声学模, 当 $q \to 0$ 时 $\omega_{-}(q) \to 0$, 因此

$$\left(\frac{A}{B}\right)_{-} \to 1 \tag{2.67}$$

表明无在位势时长声学模的振动中, 原胞中两种原子的运动是完全一致的, 振幅和相位都没有差别, 或者说长声学模的振动是原胞质心的振动.

有在位势时, 式 (2.66) 变为

$$\left(\frac{A}{B}\right)_{-} = -\frac{m\omega_{-}^{2}(q) - 2\beta - \eta}{2\beta\cos(qa)} \tag{2.68}$$

对于低频支的长波振动模, $q \to 0$ 时, 上式为

$$\left(\frac{A}{B}\right)_{-} = 1 + \frac{\eta}{2\beta} - \frac{m\omega_{-}^{2}(0)}{2\beta} \tag{2.69}$$

将式 (2.63) 代入, 得

$$\left(\frac{A}{B}\right)_{-} = 1 + \lambda - \frac{1}{2p}\{(p+1)(\lambda+1) - [(p-1)^{2}(\lambda+1)^{2} + 4p]^{1/2}\} \tag{2.70}$$

以原子质量比 $p = \dfrac{M}{m} = 2$ 为例, 这时

$$\left(\frac{A}{B}\right)_{-} = \frac{1}{4} + \frac{\lambda}{4} + \frac{1}{4}[(\lambda+1)^{2} + 8]^{1/2} \tag{2.71}$$

低频支长波振动模的振幅比 $\left(\dfrac{A}{B}\right)_{-}$ 随在位势的增大而单调增大. 只有无在位势 ($\eta = 0$ 即 $\lambda = \dfrac{\eta}{2\beta} = 0$) 时, $\left(\dfrac{A}{B}\right)_{-} \to 1$, 原胞中两种原子运动的振幅和相位完全一致; 在位势的存在, 使原胞中两种原子运动的振幅不再相同, 低频支长波振动模不再是原胞质心的运动.

色散曲线具有 $q \to 0$ 时 $\omega = 0$ 特征的格波称为声学模. 具有在位势的一维双原子链的晶格振动色散曲线, 在 $q \to 0$ 时出现能隙, 且能隙的大小随在位势的增大而单调增大; 具有在位势的一维双原子链的晶格振动将不存在声学模, 两支格波都

是光学模 (Kivshar et al., 1992). 无在位势时一维双原子链晶格振动的长声学模振动是原胞质心的运动, 原胞中两种原子运动的振幅和相位完全一致. 有在位势时, 原胞中两种原子运动的振幅不再一致, 两种原子运动的振幅比随在位势的增大而单调增大.

2.8 非简谐效应和非线性晶格

2.8.1 非简谐效应

在晶体原子相互作用势能的泰勒展开式中, 三次方项和三次方以上的项称为非简谐项, 由非简谐项引起的效应称为非简谐效应. 典型的非简谐效应有热膨胀和热传导, 在二次势能的简谐近似下, 不可能分析普遍熟知的热膨胀现象, 也不可能分析热阻的产生. 非简谐项在有些物理现象的分析中, 是必不可少的.

2.8.2 非简谐项对色散关系的影响

对于一维单原子链晶格振动的色散关系, 考虑非简谐项的作用, 将产生色散关系的分裂, 出现禁带, 由于是自身的非线性作用的结果, 故称为自诱导禁带 (self-induced gap), 相应地出现自诱导禁带孤子 (self-induced gap soliton) 现象. 下面讨论非简谐项对一维双原子链晶格振动色散关系的影响.

非线性作用下的色散关系

考虑一般的一维双原子链, 即在一条直线上相间地排列着质量为 m 与 M 的原子 ($m < M$), 相邻的原子之间的平衡距离为 a, 即原胞的大小为 $2a$. 以 v_{2k} 表示第 k 个原胞内质量为 m 的原子离开平衡位置 $2ka$ 的位移, 以 w_{2k+1} 表示第 k 个原胞内质量为 M 的原子离开平衡位置 $(2k+1)a$ 的位移.

首先回顾一下简谐近似下线性链的情况. 在简谐近似下原子之间的相互作用力是线性回复力, 设相邻原子之间的力常数为 β, 只考虑最近邻相互作用, 则第 k 个原胞内两个原子的运动方程为

$$m\frac{\mathrm{d}^2 v_{2k}}{\mathrm{d}t^2} = \beta(w_{2k+1} + w_{2k-1} - 2v_{2k}) \tag{2.72a}$$

$$M\frac{\mathrm{d}^2 w_{2k+1}}{\mathrm{d}t^2} = \beta(v_{2(k+1)} + v_{2k} - 2w_{2k+1}) \tag{2.72b}$$

其中 $k = 0, \pm1, \pm2, \cdots$. 这是一个无穷多个方程联立的方程组, 该方程组有行波解

$$v_{2k} = P\mathrm{e}^{\mathrm{i}(2kqa-\omega t)} \tag{2.73a}$$

$$w_{2k+1} = Q\mathrm{e}^{\mathrm{i}[(2k+1)qa-\omega t]} \tag{2.73b}$$

代入方程 (2.72), 得

$$\omega_{\pm}^2=\beta\frac{1}{mM}\left\{(m+M)\pm(M-m)\left[1+\frac{4mM\cos^2(qa)}{(M-m)^2}\right]^{1/2}\right\} \tag{2.74}$$

这是大家熟知的一维双原子链在简谐近似下的色散关系. 注意到在布里渊区边界 $q=\pi/2a$ 处, 有

$$m\omega_+^2=2\beta \tag{2.75a}$$

$$M\omega_-^2=2\beta \tag{2.75b}$$

式 (2.75a) 对应于 $Q=0$, 即在布里渊区边界处光学波对应于轻原子的振动而重原子静止; 式 (2.75b) 对应于 $P=0$, 即在布里渊区边界处声学波对应于重原子的振动而轻原子静止.

下面讨论非简谐项存在的非线性链晶格振动的色散关系. 由于问题的复杂性, 考虑以下两个限制条件.

(1) 只讨论原子在位 (on-site) 对称势, 考虑有如下形式的三次方在位非线性作用力的运动方程

$$m\frac{\mathrm{d}^2v_{2k}}{\mathrm{d}t^2}=\beta(w_{2k+1}+w_{2k-1}-2v_{2k})+\alpha|v_{2k}|^2v_{2k} \tag{2.76a}$$

$$M\frac{\mathrm{d}^2w_{2k+1}}{\mathrm{d}t^2}=\beta(v_{2(k+1)}+v_{2k}-2w_{2k+1})+\alpha|w_{2k+1}|^2w_{2k+1} \tag{2.76b}$$

其中 α 称为非线性系数; 当 $\alpha=0$ 时, 就是线性链情况.

(2) 只讨论小振动情况. 在小振动情况下, 该非线性链具有与方程 (2.72) 形式相同的行波解式 (2.73).

将行波解式 (2.73) 代入非线性运动方程 (2.76), 得

$$-m\omega^2P=\beta(Q\mathrm{e}^{\mathrm{i}qa}+Q\mathrm{e}^{-\mathrm{i}qa}-2P)+\alpha P^3 \tag{2.77a}$$

$$-M\omega^2Q=\beta(P\mathrm{e}^{\mathrm{i}qa}+P\mathrm{e}^{-\mathrm{i}qa}-2Q)+\alpha Q^3 \tag{2.77b}$$

方程 (2.77a) 两边同时除以 P, 方程 (2.77b) 两边同时除以 Q, 得

$$m\omega^2-2\beta+\alpha P^2=-2\beta\cos(qa)\frac{Q}{P} \tag{2.78a}$$

$$M\omega^2-2\beta+\alpha Q^2=-2\beta\cos(qa)\frac{P}{Q} \tag{2.78b}$$

该两式相乘, 给出

$$(m\omega^2-2\beta+\alpha P^2)(M\omega^2-2\beta+\alpha Q^2)=[2\beta\cos(qa)]^2 \tag{2.79}$$

易求出

$$\omega_{\pm}^2 = \frac{1}{2mM}\left\{m(2\beta-\alpha Q^2)+M(2\beta-\alpha P^2)\pm[M(2\beta-\alpha P^2)-m(2\beta-\alpha Q^2)]\right.$$
$$\left.\cdot\sqrt{1+\frac{4mM[2\beta\cos(qa)]^2}{[M(2\beta-\alpha P^2)-m(2\beta-\alpha Q^2)]^2}}\right\} \tag{2.80}$$

这就是考虑非线性作用之后 (方程组 (2.76)) 小振动情况下的色散关系; 当非线性系数 α=0 时, 该式退化为线性链的色散关系式 (2.74).

在布里渊区边界 $q=\pi/2a$ 附近, 有

$$\omega_+^2 = \frac{2\beta-\alpha P^2}{m}+\frac{[2\beta\cos(qa)]^2}{M(2\beta-\alpha P^2)-m(2\beta-\alpha Q^2)} \tag{2.81a}$$

$$\omega_-^2 = \frac{2\beta-\alpha Q^2}{M}-\frac{[2\beta\cos(qa)]^2}{M(2\beta-\alpha P^2)-m(2\beta-\alpha Q^2)} \tag{2.81b}$$

在布里渊区边界 $q=\pi/2a$ 处, 有

$$m\omega_+^2 = 2\beta-\alpha P^2 \tag{2.82a}$$

$$M\omega_-^2 = 2\beta-\alpha Q^2 \tag{2.82b}$$

以上在小振动情况下, 讨论一维非线性双原子链晶格振动的色散关系. 对于三次方在位 (on-site) 非线性力的作用, 得到了一维双原子链晶格振动的色散关系. 在该非线性力作用下, 色散关系在布里渊区边界处降低 ($\alpha>0$) 或升高 ($\alpha<0$). 对于光学波, 色散关系降低或升高的大小与轻原子晶格振动的幅度平方有关; 对于声学波, 色散关系降低或升高的大小与重原子晶格振动的幅度平方有关.

孤子是非线性作用的现象, 近年来在实验和理论上得到广泛的研究. 在一维双原子链中考虑非线性作用后也发现了孤子现象, 并且是禁带孤子 (gap soliton).

对于一维单原子链, 在考虑非简谐项作用时, 色散关系会发生分裂, 产生自诱导禁带; 晶格振动会产生自诱导禁带孤子. 一维双原子链, 在非简谐项作用下, 色散关系的禁带会发生变化, 并可能产生禁带孤子.

2.8.3 非线性晶格简介

考虑非线性作用力的晶格称为非线性晶格, 户田 (Toda) 晶格是一个非线性晶格. 把晶体看成具有质量的非线性弹簧拉成的链条, 以 $r_n(t)$ 表示第 n 个弹簧关于它的平衡位置的偏离, 一般地可得到运动方程组

$$m\ddot{r}_n = 2f(r_n)-f(r_{n+1})-f(r_{n-1}) \tag{2.83}$$

其中 $n=0, \pm1, \pm2, \cdots$; $f(r)$ 表示弹簧的作用力. 当 $f(r)$ 为线性函数时, 如 $f(r)=-\gamma r$, 就是我们前面讨论的原子链的振动情况. 户田假设

$$f(r)=-\alpha(1-\mathrm{e}^{-\beta r}) \tag{2.84}$$

户田经过分析, 得到了户田晶格振动的孤子解.

附录 1　原子链与均匀杆纵振动的色散关系比较

固体物理中晶体原子的分立性对于晶格振动、电子的能量特征 (能带) 等具有极其重要的作用. 布里渊区的存在是原子分立性的直接结果. 均匀杆的纵振动、弦的横振动等连续系统的振动则不存在布里渊区. 下面比较一维单原子链晶格振动与均匀杆纵振动的运动方程和色散关系. 以一维单原子链为例, 阐述分立系统与连续系统的联系与区别, 分析与分立性相联系的一些运动特性.

1. **运动方程**

为简明起见, 本文讨论无限长的一维单原子链和无限长的均匀杆.

线密度为 ρ 的均匀杆自由纵振动的运动方程为

$$\rho\frac{\partial^2 u}{\partial t^2}=Y\frac{\partial^2 u}{\partial x^2} \tag{2.85}$$

这是一个二阶偏微分方程, 其中 $u(x,t)$ 是杆上各点的纵向位移, Y 是杆的杨氏模量.

一维单原子链与均匀杆在实空间中的不同, 主要是质量分布不同. 一维单原子链的原子是分立周期排列的, 而均匀杆的质量分布是连续均匀的. 由导数与差商的近似关系

$$\frac{\mathrm{d}y}{\mathrm{d}x}\approx\frac{\Delta y}{\Delta x}=\frac{y(x+\Delta x)-y(x)}{\Delta x} \tag{2.86}$$

以及二阶导数可近似为差商的差商

$$\frac{\mathrm{d}^2 y}{\mathrm{d}x^2}\approx\frac{1}{(\Delta x)^2}[y(x+\Delta x)+y(x-\Delta x)-2y(x)] \tag{2.87}$$

代入运动方程 (2.85) 的右边, 得

$$\rho\frac{\partial^2 u}{\partial t^2}=\frac{Y}{(\Delta x)^2}[u(x+\Delta x)+u(x-\Delta x)-2u(x)] \tag{2.88}$$

记

$$\Delta x=a,\quad \rho=\frac{m}{a},\quad \frac{Y}{a}=\beta \tag{2.89}$$

就得到原子质量为 m、相邻原子之间平衡距离为 a 的一维单原子链晶格振动的运动方程

$$m\frac{\partial^2 u_n}{\partial t^2}=\beta(u_{n+1}+u_{n-1}-2u_n) \tag{2.90}$$

其中 $x=na$ 是第 n 个原子的平衡位置, 并记 $u_n=u(x_n)$, β 是相邻原子之间的力常数.

一维单原子链与均匀杆在实空间中具有相似之处. 一维单原子链可以看做是由力常数为 β、平衡长度为 a 的轻弹簧连接起来的原子链, 而均匀杆的质量分布是连续的. 一维单原子链晶格振动与均匀杆自由纵振动的运动方程, 在数学上存在内在的联系.

2. 色散关系

均匀杆自由纵振动的运动方程是线性齐次偏微分方程, 该方程有行波解. 为了分析色散关系, 行波解取为平面波形式

$$u=A\mathrm{e}^{\mathrm{i}(\omega t-qx)} \tag{2.91}$$

其中 ω 和 q 分别是波的频率和波矢, A 是波幅. 平面波解式 (2.91) 代入运动方程 (2.85), 得到均匀杆纵振动的色散关系

$$\omega=v_{\mathrm{s}}q \tag{2.92}$$

其中 $v_{\mathrm{s}}=\sqrt{\dfrac{Y}{\rho}}$ 是杆中的波速. 这是大家熟悉的色散关系, 柔软弦的横振动以及空气中的声波都具有这种形式的色散关系.

一维单原子链晶格振动的运动方程 (2.90) 是一个线性齐次方程组, 也具有行波解. 与均匀杆纵振动色散关系的分析类似, 行波解取为平面波形式

$$u_n=B\mathrm{e}^{\mathrm{i}(\omega t-qna)} \tag{2.93}$$

其中 B 是波幅. 行波解式 (2.93) 代入运动方程 (2.90), 得到一维单原子链晶格振动的色散关系

$$\omega=2\sqrt{\frac{\beta}{m}}\left|\sin\frac{qa}{2}\right| \tag{2.94}$$

一维单原子链晶格振动的色散关系式 (2.94) 与均匀杆纵振动的线性色散关系式 (2.92) 显著不同, 这是一个非线性的色散关系. 另一方面, 一维单原子链晶格振动的波矢 q 具有特定的取值范围 $-\dfrac{\pi}{a}<q\leqslant\dfrac{\pi}{a}$, 称为布里渊区.

虽然一维单原子链晶格振动与均匀杆自由纵振动的运动方程在数学上存在内在的联系, 但是分立的一维单原子链晶格振动与连续的均匀杆自由纵振动的色散关系之间存在很大差异. 这反映了分立系统与连续系统具有不同的振动特性.

下面具体比较分析分立的一维单原子链晶格振动与连续的均匀杆自由纵振动的色散关系, 以及质量分布由分立到连续的变化过程中色散关系的演变.

3. 色散关系的比较分析

晶体中波矢的布里渊区的存在, 是原子分立周期排布的结果. 布里渊区的边界 $q_{\mathrm{B}}=\dfrac{\pi}{a}$ 给出了周期为 a 的一维分立系统中可能存在的最大波矢, 或者说, 限定了周期为 a 的一维分立系统中可能存在的最小波长为 $\lambda_{\mathrm{B}}=2a$. 对于波长小于 λ_{B} 的振动, 在间距为 a 的分立系统中是没有实际意义的. 在连续系统中对波长的大小没有这样的限制, 波长多么小的振动都可能存在.

在长波极限 $\lambda\to\infty$(或 $q\to 0$), 一维单原子链晶格振动的色散关系近似为

$$\omega=a\sqrt{\frac{\beta}{m}}q \tag{2.95}$$

长波极限的晶格振动色散关系是线性的. 对于参量之间的关系式 (2.89), 上式就是均匀杆纵振动的色散关系 $\omega=\sqrt{\dfrac{Y}{\rho}}q$.

在长波极限下, $\lambda\gg a$, 原子链中原子排列的分立性对于长波长的晶格振动已经没有明显的影响. 分立的一维单原子链中长波长晶格振动的色散关系, 与连续的均匀杆纵振动的色散关系是一样的.

下面讨论质量分布由分立到连续的变化过程中色散关系的演变.

原子质量为 m、相邻原子间距为 a 的一维单原子链晶格振动的色散关系式 (2.94) 如图 2.4 中曲线 1 所示, 纵轴以 $\omega_m=2\sqrt{\dfrac{\beta}{m}}$ 为单位. 图 2.4 中曲线 2 是原子质量为 $m/2$、相邻原子间距为 $a/2$ 的一维单原子链晶格振动的色散关系

$$\omega=2\sqrt{\frac{2\beta}{m/2}}\left|\sin\frac{qa}{4}\right|=2\omega_m\left|\sin\frac{qa}{4}\right| \tag{2.96}$$

其中用到弹簧长度减半则力常数加倍的关系. 曲线 3 和曲线 4 分别是原子质量为 $m/3$、相邻原子间距为 $a/3$ 和原子质量为 $m/4$、相邻原子间距为 $a/4$ 的色散关系. 曲线 ∞ 是均匀杆纵振动的色散关系

$$\omega=2\sqrt{\frac{N\beta}{m/N}}\left|\sin\frac{qa}{2N}\right|\xrightarrow{N\to\infty}\sqrt{\frac{\beta}{m}}qa=\sqrt{\frac{Y}{\rho}}q \tag{2.97}$$

其中用到弹簧长度减为 $1/N$ 时力常数增加为 N 倍的关系.

随着质量分布由分立逐渐向连续变化, 一维单原子链晶格振动的色散关系逐渐演变为均匀杆纵振动的色散关系. 特别是在由分立向连续变化的过程中, 随着原子分立排布的周期缩短, 晶格振动的布里渊区随之增大. 周期缩短为 a/N, 布里渊区

随之增大为原来的 N 倍. 质量连续分布的均匀杆纵振动的波矢取值没有限制.

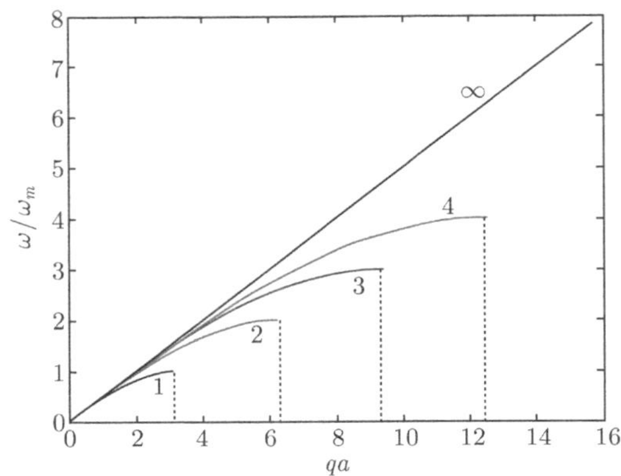

图 2.4　质量分布由分立到连续变化过程中的色散关系

4. 结论和讨论

一维单原子链晶格振动与均匀杆自由纵振动的运动方程, 在数学上存在内在的联系. 一维单原子链与均匀杆在实空间中的不同, 主要是质量分布不同. 一维单原子链的原子是分立周期排列的, 而均匀杆的质量分布是连续均匀的.

虽然一维单原子链晶格振动与均匀杆自由纵振动的运动方程在数学上存在内在的联系, 但是分立的一维单原子链晶格振动与连续的均匀杆自由纵振动的色散关系之间存在很大差异. 这反映了分立系统与连续系统具有不同的振动特性. 分立的一维单原子链晶格振动的波矢具有特定的取值范围, 即布里渊区. 晶体中波矢的布里渊区的存在, 是原子分立周期排布的结果. 布里渊区随晶格周期的缩短而增大. 随着质量分布由分立逐渐向连续变化, 一维单原子链晶格振动的色散关系逐渐演变为均匀杆纵振动的色散关系.

分立性是晶体结构的一个重要特征, 分立性在固体物理中具有重要作用, 分立性使晶格振动、晶体中电子的能量等具有连续体系中不同的性质. 分立性研究也成为化学、生物等领域的重要研究课题. 近年来, 分立呼吸子(discrete breather) 即分立系统中空间局域的时间周期振荡模引起人们的关注; 分立呼吸子存在于晶格振动、生物神经信号传输等过程中. 实际上, 任何一个多粒子体系都是分立的, 如果所讨论问题的空间尺度与粒子间距相当或者不是远大于粒子间距, 分立性都将起到一定作用.

附录 2　光频支格波对晶格热容的贡献

晶格振动的格波有声频支格波和光频支格波两类, 在固体物理学对晶格热容的讨论中, 通常都只考虑声频支格波, 有的教材中则明确限定只讨论简单晶格的晶格热容 (在简单晶格中, 只有声频支格波, 而没有光频支格波). 下面具体分析讨论光频支格波对晶格热容的贡献.

1. 晶格热容的基本公式

晶格振动的能量是量子化的, 频率为 ω 的晶格振动能量为 $\left(n+\dfrac{1}{2}\right)\hbar\omega$, 其中 n 是声子数. 在温度为 T 时, 其平均能量为

$$E(\omega)=\frac{\hbar\omega}{\mathrm{e}^{\hbar\omega/k_{\mathrm{B}}T}-1}+\frac{1}{2}\hbar\omega \tag{2.98}$$

为具体起见, 下面考虑由 N 个基元构成的三维晶体, 每个基元由两个原子构成. 该晶体有 3 支声频支格波, 共 $3N$ 个声频支振动模, 同时有 3 支光频支格波, 共 $3N$ 个光频支振动模. 该晶体总的晶格振动平均能量为

$$E(T)=\sum_{i=1}^{3N}\left(\frac{\hbar\omega_i^A}{\mathrm{e}^{\hbar\omega_i^A/k_{\mathrm{B}}T}-1}+\frac{1}{2}\hbar\omega_i^A\right)+\sum_{i=1}^{3N}\left(\frac{\hbar\omega_i^O}{\mathrm{e}^{\hbar\omega_i^O/k_{\mathrm{B}}T}-1}+\frac{1}{2}\hbar\omega_i^O\right) \tag{2.99}$$

其中 ω_i^A 是第 i 个声频支振动模的振动频率, ω_i^O 是第 i 个光频支振动模的振动频率.

频率分布是准连续的, 上式中的取和可以改用积分表示, 则平均能量写为

$$E(T)=\int_0^{\omega_m^A}\left(\frac{\hbar\omega}{\mathrm{e}^{\hbar\omega/k_{\mathrm{B}}T}-1}+\frac{1}{2}\hbar\omega\right)\rho_A(\omega)\mathrm{d}\omega+\int_{\omega_L^O}^{\omega_m^O}\left(\frac{\hbar\omega}{\mathrm{e}^{\hbar\omega/k_{\mathrm{B}}T}-1}+\frac{1}{2}\hbar\omega\right)\rho_O(\omega)\mathrm{d}\omega \tag{2.100}$$

其中频率分布函数 ρ 满足

$$\int_0^{\omega_m^A}\rho_A(\omega)\mathrm{d}\omega=3N \tag{2.101}$$

积分上限 ω_m^A 是声频支格波的最高振动频率, 同时

$$\int_{\omega_L^O}^{\omega_m^O}\rho_O(\omega)\mathrm{d}\omega=3N \tag{2.102}$$

ω_L^O 和 ω_m^O 分别是光频支格波的最低和最高振动频率.

晶格热容 C_V 为

$$\begin{aligned}C_V=&\int_0^{\omega_m^A}k_{\mathrm{B}}\left(\frac{\hbar\omega}{k_{\mathrm{B}}T}\right)^2\frac{\mathrm{e}^{\hbar\omega/k_{\mathrm{B}}T}}{(\mathrm{e}^{\hbar\omega/k_{\mathrm{B}}T}-1)^2}\rho_A(\omega)\mathrm{d}\omega\\&+\int_{\omega_L^O}^{\omega_m^O}k_{\mathrm{B}}\left(\frac{\hbar\omega}{k_{\mathrm{B}}T}\right)^2\frac{\mathrm{e}^{\hbar\omega/k_{\mathrm{B}}T}}{(\mathrm{e}^{\hbar\omega/k_{\mathrm{B}}T}-1)^2}\rho_O(\omega)\mathrm{d}\omega\end{aligned} \tag{2.103}$$

其中第一个积分是声频支格波对晶格热容的贡献, 记作 C_V^A; 第二个积分是光频支格波对晶格热容的贡献, 记作 C_V^O. 对于简单晶格, 无光频支格波, $C_V^O=0$, 只有声频支格波, 这时 $C_V=C_V^A$, 这就是固体物理学教材中讨论的简单晶格的晶格热容.

2. 光频支格波对晶格热容的贡献

仿照德拜模型对各向同性简单晶格热容的讨论, 现在讨论复式晶格光频支格波对晶格热容的贡献. 首先引入线性色散关系近似, 对于一定的波矢 q, 有一支纵光学波

$$\omega=\omega_m^O-v_l q \tag{2.104}$$

和两支独立的横光学波

$$\omega=\omega_m^O-v_t q \tag{2.105}$$

其中 v_l 和 v_t 分别是纵光学波和横光学波的波速.

在球形等频面近似下, 对于体积为 V 的晶体可以得到光频支格波的频率分布函数

$$\rho_O(\omega)=\frac{3V}{2\pi^2\bar{v}^3}(\omega_m^O-\omega)^2 \tag{2.106}$$

其中

$$\frac{1}{\bar{v}^3}=\frac{1}{3}\left(\frac{1}{v_l^3}+\frac{2}{v_t^3}\right) \tag{2.107}$$

为了使式 (2.106) 满足式 (2.102) 的要求, 可以调节积分下限, 将式 (2.106) 代入式 (2.102), 类似于德拜模型中德拜频率的确定, 可以重新确定积分下限, 这时积分下限记为 ω_l^O. 由式 (2.102), 可以将式 (2.106) 的系数用积分上下限表示为

$$\rho_O(\omega)=9N\frac{(\omega_m^O-\omega)^2}{(\omega_m^O-\omega_l^O)^3} \tag{2.108}$$

代入式 (2.103) 中的第二个积分, 得到光频支格波对晶格热容的贡献

$$C_V^O=9Nk_{\mathrm{B}}\int_{\omega_l^O}^{\omega_m^O}\left(\frac{\hbar\omega}{k_{\mathrm{B}}T}\right)^2\frac{\mathrm{e}^{\hbar\omega/k_{\mathrm{B}}T}}{(\mathrm{e}^{\hbar\omega/k_{\mathrm{B}}T}-1)^2}\frac{(\omega_m^O-\omega)^2}{(\omega_m^O-\omega_l^O)^3}\mathrm{d}\omega \tag{2.109}$$

令 $x=\dfrac{\hbar\omega}{k_{\mathrm{B}}T}$, $x_m=\dfrac{\hbar\omega_m^O}{k_{\mathrm{B}}T}$, $x_l=\dfrac{\hbar\omega_l^O}{k_{\mathrm{B}}T}$, $\Theta_m=\dfrac{\hbar\omega_m^O}{k_{\mathrm{B}}}$, 上式改写为

$$C_V^O=9Nk_{\mathrm{B}}\left(\frac{\omega_m^O}{\omega_m^O-\omega_l^O}\right)^3\int_{x_l}^{x_m}\left(\frac{x^2}{x_m}-2\frac{x^3}{x_m^2}+\frac{x^4}{x_m^3}\right)\frac{\mathrm{e}^x}{(\mathrm{e}^x-1)^2}\mathrm{d}x \tag{2.110}$$

3. 分析和讨论

(1) 首先分析高温 ($T \gg \Theta_m$) 情况下光频支格波对晶格热容的贡献. 这时, 由于 $x \ll 1$, 上式简化为

$$C_V^O = 9Nk_B \left(\frac{\omega_m^O}{\omega_m^O - \omega_l^O}\right)^3 \int_{x_l}^{x_m} \left(\frac{1}{x_m} - 2\frac{x}{x_m^2} + \frac{x^2}{x_m^3}\right) dx \tag{2.111}$$

积分得

$$\begin{aligned}C_V^O =&9Nk_B \left[\left(\frac{\omega_m^O}{\omega_m^O - \omega_l^O}\right)^2 - \frac{\omega_m^O(\omega_m^{O^2} - \omega_l^{O^2})}{(\omega_m^O - \omega l_l^O)^3} + \frac{\omega_m^{O^3} - \omega_l^{O^3}}{3(\omega_m^O - \omega_l^O)^3}\right] \\ =&9Nk_B \frac{3\omega_m^{O^2} - 3\omega_m^O(\omega_m^O + \omega_l^O) + \omega_m^{O^2} + \omega_m^O\omega_l^O + \omega_l^{O^2}}{3(\omega_m^O - \omega_l^O)^2} \\ =&3Nk_B\end{aligned} \tag{2.112}$$

所以在高温极限下, 晶格热容为

$$C_V = C_V^A + C_V^O = 3Nk_B + 3Nk_B = 6Nk_B \tag{2.113}$$

由于该晶格由 $2N$ 个原子组成, 上式结果与经典统计理论的能量均分定理得到的杜隆–珀蒂定律给出的经典数值一致, 该定律在高温时与实验符合得很好.

(2) 在低温极限情况下, 由于式 (2.110) 中积分的上下限均趋于无穷大, 可以证明这时积分趋于零, 即 $C_V^O \to 0$.

由于光频支格波的频率高于声频支格波的频率, 在低温下, 只有频率较低的声频支格波对晶格热容有重要贡献, 光频支格波对晶格热容的贡献很小, 可以忽略, 这时 $C_V \to C_V^A$.

(3) 对于一般的由 N 个基元构成的晶体, 设晶体的基元由 γ 个原子组成, 类似的讨论可以得到, 在高温极限下晶格热容为

$$C_V = C_V^A + C_V^O = 3Nk_B + 3N(\gamma - 1)k_B = 3N\gamma k_B \tag{2.114}$$

该结果与杜隆–珀蒂定律给出的经典数值一致, 该定律在高温时与实验符合得很好. 对于 $\gamma = 1$, 就是简单晶格的情况, 而 $\gamma = 2$ 的情况就是式 (2.113). 在低温极限情况下, 同样可以得到 $C_V^O \to 0$, 光频支格波对晶格热容的贡献很小, 可以忽略, 只有频率较低的声频支格波对晶格热容有重要贡献, 这时 $C_V \to C_V^A$.

思考题和习题

1. 什么是简谐近似? 在简谐近似和最近邻近似下, 写出一维单原子链的运动方程, 推导色散关系并讨论波矢的取值.

2. 分别画出一维单原子链和一维双原子链的色散关系, 并比较其不同之处. 设一维单原子链的周期为 a, 一维双原子链的周期为 $2a$, 原子链的长度均为 L.

3. 什么是晶格热容的爱因斯坦模型? 什么是晶格热容的德拜模型?

4. 分析晶格热容的经典困难, 简述爱因斯坦模型和德拜模型的成功之处和不足之处.

5. 列出两个典型的非简谐效应.

6. 什么是声子? 用声子概念解释热传导现象.

参 考 文 献

高钦翔, 田强. 2002. 光频支格波对晶格热容的贡献. 大学物理, 21(7): 16

黄昆, 韩汝琦. 1988. 固体物理学. 北京: 高等教育出版社

潘学琴, 刘炳灿, 田强. 2009. 在位势对于一维双原子链晶格振动长声学波的影响. 大学物理, 28(5): 11-13

田强. 1999. 晶格振动简正坐标的具体表述及其讨论. 大学物理, 18(8): 7

Gorbach A V, Johansson M. 2003. Discrete gap breathers in a diatomic Klein-Gordon chain: Stability and mobility. Phys Rev E, 67: 066608

Kivshar Y S. 1993. Self-induced gap solitons. Phys Rev Lett, 70: 3055

Kivshar Y S, Flytzanis N. 1992. Gap solitons in diatomic lattices. Phys Rev A, 46: 7972

Maniadis P, Zolotaryuk A V, Tsironis G P. 2003. Existence and stability of discrete gap breathers in a diatomic β Fermi-Pasta-Ulam chain. Phys Rev E, 67: 046612

Ridley B K. 1982. Quantum processes in semiconductors. New York: Oxford University Press

第3章　能带理论

能带理论是晶体中电子能量状态的理论. 理想晶体中的电子, 处于晶体周期性势场中; 而实际晶体中的电子, 处于比较复杂的势场中, 但是, 通常该势场与理想晶体的势场比较接近.

晶体的能带理论是一个近似理论, 建立在绝热近似、周期场近似、单电子近似这三个基础之上.

首先, 电子与原子核质量相差很大, 电子的运动速度远远大于原子核的运动速度, 可以把电子的运动与原子核的运动分解开来处理. 讨论电子的运动时, 可以认为原子核始终不动, 电子处于固定的核势场中, 这就是绝热近似.

在一般的温度下, 晶格振动的幅度不大, 对晶格周期性势场的偏离很小, 可以近似地认为所有的原子核都处于平衡位置, 这就是周期场近似.

晶体中的电子很多, 数量级为 10^{23} 个, 对于这样一个多体系统, 直接求解显然是不可能的. 但是, 每一个电子都是处于相同的其他电子的平均场中, 利用该平均场, 多电子问题就化为单电子问题, 这就是单电子近似, 又称为哈特里–福克自洽场近似.

晶体电子处于晶体周期势场中, 该周期场是固定的核势场和其他电子的平均场. 晶体的周期势场可以表示为

$$V(\boldsymbol{r}) = V(\boldsymbol{r} + \boldsymbol{R}_n) \tag{3.1}$$

其中, $\boldsymbol{R}_n = n_1\boldsymbol{a}_1 + n_2\boldsymbol{a}_2 + n_3\boldsymbol{a}_3$ 是格矢. 晶体电子的哈密顿算符为

$$H = -\frac{\hbar^2}{2m}\nabla^2 + V(\boldsymbol{r}) \tag{3.2}$$

能量本征方程为

$$H\Psi(\boldsymbol{r}) = E\Psi(\boldsymbol{r}) \tag{3.3}$$

对一般的晶体周期势场, 能量本征方程 (3.3) 的分析是比较繁杂的. 下面对于两种重要的势场进行分析和简化. 一种是晶体势场的周期起伏比较弱, 大多数金属就属于这种情况, 周期势场可以看做是对自由电子情况的微扰, 称为近自由电子近似, 另一种是晶体势场的周期起伏很大, 惰性元素晶体就是这种情况的典型材料, 晶体中的电子比较紧地束缚于某一原子附近, 周期势场可以看做是对原子势场的微扰, 称为紧束缚近似.

3.1 布洛赫定理

3.1.1 布洛赫定理

布洛赫定理指出, 在晶格周期性势场中运动的粒子, 其定态薛定谔方程的解 ψ 具有如下性质

$$\Psi(\boldsymbol{r}+\boldsymbol{R}_n)=\mathrm{e}^{\mathrm{i}\boldsymbol{k}\cdot\boldsymbol{R}_n}\Psi(\boldsymbol{r}) \tag{3.4}$$

其中 $\boldsymbol{k}$ 是表征电子状态的量子数, 称为波矢. 布洛赫定理表明, 在一个能量本征态 $\Psi_{\boldsymbol{k}}(\boldsymbol{r})$ 中, 当平移晶格矢量为 $\boldsymbol{R}_n$ 时, 波函数只增加了位相因子 $\mathrm{e}^{\mathrm{i}\boldsymbol{k}\cdot\boldsymbol{R}_n}$.

根据布洛赫定理, 可以把波函数写成

$$\Psi_{\boldsymbol{k}}(\boldsymbol{r})=\mathrm{e}^{\mathrm{i}\boldsymbol{k}\cdot\boldsymbol{r}}u_{\boldsymbol{k}}(\boldsymbol{r}) \tag{3.5}$$

其中 $u_{\boldsymbol{k}}(\boldsymbol{r})$ 具有晶格周期性, 即 $u_{\boldsymbol{k}}(\boldsymbol{r})=u_{\boldsymbol{k}}(\boldsymbol{r}+\boldsymbol{R}_n)$, $\Psi_{\boldsymbol{k}}(\boldsymbol{r})$ 称为布洛赫函数. 它是一个周期调幅的平面波, 如图 3.1 所示.

图 3.1 布洛赫波函数示意图

平面波 $\Psi_{\boldsymbol{k}}(\boldsymbol{r})=A\mathrm{e}^{\mathrm{i}\boldsymbol{k}\cdot\boldsymbol{r}}$ 是一个特殊的布洛赫函数, 显然满足上式.

3.1.2 布洛赫定理的证明

晶格势场的周期性反映了晶格的平移对称性, 即晶格平移任意格矢 $\boldsymbol{R}_i$ 时, 势场是不变的. 平移算符 T_1, T_2, T_3 的定义为

$$T_\alpha f(\boldsymbol{r})=f(\boldsymbol{r}+\boldsymbol{a}_\alpha)\quad(\alpha=1,2,3) \tag{3.6}$$

其中 $\boldsymbol{a}_1$, $\boldsymbol{a}_2$, $\boldsymbol{a}_3$ 为晶格的三个基矢. 平移算符 T_1, T_2, T_3 是互相对易的, 并与晶体的单电子哈密顿算符对易, 即

$$T_\alpha H-HT_\alpha=0 \tag{3.7}$$

根据量子力学, H 与 T_α 具有完全相同的本征态

$$H\Psi=E\Psi \tag{3.8}$$

$$T_1\Psi=\mu_1\Psi \tag{3.9a}$$

$$T_2\Psi=\mu_2\Psi \tag{3.9b}$$

$$T_3 \Psi = \mu_3 \Psi \tag{3.9c}$$

在 α 方向上平移 N_α 次, 有

$$T_\alpha^{N_\alpha} \Psi = \mu_\alpha^{N_\alpha} \Psi \tag{3.10}$$

在玻恩–卡门周期性边界条件下 $\Psi = T_\alpha^{N_\alpha} \Psi$, 即 $\mu_\alpha^{N_\alpha} = \mathrm{e}^{\mathrm{i}2\pi l_\alpha}$, 则

$$\mu_\alpha = \mathrm{e}^{\mathrm{i}2\pi l_\alpha / N_\alpha} = \mathrm{e}^{\mathrm{i}\boldsymbol{k}\cdot\boldsymbol{a}_\alpha} \quad (\alpha = 1, 2, 3) \tag{3.11}$$

其中 $\boldsymbol{k} = \dfrac{l_1}{N_1}\boldsymbol{b}_1 + \dfrac{l_2}{N_2}\boldsymbol{b}_2 + \dfrac{l_3}{N_3}\boldsymbol{b}_3$, 得到晶格周期性势场中的波函数 $\Psi(\boldsymbol{r})$ 在平移格矢 $\boldsymbol{R}_n = n_1\boldsymbol{a}_1 + n_2\boldsymbol{a}_2 + n_3\boldsymbol{a}_3$ 时具有性质

$$\Psi(\boldsymbol{r} + \boldsymbol{R}_n) = \mathrm{e}^{\mathrm{i}\boldsymbol{k}\cdot\boldsymbol{R}_n} \Psi(\boldsymbol{r}) \tag{3.12}$$

其中 $\boldsymbol{k}$ 为波矢, 波函数 $\Psi(\boldsymbol{r})$ 称为布洛赫函数.

3.1.3 晶体电子的布里渊区

电子能量为 E 的本征态 $\Psi(\boldsymbol{r})$, 同时是平移算符 T_α 的本征态, 本征值为 $\mu_\alpha = \mathrm{e}^{\mathrm{i}\boldsymbol{k}\cdot\boldsymbol{a}_\alpha}$, 本征态 $\Psi(\boldsymbol{r})$ 用波矢 $\boldsymbol{k}$ 表征记作 $\Psi_{\boldsymbol{k}}(\boldsymbol{r})$. 实际上, μ_α 是不唯一的, 还有

$$\mu_\alpha = \mathrm{e}^{\mathrm{i}2\pi l_\alpha / N_\alpha} = \mathrm{e}^{\mathrm{i}(\boldsymbol{k}+\boldsymbol{G}_h)\cdot\boldsymbol{a}_\alpha} \tag{3.13a}$$

即能量为 E 的本征态 $\Psi_{\boldsymbol{k}}(\boldsymbol{r})$ 也可以用波矢 $\boldsymbol{k} + \boldsymbol{G}_h$ 表征, 其中 $\boldsymbol{G}_h = h_1\boldsymbol{b}_1 + h_2\boldsymbol{b}_2 + h_3\boldsymbol{b}_3$ 是倒格矢. 波矢的多值性是本征值 μ_α 的复指数函数周期性 (周期为 2π) 的结果, $2\pi\dfrac{l_\alpha}{N_\alpha}$ 可限制在下列范围中

$$-\pi < 2\pi\frac{l_\alpha}{N_\alpha} \leqslant \pi \tag{3.13b}$$

在能量本征态 $\Psi_{\boldsymbol{k}}(\boldsymbol{r})$ 中, 为了使平移算符 T_α 的本征值 μ_α 唯一, 也为了使能量本征态 $\Psi_{\boldsymbol{k}}(\boldsymbol{r})$ 的表征波矢唯一, 我们把波矢的取值范围限定在倒格子原胞之内, 该取值范围就是第一布里渊区, 简称布里渊区.

量子力学在讨论周期场中的运动时, 根据布洛赫定理和边条件, 由波函数的连续性可以一般地得到周期场中运动粒子的能量本征值构成能带结构. 只有一定范围中的能量值才是允许的, 另外一些能量值则不允许. 允许的能量范围称为允许带, 简称允带; 不允许的能量范围称为禁戒带, 简称禁带. 下面进行具体分析.

3.2 近自由电子近似

3.2.1 模型和微扰计算

以一维晶格为例. 由原子的势场, 可定性地画出晶体的势场, 如图 3.2 所示.

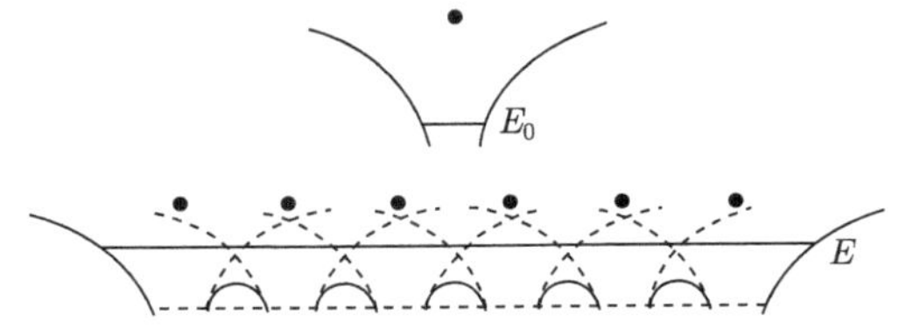

图 3.2　晶体的周期势场示意图

晶体的周期势场可以表示为

$$V(x) = V(x+a) \tag{3.14}$$

其中 a 是晶体晶格常数. 晶体电子的哈密顿算符为

$$H = -\frac{\hbar^2}{2m}\frac{\mathrm{d}^2}{\mathrm{d}x^2} + V(x) \tag{3.15}$$

能量本征方程为

$$H\Psi(x) = E\Psi(x) \tag{3.16}$$

对于晶体势场的周期起伏比较弱的情况, 将晶体的周期势场进行傅里叶级数展开

$$V(x) = \sum_n V_n \mathrm{e}^{\mathrm{i}G_n x} = V_0 + \Delta V \tag{3.17}$$

其中 $G_n = nb = n\dfrac{2\pi}{a}$, V_0 是 $n=0$ 的常数项, $\Delta V = \sum\limits_n{}' V_n \mathrm{e}^{\mathrm{i}G_n x}$ 是晶体势场的周期起伏.

晶体电子的能量本征方程可以写为

$$(H_0 + \Delta V)\Psi(x) = E\Psi(x) \tag{3.18}$$

其中

$$H_0 = -\frac{\hbar^2}{2m}\frac{\mathrm{d}^2}{\mathrm{d}x^2} + V_0 \tag{3.19}$$

ΔV 是一小量, 可以作为微扰.

1. 零级近似

利用量子力学的定态微扰理论, 定态薛定谔方程的零级近似是自由电子哈密顿算符 H_0 的本征值问题, 其本征函数是平面波

$$\psi_k^0 = \frac{1}{\sqrt{L}}\mathrm{e}^{\mathrm{i}kx} \tag{3.20}$$

相应的能量本征值为

$$E_k^0 = \frac{\hbar^2 k^2}{2m} \tag{3.21}$$

如图 3.3 所示.

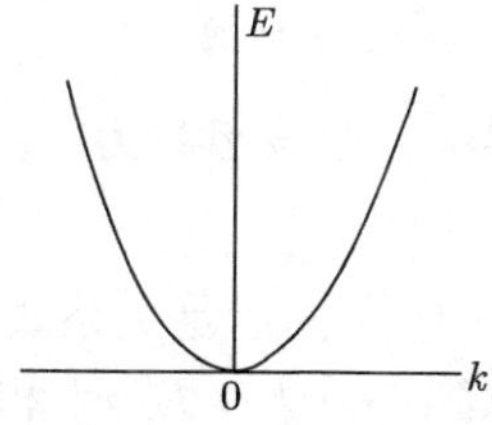

图 3.3　自由电子能量与波矢示意图

2. 非简并微扰计算

能量本征值的一级修正为

$$\begin{aligned} E_k^{(1)} &= \langle k|\Delta V|k\rangle \\ &= \int \psi_k^{0*}[V(x) - V_0]\psi_k^0 \mathrm{d}x = 0 \end{aligned} \tag{3.22}$$

能量本征值的二级修正为

$$E_k^{(2)} = \sum_{k'}{}' \frac{|\langle k'|\Delta V|k\rangle|^2}{E_k^0 - E_{k'}^0} \tag{3.23}$$

因为

$$\begin{aligned} \langle k'|\Delta V|k\rangle &= \langle k'|V(x)|k\rangle \\ &= \frac{1}{L}\int_0^L \mathrm{e}^{-\mathrm{i}(k'-k)x} \sum_n V_n \mathrm{e}^{\mathrm{i}nbx} \mathrm{d}x \\ &= \sum_n V_n \delta_{(k'-k),nb} \end{aligned} \tag{3.24}$$

只有当

$$k' = k + nb \tag{3.25}$$

时, 微扰矩阵元才不为零. 所以

$$\begin{aligned} E_k^{(2)} &= \sum_{k'}{}' \frac{\left|\sum_n V_n \delta_{(k'-k),nb}\right|^2}{E_k^0 - E_{k'}^0} \\ &= \sum_n \frac{|V_n|^2}{\frac{\hbar^2}{2m}k^2 - \frac{\hbar^2}{2m}(k+nb)^2} \end{aligned} \tag{3.26}$$

该结果对于一些特殊的波矢是没有意义的, 显然, 当 $k^2 = (k+nb)^2$, 即

$$k = -n\frac{b}{2} = -n\frac{\pi}{a} \tag{3.27}$$

时, $E_k^{(2)}$ 趋于无穷大, n 是任意的一个非零整数. 这说明, 非简并微扰计算对于这些波矢状态不适用. 下面用简并微扰方法, 计算这些状态及其附近状态的能量修正.

3. 简并微扰计算

取零级近似波函数为

$$\psi = A\psi_k^0 + B\psi_{k'}^0 \tag{3.28}$$

其中 k 和 k' 之间满足关系式 (3.25).

注意到 $H_0\psi_k^0 = E_k^0\psi_k^0$ 和 $H_0\psi_{k'}^0 = E_{k'}^0\psi_{k'}^0$ ，将零级近似波函数 ψ 代入能量本征方程 (3.18), 得

$$A(E_k^0 - E + \Delta V)\psi_k^0 + B(E_{k'}^0 - E + \Delta V)\psi_{k'}^0 = 0 \tag{3.29}$$

上式分别乘以 ψ_k^{0*} 和 $\psi_{k'}^{0*}$ 并积分, 得

$$(E_k^0 - E)A + V_n^* B = 0 \tag{3.30a}$$

$$V_n A + (E_{k'}^0 - E)B = 0 \tag{3.30b}$$

其中用到 $\langle k|\Delta V|k\rangle = 0$ 和 $\langle k'|\Delta V|k\rangle = V_n$. 作为 A 和 B 的线性齐次方程组, 有非零解的条件是系数行列式为零

$$\begin{vmatrix} E_k^0 - E & V_n^* \\ V_n & E_{k'}^0 - E \end{vmatrix} = 0 \tag{3.31}$$

由此得到能量本征值

$$E_\pm = \frac{1}{2}\left[(E_k^0 + E_{k'}^0) \pm \sqrt{(E_k^0 - E_{k'}^0)^2 + 4|V_n|^2}\right] \tag{3.32}$$

下面具体讨论上式的一些取值.

(1) $\left|E_k^0 - E_{k'}^0\right| \gg |V_n|$. 上式近似为

$$E_\pm = \begin{cases} E_{k'}^0 + \dfrac{|V_n|^2}{E_{k'}^0 - E_k^0} \\ E_k^0 - \dfrac{|V_n|^2}{E_{k'}^0 - E_k^0} \end{cases} \tag{3.33}$$

其中假设了 $E_{k'}^0 > E_k^0$. 周期场使电子能量产生一个小量修正.

(2) $\left|E_k^0 - E_{k'}^0\right| \ll |V_n|$. 这表示 k 很接近式 (3.27) 给出的状态 $k = -n\dfrac{b}{2} = -n\dfrac{\pi}{a}$, 这时能量本征值近似为

$$E_\pm = \frac{1}{2}(E_k^0 + E_{k'}^0) \pm |V_n| \tag{3.34}$$

当 $E_{k'}^0 = E_k^0$ 时, 有

$$E_\pm = \begin{cases} E_{k'}^0 + |V_n| \\ E_k^0 - |V_n| \end{cases} \tag{3.35}$$

3.2.2 能带和带隙

经过微扰理论分析计算, 得到周期微扰 $\Delta V(x) = \Delta V(x+a)$ 作用下, 电子能量与波矢的曲线在布里渊区边界

$$k = \frac{1}{2}G_n = \frac{n\pi}{a} \tag{3.36}$$

处, 发生分裂, 产生能隙, 其中 $n = \pm 1, \pm 2, \cdots$, 如图 3.4 所示.

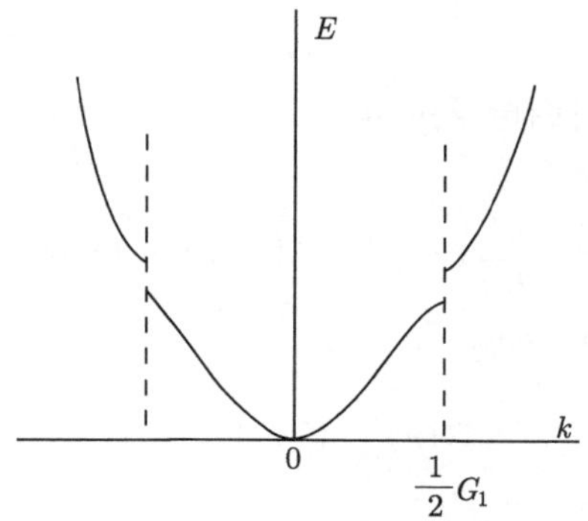

图 3.4　近自由电子近似的能隙示意图

第 n 个能隙宽度为

$$E_{gn} = 2|V_n| \tag{3.37}$$

其中 V_n 是晶体的周期势场 $V(x)$ 的傅里叶展开级数的第 n 个展开系数.

在近自由电子近似下, 周期势场中的晶体电子的能量具有能带结构.

3.2.3 能带表示的三种图式

1. 扩展图式

晶体中电子的能谱 $E(\boldsymbol{k})$, 不是形成分立的能级, 也不是连续谱, 而是形成能带, 如图 3.4 所示. 这样的能带表示, 称为能带的扩展图式.

2. 简约图式

一个能带中的同一个能量量子态, 可以用波矢 $\boldsymbol{k}$ 标志, 也可以用 $\boldsymbol{k}' = \boldsymbol{k} + \boldsymbol{G}_h$ 来标志. 这样, 晶体电子的所有能量量子态, 都可以用第一布里渊区中的简约波矢来描述, 第一布里渊区又称为简约布里渊区, 简约布里渊区中的波矢称为简约波矢. 不同的能带, 用能带标号 n 以下脚标注明, 记为 $E_n(\boldsymbol{k})$. 在简约布里渊区中, 表示晶体电子所有能带的图式称为能带的简约图式.

3. 周期图式

每一个能带 $E_n(\boldsymbol{k})$ 都是波矢 $\boldsymbol{k}$ 的周期函数, 即

$$E_n(\boldsymbol{k}) = E_n(\boldsymbol{k} + \boldsymbol{G}_h) \tag{3.38}$$

则晶体电子能带可以表示为整个波矢空间的周期函数, 这种能带图式称为能带的周期图式.

能带的三种图式是能带的三种不同表示形式, 各自突出了某一方面的性质, 这三种图式实质上是等价的.

3.2.4 三维情况下的近自由电子近似

波动方程为

$$\left[-\frac{\hbar^2}{2m}\nabla^2 + V(\boldsymbol{r})\right]\psi(\boldsymbol{r}) = E\psi(\boldsymbol{r}) \tag{3.39}$$

其中 $V(\boldsymbol{r})$ 是晶格的周期性势场

$$V(\boldsymbol{r}) = V(\boldsymbol{r} + \boldsymbol{R}_m) \tag{3.40}$$

$\boldsymbol{R}_m$ 是格点位矢

$$\boldsymbol{R}_m = m_1\boldsymbol{a}_1 + m_2\boldsymbol{a}_2 + m_3\boldsymbol{a}_3 \tag{3.41}$$

由倒格矢的性质, 将晶格周期性势场 $V(\boldsymbol{r})$ 展开为傅里叶级数

$$V(\boldsymbol{r}) = \sum_n V_n \mathrm{e}^{\mathrm{i}\boldsymbol{G}_n\cdot\boldsymbol{r}} \tag{3.42}$$

$$= V_0 + \Delta V(\boldsymbol{r}) \tag{3.43}$$

其中 V_0 是 $V(\boldsymbol{r})$ 的平均场, $\Delta V(\boldsymbol{r}) = \sum_n{}' V_n \mathrm{e}^{\mathrm{i}\boldsymbol{G}_n\cdot\boldsymbol{r}}$.

1. 零级近似

作为近自由电子近似的零级近似, 用平均场 V_0 代替 $V(\boldsymbol{r})$, 即忽略 $\Delta V(\boldsymbol{r})$. 这时, 零级近似的波函数为平面波

$$\psi_{\boldsymbol{k}}^0 = \frac{1}{\sqrt{V}}\mathrm{e}^{\mathrm{i}\boldsymbol{k}\cdot\boldsymbol{r}} \tag{3.44}$$

能量本征值为

$$E_{\boldsymbol{k}}^0 = V_0 + \frac{\hbar^2 k^2}{2m} \tag{3.45}$$

由周期性边界条件, 得到波矢 $\boldsymbol{k}$ 的取值为

$$\boldsymbol{k} = \frac{l_1}{N_1}\boldsymbol{b}_1 + \frac{l_2}{N_2}\boldsymbol{b}_2 + \frac{l_3}{N_3}\boldsymbol{b}_3 \tag{3.46}$$

2. 能量的一级修正和二级修正

计算矩阵元

$$\langle \boldsymbol{k}'|\Delta V|\boldsymbol{k}\rangle = \langle \boldsymbol{k}'|V(\boldsymbol{r})|\boldsymbol{k}\rangle - \langle \boldsymbol{k}'|V_0|\boldsymbol{k}\rangle \tag{3.47}$$

由波函数的正交性, 有

$$\langle \boldsymbol{k}'|V_0|\boldsymbol{k}\rangle = V_0\delta_{\boldsymbol{k}'\boldsymbol{k}} \tag{3.48}$$

而

$$\begin{aligned}\langle \boldsymbol{k}'|V(\boldsymbol{r})|\boldsymbol{k}\rangle &= \frac{1}{V}\int \mathrm{e}^{-\mathrm{i}(\boldsymbol{k}'-\boldsymbol{k})\cdot\boldsymbol{r}}V(\boldsymbol{r})\mathrm{d}\boldsymbol{r}\\ &= \frac{1}{\Omega}\int_\Omega \mathrm{e}^{-\mathrm{i}(\boldsymbol{k}'-\boldsymbol{k})\cdot\boldsymbol{r}}\sum_n V_n\mathrm{e}^{\mathrm{i}\boldsymbol{G}_n\cdot\boldsymbol{r}}\mathrm{d}\boldsymbol{r}\\ &= \sum_n V_n\frac{1}{\Omega}\int_\Omega \mathrm{e}^{-\mathrm{i}(\boldsymbol{k}'-\boldsymbol{k}-\boldsymbol{G}_n)\cdot\boldsymbol{r}}\mathrm{d}\boldsymbol{r}\\ &= \sum_n V_n\delta_{\boldsymbol{k}',\boldsymbol{k}+\boldsymbol{G}_n}\end{aligned} \tag{3.49}$$

则波矢 $\boldsymbol{k}$ 状态的能量一级修正为

$$\langle \boldsymbol{k}|\Delta V|\boldsymbol{k}\rangle = \langle \boldsymbol{k}|V(\boldsymbol{r})-V_0|\boldsymbol{k}\rangle = 0 \tag{3.50}$$

波矢 $\boldsymbol{k}$ 状态的能量二级修正为

$$\begin{aligned}E_{\boldsymbol{k}}^{(2)} &= {\sum_{\boldsymbol{k}'}}' \frac{|\langle \boldsymbol{k}'|\Delta V|\boldsymbol{k}\rangle|^2}{E_{\boldsymbol{k}}^0 - E_{\boldsymbol{k}'}^0}\\ &= {\sum_{\boldsymbol{k}'}}' \frac{|\langle \boldsymbol{k}'|V(\boldsymbol{r})|\boldsymbol{k}\rangle|^2}{E_{\boldsymbol{k}}^0 - E_{\boldsymbol{k}'}^0}\\ &= {\sum_{\boldsymbol{G}_n}}' \frac{|V_n|^2}{E_{\boldsymbol{k}}^0 - E_{\boldsymbol{k}+\boldsymbol{G}_n}^0}\end{aligned} \tag{3.51}$$

3. 布里渊区

由上式得到能量二级修正发散的条件, 具体写为

$$|\boldsymbol{k}|^2 = |\boldsymbol{k}+\boldsymbol{G}_n|^2 \tag{3.52}$$

或

$$\boldsymbol{G}_n\cdot\left(\boldsymbol{k}+\frac{1}{2}\boldsymbol{G}_n\right) = 0 \tag{3.53}$$

该式的几何意义是: 在 $\boldsymbol{k}$ 空间中从原点所作的倒格子矢量 $-\boldsymbol{G}_n$ 的垂直平分面的方程. 从布里渊区的定义可知, 这些垂直平分面围成的区域分别就是不同的布里渊区, 其中包含空间原点的闭合多面体就是第一布里渊区, 简称布里渊区.

3.3　紧束缚近似

对于晶体势场的周期起伏很强的情况, 晶体中的电子比较紧地束缚于某一原子附近, 这时, 晶体的周期势场式 (3.1) 可以写为

$$V(\boldsymbol{r}) = V^{\mathrm{at}}(\boldsymbol{r} - \boldsymbol{R}_m) + V' \tag{3.54}$$

其中 $V^{\mathrm{at}}(\boldsymbol{r} - \boldsymbol{R}_m)$ 是第 m 个原子的电子势场, $V' = V(\boldsymbol{r}) - V^{\mathrm{at}}(\boldsymbol{r} - \boldsymbol{R}_m)$ 是晶体势场的周期起伏.

晶体电子的波函数可写为布洛赫和

$$\Psi(\boldsymbol{r}) = \frac{1}{\sqrt{N}} \sum_m \mathrm{e}^{\mathrm{i}\boldsymbol{k}\cdot\boldsymbol{R}_m} \Phi(\boldsymbol{r} - \boldsymbol{R}_m) \tag{3.55}$$

在紧束缚的情况下, $\Phi(\boldsymbol{r} - \boldsymbol{R}_m)$ 就是第 m 个原子的电子波函数.

晶体电子的能量本征方程可以写为

$$(H_0 + V')\Psi(\boldsymbol{r}) = E\Psi(\boldsymbol{r}) \tag{3.56}$$

其中

$$H_0 = -\frac{\hbar^2}{2m}\nabla^2 + V^{\mathrm{at}}(\boldsymbol{r} - \boldsymbol{R}_m) \tag{3.57}$$

是孤立原子的哈密顿算符, V' 相对于 $V^{\mathrm{at}}(\boldsymbol{r} - \boldsymbol{R}_m)$ 可以作为微扰.

零级近似的晶体电子能量本征方程, 就是孤立原子的能量本征方程

$$H_0\Phi(\boldsymbol{r} - \boldsymbol{R}_m) = E^{\mathrm{at}}\Phi(\boldsymbol{r} - \boldsymbol{R}_m) \tag{3.58}$$

其中 E^{at} 是孤立原子中的电子能级.

下面具体求解晶体电子的能量本征方程. 将晶体电子的波函数布洛赫和代入方程, 得

$$\sum_m \mathrm{e}^{\mathrm{i}\boldsymbol{k}\cdot\boldsymbol{R}_m}[E^{\mathrm{at}} + V(\boldsymbol{r}) - V^{\mathrm{at}}(\boldsymbol{r} - \boldsymbol{R}_m)]\Phi(\boldsymbol{r} - \boldsymbol{R}_m) = E\sum_m \mathrm{e}^{\mathrm{i}\boldsymbol{k}\cdot\boldsymbol{R}_m}\Phi(\boldsymbol{r} - \boldsymbol{R}_m) \tag{3.59}$$

在方程两边同时乘以 $\Phi^*(\boldsymbol{r} - \boldsymbol{R}_n)$, 再在全实空间积分, 得

$$\sum_m \mathrm{e}^{\mathrm{i}\boldsymbol{k}\cdot\boldsymbol{R}_m}\left\{E^{\mathrm{at}}\delta_{nm} + \int \Phi^*(\boldsymbol{r} - \boldsymbol{R}_n)[V(\boldsymbol{r}) - V^{\mathrm{at}}(\boldsymbol{r} - \boldsymbol{R}_m)]\Phi(\boldsymbol{r} - \boldsymbol{R}_m)\mathrm{d}\boldsymbol{r}\right\} = E\mathrm{e}^{\mathrm{i}\boldsymbol{k}\cdot\boldsymbol{R}_n} \tag{3.60}$$

即

$$E-E^{\text{at}}=\sum_{m}\mathrm{e}^{\mathrm{i}\boldsymbol{k}\cdot(\boldsymbol{R}_m-\boldsymbol{R}_n)}\int\varPhi^*(\boldsymbol{r}-\boldsymbol{R}_n)[V(\boldsymbol{r})-V^{\text{at}}(\boldsymbol{r}-\boldsymbol{R}_m)]\varPhi(\boldsymbol{r}-\boldsymbol{R}_m)\mathrm{d}\boldsymbol{r} \tag{3.61}$$

令 $\boldsymbol{R}_l=\boldsymbol{R}_m-\boldsymbol{R}_n$, $\xi=\boldsymbol{r}-\boldsymbol{R}_m$, 上式改写为

$$E-E^{\text{at}}=\sum_{l}\mathrm{e}^{\mathrm{i}\boldsymbol{k}\cdot\boldsymbol{R}_l}\int\varPhi^*(\xi-\boldsymbol{R}_l)[V(\xi)-V^{\text{at}}(\xi)]\varPhi(\xi)\mathrm{d}\xi \tag{3.62}$$

得到紧束缚近似下, 晶体电子的能量表达式为

$$E(\boldsymbol{k})=E^{\text{at}}-J_0-\sum_{R_l}^{nn}J(\boldsymbol{R}_l)\mathrm{e}^{\mathrm{i}\boldsymbol{k}\cdot\boldsymbol{R}_l} \tag{3.63}$$

其中

$$J_0=\int\varPhi^*(\xi)[V(\xi)-V^{\text{at}}(\xi)]\varPhi(\xi)\mathrm{d}\xi \tag{3.64}$$

$$J(\boldsymbol{R}_l)=\int\varPhi^*(\xi-\boldsymbol{R}_l)[V(\xi)-V^{\text{at}}(\xi)]\varPhi(\xi)\mathrm{d}\xi \tag{3.65}$$

由于交叠积分即相互作用只有最近邻是主要的, 所以在取和中只取最近邻 (nearest neighbour, nn).

对于 s 态电子, 与最近邻各原子的电子波函数的交叠积分完全一样, 上式简化为

$$E_{\mathrm{s}}(\boldsymbol{k})=E_{\mathrm{s}}^{\text{at}}-J_0-J_1\sum_{R_n}^{nn}\mathrm{e}^{\mathrm{i}\boldsymbol{k}\cdot\boldsymbol{R}_m} \tag{3.66}$$

能带决定于最近邻各原子的位矢, 即决定于具体的晶体结构.

对于简立方晶格的 s 态电子, 易得

$$E_{\mathrm{s}}(\boldsymbol{k})=E_{\mathrm{s}}^{\text{at}}-J_0-2J_1(\cos k_xa+\cos k_ya+\cos k_za) \tag{3.67}$$

能带宽度 $W=12J_1$.

对于一维单原子链, 有

$$E_{\mathrm{s}}(k)=E_{\mathrm{s}}^{\text{at}}-J_0-2J_1\cos ka \tag{3.68}$$

或写为

$$E_{\mathrm{s}}(k)=E_0+\frac{W}{2}(1-\cos ka) \tag{3.69}$$

其中 $E_0=E_{\mathrm{s}}^{\text{at}}-J_0-2J_1$ 为能带底的能量, $W=4J_1$ 为能带宽度.

3.4　能带的对称性

晶体电子能带函数 $E(\boldsymbol{k})$ 的对称性有

(1) 晶体点群对称性

$$E_n(\boldsymbol{k}) = E_n(\alpha\boldsymbol{k}) \tag{3.70}$$

其中 α 是晶体点群对称操作.

(2) 时间反演对称性

$$E_n(\boldsymbol{k}) = E_n(-\boldsymbol{k}) \tag{3.71}$$

(3) 平移对称性

$$E_n(\boldsymbol{k}) = E_n(\boldsymbol{k} + \boldsymbol{G}_h) \tag{3.72}$$

其中 $\boldsymbol{G}_h$ 是倒格矢.

对于具有 O_{h} 点群对称性的立方晶系晶体, 点对称操作有 48 个, 由能带的对称性式 (3.70) 可知, 对电子能带的研究只需研究布里渊区的 1/48 就可以了.

3.5　晶体电子的准经典运动

3.5.1　晶体电子的运动速度

能带 $E(\boldsymbol{k})$ 中的晶体电子, 其运动速度为

$$\boldsymbol{v}(\boldsymbol{k}) = \frac{1}{\hbar}\nabla_{\boldsymbol{k}} E(\boldsymbol{k}) \tag{3.73}$$

在一维情况下, 简化为

$$v(k) = \frac{1}{\hbar}\frac{\mathrm{d}E(k)}{\mathrm{d}k} \tag{3.74}$$

具体地对于一维单原子链, 在紧束缚近似下 s 态能带中 k 态电子的速度为

$$v(k) = \frac{Wa}{2\hbar}\sin(ka) \tag{3.75}$$

其中 W 是能带宽度.

3.5.2　在外力作用下状态的变化和准动量

外力 $\boldsymbol{F}$ 在 $\mathrm{d}t$ 时间内对晶体中 k 态电子做的功为 $\boldsymbol{F}\cdot\boldsymbol{v}_k\mathrm{d}t$, 根据功能原理, 有

$$\mathrm{d}\boldsymbol{k}\cdot\nabla_{\boldsymbol{k}} E(\boldsymbol{k}) = \boldsymbol{F}\cdot\boldsymbol{v}_k\mathrm{d}t \tag{3.76}$$

即

$$\left(\frac{\mathrm{d}\hbar\boldsymbol{k}}{\mathrm{d}t} - \boldsymbol{F}\right)\cdot\boldsymbol{v}_k = 0 \tag{3.77}$$

得到晶体电子在稳恒电场 $\boldsymbol{F}$ 作用下, 波矢 $\boldsymbol{k}$ 满足的准经典运动方程为

$$\frac{\mathrm{d}}{\mathrm{d}t}\hbar\boldsymbol{k}=\boldsymbol{F} \tag{3.78}$$

上式与牛顿定律有相似的形式, $\hbar\boldsymbol{k}$ 具有动量的量纲, 具有类似于动量的性质, 故称 $\hbar\boldsymbol{k}$ 为准动量.

3.5.3　晶体电子的有效质量

首先计算晶体电子的加速度

$$\boldsymbol{a}=\frac{\mathrm{d}}{\mathrm{d}t}v(\boldsymbol{k})=\frac{1}{\hbar}\frac{\mathrm{d}}{\mathrm{d}t}\nabla_{\boldsymbol{k}}E(\boldsymbol{k}) \tag{3.79}$$

对于每一个分量

$$\begin{aligned}a_\alpha=&\frac{1}{\hbar}\frac{\mathrm{d}}{\mathrm{d}t}\frac{\partial E(\boldsymbol{k})}{\partial k_\alpha}=\frac{1}{\hbar}\sum_\beta\frac{\mathrm{d}k_\beta}{\mathrm{d}t}\frac{\partial}{\partial k_\beta}\frac{\partial E(\boldsymbol{k})}{\partial k_\alpha}\\=&\frac{1}{\hbar^2}\sum_\beta\frac{\partial^2E(\boldsymbol{k})}{\partial k_\beta\partial k_\alpha}f_\beta=\sum_\beta\left(\frac{1}{m^*}\right)_{\alpha\beta}f_\beta\end{aligned} \tag{3.80}$$

有效质量 m^* 为一张量, 由上式直接可得到有效质量张量的倒数 $(m^*)^{-1}$, 称为倒有效质量张量

$$\begin{aligned}(m^*)^{-1}=&\frac{1}{\hbar^2}\nabla_{\boldsymbol{k}}\nabla_{\boldsymbol{k}}E(\boldsymbol{k})\\=&\frac{1}{\hbar^2}\begin{pmatrix}\dfrac{\partial^2E}{\partial k_x^2}&\dfrac{\partial^2E}{\partial k_x\partial k_y}&\dfrac{\partial^2E}{\partial k_x\partial k_z}\\\dfrac{\partial^2E}{\partial k_y\partial k_x}&\dfrac{\partial^2E}{\partial k_y^2}&\dfrac{\partial^2E}{\partial k_y\partial k_z}\\\dfrac{\partial^2E}{\partial k_z\partial k_x}&\dfrac{\partial^2E}{\partial k_zk_y}&\dfrac{\partial^2E}{\partial k_z^2}\end{pmatrix}\end{aligned} \tag{3.81}$$

若 k_x、k_y、k_z 轴沿着张量的主轴方向, 则张量的非对角元为零, 倒有效质量张量是对角化的

$$(m^*)^{-1}=\frac{1}{\hbar^2}\begin{pmatrix}\dfrac{\partial^2E}{\partial k_x^2}&0&0\\0&\dfrac{\partial^2E}{\partial k_y^2}&0\\0&0&\dfrac{\partial^2E}{\partial k_z^2}\end{pmatrix} \tag{3.82}$$

这时, 有效质量张量为

$$m^* = \begin{pmatrix} \hbar^2 \Big/ \dfrac{\partial^2 E}{\partial k_x^2} & 0 & 0 \\ 0 & \hbar^2 \Big/ \dfrac{\partial^2 E}{\partial k_y^2} & 0 \\ 0 & 0 & \hbar^2 \Big/ \dfrac{\partial^2 E}{\partial k_z^2} \end{pmatrix} \tag{3.83}$$

运动方程简化为

$$\begin{aligned} m_x^* a_x &= f_x \\ m_y^* a_y &= f_y \\ m_z^* a_z &= f_z \end{aligned} \tag{3.84}$$

$$m_{\mathrm{e}}\boldsymbol{a} = \boldsymbol{f} + \text{晶体周期场力} \tag{3.85}$$

电子的有效质量与电子质量的区别, 就在于有效质量包含了晶体周期场力的作用.

对于简单立方晶体, 在紧束缚近似下简单立方晶体的 s 态电子的能带函数为

$$E_{\mathrm{s}}(\boldsymbol{k}) = E_{\mathrm{s}}^{\mathrm{at}} - J_0 - 2J_1(\cos k_x a + \cos k_y a + \cos k_z a) \tag{3.86}$$

状态 $\boldsymbol{k}$ 的电子速度为

$$\boldsymbol{v}(\boldsymbol{k}) = \frac{1}{\hbar}\nabla_{\boldsymbol{k}} E = \frac{2J_1 a}{\hbar}(\boldsymbol{i}\sin k_x a + \boldsymbol{j}\sin k_y a + \boldsymbol{k}\sin k_z a) \tag{3.87}$$

对于倒有效质量张量, 容易计算得到非对角元为零, 即

$$\frac{\partial^2 E}{\partial k_\alpha \partial k_\beta} = 0 \qquad (\text{其中 } \alpha \neq \beta) \tag{3.88}$$

即倒有效质量张量是对角化的, k_x, k_y, k_z 轴沿着张量的主轴方向, 因而有效质量为

$$m^* = \frac{\hbar^2}{2J_1 a^2} \begin{pmatrix} (\cos k_x a)^{-1} & 0 & 0 \\ 0 & (\cos k_y a)^{-1} & 0 \\ 0 & 0 & (\cos k_z a)^{-1} \end{pmatrix} \tag{3.89}$$

在能带底 $(k_x, k_y, k_z) = (0, 0, 0)$, 有效质量为

$$m^* = \frac{\hbar^2}{2J_1 a^2} \begin{pmatrix} 1 & 0 & 0 \\ 0 & 1 & 0 \\ 0 & 0 & 1 \end{pmatrix} = \frac{\hbar^2}{2J_1 a^2} \tag{3.90}$$

在能带顶 $(k_x,k_y,k_z)=\left(\frac{\pi}{a},\frac{\pi}{a},\frac{\pi}{a}\right)$, 有效质量为

$$m^*=-\frac{\hbar^2}{2J_1a^2}\begin{pmatrix}1&0&0\\0&1&0\\0&0&1\end{pmatrix}=-\frac{\hbar^2}{2J_1a^2} \tag{3.91}$$

3.6　稳恒电场作用下晶体电子的运动和布洛赫振荡

以一维晶体为例. 在稳恒电场 F 作用下 (电场方向沿 $-x$ 方向), 准动量的运动方程为

$$\frac{\mathrm{d}}{\mathrm{d}t}\hbar k=eF \tag{3.92}$$

波矢随时间线性变化

$$k=k_0+\frac{eFt}{\hbar} \tag{3.93}$$

其中 k_0 是 $t=0$ 时的初始波矢, e 是电子电量.

波矢随时间线性变化, 对应着电子速度随时间的变化. 具体地对于一维单原子链, 在紧束缚近似下 s 态能带中 k 态电子的速度为

$$v(t)=\frac{Wa}{2\hbar}\sin\left(\frac{eFa}{\hbar}t+k_0a\right) \tag{3.94}$$

这是时间 t 的周期振荡函数, 振荡周期为

$$T_{\mathrm{B}}=\frac{h}{eFa} \tag{3.95}$$

电子速度随时间 t 的周期振荡, 对应着电子在空间的局域振荡.

晶体电子在稳恒电场 F 作用下的运动, 是在实空间局域的周期往复的振荡. 这是布洛赫在 1928 年理论分析得到的结果, 称为布洛赫振荡.

3.6.1　理想周期结构中的电子不导电

在电场作用下晶体电子的布洛赫振荡运动, 是不会产生电荷的宏观迁移的, 即不产生电流. 即使是对于金属晶体, 在电场作用下也不会产生电流. 这是周期场对电子的奇妙作用.

3.6.2　晶体缺陷是产生电流的原因

我们普遍使用的铜、铝、铁等多种金属材料具有良好的导电性, 它们都是金属晶体, 需要注意的是这些实际使用的金属晶体都不是理想的完整晶体, 有晶格振动和杂质等多种晶体缺陷. 正是这些晶体缺陷, 才使金属材料可能具有良好的导电性; 没有缺陷的金属晶体却没有导电能力.

3.6.3 布洛赫振荡的实验验证

室温下实际晶体中电子运动的平均自由时间 τ 的典型值为 10^{-13}s. 当布洛赫振荡的振荡周期 $T_B < \tau$ 时, 表现出振荡; 而当布洛赫振荡的振荡周期 $T_B > \tau$ 时, 振荡被散射所破坏, 表现出定向运动.

注意到 $T_B = \dfrac{h}{eFa}$, 如果 $a = 3\text{Å}$, 在比较强的电场 $F = 10^5\text{V/m}$ 作用下, $T_B = 1.38 \times 10^{-10}$s, 远远大于电子的平均自由时间 τ, 布洛赫振荡被破坏而不能实现. 为了使布洛赫振荡能够得到实验验证, 只有增大周期. 随着科学技术的发展, 特别是分子束外延技术的成熟, 江崎 (L. Esaki) 和朱兆祥 (R. Tsu) 于 1969 年首先提出了超晶格的概念, 即人工长周期结构, 1971 年卓以和 A. Y. Cho 首先用分子束外延方法成功生长出 GaAs/AlGaAs 的超晶格. 超晶格的周期比天然晶体的周期长度大两个数量级, 布洛赫振荡在超晶格中成功地得到了实验验证.

3.7 导体、半导体和绝缘体的分类

3.7.1 价带和导带

晶体中的电子能带有很多个, 较低的电子能带与原子的内层电子能级相对应, 较高的能带与原子的较外层电子能级相对应. 较低的电子能带中填满了电子, 是满带, 而较高的能带中没有电子, 是空带, 其中最高的满带称为价带, 价带上面的那个不满带或空带称为导带.

材料的电学性质、光学性质、光电性质等主要都是价带和导带中电子的运动和状态变化的表现.

3.7.2 不同能带的导电性

1. 满带电子不导电

满带中的电子波矢状态是正负对称分布的, 状态 $\boldsymbol{k}$ 与 $-\boldsymbol{k}$ 具有相同的能量

$$E(\boldsymbol{k}) = E(-\boldsymbol{k}) \tag{3.96}$$

且具有大小相等、方向相反的速度

$$\boldsymbol{v}(\boldsymbol{k}) = -\boldsymbol{v}(-\boldsymbol{k}) \tag{3.97}$$

所以, 满带中的电子电流互相抵消, 无宏观定向流动. 这一性质与是否有外电场作用无关.

2. 不满带电子在无阻尼情况下也不导电

不满带中的电子, 若无外电场作用, 其平衡分布在 $\boldsymbol{k}$ 空间是对称的, 与满带情况类似, 电子电流互相抵消, 无宏观定向流动.

在稳恒外电场作用下, 无阻尼的晶体电子的运动是布洛赫振荡, 电子在实空间的局域振荡也没有宏观定向流动, 即不满带电子在无阻尼情况下也不导电.

3. 不满带电子在有阻尼情况下导电

不满带电子在有阻尼情况下, 在稳恒外电场作用下, 其 $\boldsymbol{k}$ 空间的稳定分布不再是对称的, 这时一部分电子电流互相抵消, 其余电子的电流表现出定向的流动. 只有这种有阻尼情况下的不满带电子才能导电.

3.7.3 导体、半导体和绝缘体的能带

在对不同能带导电性的讨论基础上, 注意到实际的晶体都是非理想晶体, 都存在着阻尼, 所以, 导体、半导体和绝缘体用能带分类如下.

导体含有不满带; 只有满带和空带的材料为非导体, 其中禁带宽度大于 5eV 的材料为绝缘体, 禁带宽度为 1~3eV 的材料为半导体.

二价的晶体中, 一般只有满带和空带, 为非导体; 但是, 二价金属材料中, 由于最高的满带与最低的空带发生了交叠, 出现了不满带而成为导体.

四价的金刚石、硅、锗等, 应该有不满的 p 能带, 应该是导体, 但是它们都是非导体, 金刚石是绝缘体, 硅和锗是半导体. 这是由于电子状态发生了 sp^3 杂化, 电子状态重新组合的结果只有满带和空带, 成为非导体.

思考题和习题

1. 简述周期场中电子的波函数和能量特征, 并与自由电子和原子中电子的能量特征相比较.

2. 一个晶格常数为 a 的一维晶体电子势能 $V(x)$ 的傅里叶展开式前几项 (单位为 eV) 为

$$V(x)=V_0+2\exp\left(\mathrm{i}\frac{2\pi}{a}x\right)+\mathrm{i}\exp\left(\mathrm{i}\frac{4\pi}{a}x\right)-\mathrm{i}2\exp\left(\mathrm{i}\frac{6\pi}{a}x\right)+\frac{1}{2}\exp\left(\mathrm{i}\frac{8\pi}{a}x\right)$$

在近自由电子近似下, 求出第一、第二和第三个禁带宽度.

3. 电子在势能函数为 $V(x)=V_0\left[1-\sin\left(\dfrac{2\pi}{a}x\right)\right]$ 的周期场中运动. 在近自由电子近似下, 计算电子的第一个和第二个带隙宽度, 其中 $V_0>0$.

4. 电子在周期场中的势能函数为

$$V(x)=\begin{cases}\dfrac{1}{2}m\omega^2[b^2-(x-na)^2] & na-b\leqslant x\leqslant na+b\\ 0 & (n-1)a+b\leqslant x\leqslant na-b\end{cases}$$

其中 $a = 4b$, n 为整数, ω 为常数. 势能函数的傅里叶展开式为

$$V(x) = \frac{1}{6}m\omega^2 b^2 + \sum_{l\neq 0} \frac{2m\omega^2 b^2}{l^2\pi^2}\left(\frac{2}{l\pi}\sin\frac{l\pi}{2} - \cos\frac{l\pi}{2}\right)\mathrm{e}^{\mathrm{i}G_l x}$$

其中$G_l = \dfrac{2\pi}{a}l$. 用近自由电子近似, 求出晶体电子的第一个和第二个带隙宽度.

5. 在紧束缚近似下推导体心立方晶体和面心立方晶体中 s 态电子的能带函数.

6. 用能带论判别导体、半导体和绝缘体.

参 考 文 献

黄昆, 韩汝琦. 1988. 固体物理学. 北京：高等教育出版社

马本堃, 杨先发, 等. 1992. 固体物理基础. 北京：高等教育出版社

田强. 1995. 晶体电子在外场作用下的 Bloch 振荡和散射对电流的影响. 大学物理, 14(8): 14

Bloch F. 1928. Uber die quantenmechanik der elektronen in kristallgittern. Z Phys, 52: 555

Esaki L, Tsu R. 1970. Superlattice and negative differential conductivity in semiconductors. IBM J Res Develop, 14: 61

第 4 章　人工物性剪裁和纳米科技

半导体的研究和应用, 在当代物理学和高新技术的发展中占有突出的地位, 半导体低维结构则是近些年来开拓的新领域, 它在一个新的水平上有力地推进着半导体的研究和应用. 以半导体超晶格、量子阱、量子线和量子点为典型代表的低维半导体结构, 自 1969 年提出超晶格概念以来, 经历了 40 多年的发展, 已成为凝聚态物理最活跃的新生长点和最富有生命力的重要前沿领域之一.

半导体低维结构的能带人工可剪裁性、量子尺寸效应、共振隧穿效应和电子波的量子相干属性等, 赋予它许多原来三维固体不具备的、内涵丰富而深刻的新现象和新效应, 使它发展成为包罗微观和介观物理现象的新学科领域. 另一方面, 半导体低维结构又和电子、光电子等高技术产业有着密切的联系, 在这个领域内已经发现的新现象和新效应, 都广泛地被用来开发具有新原理、新结构的固态电子、光电子器件. 半导体低维结构, 已经成为推动整个半导体科学技术迅猛发展的主要源动力.

4.1　超　晶　格

早在 1928 年, 布洛赫在理论上预言了周期场中的电子在直流外电场作用下的布洛赫振荡现象, 但之后的 40 多年中, 在实验上未能得到证实, 其间时常有人对布洛赫振荡现象的正确性提出质疑. 超晶格的提出和实验上的成功实现, 使布洛赫振荡现象得到实验证实, 更重要的是, 超晶格概念的提出, 开始了人工物性剪裁的新时代.

4.1.1　超晶格简介

1969 年, 江崎 (L. Esaki) 和朱兆祥 (R. Tsu) 在寻找长周期晶格时, 提出了一个全新的概念：半导体超晶格 (semiconductor superlattice). 他们设想, 如果用两种晶格匹配很好的半导体材料 A 和 B 交替生长, 就可以得到长周期的半导体人工晶格结构.

在半导体物理中已经知道, Ⅳ族元素 Ge、Si 之间、许多Ⅲ-Ⅴ化合物之间以及Ⅱ-Ⅵ化合物之间都能形成连续固溶体, 或称为混合晶体. 能带结构随合金成分的变化而连续改变是混合晶体的一个重要性质. $Ge_{1-x}Si_x$ 的禁带宽度随成分 x 的变化而连续改变, 如图 4.1 所示. 在 $x = 0.15$ 处, E_g 的变化斜率发生变化; 在 $x > 0.15$

时, ⟨100⟩ 能谷代替 ⟨111⟩ 能谷成为导带底, 能带是类硅的; 而 $x < 0.15$ 时, 能带是类锗的; 硅的禁带宽度是 1.12eV, 锗的禁带宽度是 0.67eV. 禁带宽度随温度的升高而降低. $GaAs_{1-x}P_x$ 是一种重要的混合晶体, 室温下, 在 $x = 0.49$ 时发生由直接带向间接带的过渡; 在 $x < 0.49$ 时, 晶体是类 GaAs 的, 为直接禁带半导体; 当 $x > 0.49$ 时, 晶体是类 GaP 的, 为间接禁带半导体. 由该混合晶体可以得到禁带宽度大于 2eV 的直接禁带材料. 禁带宽度随成分 x 的变化, 由 1.42eV 连续地增加到 2.26eV(RT).

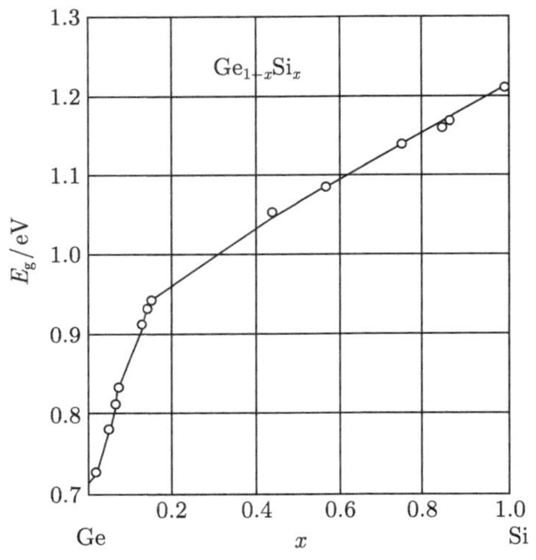

图 4.1　$Ge_{1-x}Si_x$ 的禁带宽度随成分 x 的变化

他们具体提出了两个实现方案：一是用一种材料 (如 GaAs) 交替掺以 n 型和 p 型杂质; 二是用两种晶格匹配的材料 (如 GaAs 和 $Al_xGa_{1-x}As$) 交替成层, 得到周期变化的半导体人工长周期晶格结构, 这时, 一种材料的带隙与另一种材料的带隙交叠, 得到周期变化的人工长周期势场. 图 4.2 是这两类超晶格导带边和价带边的空间变化, 其中图 4.2(a) 为周期性地交替掺杂 p 型和 n 型杂质得到的掺杂超晶格的导带底和价带顶, 其局部的起伏变化类似于 pn 结的能带.

超晶格设想的实现, 是靠分子束外延技术的发展. 这是一种在超高真空(10^{-8}Pa) 条件下, 以装有原材料 (如 Ga、As 等)、开关可以控制的喷射炉为源, 直射生长衬底的外延技术. 1971 年卓以和 A. Y. Cho 首先用分子束外延的方法成功生长出 $GaAs/Al_xGa_{1-x}As$ 的周期结构. 超晶格的周期长度, 要求小于德布罗意波长.

如果组成超晶格的两种材料的晶格常数相等, 或失配度 $\Delta a/a$ <0.5%, 则生长出的超晶格质量比较好, 不会因晶格常数失配而引起晶体中大的内应力, 甚至位错缺陷. 目前, 研究和应用得最多的 GaAs/AlGaAs 超晶格就属于这种类型. 但是, 实

际的半导体中两种材料晶格常数相等的情形几乎没有, 一般利用三元或四元合金法, 以求得两种材料的晶格常数尽量匹配, 晶格常数的失配总是或多或少存在. 实验发现, 只要失配度不是很大, 超晶格每层厚度不是很大, 则两种材料会发生弹性形变, 在平行方向上达到一个统一的平衡晶格常数 $a_{//}$, 并仍保持晶体良好的结构性质. 这种超晶格称为应变层超晶格, 例如 Ge_xSi_{1-x}/Si 应变层超晶格、$In_xGa_{1-x}As/GaAs$ 应变层超晶格等. 应变层超晶格的产生大大扩展了超晶格的种类和应用范围, 并具有其独特的性质.

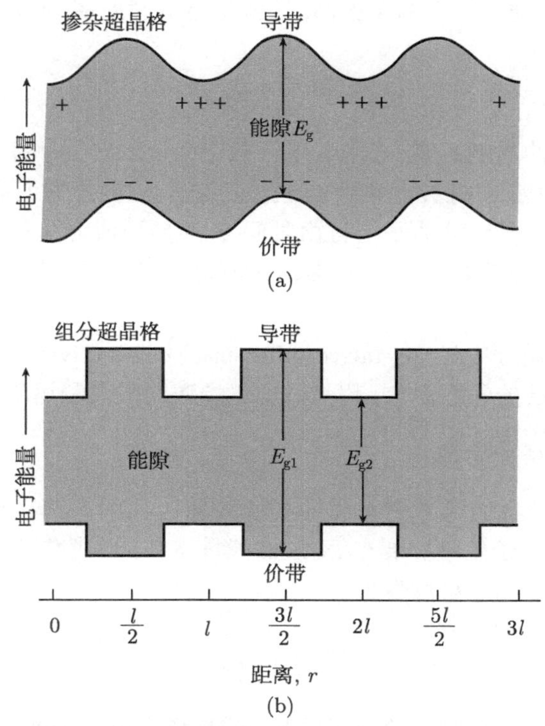

图 4.2　两类超晶格导带边和价带边的空间变化

4.1.2　超晶格电子的微带

超晶格具有周期势场 $V(z)=V(z+d)$, d 是超晶格在生长方向 (z 方向) 的周期. 超晶格的布里渊区缩小为 $\left(-\frac{\pi}{d},\frac{\pi}{d}\right]$. 若原晶体的晶格常数为 a, 则超晶格的布里渊区缩小了 $\frac{d}{a}$ 倍, 通常 $\frac{d}{a}$ 约为 100.

在紧束缚近似下, 超晶格的能带函数可以写为

$$E(k)=\frac{W}{2}[1-\cos(kd)] \tag{4.1}$$

其中 k 是超晶格电子的波矢, W 就是在周期为 d 的周期场中电子的能带宽度. 由于布里渊区缩小了很多, 超晶格的能带相应地也变成了很窄的能带, 故称为微带 (miniband).

4.1.3 布洛赫振荡和负微分电导现象

超晶格中有许多新的物理现象.

布洛赫振荡早在 1925 年就从理论上预言了. 在稳恒电场作用下, 在周期场中运动的电子, 其速度随时间 t 周期振荡, 这就是布洛赫振荡. 布洛赫振荡周期为

$$T_{\mathrm{B}} = \frac{h}{eFd} \tag{4.2}$$

电子速度随时间 t 的周期振荡, 对应着电子在空间局域的周期往复的振荡.

但是, 布洛赫振荡长期未能得到实验验证, 在天然的短周期晶体中很难实现布洛赫振荡. 室温下电子运动的平均自由时间 τ 的典型值为 10^{-13}s, 在通常的晶体中, 布洛赫振荡的振荡周期 $T_{\mathrm{B}} > \tau$, 振荡被散射所破坏, 不能实现布洛赫振荡, 表现出定向运动.

超晶格中的负微分电导 (negative differential conductivity, NDC) 现象是超晶格电子的一个很重要的输运现象, 超晶格中电场畴的形成和运动都与 NDC 有关.

4.1.4 瓦尼尔–斯塔克阶梯

在固体物理中, 我们已熟知在周期势场 $V(z) = V(z+d)$ 中, 电子的波函数 $\psi_k(z)$ 是布洛赫波, 电子处于扩展态, 对应的能量 $E(k)$ 形成准连续的能带. 在沿 $-z$ 方向的静电场 F 作用下, 势场变为

$$V(z) + eFz \tag{4.3}$$

不再是周期性势场. 一般的理论分析得到, 该势场中电子的波函数不再是扩展的, 而成为局域态, 第 n 个周期处的电子能量为

$$E_n = E_0 - neFd \tag{4.4}$$

其中 d 是超晶格周期, 能级就像阶梯一样, 称为瓦尼尔–斯塔克阶梯 (Wannier-Stark ladder), 如图 4.3 所示.

如果超晶格周期比较短, 外加电场比较大, 则实验中会观察到激子峰能量向高能方向移动 (蓝移), 这种效应称为瓦尼尔–斯塔克效应. 瓦尼尔–斯塔克效应是由于超晶格的微带在电场下的变化所引起的.

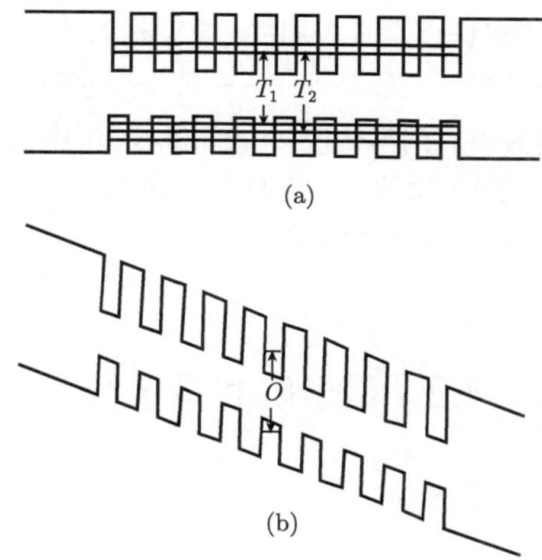

图 4.3　瓦尔尼–斯塔克阶梯

(a) 超晶格微带; (b) 瓦尔尼–斯塔克阶梯

4.1.5　电荷密度波与超晶格

在一定条件下, 有些晶体中会出现电荷密度波 (charge density wave, CDW), 如图 4.4 所示.

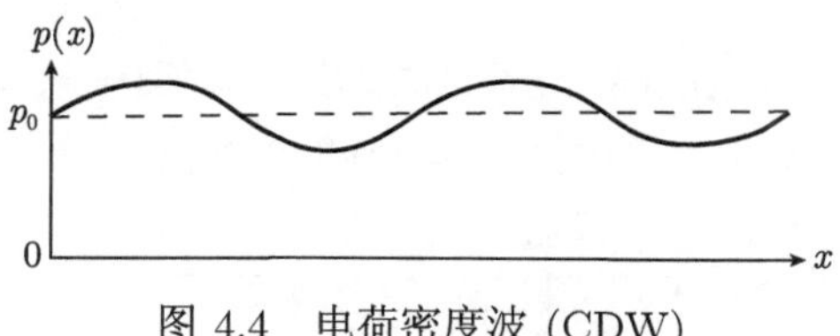

图 4.4　电荷密度波 (CDW)

电荷密度的空间变化可表示为

$$\rho(x) = \rho_0 + \rho_1 \cos(Qx + \varphi) \tag{4.5}$$

这时电子的密度出现了新的周期性分布, 同时晶格原子也发生微小的畸变而形成超晶格.

超晶格的晶格常数 d 与 CDW 的周期相同. 超晶格的周期 d 与原晶格周期 a 之比有以下两种不同的情况:

(1) $\dfrac{d}{a}$ 为有理数, 称为公度的 (commensurate);

(2) $\dfrac{d}{a}$ 为无理数, 称为非公度的 (incommensurate).

对于 $\dfrac{d}{a}$为有理数的公度情况, 晶体仍有周期性, 周期是 d 和 a 的最小公倍数;

对于非公度的情况, 严格来讲已没有周期性. 在实验上是很难测定出无理数的, 一般来讲, 如果 $\dfrac{d}{a}$ 是整数, 它是公度的, 如果 $\dfrac{d}{a}$ 是带小数的, 则认为是非公度的. 在一维体系中的电荷密度波也有同样情况, TaS_3 和 KCP 中的 CDW 波长与晶格常数之比分别为 4.0 和 6.0, 是公度的; TTF-TCNQ 和 $NbSe_3$ 中的 CDW 波长与晶格常数之比分别为 3.76 和 4.16, 是非公度的.

4.2 量子阱和量子线

4.2.1 量子阱结构

若势垒较宽、阱与阱之间电子耦合很弱, 则形成量子阱 (quantum well) 结构. 比较量子阱和超晶格, 对应的波函数和能谱如图 4.5 所示.

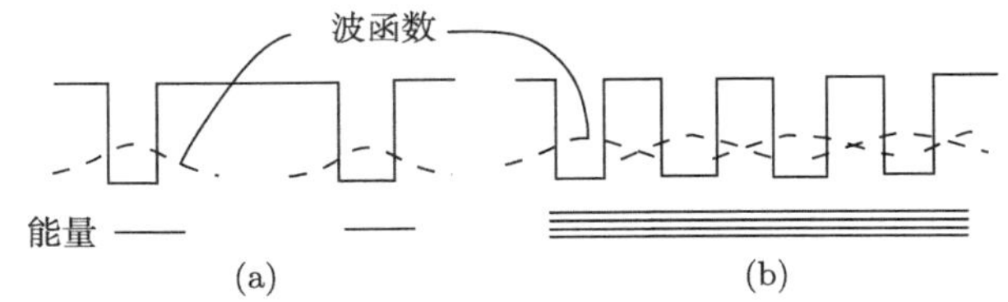

图 4.5 超晶格能带形成示意图

(a)QW 能谱; (b)SL 能谱

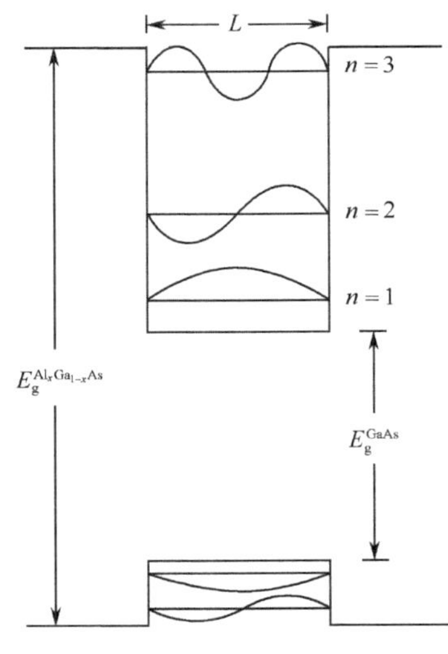

图 4.6 量子阱能级图

在量子力学中, 能形成离散量子能级的原子、分子的势场就相当于一个量子阱. 人工制造的量子阱则是由分子束外延技术实现的. 由于掺杂的不同或组分的不同, 固体的能带边发生变化, 形成抛物形的或直角形的量子阱.

量子阱中的载流子只是在二维空间中可自由运动, 这是一种在一个方向上量子受限的二维体系. 在受限方向的电子能级如图 4.6 所示.

4.2.2　量子阱电子的能态密度

在量子阱中, 由于电子沿量子阱生长方向的运动受到约束, 则会形成一系列离散的量子能级. 根据量子力学计算, 量子能级间的能量差与量子阱宽度 w 的平方成反比, 对于一维无限深势阱电子能级为$E_n = \dfrac{\pi^2\hbar^2 n^2}{8\mu w^2}$, 因此只有当 w 小到一定程度时, 如 100nm, 这种量子性才能在实验上明显地反映出来. 另一方面, 在沿量子阱界面的平面内, 电子仍是自由运动的. 因此, 与体材料中的电子运动相比, 量子阱中的电子运动是准二维的.

二维与三维运动的态密度有本质的差别. 三维电子体系的态密度

$$\begin{aligned} D_3(E)\mathrm{d}E &= 2\left(\frac{L}{2\pi}\right)^3 4\pi k^2 \mathrm{d}k \\ &= 4\pi\left(\frac{L}{2\pi}\right)^3\left(\frac{2m}{\hbar^2}\right)^{3/2} E^{1/2}\mathrm{d}E \end{aligned} \tag{4.6}$$

与 $E^{1/2}$(E 是电子能量) 成正比; 二维电子体系的态密度

$$\begin{aligned} D_2(E)\mathrm{d}E &= 2\left(\frac{L}{2\pi}\right)^2 2\pi k \mathrm{d}k \\ &= 2\pi\left(\frac{L}{2\pi}\right)^2 \frac{2m}{\hbar^2}\mathrm{d}E = \frac{mS}{\pi\hbar^2}\mathrm{d}E \end{aligned} \tag{4.7}$$

是与能量无关的常数. 考虑到不同量子能级所形成子带的贡献, 它应该是台阶形状的, 如图 4.7 中 “2D” 曲线所示. 类似的讨论, 可知一维电子体系的态密度与 $E^{-1/2}$ 成正比; 一维和零维电子体系的能态密度也示于图 4.7 中.

图 4.8 是 GaAs 体材料和 GaAs/$\mathrm{Al_{0.3}Ga_{0.7}As}$ 多量子阱材料室温光吸收谱. 二维电子体系的台阶形状能态密度明显可见. GaAs 体材料的吸收谱有一个陡的吸收边, 在边上有一个很小的激子峰; 而量子阱材料的吸收谱有三个平台, 对应于 $n = 1, 2, 3$ 的子带跃迁; 吸收边向高能方向移动, 这是由量子约束效应引起的.

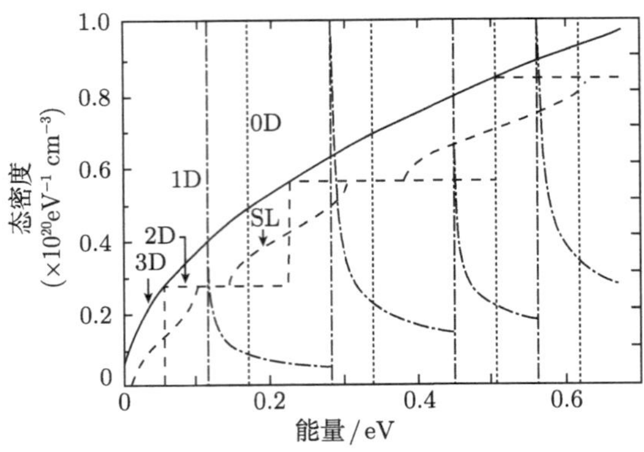

图 4.7　低维体系的态密度

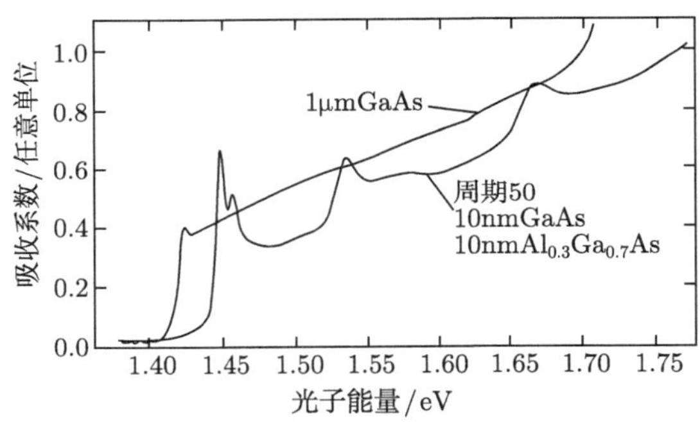

图 4.8　多量子阱室温光吸收谱

另外, 在每个吸收平台边缘有明显的激子峰, 对 $n=1$ 的子带跃迁, 可分出两个峰, 分别对应于重、轻空穴激子; 对 $n=2,3$ 的子带跃迁, 这两个峰分得并不太清楚. 实验中, GaAs 材料厚 1μm, 多量子阱材料包含 50 个周期, 势阱和势垒厚度都是 10nm; 值得注意的是, 量子阱材料的总厚度仅是 GaAs 体材料样品的一半, 而它的吸收强度甚至还超过体材料, 这是由它的二维特性所决定的. 至于为什么三维激子峰不明显而二维激子峰明显, 这是由它们的结合能决定的; 二维激子基态的结合能是三维激子基态的 4 倍, 因此, 在室温下晶格热运动容易使三维激子离解, 而不易使二维激子离解.

4.2.3　量子约束效应

1. 准连续的能带变为分立的能级

Dingle 等首先在 $GaAs/Al_xGa_{1-x}As$ 单量子阱吸收光谱实验中证实了这种量子约束效应. 他们观察到的量子阱吸收光谱与 GaAs 体材料的吸收光谱不同, 具有明显的台阶形状, 如图 4.9 所示.

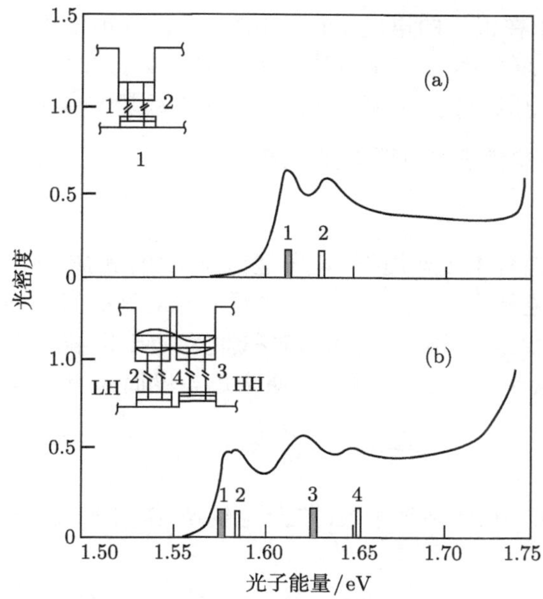

图 4.9 GaAs/$Al_xGa_{1-x}As$ 单量子阱吸收光谱

对不同阱宽 w 的量子阱样品, 吸收光谱中台阶之间的距离不同. w 越小, 距离越宽. 当 $w = 200$nm 时, 吸收光谱就接近于体材料的吸收光谱. 这些事实连同理论计算, 第一次确定无误地证实了量子阱的量子约束效应.

在 Dingle 的实验中, 吸收光谱的台阶边缘处, 有一个很强的尖锐峰, 在室温下也能观察到, 这已被证实为激子效应. 激子的概念早就有了. 当光将一个电子从价带激发到导带后, 导带中这个电子与价带中留下的带正电的空穴由库仑静电相互作用, 形成一个类氢原子的束缚态, 在体材料中, 其束缚能很小, 一般只有几个毫电子伏. 在体材料中, 只有在低温光吸收谱中才能观察到. 而在量子阱中, 激子也显然具有准二维的特性, 电子与空穴只能在量子阱的平面内运动. 可以证明, 对一个纯二维激子, 它的束缚能是三维激子束缚能的 4 倍, 达十几毫电子伏, 因此不容易离解, 在室温下也能观察到. 同时, 二维激子的电子–空穴相对运动半径 (有效玻尔半径) 比三维激子的要小, 因此它的振子强度大得多. 这两个特点再加上态密度特性, 决定了量子阱材料在半导体激光器和其他光电器件中有广泛的应用前景. 在 Dingle 实验后不久, 就在量子阱结构中观察到光学泵浦的激光作用.

2. 激子结合能增大

Miller 等对于宽度为 10nm 左右的量子阱, 做室温下电场对光吸收效应的实验和理论分析, 发现在电场下单量子阱的二维激子的行为和体材料三维激子的行为有很大不同. 三维激子在很小的电场 (小于 10^4V/cm) 就被电离, 而二维激子在电场高达 10^5V/cm 时仍可分辨. Miller 等称这种现象为量子约束效应. 他们还观察到二维激子峰的位置随电场有很大位移, 其位移的能量远超过激子束缚能.

4.2.4 斯塔克效应和量子约束斯塔克效应

1. 斯塔克效应

斯塔克效应是在外电场作用下, 电子能谱发生变化的效应. 在量子力学中已学习过氢原子的斯塔克效应. 电子在氢原子中受到球对称的库仑场作用, 第 n 个能级是 n^2 度简并的. 加入外电场后, 势场的对称性受到破坏, 能级会发生分裂, 使简并消除. 简并微扰理论计算一级能量修正, 原来是 4 度简并的 $n=2$ 的能级

$$E_2^{(0)} = -\frac{\mu e_s^4}{2\hbar^2 2^2} = -\frac{e_s^2}{8a_0} \tag{4.8}$$

式中 $a_0 = \dfrac{\hbar^2}{\mu e_s^2}$ 是第一玻尔轨道半径, 在外电场 F 作用下, 在一级修正中分裂为三个能级

$$E_2^{(0)} + 3eFa_0, \quad E_2^{(0)}, \quad E_2^{(0)} - 3eFa_0$$

简并部分地被解除. 这样, 没有外电场时的一条谱线, 在外电场中就分裂成三条, 它们的能量一条比原来稍小, 一条稍大, 另一条与原来的相等.

2. 量子约束斯塔克效应

实验发现, 电场 (垂直于界面) 对量子阱光吸收的效应更为明显, 激子吸收峰向低能方向移动 (红移), 激子峰形状在一定电场强度下仍保持不变. 这一效应甚至在室温下也能观察到, 称为量子约束斯塔克 (Stark) 效应.

这是由于在电场势 $-eFz$(F 是电场) 的作用下, 量子阱发生倾斜, 如图 4.10 所示, 量子阱中的电子能级向势能低的方向移动, 造成激子线红移. 另一方面, 由于量子阱的约束效应, 量子阱中电子能级仍是准束缚的, 具有较小的线宽 Γ, 电子在上面停留的时间较长, 因此仍能观察到很强的激子峰.

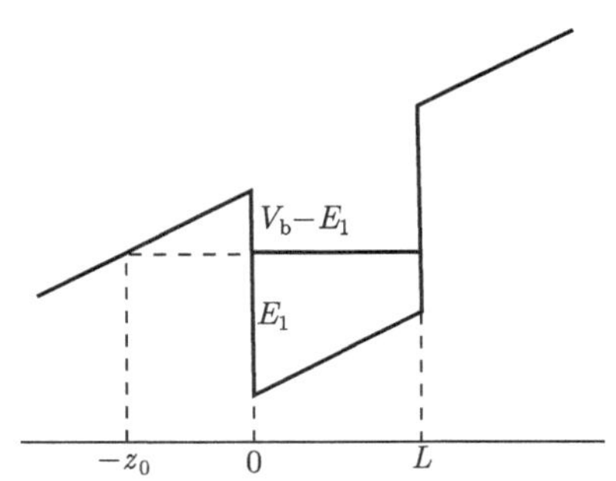

图 4.10　量子阱内能级在电场作用下的变化

体材料激子峰的能量位置随电场变化很小, 且在不大的电场 (约为 10^3V/cm) 下, 激子峰很快加宽以至消失. 这是由于在体材料中, 三维激子的结合能较小, 在电场作用下, 电子空穴向相反方向运动, 在很小的电场下, 将穿过库仑势与电场形成的势垒逃逸掉, 使激子不再存在. 量子阱中激子峰的能量位置随电场有较大的变化 (红移, 即向低能方向位移), 且激子峰宽度随电场增加变化较小, 激子峰一直保持到较高的电场下 (约 10^5V/cm). 图 4.11 是阱宽为 9.4nm 的 GaAs/AlGaAs 多量子阱中激子吸收峰随电场的变化, 曲线 (1) 至 (5) 分别为 0, 0.6×10^4, 1.1×10^5, 1.5×10^5, 2×10^5V/cm, 其中 (a) 电场偏振沿 xy 方向, (b) 沿 z 方向.

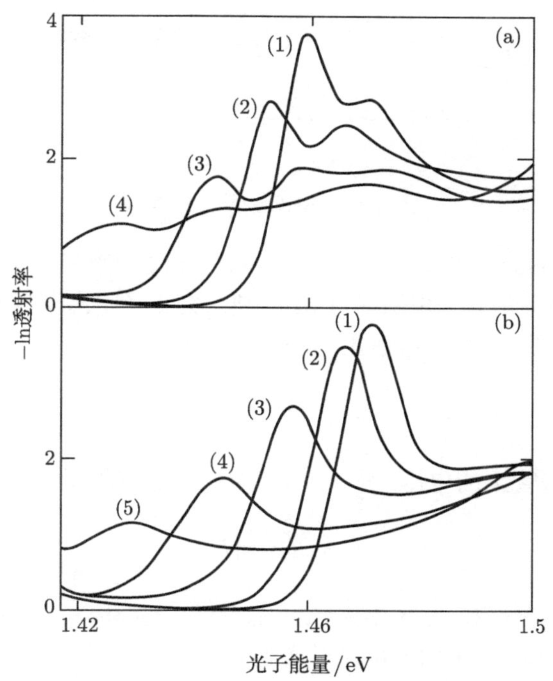

图 4.11　多量子阱中激子吸收峰随电场的变化

电场下量子阱中第一束缚态的能量将下降, 因此观察到激子发光峰向低能方向移动 (红移). 但是, 如果超晶格周期比较短, 外加电场比较大, 则会观察到激子峰能量向高能方向移动 (蓝移), 这种效应称为瓦尼尔–斯塔克效应.

量子约束斯塔克效应是在一量子阱内 (一般是宽阱) 的电子束缚态在电场作用下的变化所引起的; 而瓦尼尔–斯塔克效应是由于超晶格的一个微带在电场下的变化所引起的.

4.2.5　自电光效应器件 (SEED)

量子阱中激子的纵向电场效应有重要的应用前景. 利用量子约束斯塔克效应, 可制成各种光学双稳器件, 已制成光调制器和光双稳器件 (又称自电光效应器件, self-electrooptic effect device, SEED) 等. 所谓 SEED 器件, 就是利用电场下激子光吸收的特性, 制成的开关能量极低的光双稳器件, 其基本结构如图 4.12 所示.

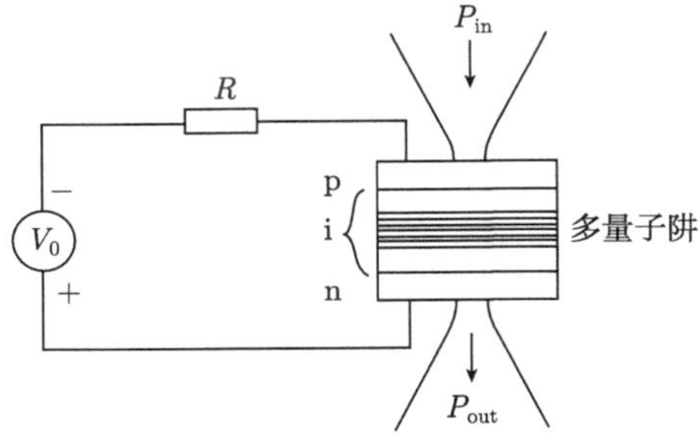

图 4.12　SEED 器件结构

在由 GaAs/AlGaAs 多量子阱组成的 pin 二极管 (直径 600μm) 上, 加一反向电压 V_0(20V), 回路中串联一电阻 R(1MΩ), 波长为零场下激子峰能量 (851.7nm) 的光入射到二极管一端, 从另一端射出. 电路方程为

$$I=\frac{V_0-V}{R} \tag{4.9}$$

其中 V 为加到二极管上的电压. 另一方面, 由探测器方程得到光电流 I 为

$$I=S(V,\lambda)P_{\text{in}} \tag{4.10}$$

其中 S 为探测器的响应率 (单位 AW^{-1}), P_{in} 为入射光功率. 对固定波长的光, 响应率 S 是外加电压的函数, 可由光电流谱实验测定, 如图 4.13(a) 所示, 图中的两个峰由重、轻空穴激子峰产生.

由上两式, 可得

$$S(V)=\frac{V_0-V}{RP_{\text{in}}} \tag{4.11}$$

对不同的入射光功率 P_{in}, 上式的右端在图 4.13(a) 中表现为不同斜率的直线 (虚线)A、B、C、D, 这些直线与 $S(V)$ 曲线 (上式左端) 的交点就是输入功率下的响应率. 由图可见, 由于响应率 $S(V)$ 曲线不是单调变化的, 因此, 两条线有时只有一个交点 (如 A、D), 有时有三个交点 (如 B、C). 可以证明, 前者是稳定的, 后者是不稳定的, 在这样的输入功率下, 将产生光学双稳现象. 如图 4.13(b) 所示, 在由直线 B、C 对应的输入功率范围内, 一个输入功率对应有三个不同的输出功率, 因此, 图

4.13(b) 的理论曲线上出现弯曲的 S 形，实验上则观察到类似于磁滞回线的曲线，这就是光学双稳现象.

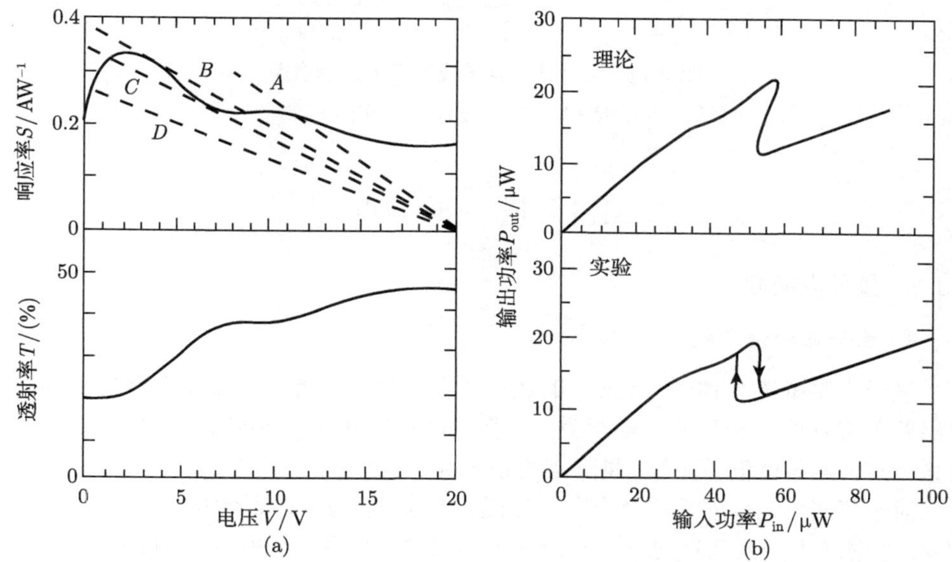

图 4.13　(a)SEED 器件响应率、透射率与外加电压的关系; (b) 输出光功率与输入光功率关系的理论和实验曲线

目前，SEED 器件在国外已进入实用阶段，用它装配光计算机的处理器已见报道.

4.2.6　量子线

量子阱是一个一维受限系统，在一个方向上限制了载流子的运动，产生了许多新的量子效应，并具有许多新的应用，因而，人们就想用各种方法在其他两个维度上再施加量子约束，限制电子的运动，使之产生更强的量子约束效应，于是，产生了量子线 (quantum wire) 和量子点.

图 4.14(a) 为量子阱结构的三维立体示意图. 若在量子阱平面内的一个方向上再加以限制，并使其尺寸也减小到量子尺度，如图 4.14(b) 所示，则势阱成为线状，在其中的载流子只能在一个空间方向上自由运动；而在与之垂直的另外两个空间方向上都受到势垒的限制. 这样的体系称为量子线.

对于沿 y 方向的量子线，能量本征值为 $E_{ik_y}=E_i+\dfrac{\hbar^2k_y^2}{2m^*}$，态密度在 $E=E_i$ 处出现奇点，能态密度如图 4.7 所示.

若再将量子线的长度也减小到量子尺度，如图 4.14(c) 所示，则成为一个量子点 (quantum dot, QD)，量子点是一类新型低维量子结构.

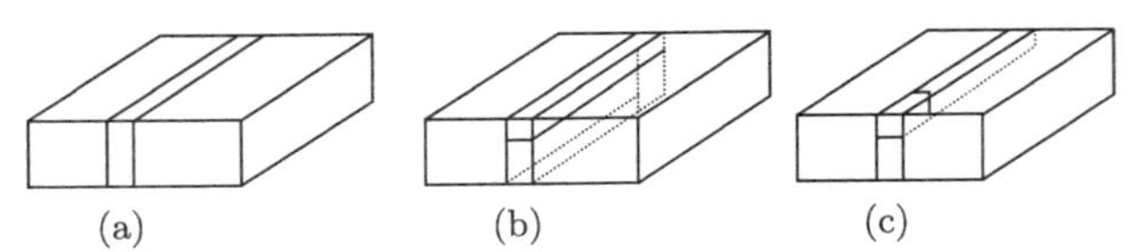

图 4.14 量子阱、量子线和量子点示意图

(a) 量子阱; (b) 量子线; (c) 量子点

4.3 量子点

4.3.1 量子点简介

1. 量子点和纳米科技

量子点是准零维体系, 在其中的载流子在任何一个方向上都不能自由运动, 表现出若干特别的量子尺寸受限行为. 量子点的种类和生长制备方法多种多样, 有金属量子点、半导体量子点等. 量子点也被称为纳米微粒.

对于量子点, x, y, z 三个方向均受限, 能谱完全分立. 完全互不耦合的量子点体系, 态密度为一系列对应于分立能级的 δ 函数, 如图 4.7 所示. 吸收和发光光谱表现为线状光谱, 实验得到的光谱一般都有展宽, 其原因有量子点尺寸不单一引起的非均匀展宽以及温度效应等引起的均匀展宽.

在低维体系中, 杂质、缺陷也引进一些对应的能级, 包括类 H 浅能级和局域性的深能级. 对于 QD, 由于其三维局域性, 与体材料中的深能级相似, 通常用于深能级测量的深能级瞬态谱(DLTS)技术也可用于对QD体系电子态的研究 (Chen et al., 1997).

量子点是纳米科技的重要研究对象. 自从扫描隧道显微镜 (STM) 发明后, 世界上便诞生了以 0.1~100nm 的尺度 (约 10^6 个原子构成的量子点或纳米微粒) 为研究对象的新科技, 这就是纳米科技. 纳米科技通过操纵原子、分子或原子团和分子团, 使其重新排列组合, 形成新的物质, 制造出具有新功能的器件和仪器. 未来的纳电子器件将取代现在的微电子器件. 微电子器件中的信号是百万个电子运动的结果, 而纳电子器件中的信号是一个电子运动产生的. 纳米科技将使人类生活的方方面面发生巨大的变化.

2. 玻璃中的半导体量子点

实际上, 玻璃中的半导体量子点, 远在量子点概念提出之前的 20 世纪 30 年代, 就已经出现和应用于截止型有色光学玻璃 (cut-off coloured optical glass), 即截止型滤光片.

一定厚度的截止型有色光学玻璃, 其光谱特性曲线上, 不出现吸收峰和透过峰,而是一个连续的吸收区和透过区. 吸收区与透过区之间是一条斜率很大的分界线, 称为吸收界限或截止短波限. 小于吸收界限波长的光全部被吸收, 大于吸收界限波长的光全部透过. 截止型有色光学玻璃分为以下几种类型.

(1) 无色紫外截止型有色光学玻璃. 全部透过可见光, 在紫外区有不同的截止波长. 常见的有 6 种, 截止波长分别为 210, 230, 280, 310, 350 和 380nm. 在有色光学玻璃中, 只有这类玻璃是无色的. 短波紫外截止玻璃采用磷酸盐玻璃, 中长波紫外截止玻璃采用硼硅酸盐玻璃.

(2) 黄色、橙色和红色截止型有色光学玻璃. 在含锌的硼硅酸盐玻璃中, 加入硫化镉 (CdS) 和硒 (Se) 粉熔制而成. 一般通过改变着色剂加入量或控制显色温度(退火温度), 得到不同牌号的玻璃.

(3) 近红外截止型有色光学玻璃. 这是 20 世纪 80 年代出现的新型有色光学玻璃, 能完全吸收可见光, 在 700~2500nm 近红外区具有一系列不同的透过截止波长, 在红外光学和激光技术等方面有广泛的用途. 近红外截止型有色光学玻璃, 采用 CdSe-CdTe 和 Sb_2Se_3-PbSe 固溶体着色. CdSe 和 CdTe 可以得到透过截止波长为 700~900nm 的截止型玻璃. 随着 CdSe/CdTe 比值的减小, 透过截止波长向长波移动. 用 Sb_2Se_3-PbSe 可以得到透过截止波长为 950~2500nm 的截止型玻璃. 若在玻璃中加入 PbO, 则 Sb_2Se_3-PbSe 固溶体中 PbSe 的比例提高, 透过截止波长向长波移动.

后来人们认识到, 这些截止型有色光学玻璃中含有半导体纳米微粒, 其光学性质就决定于这些半导体纳米微粒的物理性质和尺寸分布. 现在, 玻璃中的半导体量子点得到了越来越多的研究, 其光学性质倍受人们关注, 有许多与体材料不同的新颖的物理性质, 在光纤、纳米激光器等很多方面获得重要应用.

4.3.2 玻璃中半导体量子点的生长

玻璃中半导体量子点是在半导体过饱和的玻璃固溶体中, 一定温度下析晶生长而成. 目前采用的方法有三种：第一种方法是共熔法 (co-melting), 使含有半导体的玻璃在足够高的温度下熔融, 然后在较低的半导体过饱和温度下析晶生长为量子点; 第二种方法是高频溅射法 (high-frequency co-sputtering); 第三种方法是半导体离子注入法 (semiconductor ion implantation).

半导体量子点通常是在多组分硅酸盐玻璃中生长的. 下面介绍用共熔法制备玻璃中半导体量子点. 首先, 将一定浓度的半导体材料熔于玻璃基体中, 这个过程与玻璃熔炼过程是一样的. 以半导体 CdSSe 量子点玻璃为例, 按一定比例将 Cd, S, Se 掺到硅酸盐玻璃炉料中, 或以 CdO, CdS, CdSe 等形式将一定比例的 Cd, S, Se 掺到硅酸盐玻璃炉料中, 在 1300~1400°C 熔炼, 然后快速冷却得到均匀透明的含 Cd, S, Se 的玻璃. 把这样的玻璃在 575~750°C 温度下热处理, 通过热扩散, 玻璃中的半导体成核并长大, 形成分散的纳米尺度的微晶颗粒, 即半导体量子点. 量子点的尺寸可以通过热处理的温度、时间等条件得到控制.

玻璃中半导体量子点的生长过程是一个扩散控制的生长过程(diffution-controlled process), 如图 4.15 所示.

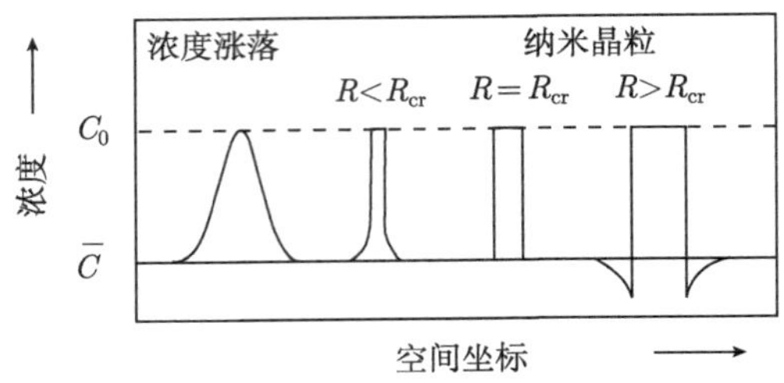

图 4.15　扩散控制的生长过程

在一定温度 T 下 CdSSe 过饱和的玻璃中, CdSSe 单体 (monomer) 会析晶生长. 首先考虑析晶成核过程. 由定态均匀成核理论, 若成核所需的自由能为 ΔF, 则平衡状态下晶核数目为

$$N = N_0 \mathrm{e}^{-\Delta F / k_{\mathrm{B}} T} \tag{4.12}$$

其中 N_0 是一个常数. 与平衡状态时自由能的极值相对应, 存在一个临界晶核半径 R_{cr}, 与过饱和度、晶核表面能、温度等有关. 成核本质上是一个或然事件, 晶核半径有一定的分布, 均匀成核理论的晶核半径分布为以 R_{cr} 为中心的高斯分布.

成核过程与晶核的生长和消溶是同时进行的, 随着生长时间的增加, 有的晶核会不断长大, 有的则会消溶. 晶核生长和消溶过程是扩散控制的生长过程 (diffusion-controlled growth process). 当 $R > R_{\mathrm{cr}}$ 时, 晶粒附近的 CdSSe 单体浓度将低于玻璃中的平均浓度, 晶粒表面附近将出现 CdSSe 单体的耗尽区, 周围的 CdSSe 将向晶粒附近扩散, $R > R_{\mathrm{cr}}$ 的晶粒将继续生长变大; 当 $R < R_{\mathrm{cr}}$ 时, 晶粒表面附近的 CdSSe 单体浓度将高于玻璃中的平均浓度, 晶粒表面附近的 CdSSe 单体将不断向周围扩散, 使得 $R < R_{\mathrm{cr}}$ 的晶粒逐渐消溶. 这样, 晶粒的半径分布逐渐偏离高斯分布. 随着 $R > R_{\mathrm{cr}}$ 晶粒的不断长大, 光吸收谱的吸收边红移, 长波长一侧的吸收边变陡, 较小半径的晶粒分布范围变宽, 吸收峰短波长一侧拖长.

玻璃中半导体量子点的生长过程类似于蒸气中液滴的凝结过程, 临界晶核半径 R_{cr} 对应于液滴的中肯半径 r_{c}, 即一定蒸气压强下的平衡液滴半径; $r > r_{\mathrm{c}}$ 的液滴将继续凝结而增大, $r < r_{\mathrm{c}}$ 的液滴将汽化而消失. 这样生长得到的半导体量子点, 其尺寸的不均匀性服从 Lifshitz-Slesov 分布, 如图 4.16 所示.

玻璃中的半导体量子点, 可以通过高分辨透射电镜 (HRTEM) 实验观测, 也可以通过 X 射线小角衍射 (SAXS) 和光学方法进行研究. 图 4.17 是玻璃中的半导体量子点的 HRTEM 像, 从 HRTEM 像可以对量子点的尺寸及其尺寸分布进行分析,并直观地观测量子点内部的结晶状况.

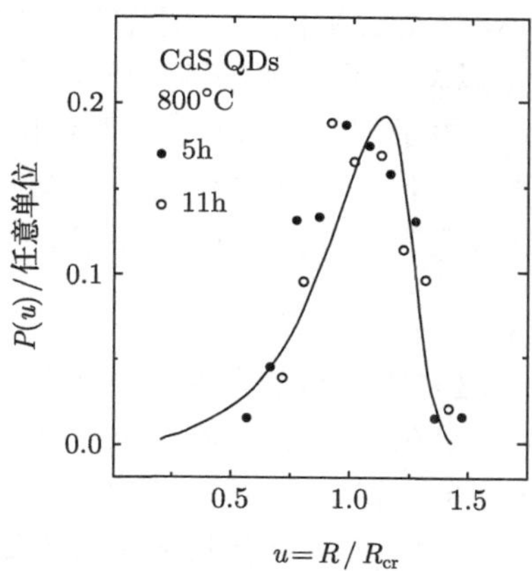

图 4.16　Lifshitz-Slesov 分布

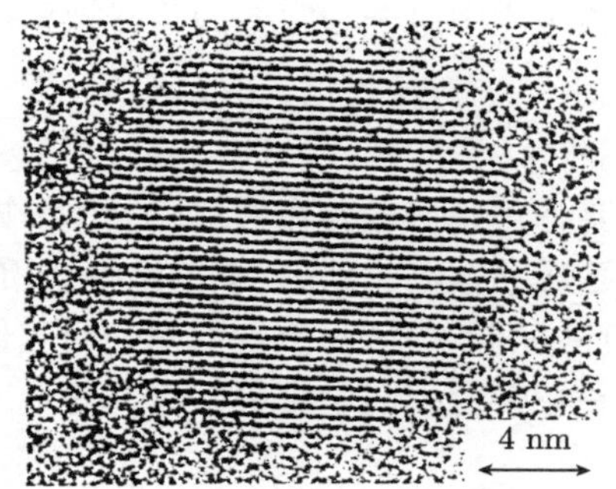

图 4.17　玻璃中的半导体量子点的 HRTEM 像

随着分子束外延、MOCVD 等半导体生长技术的发展, 人们制造出了多种多样的半导体量子点, 不论在理论上还是在实验上都大大促进了量子点的研究和应用.

4.3.3　半导体量子点中的电子态

1. 量子点中电子的三种典型受限情况

1982 年, Al. L. Efros 和 A. L. Efros 在实验研究的基础上, 首次从理论上对半导体量子点中的电子态进行了分析. 根据量子点的半径 R 与体材料的激子玻尔半径

$$a_{\mathrm{B}} = \frac{\hbar^2 \varepsilon_2}{\mu e_{\mathrm{s}}^2} = \varepsilon_2 a_{\mathrm{H}} \tag{4.13}$$

的相对大小, 可将量子点划分为三种受限情况, 其中 ε_2 是量子点材料的相对介电常数, a_{H} 是氢原子的第一玻尔轨道半径. 三种受限情况如下.

(1) 强受限 ($R \ll a_{\mathrm{B}}$)：在这个范围内, 电子与空穴之间的空间关联很小. 由量子力学的不确定关系 $\Delta r \cdot \Delta p \geqslant \hbar/2$, 受限的动能起主导作用, 电子与空穴的库仑相互作用与受限动能项相比可以忽略不计. 电子和空穴的能量是分别量子化的;

(2) 中等受限 ($R \gg a_{\mathrm{B}}$)：电子与空穴的库仑相互作用不能忽略不计. 实验上经常用直接带隙的半导体材料, 如Ⅱ-Ⅵ族半导体制备, 它的激子束缚能不太大, 激子玻尔半径适中, 并且空穴有效质量一般大于电子有效质量, 激子吸收峰蓝移的位置可以用 $\dfrac{\hbar^2}{m_{\mathrm{e}}^* R^2}$ 估算.

(3) 弱受限 ($R \gg a_{\mathrm{B}}$)：这时电子与空穴的结合比较紧密, 形成激子. 这时, 可把电子空穴对, 即激子作为一个粒子来分析. 在 CuCl 和 CuBr 中, 激子束缚能比较大, 激子 Bohr 半径分别为 0.7nm 和 1.25nm, 比较好地适用于弱受限情况. 实验上经常应用体材料激子玻尔半径较小的半导体材料制备弱受限量子点材料.

2. *忽略库仑相互作用的情况*

在有效质量近似下, 量子点中电子和空穴的哈密顿算符为

$$H = -\frac{\hbar^2}{2m_{\mathrm{e}}}\nabla_{\mathrm{e}}^2 - \frac{\hbar^2}{2m_{\mathrm{h}}}\nabla_{\mathrm{h}}^2 + V_{\mathrm{e}}(r_{\mathrm{e}}) + V_{\mathrm{h}}(r_{\mathrm{h}}) - \frac{e^2}{4\pi\varepsilon_0\varepsilon_2|r_{\mathrm{e}} - r_{\mathrm{h}}|} \tag{4.14}$$

在体材料中, 库仑相互作用是普遍存在的, 库仑相互作用项是哈密顿算符中重要的一项; 库仑相互作用是激子存在的原因, 不考虑库仑相互作用就不可能有激子.

在小量子点的强受限情况下, 电子与空穴的库仑相互作用项相对较小, 可以忽略. 这时在波函数中电子与空穴的空间坐标可以分离变量, 写为

$$\psi(\boldsymbol{r}_{\mathrm{e}}, \boldsymbol{r}_{\mathrm{h}}) = \phi_{\mathrm{e}}(\boldsymbol{r}_{\mathrm{e}})\phi_{\mathrm{h}}(\boldsymbol{r}_{\mathrm{h}}) \tag{4.15}$$

其后的求解在一般量子力学教材中都有, 电子和空穴的能量本征值为

$$E_{nl}^{\mathrm{e,h}} = \frac{\hbar^2}{2m_{\mathrm{e,h}}}\frac{\chi_{nl}^2}{R^2} \tag{4.16}$$

χ_{nl} 是 l 阶球贝塞尔函数的第 n 个零点, 其中 $\chi_{10} = \pi, \chi_{11} = 4.493, \cdots, \chi_{20} = 2\pi, \cdots$. 对于一定带隙的半导体, 其量子点中电子跃迁的能量增量为

$$\Delta E_{10} = E_{10}^{\mathrm{e}} + E_{10}^{\mathrm{h}} = \frac{\hbar^2}{2}\left(\frac{1}{m_{\mathrm{e}}} + \frac{1}{m_{\mathrm{h}}}\right)\frac{\pi^2}{R^2} = \frac{\hbar^2\pi^2}{2\mu R^2} \tag{4.17}$$

彼此独立的电子和空穴复合跃迁的最低能量为

$$E_{10} = E_{\mathrm{g}} + \Delta E_{10} = E_{\mathrm{g}} + \frac{\hbar^2\pi^2}{2\mu R^2} \tag{4.18}$$

其中 E_{g} 是体材料的禁带宽度. 有效带隙随量子点半径 R 的减小而增加. 在光吸收实验中, 吸收边随 R 的减小而蓝移.

3. 考虑库仑相互作用的情况

随量子点半径 R 的增大, 必须考虑库仑相互作用. 对于定态薛定谔方程的求解, 人们采用了微扰理论、变分法、Monte-Carlo 法、矩阵对角化方法等.

用微扰理论求解, 得到最低激发态能量为

$$\Delta E_{10}=\frac{\hbar^2\pi^2}{2\mu R^2}-\frac{1.8e^2}{\varepsilon_2 R} \tag{4.19}$$

库仑相互作用的存在, 使该能量减小.

由上式还可以注意到, 激子的动能项与量子点半径的平方 R^2 成反比, 而库仑项与 R 成反比, 所以, R 很小时库仑项相对较小, 随着 R 的增大, 库仑项的作用随之增大.

用变分法, 在库仑相互作用可以作为微扰时, 得到激子最低激发态能量为

$$\Delta E_{10}=\frac{\hbar^2\pi^2}{2\mu R^2}-\frac{1.786e^2}{\varepsilon_2 R}-0.248E^*_{\mathrm{Ryd}} \tag{4.20}$$

其中 E^*_{Ryd} 是体激子束缚能, 或写为

$$E_{10}=E_{\mathrm{g}}+\frac{\hbar^2\pi^2}{2\mu R^2}-\frac{1.786e^2}{\varepsilon_2 R}-0.248E^*_{\mathrm{Ryd}} \tag{4.21}$$

对于玻璃基体中的 CdS 量子点 (激子 Bohr 半径为 3.0nm), 在强受限范围的实验结果与上式一致, 对于弱受限范围, 实验结果与上式定性一致.

4.3.4　半导体量子点玻璃的性质

1. 量子尺寸效应

半导体量子点玻璃的光吸收谱如图 4.18 所示. 随着量子点尺寸的减小, 吸收边蓝移.

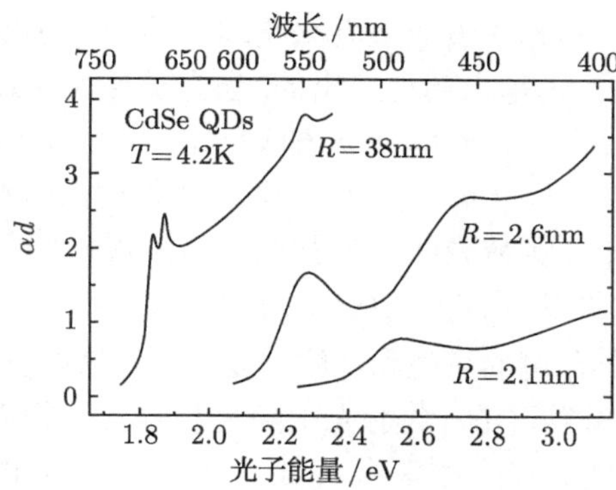

图 4.18　半导体量子点玻璃的光吸收谱

不同尺寸半导体量子点的玻璃, 呈现不同的颜色. 从半导体量子点玻璃的生长过程来说, 在生长温度一定的情况下, 生长时间较短的, 量子点尺寸较小, 吸收边能量较高, 玻璃呈现浅黄色. 随着生长时间的延长, 量子点不断长大, 吸收边红移, 玻璃颜色逐渐变为橘黄色、橙色、红色和深红色. 玻璃的体色与吸收的关系, 如图 4.19 所示.

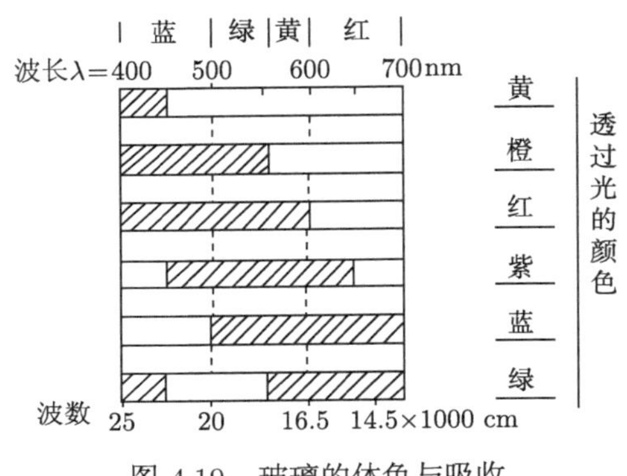

图 4.19　玻璃的体色与吸收

实际物体的颜色就是由于这种选择吸收, 吸收了部分可见光, 例如一片绿玻璃就是只有绿光透过了该玻璃, 而完全吸收了光谱两端的蓝光和红光. 这种穿过物体后分辨出的颜色, 就体现为物体的体色. 有的颜色是表面色, 它是靠反射和散射的颜色决定的, 如苹果的颜色表里就不一样, 我们看见的只是表面色.

另一方面, 在光学非均匀 (即折射率不是到处一样) 介质中, 将产生光的散射现象. 散射光的波长与入射光相同的, 称为瑞利散射; 散射光的波长与入射光不同的, 称为拉曼 (Raman) 散射或联合散射.

瑞利散射又有两类: 一类是光通过含有许多无规则分布大质点 (质点大小的数量级等于光波长) 的混浊介质 (乳状液、悬浮物、胶体溶液等) 的散射, 称为廷德尔 (Tyndall) 散射; 另一类是在表面上看来是均匀纯净介质中的光散射, 称为分子散射. 分子散射的理论首先是由瑞利提出的, 当光被比波长还小的颗粒散射时, 散射光强与光的波长有关, 与光波长的 4 次方成反比, 称为瑞利定律, 对紫光 (400nm) 的散射要比红光 (720nm) 大 $(1.8)^4=10$ 倍, 例如, 吸烟时的烟总是发蓝, 而烟囱出来的烟尘, 由于颗粒较大, 在颗粒表面上的弥散反射呈现出白色, 粉笔末的白色也是由于它的粒度大于光的波长而弥散反射的结果.

拉曼散射是 1928 年印度的拉曼和苏联的曼杰利斯塔姆分别在研究液体和晶体内的光散射时, 几乎同时发现的. 散射光中除有与入射光频率 ν_0 相同的瑞利散射线之外, 在瑞利线的两侧还伴有频率为 $\nu_0 \pm \nu_1, \nu_0 \pm \nu_2, \cdots$ 的散射线存在, 这些散射线的频率与入射光频率之差, 与入射光无关. 拉曼散射的产生是与分子的极化率

的改变相联系的, 在入射光电场作用下, 分子获得感应电偶极矩

$$P = \alpha E = \alpha E_0 \cos 2\pi\nu_0 t \tag{4.22}$$

α 为分子的极化率. 如果极化率是与时间无关的常数, 则感应电偶极矩 P 以入射光的频率 ν_0 作周期性的变化, 由此所得到的散射光, 其频率与入射光的相同, 这就是瑞利散射. 但是, 通常分子以固有频率 ν 在作振动, 极化率 α 可以记作

$$\alpha = \alpha_0 + \alpha_\nu \cos 2\pi\nu t \tag{4.23}$$

其中 α_0 是分子静止在平衡位置时的极化率, α_ν 是分子固有振动而引起的周期性变化的极化率的振幅, 则分子感应电偶极矩

$$\begin{aligned} P =& \alpha_0 E_0 \cos 2\pi\nu_0 t + \alpha_\nu E_0 \cos 2\pi\nu t \cos 2\pi\nu_0 t \\ =& \alpha_0 E_0 \cos 2\pi\nu_0 t + \frac{1}{2}\alpha_\nu E_0[\cos 2\pi(\nu_0+\nu)t + \cos 2\pi(\nu_0-\nu)t] \end{aligned} \tag{4.24}$$

感应电偶极矩 P 变化的频率有 ν_0, $\nu_0 \pm \nu$ 三种, 因此散射光中也应含有这三种频率. 频率为 ν_0 的散射光称为瑞利散射光, 频率为 $\nu_0 \pm \nu$ 的伴线称为拉曼散射光. 长波方面的伴线称为红伴线, 又称为 Stokes 线; 短波方面的伴线称为紫伴线, 又称为反 Stokes 线, 反 Stokes 线比 Stokes 线出现得少而弱. 由于散射光的频率是由入射光频率与分子固有频率联合而产生的, 故拉曼散射又称联合散射. 每种散射介质有它自己的一套分子固有频率 ν_1, ν_2, $\cdots$, 如果某些分子的固有频率是已知的, 则利用拉曼散射方法可以进行成分分析. 拉曼散射方法具有设备比较简单, 可用可见光做光源, 需要样品量少等优点. 在量子点的成分分析方面, 拉曼散射是一个重要的方法.

2. 库仑阻塞效应

半导体量子点的库仑阻塞效应对于制作单电子晶体管和高密度存储器具有潜在的应用前景, 电子存储芯片的实用化将使制造能处理大量数据和活动图像的掌上超级计算机成为可能.

半导体量子点研究的进展无疑会为单电子物理学和低维材料物理的研究开辟新的发展方向, 同时也将对新一代量子功能器件的设计与制造产生革命性的影响.

3. 介电受限效应

在低维半导体结构中, 除了量子受限效应之外, 还存在介电受限效应. 1979 年, Keldysh 首先研究了层状结构的介电受限效应, 随后, 人们对半导体量子阱、半导体量子线和量子点的介电受限效应进行了研究, 其中, 由于半导体量子点与基体的介电常数不同而引起量子点表面产生的表面极化效应已被广泛研究.

对于量子阱介电常数的理论研究表明, 当量子阱的阱宽较小, 如几个纳米时, 介电常数随阱宽的减小而减小, 由此带来的影响是不可忽略的. 最近, 林兆国等通过实验对上述结论进行了验证.

L. W. Wang 和 A. Zunger 利用赝势方法计算了 Si 量子点的介电常数, 结果表明 Si 量子点的介电常数随其尺寸的减小而减小. R. Tsu 则通过一个物理模型给出了球形量子点的尺寸与其介电常数的简单关系

$$\varepsilon_2(R) = 1 + \frac{\varepsilon_{\mathrm{B}} - 1}{1 + (\Delta E/E_{\mathrm{g}})^2} \tag{4.25}$$

其中 ε_{B} 为体材料的介电常数, E_{g} 为平均带隙, ΔE 为

$$\Delta E = \frac{\pi E_{\mathrm{F}}}{k_{\mathrm{F}} R} \tag{4.26}$$

E_{F} 为价电子费米能级, k_{F} 是费米波矢. 具体计算 CdSe 量子点的介电常数与其尺寸的关系为

$$\varepsilon_2(R) = 1 + \frac{\varepsilon_{\mathrm{B}} - 1}{1 + (9.298/R)^2} \tag{4.27}$$

其中取 E_{F}=9.94eV, ε_{B}=9.7, E_{g}=6.58eV. 也得到了半导体量子点的介电常数随其尺寸的减小而减小的结论.

由于量子点的介电常数随尺寸的减小而减小, 不但使受限激子的基态能减小, 束缚能增大, 而且引起表面极化效应对受限激子的影响增大.

4. 电光效应

(1) 弗朗兹–凯尔迪什效应. 1958 年弗朗兹 (Franz) 和凯尔迪什 (Keldysh) 分别提出在均匀外电场下半导体直接光跃迁的理论. 根据他们的理论, 在电场下光吸收边将加宽, 并移至较低的能量, 引起显著的吸收带尾, 该效应称为弗朗兹–凯尔迪什效应. 该效应已为以后的实验所证实. 但是, 弗朗兹–凯尔迪什的理论没有考虑激子效应, 而激子效应对于电光吸收谱又是至关重要的.

我们的讨论局限于半导体, 因为金属中不能在一个显著的距离上维持均匀的强电场.

在平行于 z 方向的均匀力 F 作用下, 薛定谔方程为

$$\left(-\frac{\hbar^2}{2\mu}\nabla^2 - Fz\right) f(\boldsymbol{R}) = \Delta E f(\boldsymbol{R}) \tag{4.28}$$

式中 μ 是电子–空穴对的约化质量, $f(\boldsymbol{R})$ 是一个电子–空穴对波函数当总波矢为零、距离为零时之值, ΔE 是激发能量与能隙能量 E_{g} 之差. 该方程可以精确求解, 结果是

$$f(\boldsymbol{R}) = A\mathrm{e}^{\mathrm{i}(k_x x + k_y y)}\mathrm{Ai}(-\xi) \tag{4.29}$$

式中 Ai 是一个 Airy 函数, A 是归一化常数.

在能带带隙处光吸收不再表现为急骤地降低至零. 代替它的是：在能隙区域内, 光吸收显示一个指数式下降, 随着场的减小, 这个下降的陡度急剧地增大.

上面的处理忽略了与 Stark 阶梯相关的能级的分立特性. 当考虑到这种能级结构时, 预料光吸收将表现出一种阶梯形结构, 各阶梯之间距离是瓦尼尔能级间距.

外电场对于固体光学性质的影响, 不如磁场情况下那样显著. 这个情形是许多实际的和理论性的原因所导致的, 最基本的原因可能是电场只毁坏平行于它的方向上的能带结构, 而磁场毁坏两个方向的能带结构.

(2) 弗朗兹–凯尔迪什振荡. 在电场作用下, 半导体的介电常数呈现弗朗兹–凯尔迪什振荡, 可以用调制反射谱测量. 电调制谱在中等强度电场条件下呈现弗朗兹–凯尔迪什振荡, 振荡周期与电场强度有关. 电调制谱是研究内建电场和表面界面态的有效工具.

静电场作用下, 介电常数的变化 $\Delta\varepsilon$ 可以写为

$$\Delta\varepsilon = \frac{(\hbar\theta)^3}{12}\frac{1}{E^2}\frac{\partial^3}{\partial E^3}[E^2\varepsilon(E)] \tag{4.30}$$

其中 E 是光子能量, $\hbar\theta$ 称为电光能量 (electro-optic energy), 是与强场下 F-K 振荡周期有关的特征能量, 其表达式为

$$(\hbar\theta)^3 = \frac{e^2\hbar^2F^2}{2\mu} \tag{4.31}$$

弱场情况下 $\Delta\varepsilon$ 的谱形与电场 F 无关.

对于量子点玻璃, 当量子点直径为 11nm(接近体电子 Bohr 轨道直径的两倍) 时, 其电吸收行为非常类似体晶体. 光吸收谱与电调制吸收谱相比较, 光吸收谱结构比较模糊, 而电调制吸收谱的峰谷尖锐、清晰可辨. 电调制吸收谱与上式的 Aspnes 模型即三阶微商谱相一致, 电场 F 高达 10^5V/cm 时均符合良好. $\Delta\alpha$ 的振荡周期与电场有关, 这是强场下体材料的弗朗兹–凯尔迪什振荡的特征.

当量子点直径为 7nm 或更小时, 电调制吸收谱与体晶体的就不相同了. 这时, 量子受限效应比较显著, 电调制吸收谱取决于量子受限斯塔克效应, 不再具有 $\Delta\varepsilon$ 的三阶微商谱行为.

随着量子点研究工作的进展, 量子点中少电子体系、非均匀量子点、量子点间的耦合、量子点晶格等的研究越来越引起人们的广泛关注. 非均匀量子点, 即有内部结构的量子点, 其中载流子的能谱及波函数与均匀量子点有很大差别, 导致非均匀量子点有新异的光电性能. 量子点耦合结构具有的库仑阻塞与单电子隧穿效应是设计与制造单电子器件的基础. 量子点可以看做一个比实际原子尺寸大得多的人造原子, 将量子点按晶格的格点位置生长, 就形成了量子点晶格, 目前在实验上已经制备出这种新型的人工晶体.

4.4 磁量子阱

4.4.1 磁量子阱

由铁磁性金属与非铁磁性金属交替生长得到的三明治结构, 构成一个磁量子阱. 例如, 采用分子束外延 (MBE) 方法, 可以制备得到铁–铬–铁三层膜结构, 这就是一个磁量子阱.

与多量子阱类似, 由铁磁性金属与非铁磁性金属交替生长得到的多层膜结构, 构成一个磁多量子阱. 对于周期性交替生长的铁磁性金属与非铁磁性金属, 称为周期性多层膜. 若周期性多层膜中耦合的磁量子阱足够多、周期足够短的情况下, 磁多量子阱就转变为磁超晶格.

电子之间的相互作用在固体物理学的基本理论中经常被忽略, 特别是建立在单电子近似和绝热近似基础上的能带理论, 不仅忽略了电子与声子之间的相互作用, 而且忽略了电子之间的相互作用. 实际上, 电子之间的相互作用对于很多物理性质具有重要影响, 在磁性中电子之间的交换作用和关联作用是十分重要的. 局域磁矩之间的海森堡直接交换作用是短程的, 特征长度为 1~3Å, 局域磁矩通过传导电子所产生的间接交换作用可以长达 10Å. 10Å已经是实验室中人工微结构可以实现的尺度. 1970 年代之后, 科学家就开始探索人工微结构中的磁性交换作用. 1988 年, 格伦贝格在铁–铬–铁三层膜结构中以及费尔在几十个周期的铁–铬超晶格中, 分别发现了巨磁电阻 (giant magnetoresistance, GMR) 效应, 并且两人因此在 20 年之后共同获得 2007 年度诺贝尔物理学奖.

4.4.2 铁–铬–铁三层膜结构中的磁场

磁量子阱中的铁磁性金属和非铁磁性金属薄膜, 可以是多晶膜也可以是单晶膜.

直到 1986 年, 格伦贝格采用精密的分子束外延 (MBE) 方法, 制备得到铁–铬–铁三层膜结构, 其中薄膜是结构完整的单晶膜. 在此金属三层膜上, 利用光散射可以获得铁磁矩集体运动 (自旋波) 的信息. 实验中逐步减小薄膜上的外磁场, 直到取消外磁场. 他们发现, 在铬层厚度为 8Å的铁–铬–铁三明治结构中, 两边的两个铁磁层的磁矩从彼此平行 (较强磁场下) 转变为反平行 (弱磁场下). 也就是说, 对于非铁磁层 (这里是铬层) 的特定厚度 (这里为 8Å), 没有外磁场时, 两边铁磁层的磁矩是反平行的 (图 4.20), 这个现象是随后发现的 GMR 效应的前提.

在铬层厚度为 8Å的铁–铬–铁三明治结构中, 两边铁磁层的磁矩是反平行的, 这是两边铁磁层磁矩通过非铁磁性金属中传导电子所产生的间接交换作用的结果. 若铬层厚度过大, 超过了局域磁矩产生间接交换作用的尺度, 则两边铁磁层的磁矩方向也就失去了关联. 图 4.20 中右图是铁–金–铁三明治结构样品中金层厚度为 20Å的实验结果, 两边铁磁层的磁矩没有表现出间接交换作用, 外磁场沿着铁的易磁化轴方向.

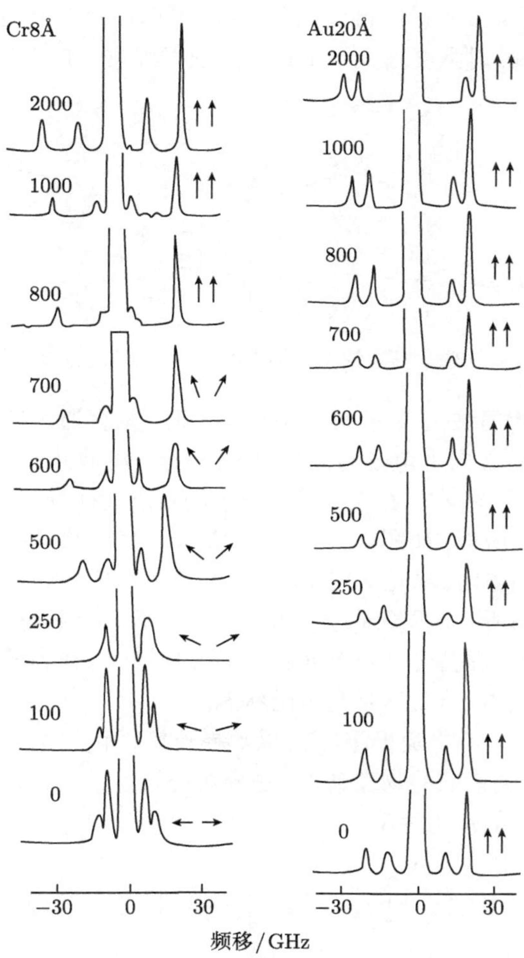

图 4.20　铁–铬–铁三层膜结构中的磁场

图中的数字表示外磁场强度, 单位是 Oe

4.4.3　两电流模型

下面分析垂直通过铁磁–非磁–铁磁结构中的传导电子的输运过程.

在低于居里温度的较低温度下, 电子自旋弛豫长度 (即移动中电子自旋方向保持不变的距离) 远大于平均自由程. 在讨论电子输运过程时, 假定散射过程中电子自旋方向保持不变是合理的. 于是, 将电子按照自旋取向 (向上和向下) 分成两类, 这就是莫特 (英国物理学家 N. F. Mott, 1977 年诺贝尔物理学奖得主) 早年提出的“两电流模型”. 总电流是两类自旋电流之和, 总电阻是两类自旋电流的并联电阻. 其次, 为了具体讨论 s-d 散射的自旋相关现象, 可以假定传导电子 (s) 与局域电子 (d) 自旋反平行时的散射强度远大于平行时的散射强度, 如图 4.21 所示.

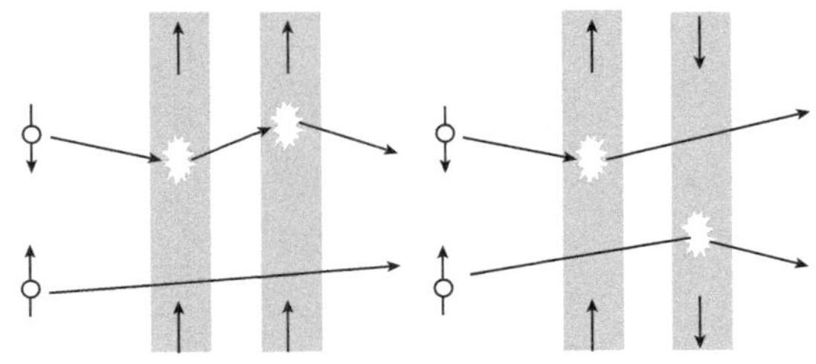

图 4.21　铁磁–非磁–铁磁结构中的传导电子散射过程示意图

当相邻铁磁层的局域 d 电子自旋平行向上时, 垂直通过铁磁–非磁–铁磁结构中的传导 s 电子的自旋向上电子与局域 d 电子的自旋彼此平行, 传导电子几乎不受到散射; 而自旋向下的 s 电子与局域 d 电子的自旋彼此反平行, 传导电子在两个铁磁层中都受到强烈散射, 如图 4.21 的左图所示. 这样, 作为并联电路的总电阻取决于较小电阻分路的电阻, 这是低电阻状态. 当相邻铁磁层的局域 d 电子自旋反平行, 如图 4.21 的右图所示, 垂直通过铁磁–非磁–铁磁结构中的传导 s 电子, 不论自旋向上还是自旋向下, 都会受到一个铁磁层的强烈散射. 作为并联电路的总电阻等于其中一个分路电阻的一半, 这是高电阻状态.

莫特早年提出的 “两电流模型”, 可以解释自旋极化的电子输运过程的一些现象, 是巨磁电阻和相关效应的物理基础, 是分析传导电子垂直通过铁磁–非磁–铁磁量子阱结构传导过程的基本模型.

4.5　纳 米 科 技

1nm 是 1m 的十亿分之一 ($1\text{nm}=10^{-9}\text{m}=10\text{Å}$), 头发的直径约为 80000nm. 微粒尺度在 1~100nm 尺度 (约 10^6 个原子) 的大于原子团簇的微粒, 称为纳米微粒, 又称为超微粒子. 纳米微粒的性质与体材料不同. 由纳米微粒聚集而成的凝聚体, 称为纳米固体. 纳米固体包括三维纳米块状体和二维纳米薄膜. 纳米块状材料通常是由表面清洁的纳米微粒经高压形成的人工凝聚体. 纳米氧化物、氮化物等块状材料, 一般是经过烧结处理. 有的纳米固体, 如纳米陶瓷, 经高压和烧结, 可达到很高的致密度.

纳米固体按组成颗粒的性质, 可分为纳米晶体和纳米非晶体. 前者指所包含的纳米微粒为晶态, 后者由具有短程序的非晶态纳米微粒组成. 由不同材料的纳米微粒或不同相的纳米微粒构成的纳米固体, 称为纳米复合材料.

自从扫描隧道显微镜 (STM) 发明后, 世界上便诞生了以 1~100nm 的尺度 (约 10^6 个原子的团簇) 为研究对象的新科技, 这就是纳米科技. 纳米科技通过操纵原子、分子或原子团和分子团, 使其重新排列组合, 形成新的物质, 制造出具有新功能的器件和仪器.

纳米科技具有广阔的应用前景, 它对信息、生物工程、医学、光学、材料科学等领域都将产生深远的影响.

4.5.1　纳米微粒

纳米微粒是指颗粒尺寸为纳米量级的超细微粒. 通常把包含几个到数百个原子, 或尺度小于 1nm 的粒子称为簇, 它是介于单个原子与固态之间的原子集合体, 其研究从 20 世纪 70 年代中期开始. 纳米微粒一般在 1~100nm, 纳米微粒是肉眼和一般显微镜看不见的微小粒子. 血液中的红血球的大小为 200~300nm, 纳米微粒的尺寸为红血球的几分之一, 这样的微粒只能用高倍的电子显微镜进行观察.

纳米微粒的制备方法可分为物理、化学和综合方法. 关键是控制颗粒大小和获得较窄的颗粒度分布.

物理方法有: ①蒸发冷凝法; ②离子溅射法; ③其他方法有机械研磨法、氢脆法、电火花、爆炸法等.

化学方法有: ①水热法, 包括水热沉淀、合成、分解和结晶法; ②水解法, 包括溶胶–凝胶法、溶剂挥发分解法、乳胶法、蒸发分解法等; ③熔融法, 包括玻璃化法和等离子合成法.

4.5.2　纳米固体

以纳米微粒为单元沿着一维方向排列形成纳米丝; 在二维空间排列形成纳米薄膜; 在三维空间可以堆积成纳米块体. 按照微粒的结构状态, 纳米固体可分为纳米晶体材料 (nanocrystalline)、纳米非晶材料 (nano amorphous materials) 和纳米准晶材料.

纳米复合材料 (nano composite materials) 涉及面较宽, 包括的范围较广, 大致分为三种类型: 第一种是 0-0 复合, 即不同成分、不同相或者不同种类的纳米粒子复合而成的纳米固体; 第二种是 0-3 复合, 即把纳米粒子分散到常规的三维固体中, 例如半导体量子点玻璃; 第三种是 0-2 复合, 即把纳米粒子分散到二维的薄膜材料中.

4.5.3 纳米材料的特性

纳米微粒和纳米固体具有一些特殊性质, 可归纳为以下几个基本效应.

1. 小尺寸效应

纳米尺寸的颗粒与块材料具有很多不同的性质. 例如, 纳米微粒的熔点, 有时远低于块材料, 2nm 的金微粒的熔点为 600K, 块状金为 1337K, 纳米银粉的熔点可降低到 100°C, 这就引发了粉末冶金的新工艺. 金属由于对光的反射而呈现出各种美丽的特征颜色, 金属纳米微粒的光反射能力显著下降, 通常可低于 1%. 纳米金是黑色的, 而块状金是金色的. 纳米尺度的强磁性颗粒 (Fe-Co 合金、氧化铁等), 可以制成磁性液体, 用于电声器件、旋转密封、润滑等领域. 改变粉末尺寸, 还可以控制吸收边的位置, 这一特性可能用于电磁波屏蔽、隐形飞机等. 纳米固体强度比较高. 耐磨, 纳米铁材料的断裂应力比一般铁材料高 12 倍. 气体在纳米材料中的扩散速度比在普通材料中快几千倍.

2. 表面与界面效应

处于表面的原子比例很大, 有大量悬挂键, 大大增强了纳米微粒的活性, 很容易与其他原子结合. 例如, 金属的纳米粒子在空气中会燃烧, 无机的纳米粒子暴露在空气中会吸附气体, 并与气体进行反应.

3. 量子尺寸效应

当微粒的尺寸减小到纳米量级, 纳米微粒和纳米固体的光学性质、电学性质等均与由尺寸决定的量子性质有关. 例如, 玻璃中半导体量子点的吸收光谱与量子点的尺寸有关, 吸收光谱随量子点尺寸的减小而蓝移.

4. 库仑阻塞效应

库仑阻塞效应是 20 世纪 80 年代在介观领域发现的一个物理效应. 在一个纳米颗粒中充入一个电子所需的能量为

$$E_{\mathrm{C}} = \frac{e^2}{2C} \tag{4.32}$$

e 为一个电子的电量, C 为一个纳米颗粒的电容, 颗粒越小, 电容 C 越小, 能量 E_{C} 就越大. 能量 E_{C} 称为库仑阻塞能, 库仑阻塞能也是前一个电子对后一个电子的库仑排斥能. 当纳米颗粒足够小时, 一个纳米颗粒就只能容纳一个电子, 一个纳米颗粒被一个电子占据, 就阻塞了其他电子的进入. 利用库仑阻塞效应, 可控制一个电子的运动, 多种单电子器件已经应运而生, 1995 年以来, 单电子晶体管的类型不断增加.

由于纳米材料具有常规材料不具备的特性, 因此, 纳米材料在磁性材料、电子材料、光学材料、高致密度材料、催化、陶瓷增韧等方面, 有广阔的应用前景.

4.5.4 微电子走向纳电子

爱因斯坦曾预言: "未来科学的发展无非是继续向宏观世界和微观世界进军." 当人类进入太空时代, 登月球、探火星之时, 一场深入物质内部的革命正在不经意之中构造出一个崭新的微观王国. 人们正试图从更微观的层次上探索世界奥秘, 这就是纳米科技.

著名物理学家、诺贝尔奖获得者费曼教授, 在 1959 年提出一种设想, 即人类能够用宏观的机器制造比其体积更小的机器, 而这个较小的机器可以制作更小的机器, 这样一步步进行下去, 可以达到分子状态, 最后可以直接按意愿排列原子并制造产品. 计算机的更新换代, 生动地说明了这一点.

由于科学技术水平的限制, 直到 20 世纪 70 年代, 科学家才开始从不同的角度, 提出许多关于纳米科技的构想, 比如能否将一套大百科全书的内容记录到一个大头针大小的地方. 70 年代末, 美国麻省理工学院德雷克斯教授成立了由他领导的纳米科技研究组.

洞察微观世界的秘密, 需要借助仪器来开拓视野、延伸双手. 1982 年, IBM 公司在世界上第一次研制成功表面分析仪器: 扫描隧道显微镜 (STM), 使人类第一次能够观察到单个原子或分子的排列状态. 它给我们提供了对纳米结构进行测量和处理的 "眼睛" 和 "手指" . 形象地说, 如果人站在月球上看地球, 肉眼看见地球是一个球体, 无法分辨出细节; 用放大 2000 倍的光学显微镜, 可以看到地球上的楼房; 如果使用放大上亿倍的扫描隧道显微镜, 则可以看到楼房的水泥墙面或泥土中的沙粒. 德国人 G. 宾尼格因成功地研制了第一台扫描隧道显微镜, 获 1986 年诺贝尔物理学奖.

纳米科技以空前的分辨率为人类揭示了一个可见的原子、分子世界. 它的最终目标是直接以原子和分子来制造具有特定功能的产品. 科学家预言, "与原子共舞" 的纳米时代即将到来, 它在未来的应用将远远超过计算机工业; 纳米将会带来一次技术革命, 从而将引起 21 世纪又一次产业革命.

1990 年 7 月, 第一届国际纳米科学会议在美国巴尔地摩与第五届国际扫描隧道显微学会议同时举办,《纳米科技》和《纳米生物学》两种国际性期刊同年相继问世, 一门崭新的科学技术 —— 纳米科技正式诞生.

目前, 纳米技术广泛应用于光学、医药、半导体、信息通信, 一年的营业额已经达到 500 亿美元; 有预测说, 到 2010 年, 纳米技术的市场容量将达 14400 亿美元. 细微之处见神奇, 知微见著的纳米科技孕育着巨大的商机.

从大西洋到太平洋, 从日本到欧洲, 一些国家纷纷制定相关战略或计划, 投入巨资抢占纳米科技战略高地. 美国更是将纳米计划视为下一次工业革命的核心, 仅美国政府部门在纳米科技基础研究方面的投资, 就将从 1997 年的 1 亿多美元增加到 2001 年的近 5 亿 (4.97 亿) 美元, 力争保持在 20 年内的领先地位, 试图像微电子技术那样在这一领域独占老大地位. 这是大国经济的竞争. 日本在纳米科技基础研究方面的投资, 折合美元为 3.5 亿; 日本研制的微型纳米机器人, 如图 4.22 所示.

图 4.22　日本研制的微型纳米机器人

很多跨国公司、企业和财团, 一直在对纳米技术的研究进行密切跟踪, 杜邦、柯达、惠普等大公司建立了专门的研究队伍. 一时间, “纳米热” 遍及全球.

科学家为我们勾勒了一幅若干年后的蓝图：纳米电子学将使量子元件代替微电子器件, 巨型计算机能装入口袋里; 通过纳米化, 易碎的陶瓷可以变成富有韧性的特殊材料; 世界上将出现 1μm 以下的机器甚至机器人; 纳米技术还将给药物的传输提供新的方式和途径, 对基因进行定点等.

在日常生活中, 在化纤布料中加入少量的金属纳米微粒, 可以消除静电. 在食品中添加纳米颗粒, 可以除味杀菌, 延长食品的储存期. 铝合金经过纳米技术表面处理后, 可以大大提高强度而经久耐用. 纳米陶瓷的韧性将显著提高、不易破碎. 在环保方面, 工业生产和汽车中使用的汽油和柴油, 由于含有硫, 在燃烧时会产生二氧化硫气体, 纳米技术可以制成非常好的催化剂, 其效率极高, 经它催化的石油中硫的含量小于 0.01%, 达到国际标准. 纳米级净水剂具有很强的吸附能力, 同时通过纳米孔径的过滤装置, 可以得到高质量的饮用水.

在生物医学方面, 纳米科技更是潜力巨大. 人类控制基因的实现必须以纳米技术作为支撑和依赖, 纳米技术可以在微小尺度里重新排列遗传密码, 基因生物制作技术就是典型的纳米和基因生物学结合的产物. 人类可以利用基因芯片迅速查出自己基因密码中的错误, 并迅速利用纳米技术进行修正, 使人类可以消灭各种遗传缺陷的那一天得以真正到来.

世界上最小的秤, 能够称量十亿分之一克的物体, 相当于一个病毒的重量, 它是 1999 年巴西和美国科学家利用碳纳米管的摆动频率实现测量的. 世界上最小的吉他, 长约 10μm, 与一个细胞的大小相当, 是利用极细的高能电子束作为刻刀, 在硅单晶上成功刻蚀的, 这一吉他有 6 根弦, 弦的直径为 50nm, 弦在微力的作用下可以产生振动, 不过振动产生的声音, 人是无法听到的.

科学家同时也指出, 无论国内还是国际, 纳米是一门前瞻性、战略性、基础性的科技, 目前仍集中在基础研究方面. 虽然 20 世纪 90 年代初, 科学家已经成功地搬动原子, 但距离自如操纵原子还很远. 纳米科技要像信息技术那样产生广泛而深刻的影响, 将是二三十年以后的事情. 根据摩尔定律, 每 18 个月, 器件的集成度翻一番, 则到 2011 年, 器件的线度将达到 80nm, 到达传统的加工工艺、微电子学机理的极限, 到那时, 纳米电子学器件化, 纳电子取代微电子. 微电子器件中的信号是百万个电子运动的结果, 而纳电子器件中的信号是一个电子运动产生的.

有一点可以肯定地说: 纳米的未来不是梦.

4.5.5　搬动原子写 “中国”

当人们还未从 “基因大战” 的预言中走出来时, 一场新的世纪之战已经悄然在世界各国之间打响. 这场 “战争” 意味着一个崭新时代的来临. 对于发展中国家而言, 与以往不同的是, 这次几乎和发达国家站在了同一起跑线上.

我国科学家在纳米科技领域屡建佳绩. 1993 年第七届国际 STM 会议在北京举行. 与会专家、诺贝尔奖获得者罗雷尔, 在给江泽民主席的信中写到: 我希望这次纳米科技会议会在中华人民共和国留下印记. 7 年来, 纳米科技在我国的发展日新月异. 国家科技部、国家自然基金委、中国科学院等部门都设立了相关的重点项目, 通过这些项目对纳米科技领域资助的总经费大约相当于 700 万美元. 2001 年, 由国家科技部、原国家计委、教育部、中国科学院和国家自然科学基金委联合制定了《国家纳米科技发展纲要》, 并共同成立了国家纳米科技发展指导协调委员会和专家委员会, 这对国内纳米科技的发展起到了重要的指导和推动作用. 2003 年 8 月在北京召开了纳米科技工作会议, 确定了我国纳米科技发展的近期和中、长期目标, 近期将以纳米材料及其应用为主要目标, 中、长期主要目标确定为纳米生物和医药技术、纳米电子学和纳米器件. 相继在合肥等地建立了微尺度物质科学等多个国家实验室.

1993 年, 中国科学院北京真空物理实验室自如地操纵原子, 成功地写出 “中国” 二字, 这标志着我国继 1989 年美国斯坦福大学搬走原子写下斯坦福大学英文名字, 1990 年美国国际商用机器公司在镍表面用 36 个 Xe 原子排出 “IBM” 之后, 开始在国际纳米科技领域占有一席之地, 并居于国际科技前沿. 2000 年 12 月 1 日 CCTV 报道, 上海原子能研究所的科学家与德国科学家合作, 借助于 STM 和原子力显微镜 AFM(atomic force microscope) 使螺旋状的 DNA 分子拉直, 并组成 “DNA” 字样和 “中” 字.

1998 年, 清华大学范守善小组成功地制备出直径为 3~50nm、长度达微米量级的氮化镓半导体一维纳米棒, 使我国在国际上首次把氮化镓制备成一维纳米晶体.

1998 年, 我国科学家用非水热法, 制备出金刚石纳米粉, 被国际刊物誉为 “稻草变黄金 —— 从四氯化碳制成金刚石”.

近年, 中国科学院物理研究所解思深研究员率领的科研小组, 不仅合成了世界上最长的 “超级纤维” 碳纳米管, 创造了一项 “3 毫米的世界之最”, 而且合成出世界上最细的碳纳米管.

前不久, 中国科学院金属研究所卢柯博士率领的小组, 在世界上首次直接发现纳米金属的奇异性能 —— 超塑延展性, 纳米铜在室温下竟可延伸 50 多倍, 被誉为 “本领域的一次突破, 它第一次向人们展示了无空隙纳米材料是如何变形的”.

2000 年 6 月 28 日, 由清华大学与英国萨瑞大学合作研制的 “航天清华一号” 微小卫星, 在俄罗斯某发射场发射升空. 当 “航天清华一号” 日夜不停地围绕地球旋转时, 清华大学推动学科建设、进军航天科技的脚步也在加快, 更加先进的 “纳米卫星” 的研制工作已经开始. 未来的卫星重量不是以吨计算, 而是以克来计算.

不久前, 我国科学家朱红军研制成功广谱速效纳米抗菌颗粒, 利用这种颗粒, 能够杀死绝大多数细菌. 这一成果被制成了纳米药物.

浙江大学光及电磁波研究中心 2003 年在纳米光波导研究领域取得原创性成果, 能够将氧化硅线的直径均匀控制在几十到几百纳米左右, 具有长度长、表面光滑、光传输损耗小等特点; 成功地使用这些比光波长更细的线进行了低损耗传输实验, 非常适用于制作各种纳米光集成器件, 并且在物理、化学、生物以及材料等研究方面具有相当大的应用前景. 这一研究成果发表在 *Nature*(No.426,2003).

从总体上看, 我国纳米基础研究实力已经跻身世界前列. 近期美国《科学索引》核心期刊发表论文数量显示, 我国论文总数继美、日、德之后位居世界第四.

4.5.6 未来的纳米科技

1997 年, 美国科学家首次成功地用单电子移动单电子, 利用这种技术可望在 20 年后研制成功速度和存贮容量比现在提高成千上万倍的量子计算机.

一万年前的农业革命, 人类学会使用工具; 200 年前的工业革命, 人类学会制造和使用动力工具; 现在, 人类面临着的是一次信息革命, 智能工具将进入人类生活的各个方面. 纳米科技将在信息革命中占据重要地位.

超高密度信息存储, 将达到 10^{12}cm^{-2}; 现在的软盘存储密度是 10^{6}cm^{-2}, 光盘的存储密度是 10^{8}cm^{-2}. 未来的某一天, 现有的硅质芯片将被体积缩小数百倍的纳米管元件所取代, 现在的像 “银河” 那样的巨型计算机小到可以被随手放进口袋; 美国国会图书馆的全部图书资料, 将被压缩到一个糖块大小的设备里; 星际旅行将因为纳米技术成为现实, 宇宙的奥秘将在纳米技术的推动下被人类揭晓.

有位科学家指出："150 年前, 微米成为新的精度标准, 并成为工业革命的技术基础; 最早和最好学会使用微米技术的都在工业发展中占据了巨大的优势. 同样, 未来的技术将属于那些明智接受纳米作为新标准, 并首先学习和使用它的国家.

微米技术曾同样被认为对使用牛耕地的农民无关紧要. 的确, 微米与耕牛毫无关系, 但它却改变了耕作方式, 带来了拖拉机."

附录　斯塔克简介

在本章中, 斯塔克的名字多次出现: 瓦尼尔–斯塔克阶梯、斯塔克效应、量子约束斯塔克效应等, 还有量子力学中大家熟知的氢原子的一级斯塔克效应. 下面简单介绍这位科学家.

斯塔克 (Johannes Stark) 是一位有成就的科学家、诺贝尔奖获得者, 同时, 他又是一位受人谴责的纳粹党徒.

斯塔克 (1874~1957) 是德国实验物理学家. 1874 年 4 月 15 日出生于德国的希肯霍夫, 1894 年进入慕尼黑大学理学院学习化学、数学和晶体学, 1897 年获得博士学位.

1898 年开始在慕尼黑大学工作, 1900 年成为哥廷根大学里克教授的助教, 1901 年成为讲师, 1904 年发表了新发展起来的粒子物理方面的论文, 1904 年他对阴极射线中存在多普勒效应的光学现象进行实验, 很快发现了这种效应, 1906 年受聘担任汉诺威技术高等学校应用物理与摄影科的特约教授, 1907 年转到东部的格赖夫斯瓦尔德大学, 1909 年被任命为亚琛技术学院的正教授. 1909 年以后, 他对韧致辐射的非对称性和在电场中的谱线分裂进行了一系列新的实验; 1913 年实验成功, 他发现了氢谱线和氦谱线中的这种效应, 被称为斯塔克效应. 由于这些成就, 斯塔克获得 1919 年度诺贝尔物理学奖.

1920 年他为了反对德国物理学会, 成立了德国高等学校物理教师专业协会. 当年, 他在维尔茨堡大学成为维恩的继任者. 不久, 便辞职回到故乡致力于发展瓷器工业, 没有什么成就, 由于他一贯自以为是、骄傲蛮横, 树敌很多, 所以一时无法谋得教学职位.

纳粹夺取德国政权后, 斯塔克成了希特勒的同党. 1933 年 3 月希特勒当总理, 同年, 斯塔克被任命为帝国物理技术研究所 (PTR) 主席, 进而谋取德国物理学会终身主席职位, 但遭到正直科学家的抵制而未逞. 1934 年, 德国政府任命他为德国科学资助协会 (后改为德国研究协会) 主席, 他利用自己的职权, 压制和打击爱因斯坦、劳厄、索末菲、海森伯等一大批正直的有名望的物理学家.

由于纳粹德国统治者内部的矛盾, 斯塔克于 1936 年退休. 他支持纳粹的行径一直受到后人的谴责. 1957 年 6 月 21 日斯塔克逝世于巴伐利亚的特劳恩施泰因,终年 83 岁.

另一位获得诺贝尔奖的纳粹分子是勒纳德 (P. Lenard, 1862~1947). 由于勒纳德在阴极射线方面的重要贡献, 他获得了 1905 年的诺贝尔物理学奖. 除了对阴极射线的研究, 勒纳德在光电效应的研究上也有贡献. 通过实验, 勒纳德精确测定了紫外线照射金属片时发射的电子能量, 并发现辐射电子的能量与光波波长有关, 而与光波强度无关. 后来, 爱因斯坦把量子论引入光电效应研究, 取得了突破性进展, 因此, 人们就理所当然地将这个定律冠以爱因斯坦的名字. 勒纳德对此耿耿于怀. 同样, 对于 X 射线的发现, 由于伦琴使用的是勒纳德改进的阴极射线管, 所以, 勒纳德认为, X 射线的发现应有他的功劳. 后来, 勒纳德还提出了原子结构的 "动力子" 模型, 认为原子内部大部分空间都是空的, 这个模型虽然是错的, 但对卢瑟福提出原子的核式模型是有一定启发的. 作为赫兹的学生, 勒纳德还承担了整理赫兹遗留下来的《力学原理》的任务. 由于他的研究成绩, 除了诺贝尔物理学奖之外, 勒纳德还获得了许多荣誉.

遗憾的是, 勒纳德后来成为纳粹分子. 他鼓吹德国要军国主义化, 并吹捧希特勒. 作为纳粹的回报, 勒纳德担任了德国物理学会主席, 成为纳粹在物理学界的代言人. 勒纳德还不遗余力地去建立 "德意志物理学", 并且从 1920 年就极力诽谤和反对爱因斯坦和相对论, 在科学界扮演了极不光彩的角色.

科学是没有国界的, 而科学家是有国籍的.

思考题和习题

1. 什么是超晶格和布洛赫振荡?
2. 简述和比较三维、二维和一维电子体系的能态密度.
3. 简述量子阱的量子约束斯塔克效应.
4. 简述半导体量子点的量子尺寸效应.
5. 简述磁量子阱和 "两电流模型".
6. 什么是纳米科技?
7. 什么是库仑阻塞效应?
8. 简述纳米材料的特性.

参考文献

吴畅书, 李永升, 刘炳灿, 田强. 2002. 玻璃中的半导体量子点. 物理实验, 22(2): 3

Chen F, Feng S L, Yang X Z, et al. 1997. Electronic investigation of self-organized InAs quantum dots. Physics of Low-Dimensional Structures, 11/12: 179-186

Cho A Y. 1971. Appl Phys Lett, 19: 467

Efros Al L, Efros A L. 1982. Soviet Phys Semicond, 16: 772

Esaki L, Tsu R. 1970. Superlattice and negative differential conductivity in semiconductors.

IBM J Res Develop, 14：61

Keldysh L V. 1979. JETP Lett, 29：658

Tian Q., Ma B K. 1998. Quasiclassical describing of the Bloch oscillation in a superlattice by Fokker-Planck equation. Commun Theor Phys, 29：535

Tsu R,Babic D, Loriatti. 1997. J Appl Phys, 82：1327

Zak J. 1968. Stark ladder in solids? Phys Rev Lett, 20：1477

第 5 章　结构与物性

结构是决定材料性质的一个重要方面. 化学性质相同的原子以不同的结构排列可以得到不同物性的材料. 全碳材料是一个典型的例子, 碳原子以不同的结构排列可以得到金刚石、石墨、碳纳米管等, 结构的不同, 决定了它们性质的不同.

宏观物体也由于结构或外形的不同, 而具有不同的妙用. 薛定谔曾在讲座 *Form, not substance, the fundamental concept* 中提到了一个他父亲留给他的一个狗形铁镇纸. 自从孩提时候第一次见到它, 50 年了他一直确信这是他的镇纸, 就是因为它的特定的形状, 英语为 form, shape 或德语的 Gestalt. 如果将之熔化后做成别的形状, 虽然作为物质, 铁是一点儿没变, 但是令人钟爱的纪念品没了.

本章首先介绍结构相变的基本知识, 然后主要以全碳材料为例, 介绍结构与物性之间的紧密联系.

5.1　结 构 相 变

5.1.1　Peierls 不稳定性和 Peierls 相变

1. Peierls 不稳定性

对于 N 个原子等距离排列组成的一维晶格, 设每个晶格原胞只有一个导电电子, 晶格常数为 a, 第一布里渊区边缘在$\pm\dfrac{\pi}{a}$, 第一布里渊区内可以填充 $2N$ 个电子, 因而该一维体系的 N 个价电子填充了最低能带的一半, 费米动量

$$k_{\mathrm{F}} = \pm\frac{\pi}{2a} \tag{5.1}$$

在第一布里渊区中, 能带是半满的, 晶体处于导体状态, 如图 5.1(a) 所示.

Peierls 在 1955 年首先指出, 这种原子等距离排列组成的一维晶格是不稳定的. 设想原子发生一定的移动, 奇数原子向右移动 u, 或偶数原子向左移动 $-u$, 在畸变后的晶格中, 两个原子结合成一个新的原胞, 如图 5.1(b) 所示, 这时晶格常数变为 $a' = 2a$.

畸变后晶格的第一布里渊区边缘移至 $\pm\dfrac{\pi}{2a}$, 新的布里渊区边界正好与费米面相重合. 畸变将原来的最低的一个能带分裂成两个能带, 在 $k = \pm\dfrac{\pi}{2a}$ 处产生能隙. 分裂后, 下面的一半能带$-\dfrac{\pi}{2a} \leqslant k \leqslant \dfrac{\pi}{2a}$ 被压低, 上面的一半能带被抬高. 由于被电

子填充的那部分能带被压低了, 而被抬高的那部分能带是空的, 因而, 晶格畸变后电子的能量降低了. 当然, 晶格畸变要增加弹性能, 但弹性能正比于原子位移的平方 u^2, 当 u 较小时, 电子能量降低较多而弹性能增加较少, 体系的总能量是降低的. 这就说明, 原来等距离排列原子组成的一维晶格具有较高的能量, 原子移动后的畸变晶格有较低的能量, 所以, 原来的晶格是不稳定的.

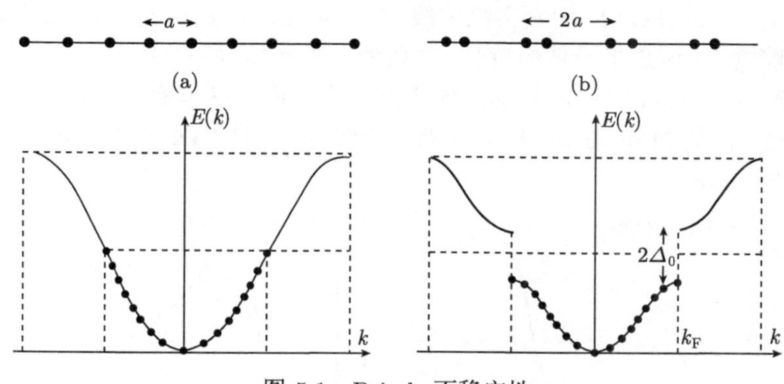

图 5.1　Peierls 不稳定性

对于能带不是正好填充一半的一般情况下, 只有当新晶格的布里渊区边界正好与费米面 k_{F} 相重合时, 电子能量的降低将最大. 所以, 畸变晶格新的晶格常数 a' 为

$$a' = \frac{\pi}{k_{\mathrm{F}}} \tag{5.2}$$

使新晶格的第一布里渊区边界

$$\frac{G'}{2} \equiv \frac{\pi}{a'} = k_{\mathrm{F}} \tag{5.3}$$

正好与费米面 k_{F} 相重合. 也就是说, 晶格畸变后的新周期 a' 决定于电子的费米波矢 k_{F}, 与原来的晶格常数 a 无关.

畸变后的晶格, 能隙下面的状态都被电子填满, 能隙上面的状态都是空的, 这种状态是半导体或绝缘体. 这说明, 原来半满能带的一维导体不稳定, 经过晶格畸变, 从半满能带的导体变成为稳定的只有满带和空带的半导体, 这就是 Peierls 不稳定性. 纯净的一维有机材料聚乙炔是半导体而不是导体, 正是 Peierls 不稳定性使晶格发生了畸变, 即二聚化的结果.

2. Peierls **相变**

Peierls 不稳定性使一维晶格发生畸变, 进入能量较低的状态. 这个状态是该一维体系的基态, 只有当温度为绝对零度时, 体系才完全处于上述半导体基态上.

当温度升高时, 晶格原子的振动逐步加强, 如果振动的幅度接近晶格畸变时原子的位移 u, 晶格的畸变将模糊. 存在一个温度 T_{P}, 当温度较低、$T < T_{\mathrm{P}}$ 时, 体系呈现半导体状态; 当温度足够高、$T \geqslant T_{\mathrm{P}}$ 时, 体系相变为导体. 这种由半导体变为导体的相变称为 Peierls 相变, T_{P} 是相变温度.

在实验上, 测量电导率 σ 随温度的变化, 可观察到 Peierls 相变. 图 5.2 是 TaS_3 和 TTF-TCNQ 的 Peierls 相变实验曲线. 由图可见, 当 $T < T_{\mathrm{P}}$ 时, 电导率随温度上升而指数增大, 这是半导体的特征, 体系处于半导体状态; 当 $T > T_{\mathrm{P}}$ 时, 电导率很高且随温度上升而减小, 材料随温度上升发生了由半导体变为导体的相变. TaS_3 的相变温度 T_{P} 是 215K, TTF-TCNQ 的相变温度 T_{P} 是 54K, 另外, KCP 的 Peierls 相变温度是 300K.

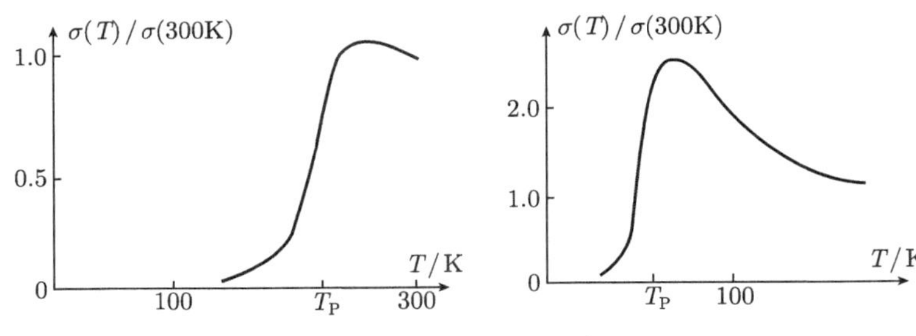

图 5.2 Peierls 相变

有机材料TTF-TCNQ的电导在58K附近达到峰值, 其电导率($10^4 \sim 10^5 (\Omega\mathrm{cm})^{-1}$)超过了汞甚至于铜. 有一段时间认为这是超导起伏, 但被否定了. 电导变大的原因现在还不清楚, 近来有人试图用电荷密度波加以解释.

5.1.2 电荷密度波

一维电子晶格相互作用体系由于 Peierls 不稳定性, 原子发生了位移, 新的晶格常数变为 $a' = \dfrac{\pi}{k_{\mathrm{F}}}$, 也就是说, 晶格中出现了新的周期性势场, 其周期为 a'. 电子在此新的周期性势场中运动时, 其电子密度分布也就跟着出现了波长为 $\lambda = a'$ 的周期性分布, 这种电荷密度的周期性分布被称为电荷密度波 (charge density wave, CDW), 其波长为

$$\lambda = \frac{\pi}{k_{\mathrm{F}}} \tag{5.4}$$

对于一维体系, 有 $2\dfrac{L}{2\pi}2k_{\mathrm{F}} = N'$, N' 为该一维体系的价电子数, 则电子线密度 $n = \dfrac{N'}{L}$ 与 k_{F} 之间的关系为

$$\frac{k_{\mathrm{F}}}{2\pi} = \frac{n}{4} \tag{5.5}$$

所以, $\lambda=\frac{2}{n}$, 这说明 CDW 的波长决定于电子的 k_{F} 或电子线密度 n, 若 $n=\frac{2N}{Na}=\frac{2}{a}$, 则 $\lambda=a$; 若 $n=\frac{N}{Na}=\frac{1}{a}$, 则 $\lambda=2a$; 若 $N'=\gamma N$, 则 $\lambda=\frac{2a}{\gamma}(\gamma\leqslant 2)$.

不单是一维的电子–晶格相互作用体系会出现电荷密度波, 某些其他的电子–电子相互作用体系等, 也会出现电荷密度波和自旋密度波 (SDW). Overhauser 首先指出, 在考虑了电子体系的交换能和关联能之后, 电荷密度和自旋密度在空间呈周期性起伏的状态可以具有更低的能量, 因而, 真正的基态不一定是电荷和自旋均匀分布的费米球, 而可能是电荷或自旋在空间呈周期性起伏的状态.

正自旋和负自旋电子的电荷密度波可以同相位, 也可以反相位, 还有一般的混合状态. 同相位和反相位情况下, 总的 CDW 和 SDW 如图 5.3 所示.

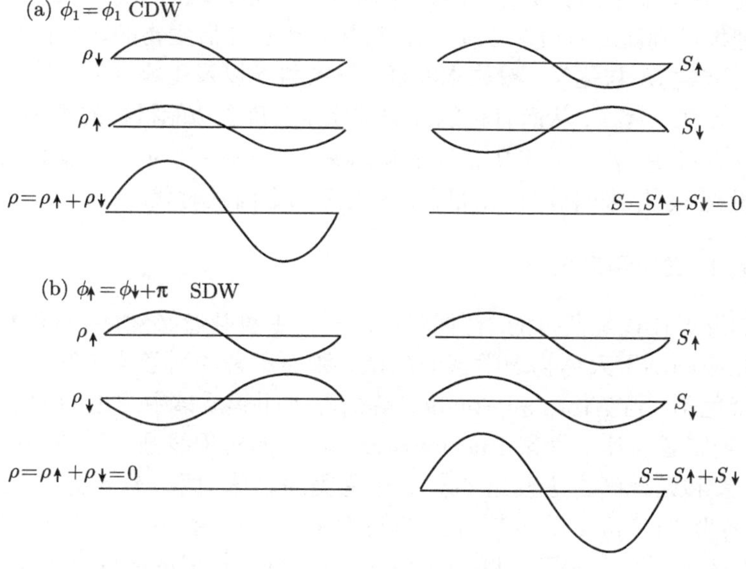

图 5.3　CDW 和 SDW

电子–电子相互作用形成的 CDW, 不限于一维体系, 在二维的层状化合物中已观察到 CDW; 三维体系中是否存在 CDW, 目前还是一个争论的问题.

5.1.3　石墨变金刚石

石墨和金刚石是由同一种碳元素原子组成的全碳晶体, 所不同的是碳原子的排布方式不同, 即晶体结构不同.

金刚石是自然界里最硬的物质, 用途非常广泛, 但从自然界获得金刚石却十分困难. 金刚石只生成在一定的地质构造中, 大多是产生在死火山的锥管中; 火山活动期过后, 锥管中的岩浆逐渐冷凝. 如果地壳运动挤压锥管中的物质, 此时锥管中若有石墨或碳, 在高温高压中就可能转变为金刚石.

人们模仿自然界中金刚石的形成过程, 在 1954 年实现了用石墨做原料, 在高温高压条件下, 在实验室制造金刚石. 现在, 人造金刚石的产量已远远超过了天然金刚石的产量.

在碳元素材料中, 石墨最稳定, 金刚石在 1000°C 时就变为了石墨.

5.2 C_{60} 和巴基管

C_{60} 的发现是继 1986 年高温超导氧化物发现以来举世瞩目的科学成就, C_{60} 被美国著名的《科学》杂志评选为 "1991 年度分子", 充分表明 C_{60} 团簇的重要性, 它将团簇物理推进到新的阶段. 目前, C_{60} 与其家族及其衍生物的研究已超越团簇物理的界限, 团簇物理与化学、凝聚态物理、材料科学以及生物、医药等众多研究领域有机地结合在一起了, 从而有可能开辟碳化学、新型功能材料的新纪元.

人类的发展史, 若从人类所使用的材料来划分, 有石器时代、铜器时代、铁器时代、20 世纪 50 年来的硅时代, 目前, 人类正在走向碳时代.

5.2.1 C_{60} 的发现和命名

科学的发展往往是曲折的, 在偶然性的事件中包孕着必然性, 谁能料想到 C_{60} 的发展首先应归功于天体物理学家的严谨、锲而不舍的科学实验呢? 它的命名同样富于传奇色彩. 当 Kroto 和 Smalley 等面对碳团簇质谱中突出的 C_{60} 质谱线苦苦思索时, 美国著名建筑学家 Buckminster Fuller 的短程线圆屋顶的构型浮现在他的脑海, 二者和谐地结合迸发出 C_{60} 分子完美的足球构型. 饮水思源, Smalley 等将 C_{60} 命名为 Buckminsterfullerene, 简写为 Fullerene 或 Bucky ball, 国内译名为富氏团、巴基球、巴氏球等, 以后人们又称 C_{60} 分子构成的固体称为 Fullerite, 译为富氏体. 亦有文献以其形命名, C_{60} 称为 Soccer ball(英式足球), C_{70} 称为 Rugky ball(橄榄球, 美式足球), 由于 C_{60} 结构中有 C═C 双键, 有译名为富氏烯、足球烯; 或因含有苯环, 译为富勒苯; 近年来又发现具有封闭的管状碳原子团簇, 取名为 Buckytube, 译为巴基管; 大笼套小笼方式的封闭洋葱状笼状结构的碳分子, 取名为 Bucky Onion, 译为巴基葱. 在这些碳原子团簇家族中, 碳原子间互相键合构成封闭的无悬挂键的大分子, 与已知的碳的石墨、金刚石构型不同, 这二者均存在悬挂键, 这些悬挂键易与氢原子结合而构成实际上并不纯的碳的形态, 为此, 李荫远先生建议中译名为 "全碳分子", 相应于国外文献中用的 "all-Carbon molecule"; 巴基管, 国外文献亦有用 "Carbon Nanotube". 全碳分子的碳键与其他元素原子相结合, 就构成全碳分子的衍生物.

5.2.2　介观体系和团簇

凝聚态物理学的研究对象在不断扩大, 于是低维体系的研究得到了发展, 如二维体系 (有一个维度尺度甚小) 和一维体系 (有两个维度的尺度都甚小). 当三个维度上尺寸均甚小时, 我们称这种材料为零维体系.

如果考察比介观系统更小的对象, 我们就到了凝聚态物理学领域的边缘, 即纳米尺寸的范围. 这是由几个到几百个原子构成的细小聚集体, 称为团簇 (cluster) 或者微簇 (microcluster).

团簇具有许多新的物理特性. 例如, 金属 Cu 是无磁的, 而 Cu 的 cluster 是有磁的; 金属 Au 是反射光的, 而 Au 的 cluster 对光有很强的吸收性, 纳米团簇吸收所有波段的光, 呈现为黑色的粉末; 团簇的表面原子比例大, 悬挂键多, 活性高; 纳米团簇材料强度高、有弹性, 纳米陶瓷制成的酒杯等用具不易破碎.

团簇用无机分子来描述显得太大, 用小块固体来描述又显得太小. 团簇所表现的特性既不能归之于单个原子或分子, 也不能归之于固体或液体. 正像胚胎对于理解充分发展的有机体十分重要, 团簇的研究也可以帮助我们认识大块凝聚物质的某些性质.

5.2.3　团簇的幻数

在团簇的质谱上, 其丰度分布反映出团簇的热力学稳定性, 图 5.4 是 Xe 的质谱.

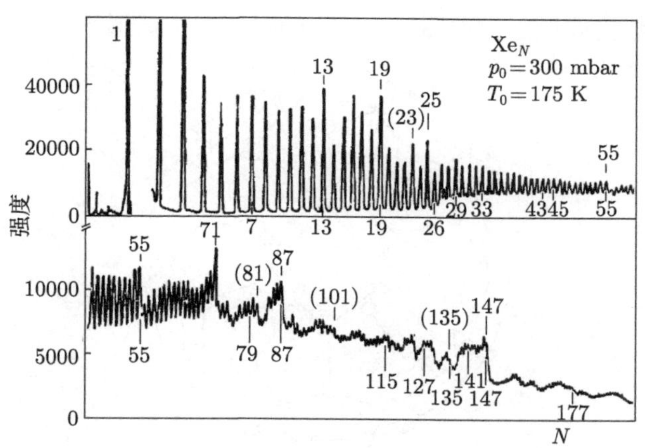

图 5.4　Xe 的质谱

曲线下面的数字是理论分析的结果

其质量丰度在随原子数 N 增加而缓慢降低的过程中, 在某些数值如 13, 19, 25, 55, 71, 87 和 147 处显著增强, 然后突然下降. 具有特殊数目原子或分子的团簇特别稳定, 这个数目叫做幻数 (magic number). 比幻数多 1 或少 1 的团簇数目就少得多. 稳定的幻数个原子的团簇, 若拿掉一个原子, 团簇将不再稳定, 往往导致团簇分崩离析, 称为原子团爆炸.

不同类型的团簇, 由于其键合方式和结构不同, 具有不同的幻数.

(1) 惰性气体团簇 (rare gas clusters), 幻数为

$$N = 1 + \sum_{p=1}^{n}(10p^2 + 2) = 13, 55, 147, \cdots \tag{5.6}$$

例如, 配位数为 12 的密堆小团簇的原子数为 13.

(2) 简单金属团簇 (simple metal clusters), 波序起主要作用, 其幻数为

$$N = 2, 8, 18, 20, 34, 40, \cdots \tag{5.7}$$

(3) 共价团簇 (covalent clusters), 例如 C_{60} 等, 幻数为

$$N = 6, 10, \cdots \tag{5.8}$$

(4) 卤化物团簇 (alkali halide clusters), 例如 NaCl 等.

对于 C, Si, Ge 等以共价键为主的团簇, 由于共价键具有方向性和饱和性, 键的重要性突出出来了, 并对其幻数序列产生影响. 1985 年激光蒸发的实验结果表明, C 的团簇中高稳定性的原子数为 20, 24, 28, 32, 36, 50, 60 和 70, 其中 C_{60} 团簇特别令人注目, 其结构被设想为如图 5.5 所示的封闭的足球形.

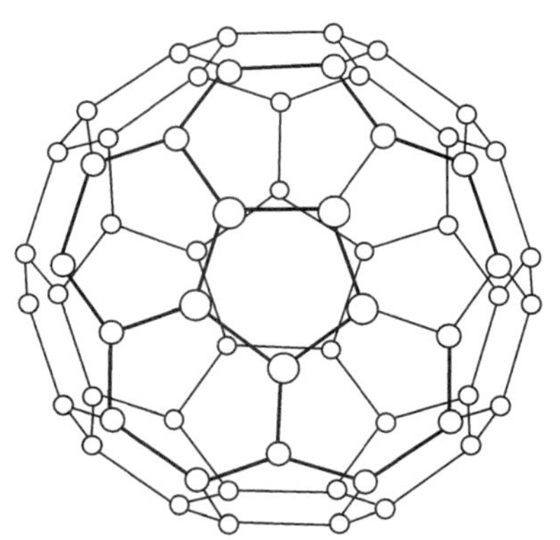

图 5.5　C_{60} 的足球模型

它由 20 个六边形 (类似于苯环) 和 12 个五边形所构成. 该构型是受到英国建筑学家 Buckminster Fuller 所设计的圆顶结构的启发, 因而被称为富氏团 (fullerene). 以 C_{60} 为主体的固态物质被称为富氏体 (fullerite).

富氏体是 C_{60} 密堆而成的固体, 是除金刚石和石墨之外, 固体碳的第三种存在形态.

5.2.4　C_{60} 等全碳分子的构型

1. C_{60} 构型

在碳原子团簇的质谱中, 存在丰度甚高、幻数为 60 的碳原子团簇 C_{60}.

为了便于理解足球状的多面体构型, 首先我们考虑简单的几何构型. 7 个原子可构成底面为五边形的双棱锥结构; 双五棱锥体再接受 6 个原子就可构成稳定的二十面体密堆积构型, 二十面体是由 20 个三角形、12 个顶角所构成的多面体, 如图 5.6 所示.

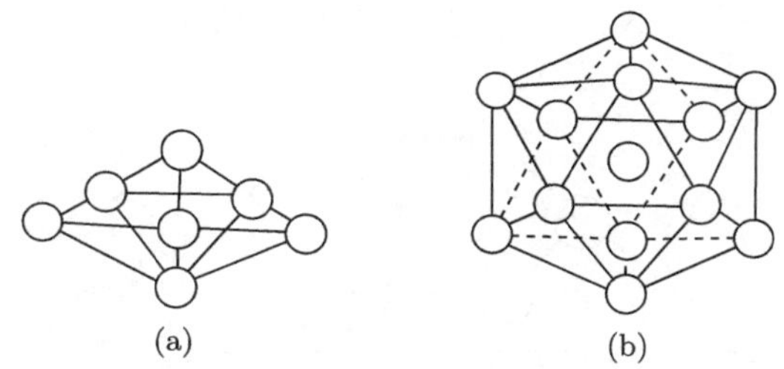

图 5.6　双五棱锥体与二十面体的构型

(a) 7 个原子构成的双五棱锥体; (b)12 个原子构成的二十面体

平截二十面体 12 个顶角后, 就产生 12×5=60 个顶角、近球状对称性的足球状多面体. 若每个顶点为碳原子所占据, 这就是 C_{60} 的几何构型. 被平截的平面为五边形, 因此平截二十面体由 12 个五边形和 20 个六边形所构成. 显然, 五边形只能与六边形相邻而不可能与其他五边形共边. 理论表明, 五边形 C 环仅为单键, 而两个六边形环的公共棱边则为双键. 中子衍射实验测得单键长为 1.455Å, 双键长为 1.391Å.

由于 C_{60} 分子结构中存在长度不等的单键与双键, 这是与平截二十面体的几何构型略有不同的地方.

C_{60} 分子的结构见图 5.5, 分子直径约为 7.1Å.

C_{60} 分子结构具有二十面体 (icosahedron) 对称性, 属 I_h 点群, 存在 2 次、3 次和 5 次对称轴以及对称中心. 60 个原子处于等价的位置. X 射线衍射完全证实了 C_{60} 分子结构足球模型的正确性.

2. C_{70} 构型

C_{70} 分子是由 70 个碳原子所构成的封闭多面体, 根据欧拉定理, 应含有 12 个五边形环和 25 个六边形环, 比 C_{60} 多 5 个六边形环, 如图 5.7 所示, 比 C_{60} 多一圈

10 个碳原子; C_{70} 分子呈橄榄球体, 如图 5.8 所示, 具有 D_{5h} 对称性, 70 个碳原子可分为五组等价的原子.

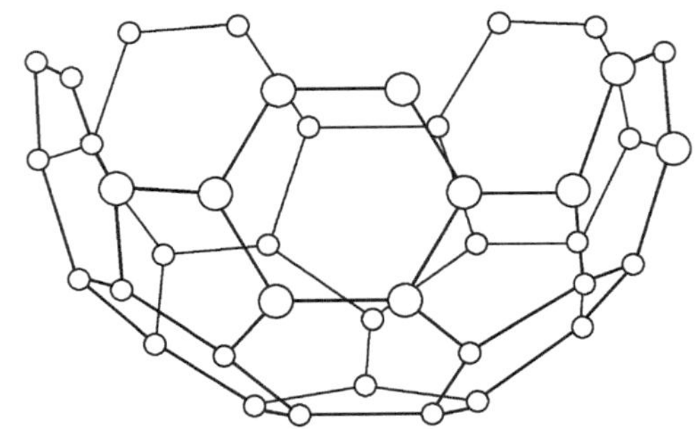

图 5.7　沿 C_{60}5 次轴法向剖开

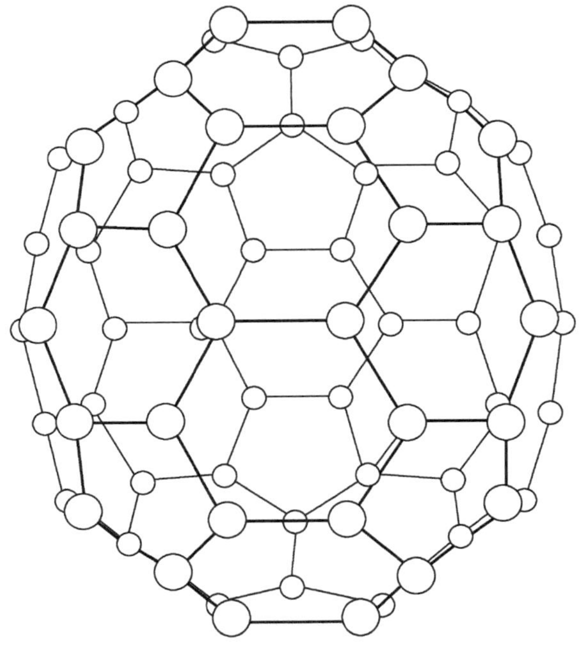

图 5.8　C_{70} 分子结构

3. 碳多面体的棱面数计算

18 世纪瑞士数学家欧拉曾证明, 对于任意一个封闭的多面体, 其顶点数为 N、边数为 L、面数为 F, 这三者之间存在下列关系式

$$N + F = L + 2 \tag{5.9}$$

如一个顶点引出三条边, 则 $3N = 2L$. 有

$$2F = N + 4 \tag{5.10}$$

对五边形与六边形所组成的多面体, 还存在下列关系式

$$5F_5 + 6F_6 = 2L \tag{5.11}$$

$$F_5 + F_6 = F \tag{5.12}$$

其中 F_5 和 F_6 分别是五边形环和六边形环的面数, 代入式 (5.9) 和式 (5.10), 得

$$2N = 3F_5 + 4F_6 + 4 \tag{5.13}$$

$$N + 4 = 2F_5 + 2F_6 \tag{5.14}$$

从而可解得

$$F_5 = 12; \quad F_6 = N/2 + 2 - F_5 \tag{5.15}$$

对于 C_{60}, $N = 60$, $F_5 = 12$, $F_6 = 20$; 对于 C_{70}, $N = 70$, $F_5 = 12$, $F_6 = 25$. 对于其他全碳分子可类推.

5.2.5　巴基管

碳纳米管, 简称为碳管, 又称为巴基管, 记为 CNT, 是管状全碳分子, 如图 5.9 所示, 其构型可以在上述 C_{70} 分子构型的基础上, 再推广一下而得到.

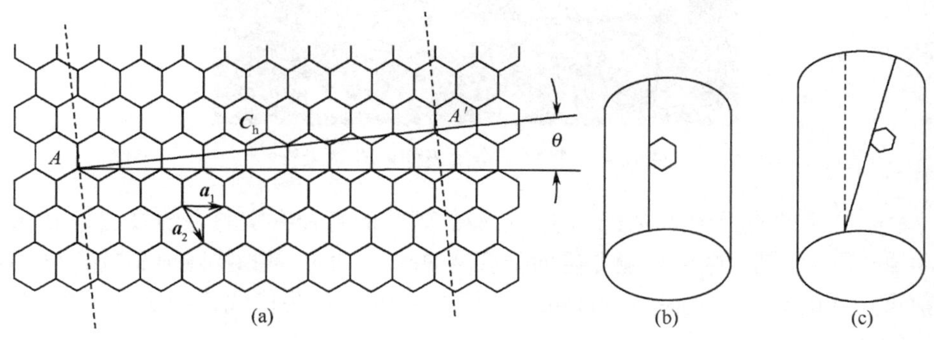

图 5.9　巴基管

1. 导电性

理论上表明, 管状碳分子 (巴基管) 的电学性质将受到相应石墨管的直径、长度以及螺旋度的影响. 例如

$$\boldsymbol{C}_{\rm h} = 9\boldsymbol{a}_1 - \boldsymbol{a}_2 \tag{5.16}$$

的管状碳分子呈金属导电性;

$$\boldsymbol{C}_{\mathrm{h}} = n\boldsymbol{a}_1 \tag{5.17}$$

为半导体性质. 如果管的两端 C_{60} 半球帽子被掀开, 管口的碳悬挂键可以与氢结合, 由于极化效应可以将其他极性分子吸入管内, 就好像细麦管吸饮料一样, 称之为禁闭效应 (incarceration).

2. 轻而结实的纤维

1991 年, 碳纳米管被人类发现, 它的质量是相同体积铜的 1/6, 强度却是相同直径钢丝的 10 倍至 100 倍, 成为纳米技术研究的热点. 诺贝尔化学奖得主斯莫利教授认为, 碳纳米管将是未来最佳纤维的首选材料, 也将被广泛用于超微导线、超微开关以及纳米级电子线路等. 将来, 如果要建造一架从月球到地球的悬梯, 那么, 首选材料就是轻而结实的碳纳米管.

除单层碳管外, 实验上还发现多层的碳管.

3. 纳米科技的热点之一

人们实现了将碳纳米管竖立于金属表面, 如图 5.10 所示, 这使得相应的器件的制作成为可能.

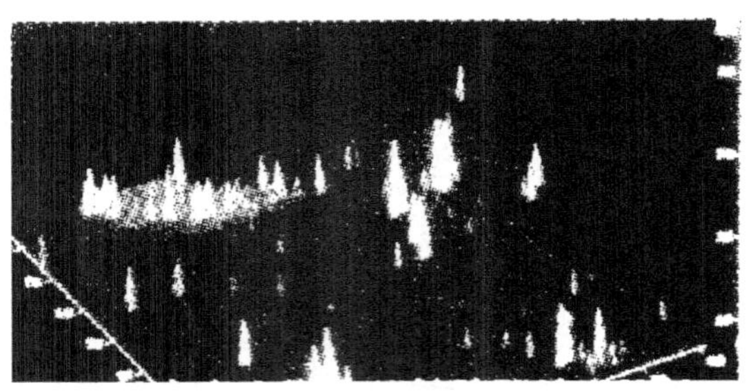

图 5.10　竖立于金属表面的碳纳米管

C_{60} 分子的直径约为 7.1Å, 与之对应的碳管的直径在实验上的报道是 0.7nm. 搬动原子写 “中国” 的 “手” 就是轻而强度高的碳管, “眼” 是扫描隧道显微镜 (STM). 目前可购买的碳管的直径为 250nm , 直径为 180nm 的生产线已经建成, 这是大国经济的竞争.

据报道, C_{36} 是人们至今在实验上发现的唯一小于 C_{60} 的富勒烯, 直径为 0.5nm. 中国科学院物理研究所的解思深研究小组于 2000 年在实验上得到了 0.5nm 的碳管.

5.2.6　C_{60} 结构的稳定性

X 射线衍射表明, 室温 C_{60} 分子晶体为面心立方 (fcc) 结构, 晶格常数为 14.17±

0.01Å、14.198Å(单晶).

C_{60} 近似球状的完美对称性, 使得它的结构十分牢固与稳定. 理论上甚至以航天飞机的轨道速度 (约 1.7 万英里/小时) 将 C_{60} 分子与钻石碰撞, C_{60} 分子将继续保持原状而反弹回来. 但在含氧的气氛中, C_{60} 分子将会与氧结合, 甚至破坏其结构.

实验结果表明, 氧气氛中, 200°C 时, C_{60} 固体由 fcc 结构转变为非晶态碳氧化合物, C_{60} 分子结构瓦解, 更高温度时生成 CO 和 CO_2. 氧的吸附对 C_{60} 分子及其衍生物的固体物理性质、化学性质都有重要影响.

5.2.7　C_{60} 固体的光学性质

人们对宇宙中星际物质未知光谱线的研究, 直接导致实验室中全碳分子的人工合成, 从而揭开了全碳分子研究的序幕. 1990 年, Kraschmer 等成功地进行了全碳分子的克量级合成及分离. 随后 C_{60} 的各种物理、化学性质得到了广泛的研究. 对 C_{60} 分子及其固体光学性质的研究是全碳分子及其衍生物研究中极为重要的内容.

经典光学中光的吸收及发射, 光的散射及光致发光等光学过程只依赖于光的波长, 而与光强无关. 但当入射光强足够强时, 感应的电偶极矩不再正比于外加电场强度, 而可表示为它的幂指数形式

$$P_{\text{ind}} = \chi^{(1)}E(\omega,k) + \chi^{(2)}E^2(\omega,k) + \chi^{(3)}E^3(\omega,k) + \cdots \tag{5.18}$$

其中 $\chi^{(2)}$, $\chi^{(3)}$ 分别表示二阶和三阶非线性极化率.

对于具有中心反演对称的晶体, $\chi^{(2)}$ 应为零. 任何材料都具有三阶非线性效应, 具有离域 π 电子的有机分子材料有较强的三阶非线性效应, 并且由于 π 电子移动而形成电偶极子极化所需的时间很短 ($<10^{-13}$s), 这种材料具有快速时间响应的性质.

随着三阶非线性光学效应, 如光学双稳态、光学相位共轭和光学自聚集等过程及它们在光计算、光记忆、光信号处理及控制等方面的应用研究, 人们对三阶非线性光学材料提出了如下的要求：大的非线性光学系数、快速响应时间、高的光学损伤阈值、较宽的响应频带及小的吸收系数. 具有离域 π 电子大共轭体系的有机分子材料能满足以上的条件, 并且有机分子材料易成型、有较高的稳定性而适宜做成器件, 因此, π 电子共轭有机分子已成为非线性光学材料最佳候选材料之一, 目前得到了广泛的研究. 由于全碳分子具有丰富的离域 π 电子云分布, 因此有关它的三阶非线性光学性质的研究引起了广泛的重视.

由于 C_{60} 的化学性质比较活跃, 它能生成多种衍生物. 在 C_{60} 的衍生物中, 由于 C_{60} 分子的大部分 π 电子保存下来了, 预计也有较大的非线性光学响应. 特别是随着非对称中心的引入, 衍生物中大的倍频效应已成为可能.

理论计算表明, C_{60} 固体是一种禁戒的直接能隙半导体. 作为一种半导体材料, 固体的能隙宽带与它的各种性质密切相关. 人们从理论与实验上确定了晶体的能隙值, 但其范围分布在 1.5~2.3eV.

用常规的吸收光谱在波长大于 442nm 时, 几乎观察不到吸收峰. 由于 C_{60} 固体是一种禁戒的直接能隙半导体, 价带顶到导带底的跃迁是禁戒的, 因此吸收系数很小. 另外, C_{60} 分子的退激发过程主要通过热弛豫而进行, 观察不到强的荧光发射.

C_{60} 薄膜及 C_{60} 掺杂的有机高分子材料中的光电导性质. Y. Wang 测量了 C_{60} 掺杂的聚乙烯基咔唑 (PVK) 的光电导行为, 发现这种复合材料的光电导性质接近或优于商用的光电导材料 (Wang, 1992). 随着 C_{60} 的掺杂, 有机分子材料的吸收也增加, 这样就可吸收更多的光子而产生更多的电子空穴载流子, 引起电导率的增加. 由于光电导材料在光敏器件、静电复印等方面的应用, 人们正在寻求性能更优异的材料. C_{60} 的出现为人们提供了一个新的候选对象.

总之, C_{60} 的光学性质已得到人们广泛的研究. 作为一种很好的光学限幅及光电导材料, C_{60} 的实际应用将成为现实. 通过掺杂、化学修饰等生成 C_{60} 的衍生物与固体, C_{60} 固体的能带结构将会改变, 它的发光、非线性光学等性质将会得到改善. 全碳分子独特的三维 π 电子结构, 为人们提供了新的光学材料系列.

另外, C_{60} 为超导家族增添了新成员.

5.3　金刚石与石墨的物性对比

金刚石和石墨是人们所熟知的自然界存在的单质碳, C_{60} 的发现为碳家族增添了重要的新成员. C_{60} 及其他全碳分子是除金刚石和石墨以外碳的第三种同素异形体.

金刚石结构中, 碳原子以 sp^3 杂化轨道与相邻四个碳原子构成共价单键, C—C 键长为 1.54Å. 在石墨结构中, 碳原子以 sp^2 杂化轨道与相邻三个碳原子构成共价单键, 排列成六角平面的网状结构, C—C 键长为 1.415Å, 片层之间以分子间互作用力结合起来, 层间距为 3.35Å, 而未参与杂化轨道的 p 电子则形成 pπ 键.

由于金刚石与石墨的结构不同, 使它们的物理性质有很大的差异:

(1) 金刚石晶体是透明的, 石墨是完全不透明的黑色晶体;

(2) 金刚石是最硬的矿物, 石墨是最软的矿物之一;

(3) 金刚石晶体性脆, 石墨晶体性柔;

(4) 金刚石虽然是最硬的矿物, 但是使其燃烧并不难, 在 720°C 的氧流中金刚石就能燃烧, 相反地, 石墨可以做耐火器皿, 石墨在很高的温度下也不燃烧;

(5) 金刚石的密度是 $3.5g/cm^3$, 石墨为 $2.1g/cm^3$;

μ_2=100cm^2/Vs. 注意 m_2 远大于 m_1, 有 m_2=5m_1, 更重要的是, 迁移率 μ_2 远小于 μ_1, 有 $\mu_2 = \mu_1/50$. 这意味着, 卫星能谷中电子的漂移远比中心能谷中电子的漂移慢.

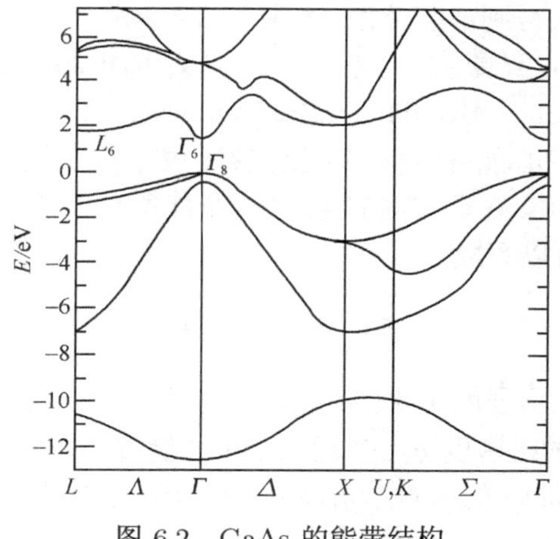

图 6.2　GaAs 的能带结构

在零场和弱场情况下, 所有的电子都处于中心能谷. 卫星能谷底的能量 Δ(=0.36eV) 远大于室温时的 k_BT, 激发到卫星能谷的那部分电子可忽略不计. 典型的掺杂 GaAs 样品的电子浓度为 10^{15} ~10^{16}cm^{-3}. 因此电子浓度有 $n_1 \approx n$. 电场强度为 F 时的电流密度为

$$J = n_1 e\mu_1 F = ne\mu_1 F \tag{6.1}$$

对体系施加强电场时, 情况便大不相同. 强电场使电子变热, 使电子的温度高于晶格的. 在足够高的场强下, 电子的温度可以变成相当高. 这样在室温下, 卫星能谷便有电子布居, 电流密度表示为

$$J = J_1 + J_2 = n_1 e\mu_1 F + n_2 e\mu_2 F \tag{6.2}$$

式中 J_1 和 J_2 分别为中心能谷和卫星能谷的电子电流.

电流密度 J 对电场强度 F 的关系曲线, 如图 6.3 所示.

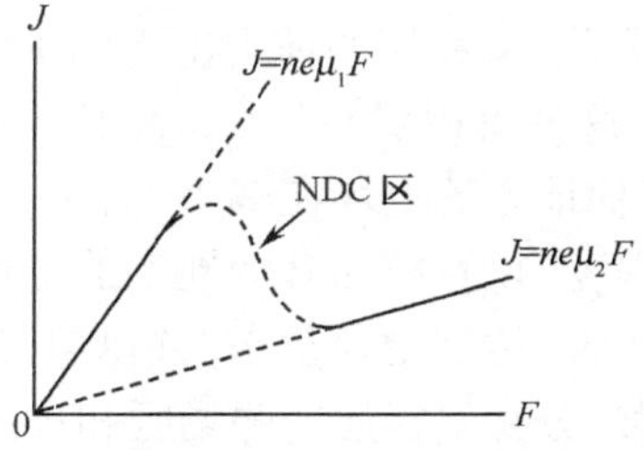

图 6.3　GaAs 中的电流密度 J 对电场强度 F 的关系曲线

在弱场范围内, 电流 J 对电场 F 的关系曲线为一条直线, 其斜率只含迁移率 μ_1. 当 F 达到 F_0 时, 由于电子温度的升高, 浓度 n_1 突然减小, n_2 则增大同样的数量. 这时, 小的电场强度增量, 将使 J_1 由于 n_1 的迅速减小而急剧减小. 尽管这种减小可以由 J_2 的增大得到部分补偿, 但由于 μ_2 非常小, 使 J_2 的增量也很小, 远不足以补偿 J_1 的减小. 结果, 总电流 $J = J_1 + J_2$ 随电场的增大反而减小了, 于是出现负微分电导 NDC(negative differential conductance) 现象. 当 F 进一步增大时, 有愈来愈多的电子由中心能谷转移到卫星能谷中去, 使 J 进一步减小. 这就是电子谷间转移所引起的 NDC. 在非常高的电场下, 最终所有电子基本上都已转移到卫星能谷中, 这时总电流可以写成

$$J \approx J_2 = ne\mu_2 F \tag{6.3}$$

至此, 电流又开始随电场强度 F 线性增大, 但斜率中只含迁移率 μ_2.

只有当卫星能谷的态密度 $g_2(E)$ 远大于中心能谷的态密度 $g_1(E)$ 时, 才可能发生谷间的迅速转移. GaAs 的 $g_2(E)/g_1(E) \approx 60$, 卫星能谷中可利用的状态数远多于中心能谷中的.

在 InP、$GaAs_xP_{1-x}$、CdTe、ZnSe-InAs 以及另一些化合物半导体中也观察到了耿氏效应. 这些材料的导带结构都类似于 GaAs 的, 耿氏振荡均由谷间转移引起.

6.1.3　耿氏电场畴的形成和运动

给样品加上偏压, 当电场比较弱时, 样品内具有一个均匀电场; 当电场增强到足以使样品处于 NDC 区时, 即 $F > F_{\mathrm{th}}$ 时, 这个状态是不稳定的, 样品中的电场不再可能是均匀的, 样品中将形成电场畴.

图 6.4(a) 是具有负微分电导特性的电流–电场关系曲线, 图 6.4(b) 表示样品的一个薄层, 其中存在少量的过剩电子, 即 $n > n_0$, n_0 是平均电子密度, 该薄层称为电荷累积层, 它最初的形成可能是热涨落或存在杂质等原因, 在微分电导为正的情况下, 该累积层会很快衰减掉, 而负微分电导特性将使电子密度的不均匀长大并达到一定的稳定状态.

图中的均匀电场方向向左, 电子向右漂移. 由于负微分电导特性, 一个较强的电场, 意味着较小的速度, 因此, 累积层的前沿出现电子的耗尽, 同时在累积层的后沿出现电子的进一步累积, 这使累积层在长大, 累积层内的电场也在增大; 在累积层电场增大的同时, 样品其他地方的电场在减小 (样品两端的电压不变); 直到累积层内的电场增大到一定的程度, 以及样品其他地方的电场减小到一定的程度, 使得累积层内外的电子速度一样时, 达到稳定状态, 并以恒定的速度在样品中漂移.

整个样品中的电场分布, 分为偶极层的强场区和样品其余部分的弱场区. 其中偶极层强场区称为电场畴.

电场畴在样品中产生和渡越, 其循环往复就形成耿氏振荡. 耿氏效应的振荡频率典型值为 ν=5GHz. 利用耿氏效应制作的器件已广泛地用于微波发生器和微波振荡器.

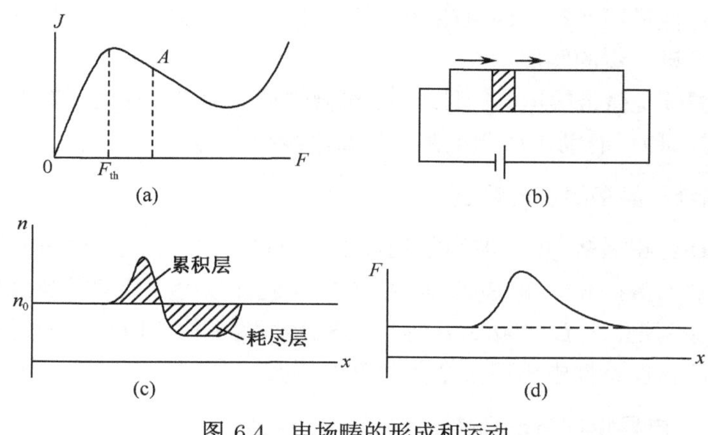

图 6.4　电场畴的形成和运动

6.2　超晶格的负微分电导现象

电子在超晶格中的纵向输运, 主要分为微带输运、级联隧穿和越过势垒的热电子发射. 其中微带输运和级联隧穿都可以出现负微分电导现象, 但是, 形成的机制是不同的. 前者来源于电子被较大的电场驱入负的有效质量区, 电子的漂移速度随外电场的增大而减小, 出现负微分电导现象; 后者来源于相邻阱束缚态能级之间的级联共振隧穿, 可产生多个负微分电导区.

6.2.1　微带输运

阱与阱之间耦合比较强的超晶格中, 在外电场作用下的电子纵向输运是微带输运. 早在 1969 年, Esaki 和 Tsu 提出半导体超晶格的概念时, 就提出了一个简单的微带输运模型, 即引入电子的平均自由时间 τ, 若超晶格电子微带的函数关系为

$$E(k_z) = \frac{W}{2}(1 - \cos k_z d) \tag{6.4}$$

则微带中电子的漂移速度与外电场 F 的关系为

$$v(F) = \frac{\mu F}{1 + \left(\dfrac{F}{F_c}\right)^2} \tag{6.5}$$

其中 $\mu = \dfrac{e\tau}{m^*}$, $F_c = \dfrac{\hbar}{e\tau d}$. 当 $F = F_c$ 时, 漂移速度达到最大值; 当 $F > F_c$ 时, 漂移

速度随外电场增大而减小, 呈现负微分电导现象.

这是一个比较简单的模型, 没有考虑各种不同的散射机制, 而是用一个平均自由时间 τ 来概括和平均多种散射机制, 也没有考虑微带中电子的热分布情况. 该模型能很好地定性描述实验上的负微分电导特性. 在此基础上, 对超晶格微带输运的研究已经有了进一步的发展.

布洛赫振荡是微带输运的一种现象, 对微带输运的研究有助于对与布洛赫振荡有关的效应的研究, 有助于研制电驱动的布洛赫振荡器.

6.2.2 弱耦合超晶格的纵向输运

对于弱耦合超晶格, 电子波函数局域于一个量子阱中, 电子的纵向输运主要是级联隧穿方式. Kazarinov 和 Suris 早在 1971 年就在理论上研究了超晶格子带间的级联共振隧穿问题, 之后, Capasso 等在实验上证实了他们所预言的超晶格级联共振隧穿导致的伏安特性中出现多个负微分电导区.

6.2.3 负微分电导特性与电场畴

负微分电导状态是不稳定的. 与耿氏效应类似, 超晶格的负微分电导特性也导致电场畴的形成. Esaki 和 Chang 在实验上观察到超晶格中电场分布是不均匀的, 形成电场畴. 关于电场畴输运的理论模型, 分别由 Bonilla 和 Prengel 等在 1994 年提出. Bonilla 提出的分立漂移模型是一个宏观模型, 假设在级联隧穿过程中, 每个量子阱都处于准平衡态, 可由平均电子浓度和平均电场来描述, 电子的输运服从泊松方程和安培方程. Prengel 等提出的模型是从基本的物理过程出发, 由高斯定理建立阱中不同电子态的电子浓度与电场分布的方程, 这是一个微观模型.

6.3 隧道二极管的负微分电导现象

江崎首先用隧道效应正确地解释了以前常被人们观察到的二极管反常伏安特性. 这种伏安特性如图 6.5 所示.

与正常 pn 结特性相比, 在正向低偏压区出现了显著的反常电流, 即在小偏压下, 电流一开始随正偏压增加, 达到一个峰值, 继而下降, 出现了负微分电导区 ($\mathrm{d}I/\mathrm{d}V < 0$). 但在更高的电压下, 逐渐与正常 pn 结特性趋于一致. 具有上述特性的二极管称为隧道二极管 (或江崎二极管). 负阻区可利用来进行微波放大或微波振荡.

具有上述特性的 pn 结的两边都是重掺杂的, 它主要在两方面不同于一般的 pn 结. ①费米能级分别进入导带和价带, 为强简并情形. 于是, n 区的导带底和 p 区的价带顶在能量上发生了交叠. ②在重掺杂 pn 结中, 势垒很薄; 而势垒高度约等于半导体禁带宽度. 例如, 若 pn 结两边的掺杂浓度约为 $5\times10^{19}\text{cm}^{-3}$ 时, 势垒宽度只有几个纳米. 隧道过程正是在薄势垒情形下才能发生.

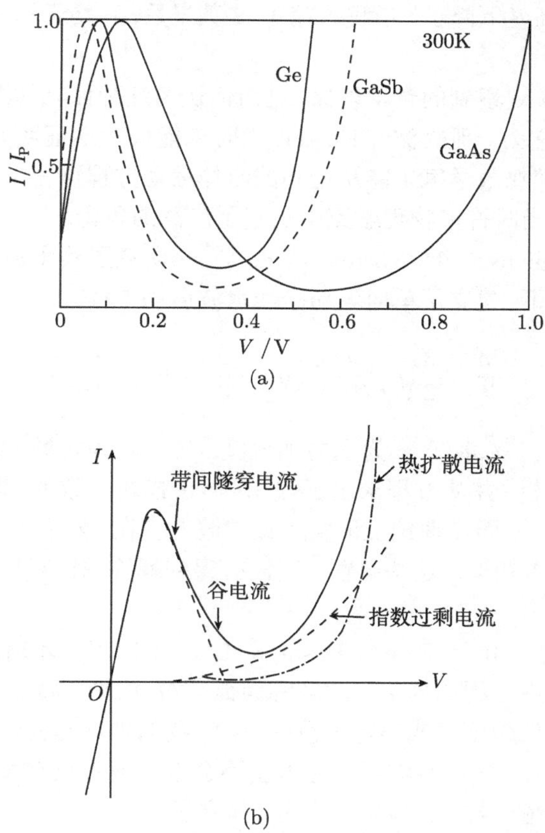

图 6.5　(a) 隧道二极管的伏安特性; (b) 各电流分量示意图

6.4　孤　　子

6.4.1　孤子现象的发现

孤立子的由来, 要追溯到 19 世纪初. 1834 年英国科学家 Scott Russell 偶然观察到了一种奇妙的水波. 1844 年, 他在《英国科学促进协会第 14 届会议报告》上发表的《论波动》一文中, 对此现象作了生动的描述: “我观察过一次船的运动, 这条船被两匹马拉着沿狭窄的运河迅速前进着. 突然, 船停了下来, 而被船所推动的大堆水却并不停止, 它们积聚在船头周围激烈地扰动着, 然后水浪突然呈现出一个滚圆而平滑、轮廓分明的巨大孤立波峰, 它以巨大的速度向前滚动着, 急速地离开了船头. 在行进中它的形状和速度并没有明显的改变, 我骑在马上紧跟着观察, 它以每小时约八九英里的速度滚滚向前, 并保持长约 30 英尺、高约 1~1.5 英尺的原始形状. 渐渐地它的高度下降了. 当我跟踪 1~2 英里后, 它终于消失在透迤的河道之中. ”

这就是 Russell 观察到的奇特现象, 进而他认为这种孤立的波动是流体运动的一个稳定解, 并称它为 “孤立波”. Russell 当时未能成功地证明并使物理学家们信服他的论断, 从而埋怨数学家未能从已知的流体运动方程预言出这一现象, 之后有关孤立波的问题在当时许多物理学家中引起了广泛的争论.

直到 60 年后的 1895 年, Korteweg、de Vries 研究了浅水波的运动, 在长波近似和小振幅的假定下, 建立了单向运动的浅水波运动方程

$$\frac{\partial\eta}{\partial t}=\frac{3}{2}\sqrt{\frac{g}{l}}\frac{\partial}{\partial x}\left(\frac{1}{2}\eta^2+\frac{2}{3}\alpha\eta+\frac{1}{3}\sigma\frac{\partial^2\eta}{\partial x^2}\right) \tag{6.6}$$

其中 η 为波峰高度, l 为水深, g 为重力加速度, α、σ 均为常数. 他们对孤立波现象作了较为完整的分析, 并从方程求出了与 Russell 描述一致的, 即具有形状不变的脉冲状的孤立波解, 从而在理论上证实了孤立波的存在. 然而这种波是否稳定? 两个孤立波碰撞后能否变形? 这些问题一直没有得到解答, 孤立波仍处于长期被埋没之中.

20 世纪 50 年代, 由于 Fermi、Pasta 和 Ulam 的工作, 才出现了新的局面. 通常我们把非线性发展方程的局部行波解称为孤立波. 所谓 “局部”, 是指微分方程的解在空间的无穷远处趋于零或确定常数的情况. 我们把这些稳定的孤立波, 即通过相互碰撞后的、不见消失而且波形和速度也不会改变或者只有微弱的改变 (就像常见的两个粒子的碰撞一样) 的孤立波称为 “孤立子”.

孤立子一般具有图 6.6 中的四种形状, 分别叫做 (a) 钟型 (或波包型), (b) 反钟型 (涡旋型), (c) 扭结型 (结状), (d) 反扭结型 (反结状). 其中 $\varphi(\chi)$ 表示行波解, $\chi=x-ut$(u 是波速, 为常数).

李政道等基于对基本粒子的研究, 又把现有的孤立子分成两类: 拓扑性孤立子和非拓扑性孤立子.

孤立波具有非常奇特的性质, 它们在相互作用下保持稳定的波形, 这颇类似于粒子碰撞的性质. 据此, 克鲁斯卡 (Kruskal) 和扎布斯基 (Zabusky) 将其命名为 “孤立子”, 简称孤子.

随着孤子问题研究的深入和发展, 一大批孤子现象已在流体物理、固体物理、基本粒子物理、激光、等离子体物理、超导物理、生物物理等许多领域中出现.

具有孤子解的非线性演化方程有: 非线性薛定谔方程 (NLS)、正弦–戈登 (SG) 方程、科特韦格–德 · 佛里斯 (KdV) 方程、朗道–栗弗席茨方程、布森内斯克方程、

二维卡多姆采夫–佩特维亚什维利方程等. 这些方程具有许多共同的特征, 例如, 可用反散射方法求解, 存在贝克隆 (Backlund) 变换、达布变换, 存在无穷多个守恒律和延长结构等.

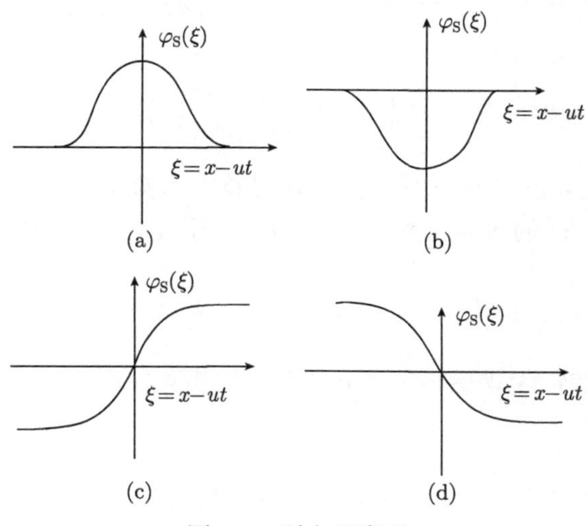

图 6.6　孤立子类型

6.4.2　负微分电导特性和电场畴孤子

超晶格中畴的形成机制与耿氏效应中畴的形成机制 (不同迁移率的不等价能谷之间的转移电子效应) 不同, 但唯象地都与负微分电导特性有关. 由于实际超晶格的不完整性, 会产生电子密度的不均匀, 通常在阴极附近电子密度产生微小的聚集; 电子聚集处电场强度增大, 由于负微分电导效应, 该处电子漂移速度减小, 使电子的聚集进一步增大, 不均匀性增大, 最后生长为稳定的电场畴. 这就是负微分电导特性导致畴形成的一般过程.

超晶格中偶极电场畴的形成和生长, 可唯象地用一个自陷势 (self-trapped potential) 来表达. 由于电场畴形成过程中的负微分电导特性, 该自陷势可写为与电子密度 $|\Psi(x,t)|^2$ 成正比的形式

$$-\kappa|\Psi(x,t)|^2 \tag{6.7}$$

这样, 超晶格中电场畴生长和运动的哈密顿算符为

$$H = -\frac{\hbar^2}{2m}\frac{\partial^2}{\partial x^2} - u(x) + eFx - \kappa|\Psi(x,t)|^2 \tag{6.8}$$

其中 $u(x+a) = u(x)$ 是超晶格的周期势场, a 是超晶格的周期, F 是外加电场 (沿负 x 方向), $e = |e|$ 是电子电量, $-\kappa|\Psi(x,t)|^2$ 是自陷势, κ 是比例实常数. 相应的薛定谔方程为 (取单位 $\hbar = 2m = e = 1$)

$$\mathrm{i}\frac{\partial}{\partial t}\Psi + \frac{\partial^2}{\partial x^2}\Psi - u(x)\Psi - Fx\Psi + \kappa|\Psi|^2\Psi = 0 \tag{6.9}$$

用多重标度方法 (multiple scales method), 或在紧束缚近似下, 可以证明 (Tian and Wu, 1999) 波函数 $\Psi(x,t)$ 的包络函数 $U(x,t)$ 满足非线性薛定谔方程 (nonlinear Schrodinger equation, NLSE)

$$\mathrm{i}\frac{\partial U(x,t)}{\partial t} + \frac{\partial^2 U(x,t)}{\partial x^2} + b|U(x,t)|^2 U(x,t) = 0 \tag{6.10}$$

非线性薛定谔方程有孤子解, 由此可知, 超晶格在直流电场作用下, 有偶极畴产生的电子波函数 $\Psi(x,t)$ 的包络函数 $U(x,t)$ 具有孤子性质, 即超晶格偶极电场畴具有孤子性质.

6.4.3 磁畴孤子

对于一维铁磁链, 考虑磁振子之间的非线性相互作用, 当存在外磁场 B 时, 自旋运动的几率幅为

$$\alpha(x,t) = \frac{1}{\sqrt{2L}}\exp[\mathrm{i}(\gamma x - \omega t)]\sec\left[h\left(\frac{x-vt}{L}\right)\right] \tag{6.11}$$

该解代表相速为 (ω/γ) 的振荡波, 其包络是一个钟形峰

$$\sec\left[h\left(\frac{x-vt}{L}\right)\right] \tag{6.12}$$

包络中心以确定的速度 v 在一维链中传播, 传播过程中包络的形状不变. 因此, 自旋运动的几率幅 $\alpha(x,t)$ 振荡波的包络构成一个稳定的钟形孤波, 称为包络孤子.

一维铁磁链中包络孤子解的存在是磁振子之间相互作用所导致的. 除包络孤子外, 在一维磁体中还存在其他类型的孤子解, 如扭型孤子解和脉冲状孤子解等. 目前磁性孤子已经证实是低维系中自旋运动的一种模式, 它代表系统的非线性元激发.

6.4.4 弱连接超导体中的孤子

超导的约瑟夫森 (Josephson) 效应, 是当代物理学和电子技术中极为关注的课题之一, 是超导电子学的重要基础之一. 在构成约瑟夫森结的两块超导材料中, 超导电子对波函数的位相差 φ 满足正弦戈登 (sine-Gordon) 方程, 采用带有约瑟夫森隧道结分路的超导传输线证实了孤子解的存在.

6.5 有机导体

高分子聚合物等有机材料中的导电性质的研究, 引起人们的普遍关注. 有机材

料有易于加工、抗腐蚀等特点, 有机导体的研究意义重大. 这方面的研究已取得显著成果, 获得 2000 年度诺贝尔奖.

6.5.1 有机化学的基本概念

有机化合物指的是含碳元素的化合物. 而一氧化碳、二氧化碳、碳酸盐等少数物质, 虽然含有碳元素, 但它们的组成和性质与无机物很接近, 属于无机物. 大多数有机物难溶于水, 绝大多数有机物受热容易分解, 绝大多数有机物是非电解质, 不易导电, 且熔点低.

有机化合物中, 有一大类物质是仅由碳和氢两种元素组成的, 这类物质总称为烃, 也称为碳氢化合物.

若每个碳原子的化合价都已充分利用, 达到饱和, 这种结合的链烃叫做饱和链烃, 或称烷烃. 这些烷烃是根据分子里所含的碳原子的数目来命名的. 甲烷、乙烷和丙烷的结构式如下:

$$\begin{array}{ccc} & \mathrm{H} & \\ & | & \\ \mathrm{H}- & \mathrm{C} & -\mathrm{H} \\ & | & \\ & \mathrm{H} & \end{array} \qquad \begin{array}{cccc} & \mathrm{H} & \mathrm{H} & \\ & | & | & \\ \mathrm{H}- & \mathrm{C}- & \mathrm{C} & -\mathrm{H} \\ & | & | & \\ & \mathrm{H} & \mathrm{H} & \end{array} \qquad \begin{array}{ccccc} & \mathrm{H} & \mathrm{H} & \mathrm{H} & \\ & | & | & | & \\ \mathrm{H}- & \mathrm{C}- & \mathrm{C}- & \mathrm{C} & -\mathrm{H} \\ & | & | & | & \\ & \mathrm{H} & \mathrm{H} & \mathrm{H} & \end{array}$$

有机物除用结构式表示外, 也可以用结构简式表示. 乙烷的结构简式是 CH_3CH_3, 丙烷的结构简式是 $CH_3CH_2CH_3$, 戊烷的结构简式是 $CH_3(CH_2)_3CH_3$. 烷烃的分子式的通式为 C_nH_{2n+2}.

烷烃中的原子键是 σ 键. 由两个相同或不相同的原子的价电子, 沿着轨道对称轴 (即连接两原子核的直线) 方向相互重叠所形成的键, 叫做 σ 键. σ 键的特点是能够围绕对称轴旋转, 而不影响键的强度和键与键之间的角度, 如氢气分子中的 H—H 键、HCl 分子中的 H—Cl 键、甲烷分子中的 C—H 键等. 甲烷 CH_4 中碳原子的四个价电子经 sp^3 杂化, 与四个氢原子的 1s 轨道重叠形成四个对称的 C—H 共价键, 如图 6.7 所示.

在具有链状分子结构的烃里, 除了饱和链烃外, 还有许多不饱和烃. 链烃分子里含有碳碳双键的不饱和烃叫做烯烃. 乙烯是分子组成最简单的烯烃, 结构式为

$$\begin{array}{cccc} & \mathrm{H} & \mathrm{H} & \\ & | & | & \\ \mathrm{H}- & \mathrm{C}= & \mathrm{C} & -\mathrm{H} \end{array}$$

结构简式为 $CH_2=CH_2$; 还有丙烯 $CH_3CH=CH_2$, 丁烯 $CH_3CH_2CH=CH_2$. 烯烃的通式是 C_nH_{2n}.

乙烯分子里的两个碳原子和四个氢原子都处于同一平面上, 彼此之间的键角约

为 120°. 在构成乙烯分子时, 两个碳原子各以两个 sp^2 杂化轨道与两个氢原子的 1s 轨道重叠, 形成四个 C—H 的 σ 键; 两个碳原子又各以一个 sp^2 杂化轨道相互重叠, 形成一个 C—C 的 σ 键; 分子里的所有五个 σ 键都在同一平面上. 同时, 每个碳原子还有一个未参加杂化的 p 轨道, 这两个 p 轨道的对称轴垂直于五个 σ 键所在的平面, 并相互平行; 这两个 p 轨道在侧面重叠成键, 如图 6.8 所示, 这样形成的键称为 π 键.

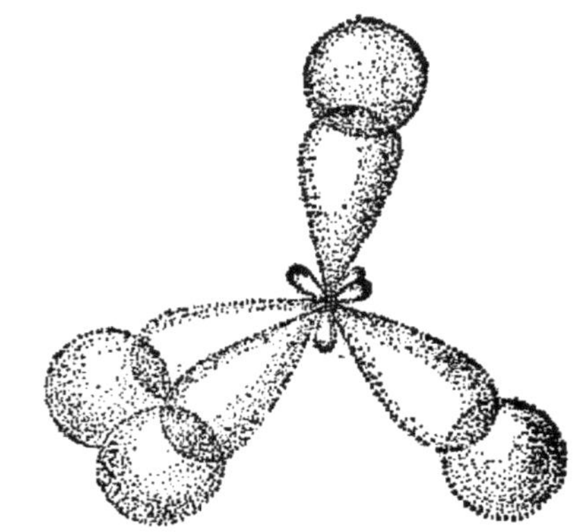

图 6.7　甲烷分子中的 C—H 键

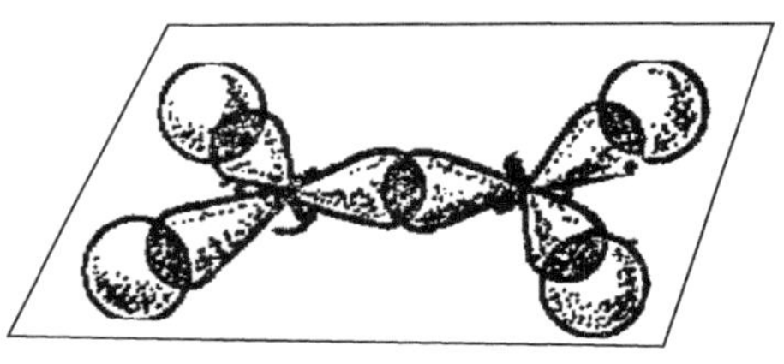

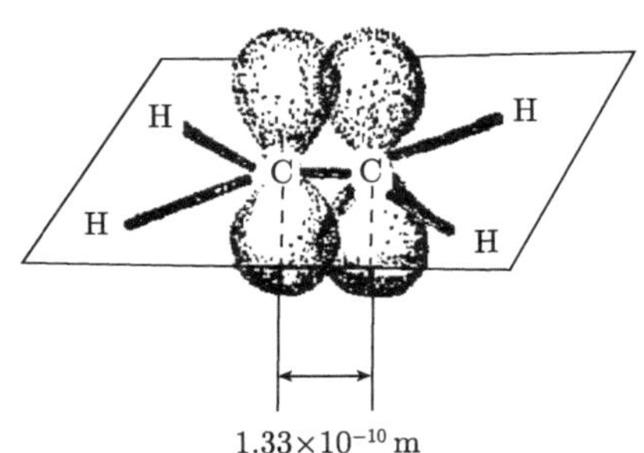

图 6.8　乙烯分子中的 σ 键和 π 键

链烃分子里含有碳碳叁键的不饱和烃叫做炔烃. 乙炔分子的结构式为

$$H-C\equiv C-H$$

结构简式为 HC≡CH; 还有丙炔 CH_3—C≡CH、丁炔 CH_3—CH_2—C≡CH 等. 炔烃的通式是 C_nH_{2n-2}. 乙炔分子里的碳原子各以一个 2s 轨道和一个 2p 轨道进行 sp 杂化, 形成两个能量相等的新轨道, 进一步形成一个 C—C 的 σ 键和两个 C—H 的 σ 键, 如图 6.9 所示. 在两个碳原子里还各有另外两个 p 轨道没有参加杂化, 它们的电子云互相垂直, 在四个 p 电子之间形成两个 π 键, 它们的对称轴与 C—C 间 σ 键的对称轴是互相垂直的.

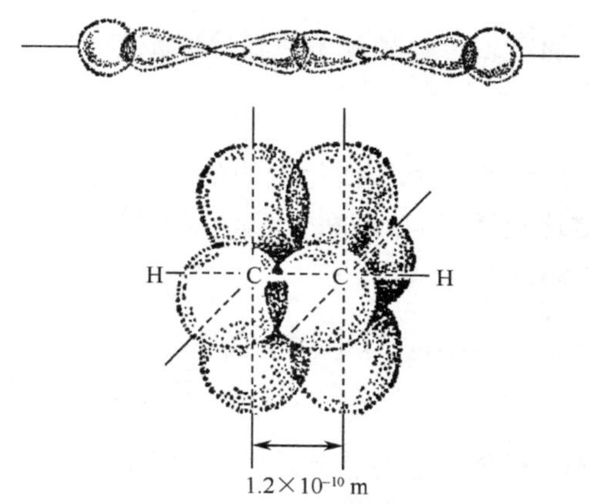

图 6.9　乙炔分子中的 σ 键和 π 键

6.5.2　高分子聚合物简介

1. 高分子化合物

分子量很大的化合物称为高分子化合物 (polymer). 淀粉、纤维素、蛋白质、聚氯乙烯、聚乙烯 (polythene) 等物质都属于高分子化合物, 它们的分子量从几万到几十万, 核蛋白的分子量甚至达几千万. 蔗糖的分子量是 342, 分子量很少上千的化合物称为低分子量的化合物, 或简称小分子.

高分子虽然分子量很大, 但结构往往比较简单, 它们是由结构单元重复构成的. 纤维素的分子 $[(C_6H_{10}O_5)_n]$ 是由成千个 $C_6H_{10}O_5$ 连接起来的, 聚乙烯分子 $[(C_2H_4)_n]$ 是由成千上万个 C_2H_4 连接起来的. 高分子里的重复结构单元称为链节, n 表示每个高分子里链节的重复次数, 叫做聚合度.

高分子最普遍、最重要的结构是长链状的, 这就是人们发现的高分子的线型结构, 如图 6.10 所示. 高分子链中, 原子与原子或链节与链节都是以共价键相结合的, 如聚乙烯、聚氯乙烯的长链都是由 C—C 键连接的. 这些键都是单键, 单键能够自由转动, 高分子链上单键的旋转往往引起链节 (更多的是多个链节) 的旋转. 一条能够旋转的长链, 若没有外力拉它, 决不会是直线形的; 高分子链确是蜷曲的长链.

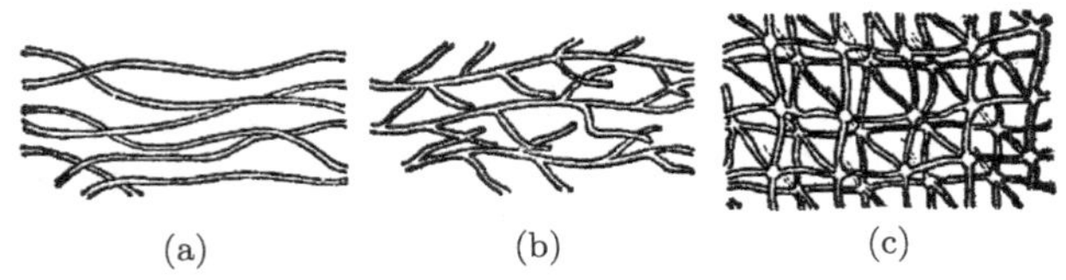

图 6.10 高分子结构型式示意图

(a) 不带支链的线型结构; (b) 带支链的线型结构; (c) 体型 (网状) 结构

根据使用的观点, 通常把有机高分子材料分成塑料、纤维和橡胶三大类.

2. 聚乙烯

聚乙烯是在不同温度、压强和有催化剂的条件下, 乙烯分子间能够相互反应生成的. 乙烯分子的双键比较活泼, 容易断裂; 断裂后, 就跟另外的乙烯分子发生加成反应, 结果生成了聚乙烯.

$$
\begin{aligned}
&CH_2 = CH_2 + CH_2 = CH_2 + CH_2 = CH_2 + \cdots \\
&\qquad \rightarrow \cdots -CH_2-CH_2-CH_2-CH_2-CH_2-CH_2- \cdots
\end{aligned}
$$

乙烯就是聚乙烯的单体. 高分子里的链节是由单体在反应中形成的. 合成高分子是由单体合成的, 所以高分子又叫高聚物.

3. 聚乙炔

目前研究得最多的有机导体是聚乙炔 $(CH)_n$. 聚乙炔 $(CH)_n$ 是共轭聚合物的典型代表, 正是对聚乙炔的研究使我们对有机材料物理性质的了解大为拓展, 理论概念也大为丰富. 聚乙炔有顺式 cis-$(CH)_n$ 和反式 trans-$(CH)_n$ 两种同分异构体, 反式比顺式稳定; 顺式是亚稳的, 而反式是热力学稳定的. 因此, 对反式聚乙炔的研究具有重要意义, 其分子式如图 6.11 所示. 同一链上相邻碳原子间的耦合为 2.5eV, 不同链之间的耦合只有 0.1eV, 聚乙炔是准一维结构.

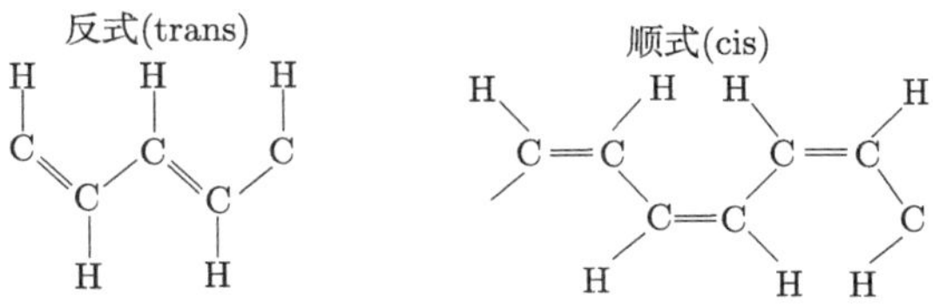

图 6.11 聚乙炔的分子结构图

4. 有机薄膜发光

在介绍有机材料导电性质之前, 在此先简单介绍一些有机材料的其他方面的性质和应用.

常见的半导体发光二极管, 要求半导体材料的完整性高, 成本也高; 相比之下, 有机化合物及高分子薄膜在制备和使用方面具有它的独到之处.

1987 年以后对有机薄膜发光的研究, 在直流 10V 电压作用下, 得到了 1000 尼特亮度的电致发光; 有机薄膜发光的机制是电子和空穴的双注入. 用玻璃上的导电层氧化锡铟 ITO 为阳极, 蒸上一层二胺衍生物, 作为空穴输运层, 然后又加上一层 8-羟基喹啉铝, 作为发光层, 最后用 MgAg 合金作为阴极. 这个器件的原理是从阳极注入空穴, 从阴极注入电子, 空穴与电子复合导致发光.

6.5.3　一维有机导体

1. 低维物理简介

低维凝聚态中的基本相互作用与三维体系是相同的, 都是电子与电子、电子与晶格、晶格与晶格等相互作用, 但是, 低维体系可以具有某些三维体系所没有的现象, 其原因是不同维度空间中的运动学或动力学过程有所不同, 从而决定了不同维度的凝聚态物质中具有某些不同的物理性质.

(1) 布里渊区和费米面. 三维晶格的布里渊区, 其边界是由平面组成的; 二维晶格的布里渊区边界是由直线组成的; 一维晶格的布里渊区边界只有两个点. 对于费米面, 三维晶格是曲面, 二维晶格是曲线, 一维晶格是两个点. 对于三维和二维晶格, 平直的布里渊区边界与弯曲的费米面只能相交或相切, 不能相互重合; 但是, 一维晶格的布里渊区边界与费米面都只有两个点, 两者有可能完全重合. 这使得一维晶格会发生 Peierls 相变, 而三维和二维晶格则没有.

(2) 能态密度. 温度不为绝对零度时, 热运动使体系以一定的几率处于激发态, 其中起主要作用的是低能激发态, 它们最容易被激发. 低激发态密度越大, 则热起伏的干扰越强.

不同维度体系的能态密度 $\rho(E)$ 与能量的关系为 $1/\sqrt{E}$(一维)、E^0(二维)、$\sqrt{E}$(三维), 如图 6.12 所示.

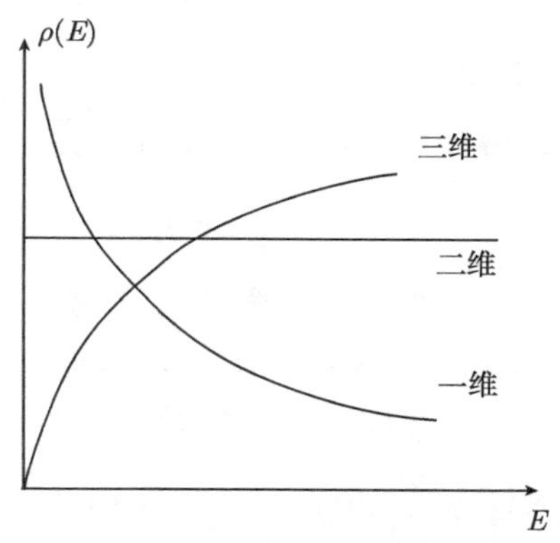

图 6.12　不同维度的能态密度

三维体系的低能激发态很少, 因而在低温下的热起伏很小, 可保持有序, 只有当温度足够高时, 热起伏才能破坏有序, 发生相变. 对于一维体系, 低能激发态的态密度很大, 无论温度如何低, 热激发所引起的起伏都很强烈, 一维体系很难保持有序. 二维体系的情况, 介于一维和三维之间, 能态密度为与能量无关的常数, 总是存在着一定的热起伏, 没有严格的长程序, 只有准长程序.

(3) 磁场中的电子能谱. 在外磁场 $\boldsymbol{B}$ 中, 三维体系电子的运动可分成两部分, 一部分是在垂直于磁场的平面内做回旋频率为

$$\omega_{\mathrm{c}}=\frac{eB}{m} \tag{6.13}$$

的圆周运动, 另一部分是沿磁场方向的自由运动, 三维体系电子的总能量可表示为

$$E_n(k_z)=\left(n+\frac{1}{2}\right)\hbar\omega_{\mathrm{c}}+\frac{\hbar^2k_z^2}{2m} \tag{6.14}$$

由于 k_z 可连续变化, 每个朗道能级 E_n 形成一个次能带 (subband), 不同的次能带在能量上相互交叠, 所以, 磁场中三维体系电子的能量仍可连续变化, 没有能隙.

对于二维体系, 若外磁场 $\boldsymbol{B}$ 垂直于该平面, 电子的能量只能取一系列的朗道能级 E_n, 电子能谱是分立的. 外磁场中电子能谱的这个特点, 使二维体系中会出现量子霍尔效应, 而三维体系中没有.

2. 准一维导体

KCP、过渡金属的三硫化合物 MX_3(M 是过渡金属 Nb、Ta、Mo 等, X 是硫族元素 S、Se 等)、电荷转移有机复合物 TTF-TCNQ 等都是准一维导体. KCP 的结构, 如图 6.13 所示.

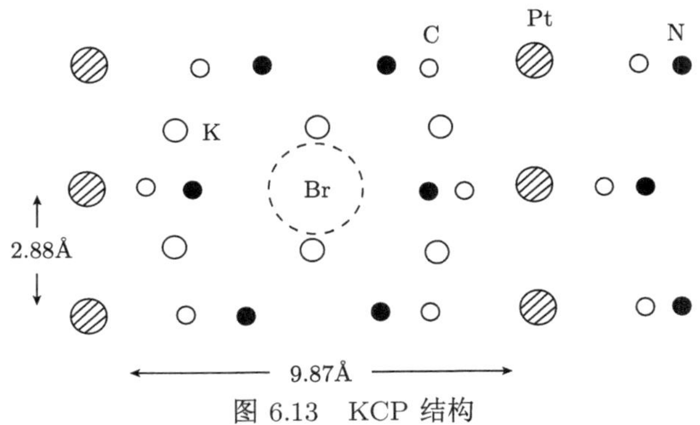

图 6.13　KCP 结构

KCP 的分子式为 $K_2Pt(CN)_4Br_{0.3}\cdot 3H_2O$, 其中的 Pt 原子形成链状结构. 在晶体中, 沿着链的方向金属原子之间的距离比较短, 不同链之间金属原子之间的距离则

比较大; 在 KCP 中, 链上的距离为 2.88Å, 链间距离为 9.87Å, 具有准一维结构; 沿链方向的电导率比垂直于链方向的电导率大 4 个数量级. MX_3 中的过渡金属原子也形成链.

当温度降低时, 这些一维导体会发生相变, 出现超晶格和电荷密度波 (CDW), 很多材料在相变后变为半导体 (Peierls 不稳定性). 超晶格的晶格常数, 即 CDW 波长为 3.76 个晶格常数 (TTF-TCNQ) 到 6.0 个晶格常数 (KCP).

3. 一维有机导体

聚合物通常由碳链组成, 电子沿链方向的耦合比不同链之间的耦合强的多, 成为准一维体系.

高分子聚合物覆盖面很广, 饱和聚合物 (saturated polymers) 是典型的绝缘体, 饱和聚合物中碳通过 sp^3 杂化形成的四个价电子, 有很强的方向性, 形成夹角为 $109°28'$ 的 σ 键, 这种碳的键称为饱和键. 饱和键的材料, 例如金刚石和聚乙烯, 均为宽禁带的绝缘体 ($E_g \sim 7 \sim 10$eV).

在导电方面, 共轭聚合物 (conjugated polymers) 的研究比较成熟. 现已合成出的高电导的共轭聚合物, 如聚乙炔、聚吡咯、聚噻吩、聚二乙炔、聚对亚苯基等, 其电导率可以由掺杂而改变几个到十个以上数量级, 适当掺杂后其电导率可达到 $10^2 \sim 10^3 (\Omega^{-1}\text{cm}^{-1})$, 从半导体或绝缘体变为半金属, 甚至金属.

这些材料中的载流子有许多奇特的性质. 从结构成分的共同点上来讲, 它们都含有碳原子链. 这些碳原子的四个价电子形成 sp^2 杂化轨道, 结合成局域性明显的平面共价 σ 键, 而在垂直方向上 p_z 电子的波函数沿长链方向均匀交叠, 形成离域的 π 键. 也就是说, π 电子形成在链上运动的自由电子. 反式聚乙炔的碳原子链键合方式, 如图 6.14 所示.

有机材料的一个十分显著的几何特点是维度低, 很多材料具有线状长链的特征.

TCNQ 和 TTF 的分子式如图 6.15 所示.

TTF-TCNQ(tetrathiafulvalene-tetracyanoquinodimethane) 分子晶体呈单斜结构, 如图 6.16 所示.

片状分子在 b 轴方向堆积成柱, 电子从 TTF 向 TCNQ 转移, 平均每个分子转移 0.6 个电子. b 方向的电导比 a、c 方向大 10^3 倍, 形成准一维导体.

在一维有机导体, 如 TTF-TCNQ 中, 曾经验证了 Peierls 相变的理论预言. 这是在一维电子–晶格耦合系统中发生的金属–绝缘体转变. 对于周期为 a、导带半满的一维晶格, $k_F = \frac{1}{2}\frac{\pi}{a}$, 对应于 $\lambda_F = 4a$. 一维电子–晶格耦合系统的一个特征是对于波数 $2k_F$(对应于 $\lambda = 2a$) 的扰动存在不稳定性, 这种不稳定性产生电子的集体振荡 —— 电荷密度波 (CDW). 由于电荷密度波的涨落和凝聚导致 Peierls 相变, 这时一维导体出现晶格畸变, 在费米面上出现一个 2Δ 的能隙, 系统从能量较高的金属态进入能量较低的绝缘态或半导体态.

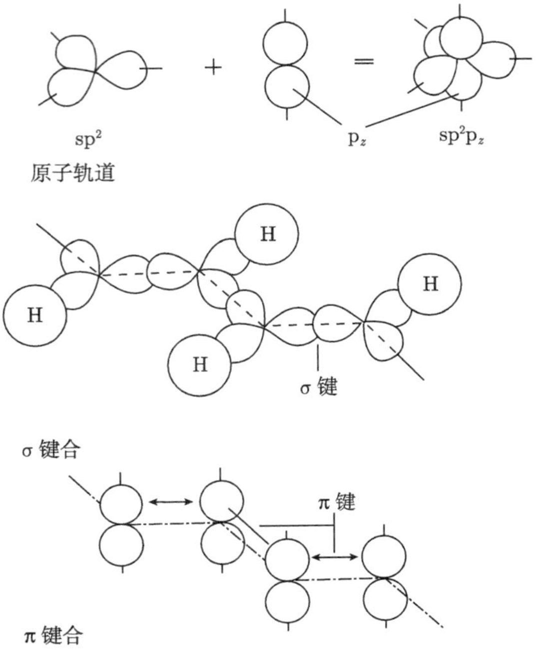

图 6.14　反式聚乙炔的碳原子键合图

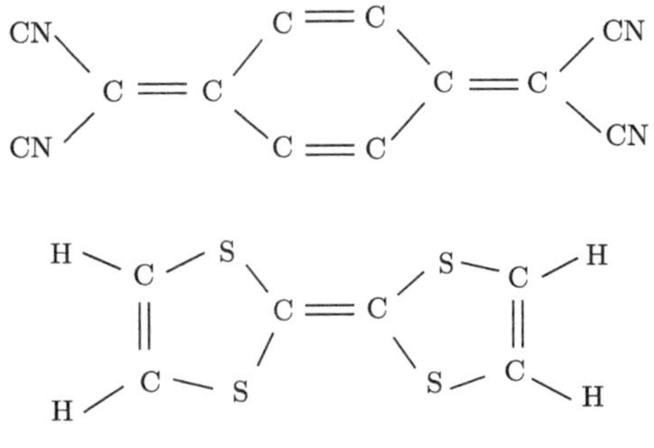

图 6.15　TCNQ 和 TTF 分子式

另一个需要考虑的问题是一维链上传导电子之间的库仑互作用对 Peierls 相变的影响. 在没有这种互作用时, 只要满足 Pauli 原理, 电子可以在一维链上自由运动并形成导带. 在计入库仑互作用之后, 两个电子相接近将使能量增加. 在库仑互作用较小时, 对于一维电子态的影响就较小, 这时电声互作用产生 $2k_{\mathrm{F}}$ 的 CDW, 一个 CDW 波长可以容纳总自旋为零的两个电子, 但在库仑互作用大于能带宽度时, 系

统将产生 $4k_{\mathrm{F}}$(对应于 $\lambda=a$) 的 CDW, 一个晶格位置只能容纳一个电子. 实际的一维导体, 更可能的是库仑互作用处于中间范围. 电子互作用对二聚化的影响与晶格常数有关.

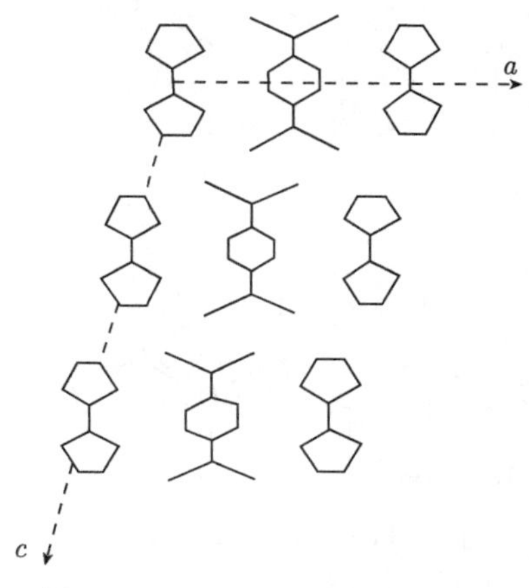

图 6.16　TTF-TCNQ 分子晶体

4. 聚乙炔的二聚化和性质简介

(1) 聚乙炔的二聚化. 聚乙炔中每个碳原子有一个 π 电子, 纯净反式聚乙炔中碳原子链上 p_z 轨道的 π 电子系统可以形成能带电子, 能带宽度约为 10eV. 因为每个碳原子只贡献一个 π 电子, π 能带是半满的. 于是人们可以期望, 当 n 很大时, 一维晶体 $(\mathrm{CH})_n$ 处在金属态; 实际情况是, 由于 Peierls 不稳定性, 一维晶体 $(\mathrm{CH})_n$ 中发生了晶格畸变, 碳原子的二聚化使一维晶体 $(\mathrm{CH})_n$ 成为半导体.

Peierls 不稳定性使碳原子二聚化, 这时碳原子之间长键和短键相互交替, 长键对应于单键, 短键对应于双键, 键长相差约 0.003nm. 显然, 二聚化有两种可能: ①奇数位置上的碳原子向右移动, 偶数位置上的碳原子向左移动; ②反过来, 奇数原子向左移动, 偶数原子向右移动. 前者称为 A 相, 后者称为 B 相, 这两种二聚化的状态相当于将单键和双键交换一下. 对于反式 trans-$(\mathrm{CH})_n$, A 相和 B 相如图 6.17 所示; 对于顺式 cis-$(\mathrm{CH})_n$, A 相和 B 相如图 6.18 所示.

(2) 光致荧光光谱和光吸收谱. 反式和顺式有很大的不同. 对于反式, A 相和 B 相互为镜面反映, 因而其能量相同, 于是反式 trans-$(\mathrm{CH})_n$ 具有两个简并的基态 (A 相和 B 相). 对于顺式, A 相和 B 相是结构不同的两种分子. 在 A 相中, 双键两端的两个氢原子在同一侧, 称为类反–顺式 (cis-transoid); 在 B 相中, 双键两端的两个氢原子位于两侧, 称为类顺–反式 (trans-cisoid). 于是, 顺式的 A 相和 B 相能量不等, A 相每单元的能量比 B 相低零点几电子伏, 因此顺式 cis-$(\mathrm{CH})_n$ 的基态是 A 相, 即类反–顺式, 不存在简并.

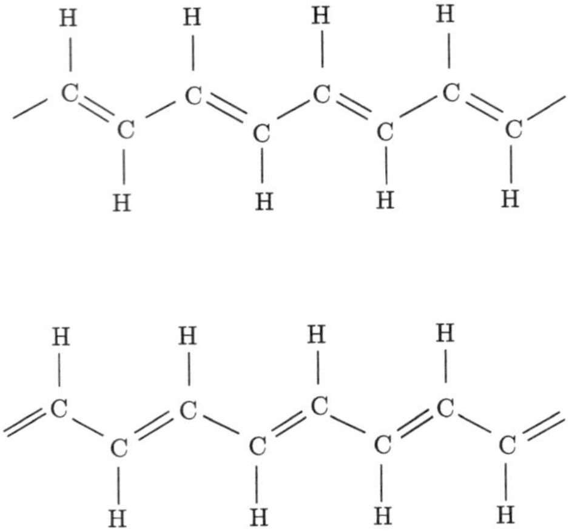

B相

A相

图 6.17　反式 trans-$(CH)_n$

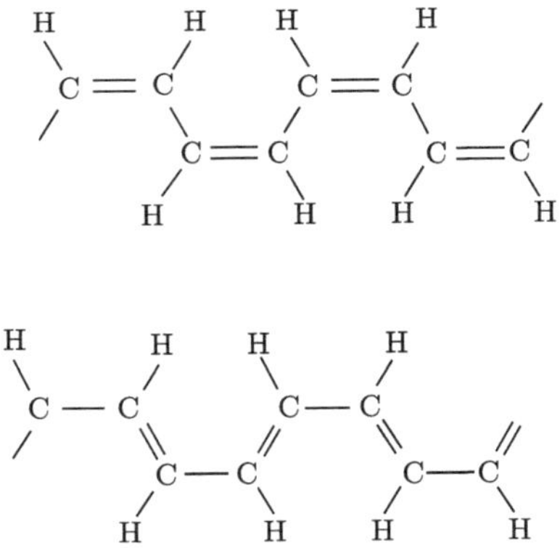

A相

B相

图 6.18　顺式 cis-$(CH)_n$

在实验上, 顺式和反式聚乙炔的光学性质很不一样, 图 6.19(a) 和 (b) 分别是顺式和反式聚乙炔的光致荧光光谱.

在温度为 7K 时, 利用 2.54eV 的 Ar^+ 激光进行激发, 在顺式聚乙炔样品中可观察到相当宽的荧光光谱, 其极大值位于 1.9eV, 但在反式聚乙炔中其荧光强度比顺式聚乙炔小几十倍, 其背景荧光是作为衬底的铝产生的. 根据这两种同分异构体所具有的不同元激发可说明上述差异. 对于顺式聚乙炔, 吸收激光光子后形成的是极化子, 即束缚的孤子–反孤子对, 此时, 孤子–反孤子对不能相互分离, 因而相互复合的概率比较大, 在复合过程中发出荧光; 对于反式聚乙炔, 吸收激光光子形成的元激发是独立运动的孤子和反孤子, 它们不一定组成束缚态, 因而相互复合的概率小, 荧光也就很弱.

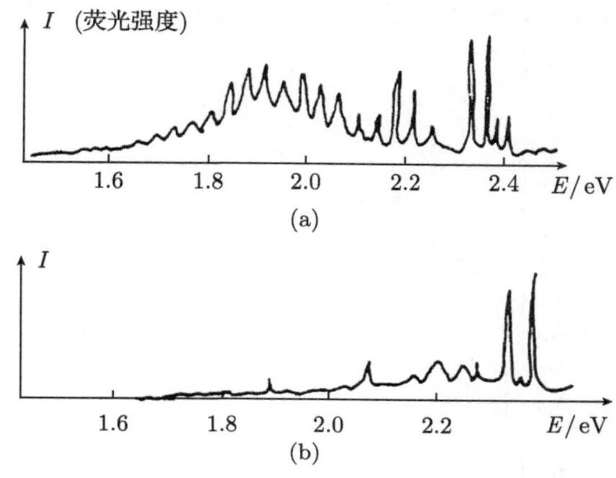

图 6.19　顺式和反式聚乙炔的光致荧光光谱

(a) 顺式 cis-$(CH)_n$; (b) 反式 trans-$(CH)_n$

图 6.20 进一步给出顺式聚乙炔样品的吸收光谱和发光光谱, 发光光谱的峰位在吸收光谱的阈值附近.

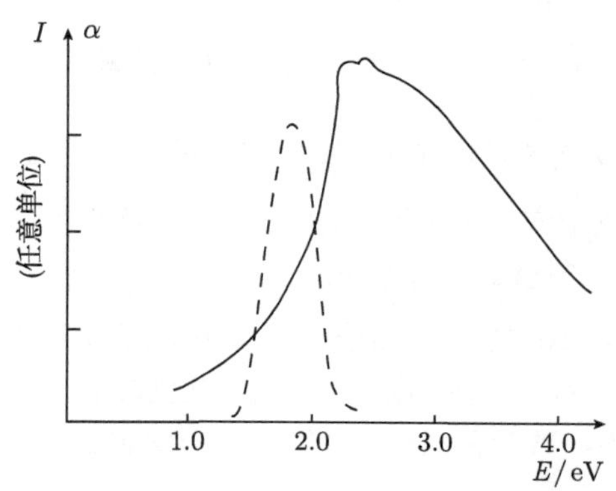

图 6.20　顺式聚乙炔样品的吸收光谱 (实线) 和发光光谱 (虚线)

(3) 掺杂效应. 1974 年 Shirakawa 首次合成出聚乙炔薄膜, 呈银白色, 它由细丝所组成, 每根细丝的直径约为 200Å, 由于细丝间有较大空隙, 很容易掺杂, 常用杂质有 AsF_5、I_2(受主) 和碱金属元素 (施主), 杂质被夹在碳链之间, 并不替代碳原子而进入碳链, 故掺杂并不影响链的完整性. 纯的聚乙炔是绝缘体, $\sigma \sim 10^{-9}(\Omega\text{cm})^{-1}$, 掺杂后可使它变成半导体和导体, 电导率可提高 12 个数量级, 接近于铜 ($\sigma \sim 6\times10^5 (\Omega\text{cm})^{-1}$, RT).

聚乙炔中的导电机制有些奇怪. 如图 6.21 所示的实验事实是, 当杂质含量 y 低于 5%时, 电导率迅速上升, 已提高了几个数量级, 这说明载流子浓度已大大增加, 然而表征自由电子存在的 Pauli 自旋磁化率却几乎为零, 这说明这些载流子没有自旋.

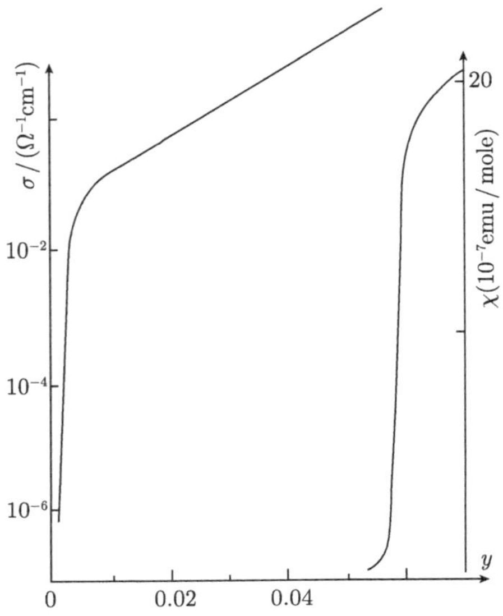

图 6.21　聚乙炔中的电导率和自旋磁化率

一般的半导体中载流子是电子或空穴, 它们都具有自旋 $S=\frac{1}{2}$, 因此, 聚乙炔中的载流子不是电子或空穴. 1979 年, 苏武沛、Schrieffer 和 Heeger 提出 (Su et al., 1979), 聚乙炔中的载流子是孤子 (soliton).

利用聚乙炔做电极的蓄电池已试制成功, 利用聚乙炔的光生伏特效应可制造太阳能电池. 由于有机导体质量轻, 在空间技术中已被用来作为电磁波的屏蔽材料, 聚吡咯和聚噻吩可作为电致变色材料, 也可用聚合物制成温度敏感和压力敏感的材料, 有机导体很有应用前景.

6.5.4　反式聚乙炔中的孤子

1. 孤子和孤子能级

在反式聚乙炔二聚化的基态中, 无论是 A 相还是 B 相, 相邻两个碳原子的位移 u_n 具有相反的方向, 于是若令

$$u_n=(-1)^n\phi_n \tag{6.15}$$

对于基态 ϕ_n 是常数. 对于 A 相和 B 相的原子位移方向, 有

$$\text{A 相：} \phi_n = -u_0 = -0.04\text{Å}$$
$$\text{B 相：} \phi_n = +u_0 = +0.04\text{Å}$$

设原来整个碳链都处于基态 A 相, 现在将它激发, 使其中一段由 A 相变为 B 相, 如图 6.22 所示, 这时出现了两个过渡区域. 在左半部由 A 相过渡为 B 相, 此过渡区域称为正畴壁 (domain wall); 在右半部再由 B 相过渡为 A 相, 此过渡区域称为反畴壁. 由于 A 相和 B 相的能量相同, 激发的能量都集中在正反畴壁中, 因而, 正反畴壁就是 trans-$(CH)_n$ 链的元激发. 当正畴壁和反畴壁相距较远时, 它们之间没有相互作用, 可分别进行考虑. 当链上 B 相的范围扩展或收缩时, 畴壁的位置就在运动, 这表示这种元激发可沿链运动.

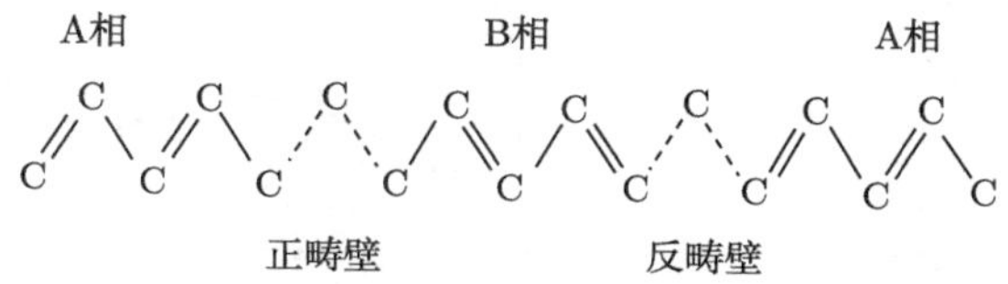

图 6.22　反式聚乙炔中的畴壁

在畴壁中, 原子位移 ϕ_n 不再是常数. 对正畴壁, ϕ_n 由 $-u_n$ 逐渐变为 $+u_n$; 对反畴壁, ϕ_n 由 $+u_n$ 又逐渐变为 $-u_n$. 畴壁中的原子位移是原子位置 x_n 的函数 $\phi(x_n)$. 由于该畴壁是可沿链自由传播的非线性元激发, 故被称为孤子 (soliton)(Heeger et al., 1988). 聚乙炔中的孤子 S 就是正畴壁 $\phi_{\rm S}(x)$, 反孤子 $\bar{\rm S}$ 就是反畴壁 $\phi_{\bar{\rm S}}(x)$, 如图 6.23 所示.

上面讨论了畴壁或孤子中晶格原子的位移, 为了完全了解此种元激发, 还需要知道孤子中的电子状态. 在二聚化基态 A 相或 B 相中, 电子在周期为 $2a$ 的周期性势场中运动, 此时电子波函数是周期调幅的平面波, 即布洛赫波函数, 是扩展态, 它们的能级是连续的, 并构成导带和价带. 在激发起孤子后, 在畴壁的范围内, 晶格原子的位移 $\phi(x)$ 破坏了原来的周期性势场, 出现了局域在畴壁范围内的畸变势场. 电子在此局域畸变势场的作用下, 就会形成局域电子态, 它的波函数局限在畴壁范围内, 远离畴壁时, 其波函数很快趋于零. 量子力学告诉我们, 局域电子态的能级将是分立的, 因而, 此能级必位于导带和价带之间的禁带中, 这类似于半导体中杂质的局域电子态. 对于 trans-$(CH)_n$ 的紧束缚能带, 导带和价带是对称的, 这时孤子所产生的局域电子态的分立能级 $E_{\rm S}$ 将位于禁带中央, 正好落在费米能级 $E_{\rm F}$ 上, 即 $E_{\rm S} = E_{\rm F}$. 与半导体中局域电子态的差别在于, 半导体中的杂质是固定的, 这里的畴壁是可以运动的.

孤子能级 $E_{\rm S}$ 已在实验上观察到, 图 6.24 是掺 AsF_5 的反式聚乙炔的吸收光谱,

有两个吸收峰, 1.5eV 附近的吸收峰对应于从价带到导带的跃迁, 0.75eV 附近的吸收峰对应于从价带到孤子能级 E_S 的跃迁.

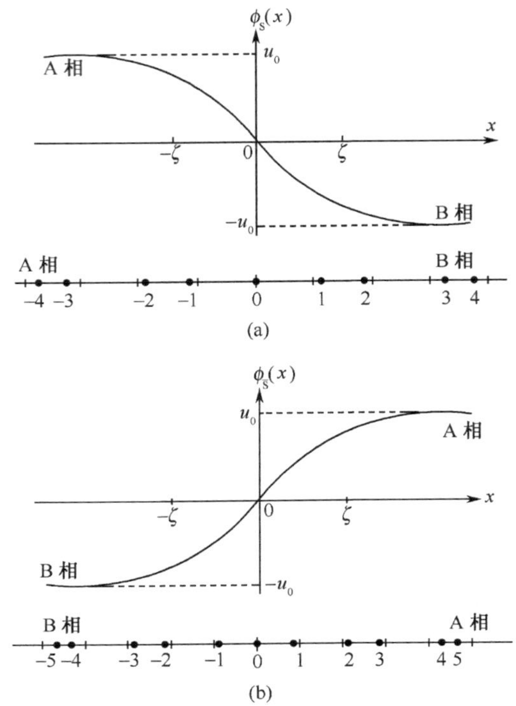

图 6.23　(a) 正畴壁孤子; (b) 反畴壁孤子

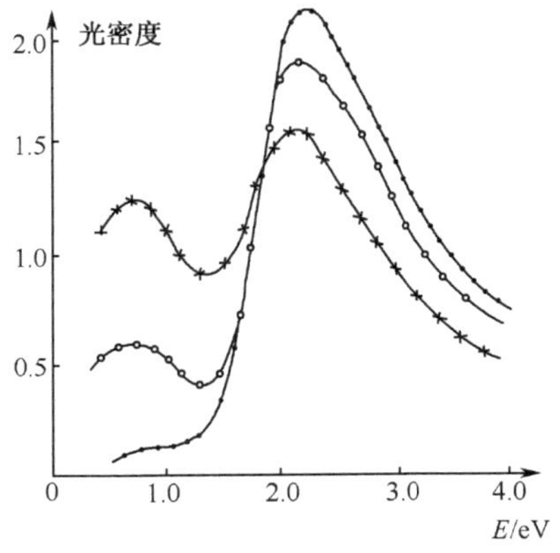

图 6.24　反式聚乙炔的吸收光谱

图 6.24 中的三条实验曲线, 对应于不同掺杂浓度的样品, 其中 “·” 是未掺杂的反式聚乙炔, “○” 是掺杂 0.1% AsF_5 的反式聚乙炔, “+” 是掺杂 0.5% AsF_5 的反式聚乙炔. 当杂质增加时, 孤子增多, 第二个峰增强.

2. 孤子的电荷和自旋

孤子的分立能级 E_S 的出现, 使孤子具有了不寻常的电荷与自旋的对应关系, 可以解释反式聚乙炔中载流子的特性.

在二聚化的反式聚乙炔基态中, N 个能级分成两个能带, 上面 $N/2$ 个能级形成导带, 下面的 $N/2$ 个形成价带, 如图 6.25 所示. 为了便于说明问题, 图中将正自旋电子能级和负自旋电子能级分开, 使每个能级上只能容纳一个电子, 图中的每一根横线就表示一个电子状态. 图 6.25(a) 表示基态 (A 相或 B 相), 价带中的 N 个状态全部填满, 导带完全空着. 图中用实线表示被电子占据的状态, 空着的状态用虚线表示.

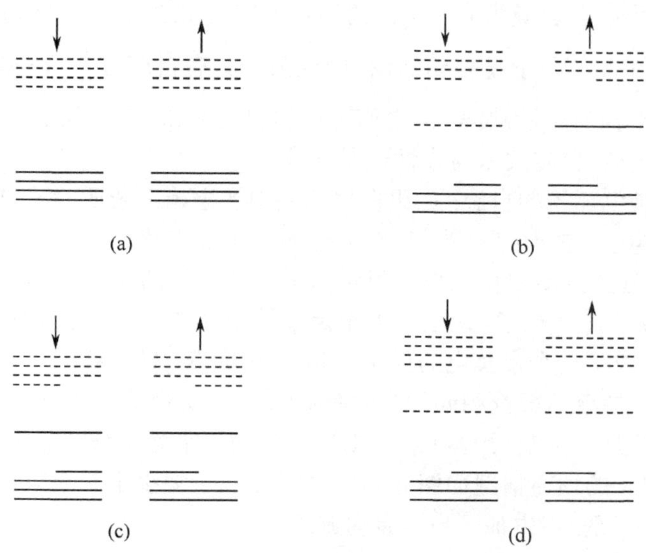

图 6.25　孤子的电荷和自旋

(a) 基态;(b) 中性孤子, $Q=0, S=\frac{1}{2}$; (c) 负电孤子,$Q=-e, S=0$;(d) 正电孤子, $Q=+e, S=0$

激发起孤子后, 在禁带中央出现了分立能级, 如图 6.25(b) 所示, 正负自旋的电子能谱中都会出现一个分立状态. 因为孤子的出现只是改变了链上碳原子的位置分布, 并不改变碳原子的总数 N, 因而, 能带中的状态总数不会改变, 这意味着禁带中的两个分立状态是从基态中的价带和导带中移过来的, 于是, 孤子出现后, 价带和导带中的状态就要减少两个. 由于孤子能级位于禁带中央, 对于价带和导带是对称的, 因而价带和导带中状态的减少应该相同.

现在, 分别考察正负自旋电子. 对于正自旋, 禁带中多出一个状态, 价带和导带中必定各自减少了半个状态, 图 6.25(b) 中用半根横线表示; 对于负自旋, 也发生了同样的情况. 应该指出, 价带中减少的半个状态并不是全部来自于最高能级, 而是整个价带一共减少了半个状态, 导带也一样.

对于纯净的聚乙炔, 在孤子被激发的前后, 碳链中 π 电子总数都是 N. 孤子被激发前, N 个电子都在价带中; 孤子被激发后, 价带中共减少了一个状态, 于是只能容纳 $N-1$ 个电子, 还有一个电子要填到禁带中的分立状态上, 或者填到正自旋状态上, 或者填到负自旋状态上. 在图 6.25(b) 中, 此电子填在正自旋状态上. 现在来看一下该孤子的电荷和自旋.

由于孤子激发后, 电子的总数未变, 体系仍为电中性, 因此, 该孤子不带电. 对于自旋, 在价带中正负自旋状态上电子的填充情况相同, 自旋之和为零; 导带中无电子, 也没有自旋. 但是, 在分立状态上, 只有正自旋状态上有一个电子, 负自旋状态空着, 因而, 体系的总自旋为$+\frac{1}{2}$. 如果禁带中的电子占据了负自旋的分立状态, 则体系的总自旋将为$-\frac{1}{2}$. 于是得到结论, 中性孤子具有自旋 $\pm\frac{1}{2}$. 在实验中, 已观察到在聚乙炔中存在着中性缺陷, 但它们可产生自旋共振, 这说明它们具有自旋, 这种中性缺陷的电荷–自旋关系与中性孤子一致.

再来考虑带电孤子的自旋. 如果在聚乙炔中加进施主杂质 (Na、K 等), 它们可以向碳链提供电子. 上面已经看到, 在孤子的两个分立状态上, 只有一个状态被电子占据, 于是, 施主杂质提供的电子可进入另一个空着的状态, 如图 6.25(c) 所示. 这时, 碳链中多了一个电子, 此电子处于定域的分立能级上, 它的波函数局域于孤子的范围内, 形成了一个带负电的孤子. 此时, 在价带、导带和孤子能级上, 正负自旋状态上的电子填充情况都相同, 总自旋为零, 这说明带负电的孤子没有自旋.

如果加入的是受主杂质 (AsF_5, I_2 等), 它将使原来处于分立能级上的那个电子被拿走, 此时电子的填充情况如图 6.25(d) 所示, 孤子缺少了一个电子而带正电, 同时总自旋为零, 于是, 正电孤子也没有自旋.

综上所述, 孤子的电荷和自旋的关系如表 6.1 所示.

表 6.1　孤子的电荷和自旋的关系

	电荷 q	自旋 S
中性孤子	0	$\pm\frac{1}{2}$
正电孤子	$+e$	0
负电孤子	$-e$	0

孤子的电荷与自旋关系, 与在实验中观察到的载流子的性质相一致. 这也是认

为反式聚乙炔中的载流子是孤子的依据之一.

孤子和电子、空穴, 在聚乙炔中都可以被激发而成为载流子, 但是, 由于孤子–反孤子对的激发能量小于电子–空穴对的激发能量, 孤子易于激发, 这样, 在聚乙炔中观察到的载流子是孤子, 而不是电子和空穴. 理论计算得到孤子的有效质量为 $m_{\mathrm{S}}=6m_{\mathrm{e}}$, 与电子质量 m_{e} 同数量级, 所以, 孤子很容易在链上运动.

孤子激发与电子、空穴的激发有很大不同. 对于电子、空穴的激发, 只是一个电子从价带跃迁到导带, 晶格结构和能带结构都不改变; 而孤子的激发, 除了一个电子从价带跃迁到禁带中央的分立能级之外, 晶格在结构上出现了畴壁, 能带结构也随之改变, 因而, 孤子是电子和晶格相互耦合的集体激发.

最后, 补充说明一下前面提到的 “半个状态” 的含义. 电子总是一个一个的, 一个电子如何能填充半个状态呢？从基态 A 相激发起畴壁时, 孤子和反孤子是成对激发的, 在孤子处出现了半个状态, 在反孤子处也出现了半个状态, 它们分别是一个状态的两个一半. 图 6.26 同时画出了孤子和反孤子的能带.

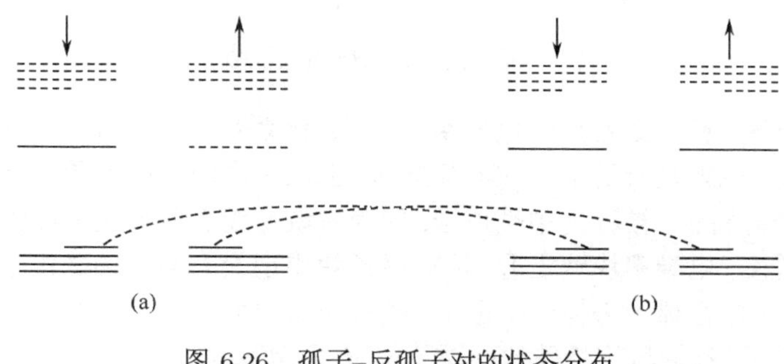

图 6.26　孤子–反孤子对的状态分布

(a) 孤子 $\left(Q=0,S=\dfrac{1}{2}\right)$;(b) 反孤子 $(Q=-e,S=0)$

对于正自旋, 孤子中的半个状态与反孤子中的半个状态合成一个状态, 对于负自旋也是这样, 图中用虚线将同一个状态的两半连接起来. 在量子力学中, 电子的状态用波函数表示, 一个状态的波函数可以按不同的形式分布在空间中, 在现在的情况下, 波函数的形状呈现出两个波峰, 一个波峰在孤子处, 另一个波峰在反孤子处, 其他地方波函数趋于零, 这时每个波峰对应的几率是 $\dfrac{1}{2}$, 这就是半个状态的意义, 两个波峰合起来构成一个状态, 所以, 在整个碳链上出现的状态仍旧是整数. 由于孤子和反孤子可相互独立地运动, 当两者离开得比较远时, 可以单独观察孤子或反孤子, 这时就可只考虑有关的半个状态.

图 6.27 是反式聚乙炔的能带图.

纯净的反式聚乙炔由于二聚化成为半导体, 但掺杂可以使电导率改变 12 个数量级, 达到金属的导电水平.

在长链高分子中反式聚乙炔有其特殊性, 即它有两重结构简并度. 这种简并度导致更键缺陷 (bond alternation defects) 的产生. 这种缺陷与局域非键合分子轨道有关, 它从一个区域内偶数键是双键变到另一个区域内偶数键是单键. 这种缺陷从数学特征上讲是孤子 (soliton), 而从晶体学的类比上讲是畴壁 (domain wall), 它是非线性拓扑激发. 孤子的产生导致能隙中出现电子局域态.

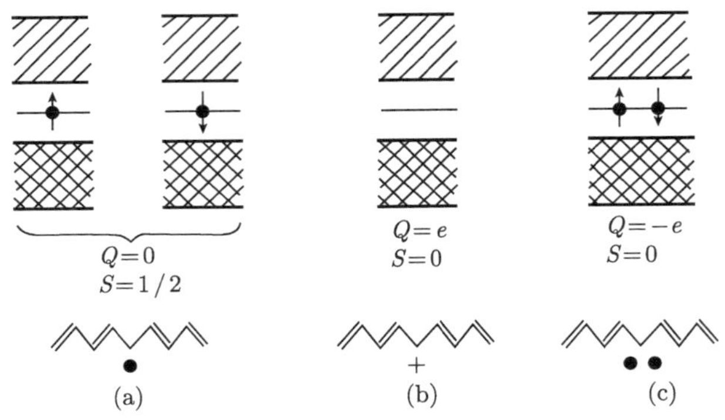

图 6.27　反式聚乙炔的能带图

在低掺杂区, 反式聚乙炔的电导率很低, 磁化系数服从 Curie 定律, 这相应于存在局域自旋, 也就是碳链上存在着孤立 π 电子, 如图 6.27(a) 所示. 这种孤立 π 电子具有孤子态特征, 被称为中性孤子, 因为系统并没有额外电荷, 但有自旋 1/2. 在中等掺杂程度, 电导率快速上升, 反式聚乙炔出现没有自旋的载流子, 称为载荷孤子. 这等价于中性孤子去掉一个电子, 或者加上一个电子, 如图 6.27(c) 所示. 图 6.27 所示的孤子, 都局域于特殊的碳原子位置, 而实际的孤子在碳链上将延伸至十几个碳原子的范围, 这使得孤子态成为电子–晶格耦合系统最低能量的激发态.

3. 分数电荷

孤子和反孤子总是成对出现的. 反孤子只不过是作为更键缺陷的孤子的镜面映象. 由于在 Peierls 相变造成的能隙中出现孤子和反孤子的电子束缚能级, 从而在链状聚合物中存在出现分数电荷的可能性. 二维电子气中的分数电荷已经得到实验验证, 而聚合物中的分数电荷还只是一种理论设想.

迄今为止, 实验上观察到的电荷都是电子电荷的整数倍. 基本粒子理论中层子的电荷可以是$\pm\dfrac{e}{3}$、$\pm\dfrac{2e}{3}$, 但目前层子还未被直接观察到. 上述的孤子理论为观察分数电荷提供了一条新的途径. 这并不意味着在一维固体中电子可以被分解成更小的粒子, 这是不可能的, 因为固体物理中的过程所具有的能量一般只有几个或几十个电子伏, 远不够发生基本粒子的转变.

在一维固体中, 并不是一个电子被分解成几个具有分数电荷的小粒子, 恰恰相反, 是许多个电子和晶格原子组合成一个 “复合粒子”, 它具有分数电荷. 这里, 由整数的 “大” 电荷能组成分数的 “小” 电荷, 也是孤子的另一个特性.

前面提到的 “半个状态”, 与分数电荷直接有关. 可是由于电子有两种自旋状态, 正自旋的半个状态必伴随着负自旋的半个状态, 结果是这两个半个又合成为一个, 使得孤子处价带中正负自旋的总状态数仍是整数. 若单看正自旋或负自旋, 孤子中价带上的状态数和电荷都会出现 $\frac{1}{2}$. 这说明, 自旋掩盖了分数电荷 $\frac{e}{2}$ 的出现.

如果能让链上的三个原子结合成一个新的原胞 (三聚化), 就可导致三度简并和 $\frac{1}{3}$ 个状态的形成. 三聚化在柱状分子晶体 TTF-TCNQ 中可以实现, 图 6.28 是三聚化的三度兼并基态示意图.

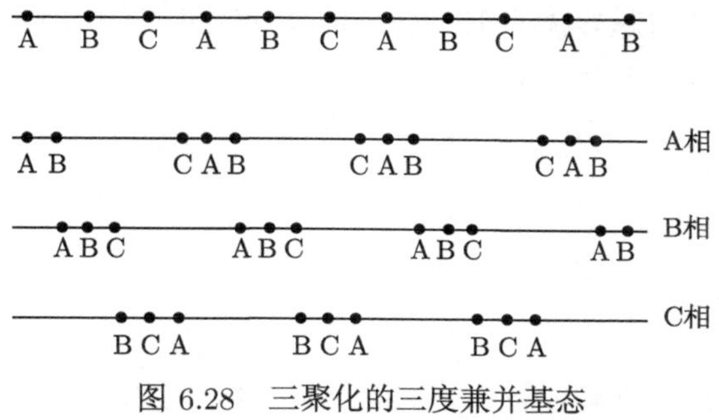

图 6.28　三聚化的三度兼并基态

在三聚化情况下, 孤子的电荷可以是 $\pm\frac{e}{3}$ 的倍数, 出现了分数电荷. 由于孤子和反孤子是成对出现的, 孤子中的 $\frac{1}{3}$(或 $\frac{2}{3}$) 将与反孤子中的 $\frac{2}{3}$(或 $\frac{1}{3}$) 共同组成一个状态, 对于整个体系来讲, 状态数和电荷数都是整数. 同时考虑孤子和反孤子时, 孤子和反孤子的电荷之和仍是电子电荷的整数倍.

出现分数电荷的物理原因是链上的电子和晶格形成了一种集体激发态：孤子–反孤子对, 这种激发态的电子波函数形成两个波包分布在空间不同的区域内, 一个是孤子, 另一个是反孤子, 由于孤子和反孤子可以相互独立地运动, 当单独观察一个孤子或反孤子时, 其电荷呈现出分数值. 因此, 这种分数电荷的出现, 是波粒二象性的集体效应, 并不是电子被分成了更小的粒子.

孤子和反孤子的数量如果大量增加, 那么, 在适当条件下还可以周期性地排列成孤子晶格.

聚乙炔链上孤子激发, 作为载流子导致电导和光吸收性质的一些新特征. 这给采用高分子作为二极管和晶体管来发展新的半导体器件带来希望.

6.5.5　聚乙炔中的极化子

固体中的载流子产生一个电场, 使周围媒质极化. 这种感应极化伴随着载流子运动, 使载流子的质量变成有效质量. 这种载流子加上感应极化的复合体被称为极化子.

在聚乙炔中除孤子外, 还存在极化子.

6.5.6　有机超导体

自从 1964 年 Little 根据 London 的一个设想, 提出有可能在某些有机材料中找到高温超导体以来, 人们一直致力于制造有机超导体.

有机化合物超导电性的真正发现是在 1980 年. 这是 Jerome 等对 Bechgaard 盐 (TMT-SF)$_2$PF$_6$ 加高压后实现的, 在 12kbar[①] 压强下, T_c 为 0.9K. 此材料具有反铁磁性, 并认为是由自旋密度波 (SDW) 所产生的.

1983 年又制成有机超导体 (BEDT-TTF)$_4$(ReO$_4$)$_2$, 其中 BEDT 是 bisethylenedithiolo(二乙基二硫代), 其分子式为

```
H         S         S               S         S         H
  \     /   \     /   \           /   \     /   \     /
    C         C                         C         C
    ‖         ‖         C ═ C           ‖         ‖
    C         C                         C         C
  /   \     /   \     /           \   /     \   /     \
H         S         S               S         S         H
```

该材料的分子也是堆砌成柱, 具有准一维结构. 在 4kbar 压力下, T_c 为 2K. 在常压下, 于 80K 发生 Peierls 相变, 从导体 ($\sigma=200(\Omega\text{cm})^{-1}$) 变为绝缘体. 然后在高于 4kbar 的压力下, 温度降低到 2K 以下, 再变为超导体. (BEDT-TTF)$_2$I$_3$ 在 1.3 kbar 压力下, T_c 达 8K.

由于现在已成功地制造出有机超导体, 有机化合物的种类非常丰富且易于改变和合成, 因而人们希望在有机超导体中得到转变温度比较高的超导体, 同时探讨新的超导机理.

思考题和习题

1. 什么是负微分电导现象?
2. 分析半导体 GaAs 在电场作用下的谷间电子转移效应和输运特性.
3. 分析超晶格中微带输运和级联隧穿两种情况下的负微分电导特性.
4. 描述负微分电导特性导致电场畴产生的物理过程.
5. 简述聚乙炔的二聚化和聚乙炔的孤子导电机制.
6. 分析聚乙炔中导电孤子的电荷和自旋.

参考文献

叶良修. 1983. 半导体物理学. 北京：高等教育出版社

①1bar=10^5Pa

Bonilla L L, et al. 1994. Phys Rev, B50: 8644

Capasso F, Mohammad K, Cho A Y. 1986. Appl Phys Lett, 48: 478

Esaki L, Tsu R. 1970. Superlattice and negative differential conductivity in semiconductors. IBM J Res Develop, 14: 61

Gunn J B. 1963. Sol Stat Commun, 1: 88

Heeger A J, et al. 1988. Rev Mod Phys, 60(3): 781

Prengel F, Wacker A, Scholl E. 1994. Phys Rev, B50: 1750

Su W P, Schrieffer J R, Heeger A J. 1979. Phys Rev Lett, 42: 1698

Tian Q, Wu C S. 1999. Soliton in superlattices: A tight-binding approach. Phys Lett, A262: 83

第 7 章　晶格非线性振动

晶体中原子之间相互作用的势能函数, 一般情况下不是简谐函数. 在简谐近似下, 略去了势能函数泰勒展开式中的三次项和三次以上的项, 得到一个简谐势能函数, 这时原子之间的相互作用力为线性回复力, 原子振动的运动方程为线性方程. 在简谐近似下讨论的晶格振动就是晶格线性振动.

另外, 晶格的线性振动还分为两种情况, 即有无在位势 (on-site potential) 的两种情况. 固体物理学中只讨论没有在位势的晶格振动, 有简谐在位势的晶格线性振动本书在第 2 章做了一些基本的介绍.

一般情况下, 晶体中原子之间相互作用的势能函数不是简谐函数; 原子振动的运动方程中含有非线性项, 是非线性运动方程. 这样的晶格振动就是本章要讨论的晶格非线性振动.

7.1　原子间势能函数

原子间的势能函数多种多样, 不同的原子之间的相互作用具有不同形式的势能函数, 以及在不同的条件下原子之间的相互作用也可能具有不同的势能函数. 在简谐近似下, 略去了势能函数中的三次项和三次以上的项, 得到一个二次的势能函数. 实际的势能函数中都有高次项. 下面给出几种实际常用的原子间势能函数.

(1) K_2-K_3-K_4 势能函数

$$V(x)=\frac{K_2}{2}x^2+\frac{K_3}{2}x^3+\frac{K_4}{2}x^4 \tag{7.1}$$

其中 x 是原子间距相对于平衡间距的偏离. 原子间相互作用力为

$$f(x)=-K_2x-K_3x^2-K_4x^3 \tag{7.2}$$

式中第一项是线性回复力, 第二项和第三项是非线性相互作用力. 具有 K_2-K_3-K_4 势能函数的原子链称为 K_2-K_3-K_4 原子链.

(2) 户田 (Toda) 势能函数

$$V(x)=\frac{a}{b}\mathrm{e}^{-bx}+ax-\frac{a}{b} \tag{7.3}$$

原子间相互作用力为

$$f(x)=-a(1-\mathrm{e}^{-bx}) \tag{7.4}$$

(3) Born-Mayer-Coulomb 势能函数

$$V(x)=\frac{\alpha_{\rm M}q^2}{d^2}\left(-\frac{d^2}{x+d}+\rho{\rm e}^{-x/\rho}+d-\rho\right) \tag{7.5}$$

其中 $\alpha_{\rm M}$ 是马德隆常数, q 是有效电荷, d 是相邻原子间距, ρ 表示原子之间的排斥作用. 原子间相互作用力为

$$f(x)=\frac{\alpha_{\rm M}q^2}{d^2}\left[-\frac{d^2}{(x+d)^2}+{\rm e}^{-x/\rho}\right] \tag{7.6}$$

(4) Lennard-Jones 势能函数

$$V(x)=\varepsilon\left[\left(\frac{d}{x+d}\right)^{12}-2\left(\frac{d}{x+d}\right)^{6}+1\right] \tag{7.7}$$

其中 ε 是决定相互作用强度的常数. 原子间相互作用力为

$$f(x)=12\frac{\varepsilon}{d}\left[\left(\frac{d}{x+d}\right)^{13}-\left(\frac{d}{x+d}\right)^{7}\right] \tag{7.8}$$

(5) Morse 势能函数

$$V(x)=P({\rm e}^{-\alpha x}-1)^2 \tag{7.9}$$

其中常数 P 和 α 分别决定势能的强度和势能函数的曲率. 原子间相互作用力为

$$f(x)=-2\alpha P{\rm e}^{-\alpha x}(1-{\rm e}^{-\alpha x}) \tag{7.10}$$

另外, 还有用于碳纳米管、硅等材料力学性质的 Tersoff 势能函数等.

7.2　FPU 问题

7.2.1　FPU 单原子链

根据 1890 年代彭加莱 (Poincare) 提出的微扰方法, Fermi 等 1952 年选择一维原子链振动作为一个无扰动的可积模型, 研究非线性动力学问题. 考虑具有弱非线性的 $(N-1)$ 个质点组成的两端固定的一维链, 其哈密顿量为

$$H=\sum_{l=1}^{N-1}\frac{1}{2}P_l^2+\frac{1}{2}\sum_{l=0}^{N-1}(u_{l+1}-u_l)^2+\frac{\alpha}{3}\sum_{l=0}^{N-1}(u_{l+1}-u_l)^3 \tag{7.11}$$

其中 $u_0=u_N=0$, u_l 和 P_l 是第 l 个粒子相对于平衡位置的位移和动量, α 是小的非线性耦合参数.

这个原子链后来被称为 FPU 单原子链或 α-FPU 单原子链. 其运动方程为

$$\ddot{u}_l = u_{l+1} + u_{l-1} - 2u_l + \alpha[(u_{l+1} - u_l)^2 - (u_l - u_{l-1})^2] \tag{7.12}$$

由于 FPU 振子系统中的弱非线性导致无扰动简谐正则模之间相互作用, 产生能量分配 (energy sharing), 这要通过正则模坐标来表示. 正则模坐标 A_l 为

$$A_l = \sqrt{\frac{2}{N}} \sum_{k=1}^{N-1} u_k \sin\left(\frac{kl\pi}{N}\right) \tag{7.13}$$

哈密顿量在正则坐标下成为被三次非线性弱耦合在一起的近独立简谐振子之和, 即

$$H = \frac{1}{2} \sum (\dot{A}_k^2 + \omega_k^2 A_k^2) + \alpha \sum C_{klm} A_k A_l A_m \tag{7.14}$$

其中 $\omega_k = 2\sin\left(\frac{k\pi}{2N}\right)$ 是正则模 k 的频率, $E_k = \frac{1}{2}(\dot{A}_k^2 + \omega_k^2 A_k^2)$ 是正则模 k 的能量. 最后, 由于 FPU 非线性项相对于简谐项总是为小量, 近似有总能量 $H \approx \sum E_k$.

7.2.2 FPU 问题

为了研究 FPU 原子链的非线性动力学问题, FPU 首先开始寻找做实际工作的人. 他们非常幸运地找到了 Mary Tsingou, 她对动力学进行编程, 确保计算精度, 并给出结果图.

Mary Tsingou 的计算结果令人惊奇. 对于一个两端固定的 $N = 32$ 的服从哈密顿量式 (7.11) 的链, 取 $\alpha = \frac{1}{4}$. $t = 0$ 时形状为一半正弦函数 $u_l = \sin\left(\frac{l\pi}{32}\right)$ 由静止释放; 换句话说, 只有基频简谐模被初始激发, 幅度为 $A_1 = 4$, 能量为 $E_1 = 0.077$. 在时间 $0 \leqslant t \leqslant 16$(时间以简谐基模周期为单位) 内, 模 2、3、4 等相继从基模吸取能量, 模 2、3、4 等相继被基模所激发. 接着, 能量分配过程产生很大变化, 能量只是在模 1 到模 6 之间转换. 该非线性系统的运动表现为不仅是近周期而且可能是准周期. 运动的第一个近周期即 FPU 回归 (FPU recurrence) 发生在 $t \approx 157$ 个基模周期, 这时基模能量几乎恢复到了 $t = 0$ 时的初值; 接近程度仅相差 3%! 如图 7.1 所示.

FPU 立刻意识到这些结果令人震惊. 首先, 结果好像违反统计力学的原则, 该非线性系统应该是能量在所有自由度均分而趋向平衡. 更令人吃惊的是, 结果好像与非线性系统各态历经的 Fermi 定理相违背. Fermi 曾说过, 这些结果也许是他一生中最有意义的发现之一. 当时 FPU 只是在频率空间进行研究, 未能发现孤子解; 后来, Toda 采用 Toda 势能函数进行模拟, 得到了孤子解, 这是后话.

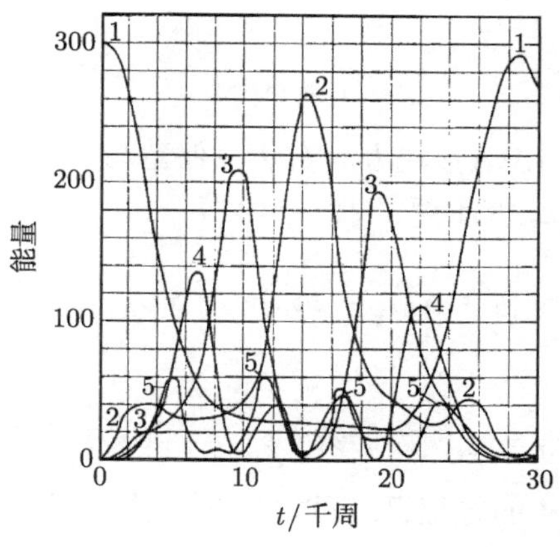

图 7.1　FPU 回归

FPU 预计耦合振子系统的运动是随机的或称混沌的, 但是他们计算机给出的计算结果却是运动为高度有序的, 也可能是解析可解的. 经典力学认为, 少体问题是解析可解的、非随机的, 但是多少是 “少体” 没有定义. 另一方面, 统计力学认为, 多体问题是随机的. Poincare 几十年前就认识到重力场中三体问题是随机的. 事实上, FPU 计算给出了一个真正的佯谬 (genuine paradox), 它展示的解答带来的变化如同刮起了一阵风, 这阵风注定要刮得很远, 刮进 21 世纪 (Ford, 1992).

7.3　β-FPU 原子链

具有对称的 4 次相互作用势能函数的原子链, 称为 β-FPU 原子链. 下面分别介绍 β-FPU 单原子链和 β-FPU 双原子链.

7.3.1　β-FPU 单原子链

只考虑最近邻原子间相互作用的 β-FPU 单原子链的哈密顿量为

$$H=\sum_{n=1}^{N}\left[\frac{1}{2m}p_n^2+\frac{1}{2}K_2(u_{n+1}-u_n)^2+\frac{1}{4}\beta(u_{n+1}-u_n)^4\right] \tag{7.15}$$

运动方程为

$$m\ddot{u}_n=K_2(u_{n+1}+u_{n-1}-2u_n)+\beta[(u_{n+1}-u_n)^3+(u_{n-1}-u_n)^3] \tag{7.16}$$

引入变量 $\rho_n=u_{n+1}-u_n$, 方程形式简化为

$$m\ddot{\rho}_n=K_2(\rho_{n+1}+\rho_{n-1}-2\rho_n)+\beta[\rho_{n+1}^3+\rho_{n-1}^3-2\rho_n^3] \tag{7.17}$$

将试探解

$$\rho_n(t) = \phi_n \cos\omega t \tag{7.18}$$

代入, 采用旋转波近似 (RWA), 在方程右边只保留与 $\cos\omega t$ 成正比的项 (Kivshar, 1993), 得到关于实系数 ϕ_n 的代数方程

$$-m\omega^2\phi_n = K_2(\phi_{n+1} + \phi_{n-1} - 2\phi_n) + \frac{3}{4}\beta[\phi_{n+1}^3 + \phi_{n-1}^3 - 2\phi_n^3] \tag{7.19}$$

记

$$\phi_n = v_n(n\text{为偶数}), \phi_n = w_n(n\text{为奇数}) \tag{7.20}$$

求解偶数原子和奇数原子的方程组, 可以得到非线性自诱导能隙 (self-induced gap) (Kivshar, 1993)

$$\Delta\omega^2 = \frac{3}{2m}\beta\left|v_0^2 - w_0^2\right| \tag{7.21}$$

该能隙是一维单原子链中的非线性诱导产生的, 在线性情况下或线性近似 ($\beta = 0$) 情况下, 一维单原子链不存在该能隙. 进一步分析可以得到非线性局域振动模.

7.3.2 β-FPU 双原子链

β-FPU 双原子链的哈密顿量可以写为

$$H = \sum_n \left[\frac{1}{2}M\dot{Q}_n^2 + \frac{1}{2}m\dot{q}_n^2 + W(Q_n - q_n) + W(q_n - Q_{n+1})\right] \tag{7.22}$$

其中 Q_n 和 q_n 分别是第 n 个原胞中大原子和小原子相对于平衡位置的位移, 相互作用势能函数为

$$W(r) = \frac{1}{2}r^2 + \frac{\beta}{4}r^4 \tag{7.23}$$

非线性系数 β 可正可负, β 为正称为硬 (hard) 非线性, β 为负称为软 (soft) 非线性 (Maniadis et al., 2003).

进一步把不连续极限 (anticontinuous limit, AC 极限) 情况包含在内, 哈密顿量为

$$H = \sum_n \left[\frac{1}{2}M\dot{Q}_n^2 + \frac{1}{2}m\dot{q}_n^2 + \lambda W(Q_n - q_n) + \lambda W(q_n - Q_{n+1}) + \eta W(Q_n) + \eta W(q_n)\right] \tag{7.24}$$

参数 $\lambda = 1$ 和 $\eta = 0$ 就是通常考虑的 β-FPU 双原子链的哈密顿量, 而取参数 $\lambda = 0$ 和 $\eta = 1$ 就是 AC 极限情况. 在下面的一般情况讨论中, 取 $\eta = 1 - \lambda$.

在线性近似情况下的运动方程为

$$M\ddot{Q}_n = \lambda(q_n + q_{n-1} - 2Q_n) - (1 - \lambda)Q_n \tag{7.25a}$$

$$m\ddot{q}_n = \lambda(Q_{n+1} + Q_n - 2q_n) - (1-\lambda)q_n \tag{7.25b}$$

对应的线性情况下的色散关系为

$$\omega^2(k,\lambda) = \frac{1+\lambda}{2}\left(\frac{1}{m}+\frac{1}{M}\right) \mp \sqrt{\left[\frac{1+\lambda}{2}\left(\frac{1}{m}-\frac{1}{M}\right)\right]^2 + \frac{2\lambda^2(1+\cos k)}{mM}} \tag{7.26}$$

在 β-FPU 双原子链色散关系的能隙中存在一种局域振动模, 它是空间局域的时间周期振动模, 称为呼吸子 (breather). 呼吸子是完整晶体中内在的非线性相互作用产生的一种本征局域振动模 (intrinsic localized mode, ILM).

7.4　KG 原子链

一维原子链具有非简谐在位 (on-site) 势能函数和简谐相互作用势能函数, 这样的原子链称为 Klein-Gordon 原子链, 简称 KG 原子链.

7.4.1　KG 单原子链

具有非简谐在位势能函数

$$V(u_n) = \frac{\omega_0^2}{2}u_n^2 - \frac{\beta}{4}u_n^4 \tag{7.27}$$

和原子间简谐相互作用势能函数的 KG 单原子链, 晶格振动运动方程为

$$\ddot{u}_n = K_2(u_{n+1} + u_{n-1} - 2u_n) - \omega_0^2 u_n + \beta u_n^3 \tag{7.28}$$

该运动方程也可以看做是 sine-Gordon 方程的小振幅展开近似方程.

1. 线性近似下的自然频隙

在线性近似 ($\beta = 0$) 下, 晶格振动的色散关系为

$$\omega^2 = \omega_0^2 + 4K_2\sin^2\left(\frac{qa}{2}\right) \tag{7.29}$$

其中 a 是原子间的平衡间距 (晶格常数). KG 单原子链在线性近似 ($\beta = 0$) 下仍然与固体物理学中的单原子链不同, 多一项简谐在位势能; 简谐在位势能的存在, 使 KG 单原子链晶格振动的色散关系与固体物理学中单原子链产生重要差别, 在 $q \to 0$ 时, KG 单原子链有一个自然频隙 $\omega \to \omega_0$, 而固体物理学中单原子链没有频隙 $\omega \to 0$.

2. 非线性诱导频隙

线性单原子链晶格振动的色散关系是一个准连续的频带. KG 单原子链中的非线性作用可能导致频带分裂、诱导频隙, 该频隙称为非线性诱导频隙 (nonlinearity induced gap) 或自诱导频隙 (self-induced gap).

线性晶格振动中, $q_1 = \dfrac{\pi}{2a}$ 的振动模是波长为 $4a$ 的振动模, 该振动模实际上有两个等价的振动模式: 偶数原子不动而相邻奇数原子以相反相位振动 (频率平方为 $\omega_1^2 = \omega_0^2 + 2K_2$), 或者是奇数原子不动而相邻偶数原子以相反相位振动. 比较一下双原子链的情况, 在双原子链中这两个模的振动频率不同, 产生频隙

$$\Delta\omega\left(\frac{\pi}{2a}\right) = \sqrt{\frac{2K_2}{m}} - \sqrt{\frac{2K_2}{M}} = (\sqrt{M} - \sqrt{m})\sqrt{\frac{2K_2}{mM}} \tag{7.30}$$

频隙大小是两个原子质量之差的单调递增函数; 质量之差越小, 频隙也越小. 在线性单原子链中, 在 $q_1 = \dfrac{\pi}{2a}$ 处不产生频隙.

对于具有非线性作用力的 KG 单原子链晶格振动运动方程, 采用旋转波近似 (rotating-wave approximation, RWA), 求解奇数原子与偶数原子的运动方程组, 得到 KG 单原子链晶格振动的色散关系 (Kivshar, 1992)

$$\left(\omega_1\omega - \frac{3}{2}\beta V_0^2\right)\left(\omega_1\omega - \frac{3}{2}\beta W_0^2\right) = a^2K_2^2q^2 \tag{7.31}$$

其中 V_0 和 W_0 分别是奇数原子和偶数原子的振幅. 该色散关系具有非线性诱导频隙

$$\Delta\omega = \frac{3\beta}{2\omega_1}\left|V_0^2 - W_0^2\right| \tag{7.32}$$

非线性诱导频隙的大小与奇偶原子的振幅之差有关. 晶格线性振动的 $q_1 = \dfrac{\pi}{2a}$的两个等价振动模 (W_0 为零或 V_0 为零) 频率是相等的, 都是 $\omega_1^2 = \omega_0^2 + 2K_2$, 没有频隙. 非线性作用使这两个振动模发生对称破缺, 称为非线性诱导对称破缺 (nonlinearity-induced symmetry breaking)(Kivshar, 1992), 从而产生频隙.

非线性作用在产生频隙的同时, 会产生频率为 ω_1 的局域振动. 该局域振动具有孤子的性质, 称为自诱导频隙孤子 (self-induced gap soliton), 如图 7.2 所示 (Kivshar, 1992, 1993).

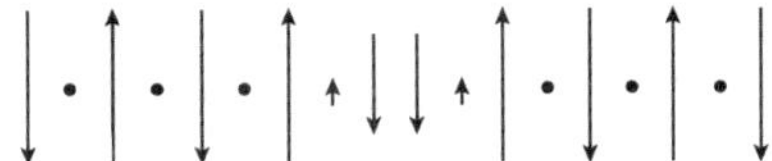

图 7.2 KG 单原子链中的自诱导频隙孤子

7.4.2 KG 双原子链

质量分别为 m 和 M 的原子, 等间距排列构成一维双原子链, 原子之间的相互作用是简谐的, 相互作用势能函数为

$$U(u_n - u_{n-1}) = \frac{K_2}{2}(u_n - u_{n-1})^2 \tag{7.33}$$

以及在位非简谐势能函数

$$V(u_n) = \frac{\gamma_2}{2}u_n^2 + \frac{\gamma_4}{4}u_n^4 \tag{7.34}$$

其中 u_n 是第 n 个原子相对于平衡位置的位移, n 为奇数是小原子, n 为偶数是大原子, 常数 K_2 和 γ_2 为正, 而 $\gamma_4 > 0$ 称为硬非线性情况.

KG 双原子链的晶格振动运动方程为

$$\mu[1 + (-1)^n\delta^2]\ddot{u}_n = K_2(u_{n+1} + u_{n-1} - 2u_n) - \gamma_2 u_n - \gamma_4 u_n^3 \tag{7.35}$$

其中 $\mu = (M+m)/2$ 和 $\delta^2 = (M-m)/(M+m)$, 有

$$\mu[1 + (-1)^n\delta^2] = \begin{cases} \mu\dfrac{2M}{M+m} = M & (n\text{为偶数}) \\ \mu\dfrac{2m}{M+m} = m & (n\text{为奇数}) \end{cases}$$

线性近似情况下的色散关系为

$$\omega_\pm^2 = \frac{1}{2mM}\left[(2K_2+\gamma_2)(m+M) \pm \sqrt{(2K_2+\gamma_2)^2(M-m)^2 + 16K_2^2 mM\cos^2(qa)}\right] \tag{7.36}$$

线性近似情况下的 KG 双原子链, 即在位势不为零的一维线性双原子链, 其色散关系具有一个重要的性质, 即 $q \to 0$ 时, 两支色散关系的频率 ω 都不趋于零; 而固体物理学中的一维线性双原子链 (在位势为零) 的声频支格波在 $q \to 0$ 时 $\omega_- \to 0$.

非线性作用使振动模之间产生耦合. 特别是线性能隙中邻近带边处的波矢为 $q = \dfrac{\pi}{2a}$ 的振动模的非线性耦合. 在线性情况下, 轻、重原子的振动在 $q = \dfrac{\pi}{2a}$ 处完全解耦, 分别是重原子为波节的驻波和轻原子为波节的驻波. 非线性产生了对称破缺, 使两个振动模产生了耦合, 其振动的包络函数具有孤子元激发结构, 孤子频率位于能隙 (即频隙) 中, 称为能隙孤子 (gap soliton).

思考题和习题

1. 简述 FPU 回归现象.
2. 什么是 β-FPU 原子链?
3. 什么是 KG 原子链?

参 考 文 献

周倩, 吕彬彬, 田强. 2009. 一维 Klein-Gordon/Fermi-Pasta-Ulam 混合原子链中非线性参数作用的研究. 物理学报, 58(1):412

Ford J. 1992. The Fermi-Pasta-Ulam problem: paradox turns discovery. Phys Reports, 213(5): 271

Kivshar Y S. 1992. Class of localized structures in nonlinear lattices. Phys Rev, B 46(13): 8652

Kivshar Y S. 1993. Self-induced gap solitons. Phys Rev Lett, 70(20): 3055

Maniadis P, Zolotaryuk A V, Tsironis G P. 2003. Existence and stability of discrete gap breathers in a diatomic β Fermi-Pasta-Ulam chain. Phys Rev, E 67: 046612

第 8 章 锁 模 现 象

锁模现象是非线性科学中的一类现象, 是运动模式在一定扰动下锁定不变的现象. 对于一个非线性耗散动力系统, 如果存在两个或两个以上周期作用相互竞争时, 经常会出现一种称为锁相、锁频或者共振的现象.

8.1 锁模现象简介

8.1.1 Logistic 方程和倍周期现象

Logistic 方程描述昆虫数目的世代变化. 这是一个非线性方程

$$y_{n+1} = ay_n(b - y_n) \tag{8.1}$$

其中 y_n 为 n 代虫口数, b 为以单位虫口食量计算的食品总量, 即食品总量为 b 个虫口的食品量, a 为影响虫口数的其他因素. 上式表示: $n+1$ 代的虫口数 y_{n+1} 正比于 n 代的虫口数 y_n 和供养 y_n 后剩余的食品量 $(b - y_n)$. 若虫口数各代保持稳定, 即 $y_{n+1} = y_n$, 要求 $b - y_n = 1/a$.

经适当变换, 即

$$x_n = \frac{y_n}{b}, \quad \lambda = ab \tag{8.2}$$

上式写成

$$x_{n+1} = f(x_n) = \lambda x_n(1 - x_n) \tag{8.3}$$

这是一条抛物线, 其中 λ 是参数. 自变量 x 的变化范围为 $0 \leqslant x \leqslant 1$. 在这个区间里函数 $f(x)$ 有一个极大值, 它在 $x = \dfrac{1}{2}$ 时, $f_{\max} = \dfrac{\lambda}{4}$.

如果将这个函数迭代多次, 会得到什么结果? 对于虫口模型, 随着 n 的增加, 昆虫数目会如何变化? 结论是当 $\lambda_n \leqslant \lambda \leqslant \lambda_{n+1}$ 时, 多次迭代就进入 2^n 点周期. 其中

$$\begin{aligned}
&\lambda_1 = 3\\
&\lambda_2 = 1 + \sqrt{6} = 3.44949\\
&\lambda_3 = 3.54\cdots\\
&\cdots\\
&\lambda_\infty = 3.57\cdots
\end{aligned}$$

不妨拿一个计算器来试一试. 下面是对初值 x_0=0.1, 参数 λ 分别为 2, 3.2 和 3.5 的迭代计算结果, 见表 8.1.

表 8.1　Logistic 方程 $x_{n+1} = \lambda x_n(1 - x_n)$ 的迭代结果

n	$x_n(\lambda = 2)$	$x_n(\lambda = 3.2)$	$x_n(\lambda = 3.5)$
0	0.1	0.1	0.1
1	0.18	0.288	0.315
2	0.2952	0.6561792	0.7552125
3	0.41611392	0.721945784	0.647033029
4	0.485926251	0.642368221	0.799334509
5	0.499603859	0.735140127	0.561395981
6	0.499999686	0.623069186	0.861806867
7	0.5	0.751532721	0.416835268
8	0.5	0.597540128	0.850792696
9	0.5	0.769554955	0.444305696
10	0.5	0.567488404	0.864143506
11		0.785425009	0.410898275
12		0.539304206	0.847213089
13		0.795056574	0.453050748
14		0.521413178	0.867285187
15		0.798532723	0.40285557
16		0.514810283	0.841970359
17		0.799298098	0.465696957
18		0.513346076	0.870881554
19		0.799430023	0.393564054
20		0.513093316	0.835349863
21		0.799451408	0.481391643
22		0.513052333	0.873788052
23		0.799454837	0.385988724
24		0.513045762	0.829505001
25		0.799455386	0.49499259
26		0.51304471	0.87491224
27		0.799455474	0.383042842
28		0.513044542	0.827123581
29		0.799455488	0.50046557
30		0.513044515	0.874999241
31		0.79945549	0.382814491
32		0.51304451	0.826936448
33		0.79945549	0.500893956
34		0.51304451	0.874997203
35		0.79945549	0.382819842
36			0.826940837
37			0.500883911

续表

n	$x_n(\lambda=2)$	$x_n(\lambda=3.2)$	$x_n(\lambda=3.5)$
38			0.874997265
39			0.382819678
40			0.826940703
41			0.500884219
42			0.874997264
43			0.382819683
44			0.826940707
45			0.50088421
46			0.874997264
47			0.382819683
48			0.826940707
49			0.50088421
50			0.874997264
51			0.382819683
52			0.826940707
53			0.50088421
54			0.874997264
55			0.382819683
56			0.826940707
57			0.50088421

对于 λ=2, 在第 7 次迭代以后, 结果不再变动, 达到了不动点 x^*=0.5.

对于 λ=3.2, 在第 31 次迭代以后, 结果收敛于周期 $T=2$ 的周期跳动, 如图 8.1 所示, 或者说 "确定论" 的方程有两个不动点, 但这两个不动点都是不稳定的. 这向我们展示了一个非常基本的问题, 即确定论方程中的内在随机性.

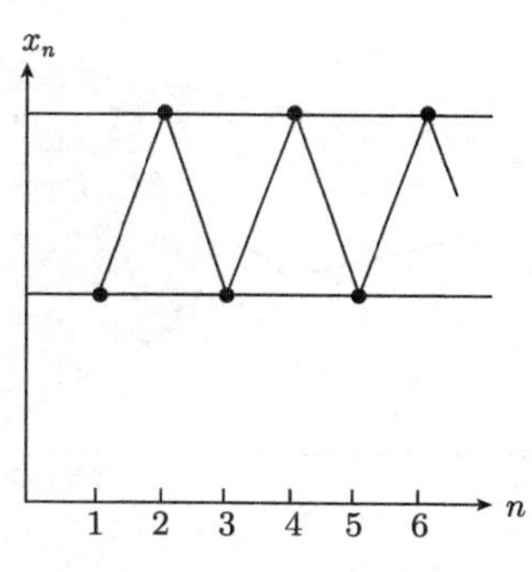

图 8.1　$T=2$ 的周期跳动

对于虫口模型, 在 λ=3.2 对应的增长和抑制因素的条件下, 随着 n 的增加, 昆虫数目以 $T=2$ 的周期跳动. 昆虫数少的年份, 由于食品相对充裕, 为第二年的虫口增长奠定了基础. 第二年昆虫数多了, 食品相对短缺, 饥饿和 "战争" 等使昆虫数减少. 如此往复, 形成昆虫数目以 $T=2$ 的周期跳动.

对于 λ=3.5, 在第 42 次迭代以后, 结果收敛于周期 $T=4$ 的周期跳动, 如图 8.2 所示.

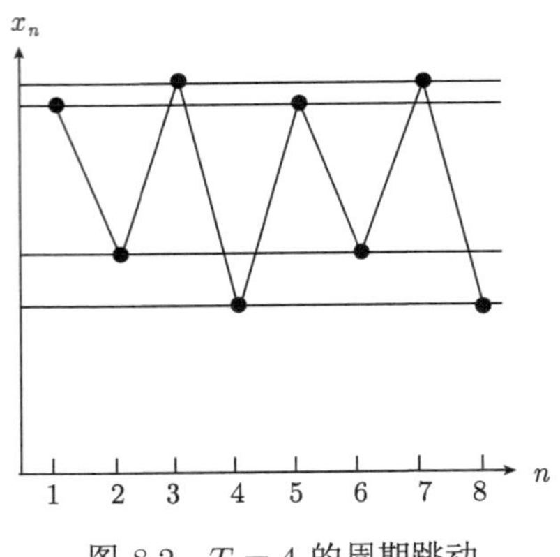

图 8.2　$T=4$ 的周期跳动

虫口模型, 在 λ=3.5 对应的增长和抑制因素的条件下, 随着 n 的增加, 昆虫数目以 $T=4$ 的周期跳动, 大致的变化机制同上. 这一迭代或称映射的关键是控制参数 λ 的选择, x 的各种非线性迭代行为随 λ 值的变化而变化, 这是一个以 2^n 方式分岔的倍周期序列, 如图 8.3 所示.

当 $\lambda=\lambda_\infty$ 时, 迭代结果具有无穷长的周期, 也就是说, 不再有周期性.

当 $\lambda \geqslant \lambda_\infty$ 时, 迭代结果是随机地分布在一定区域内的数, 这种状态称为混沌 (chaos).

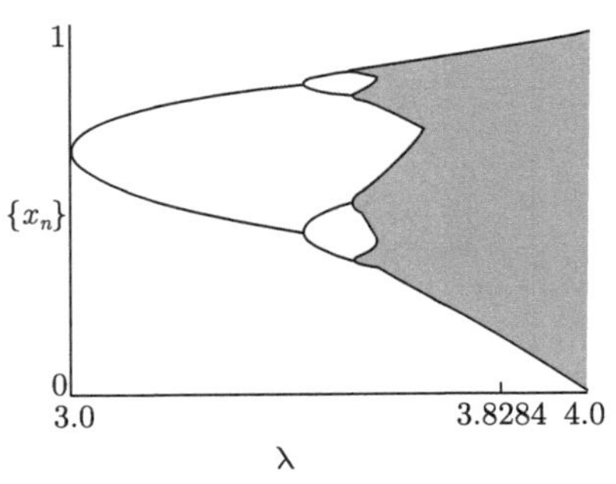

图 8.3　倍周期分岔

上述虫口模型, 对应着一个一维二次单峰映象, 该二次单峰映象的迭代情况可以用作图法形象地表示出来.

8.1.2　自然界的失衡与平衡

生态系统受某种动力驱动的思想由来已久. 意大利数学家沃尔泰拉 (Vito Volterra, 1860~1940) 建立了捕食者与被捕食者之间相互作用的数学模型, 他发现了一组解释地中海的鱼群何以周期性地涨落的微分方程.

沃尔泰拉循环, 可用单纯的文字叙述巧妙地表达出来. 假设少量捕食者 (比如说鲨鱼) 出没于含有大量被捕食者 (比如说小虾) 的水域. 虾群受可得到的食物的限制, 此外还可因被捕食而减少; 另一方面, 鲨群受小虾数量的限制. 起初有大量小虾, 所以鲨群剧增; 随着鲨鱼吞噬小虾, 虾群开始减少; 不久, 鲨鱼太多而虾不足, 挨饿的鲨鱼死于食物匮乏, 并因腐烂肿胀而漂浮在水面. 它们的数量减少. 捕食者相对缺乏, 使小虾繁殖加快, 于是虾群暴增. 现在下一个循环又可以重复了, 沃尔泰拉的捕食者与被捕食者的循环如图 8.4 所示.

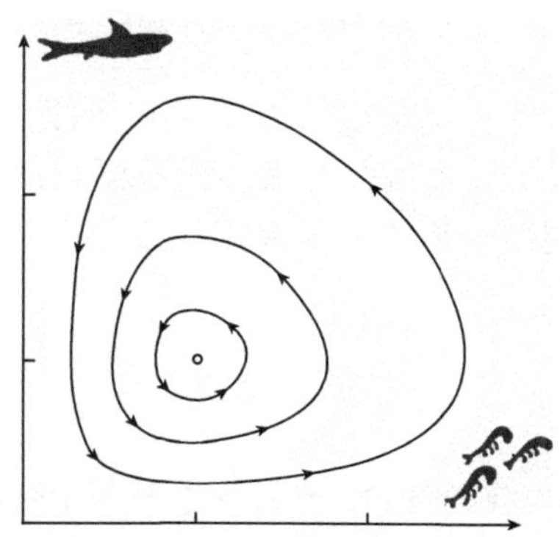

图 8.4　沃尔泰拉的捕食者与被捕食者循环

亚得里亚海附近的渔民发现, 鱼的种类数量也有类似的周期性的变化, 如图 8.5 所示. 图中的曲线 a、b 分别表示甲、乙两种鱼的数目, 这甲、乙两种鱼中, 甲是吃乙的, 乙是被甲吃的.

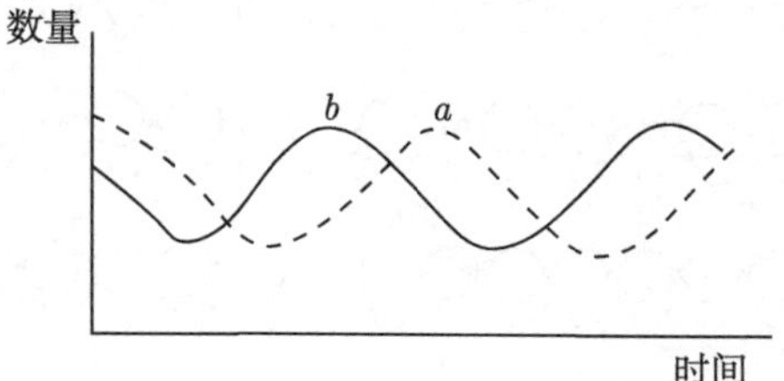

图 8.5　亚得里亚海两类鱼的数量变化曲线

鱼类的这种数目增减规律, 在别的生态系统中也可以看到. 有人根据在加拿大 Hudson Bay 公司收购到的野兔和山猫的皮的数目随年份的变化, 画了一张反映野兔和山猫数量变化的图, 如图 8.6 所示. 图中的变化曲线很类似于亚得里亚海里甲、乙两种鱼的数目变化, 呈现出一个明显的周期性变化. 这里, 野兔是被山猫吃的.

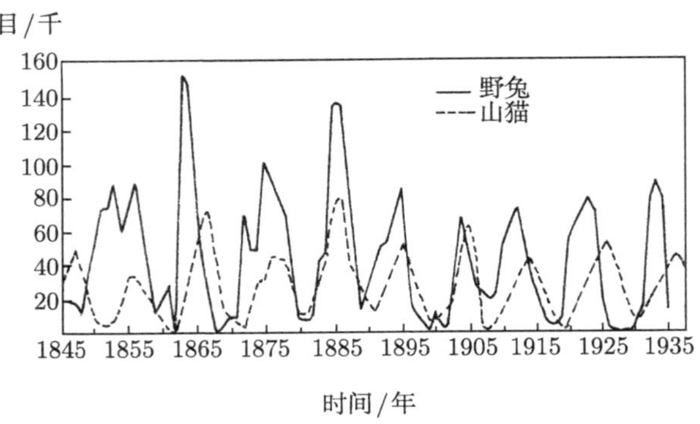

图 8.6　加拿大野兔和山猫的数量变化曲线

高速路的周末车流量, 往往也呈现倍周期现象, 如果上一周末这条路车流量大, 发生了交通阻塞, 那么, 这一周末就会有很多人不愿意再走这条路, 使这条路的车流量减小, 车流量呈现一周多一周少的倍周期现象.

8.2　波 矢 竞 争

实空间的锁模现象称为波矢竞争; 波矢竞争是两个空间周期相互竞争的现象.

吸附在石墨衬底上的惰性气体单原子层, 原子可以排成点阵, 它不一定与衬底的点阵结构一致. 吸附层和衬底间作用很弱时, 吸附层保持着自己的周期性; 两者之间作用很强时, 吸附层被迫服从衬底的对称和周期. 在上述两个极端之间会出现锁模. 这个例子的势模型如图 8.7 所示.

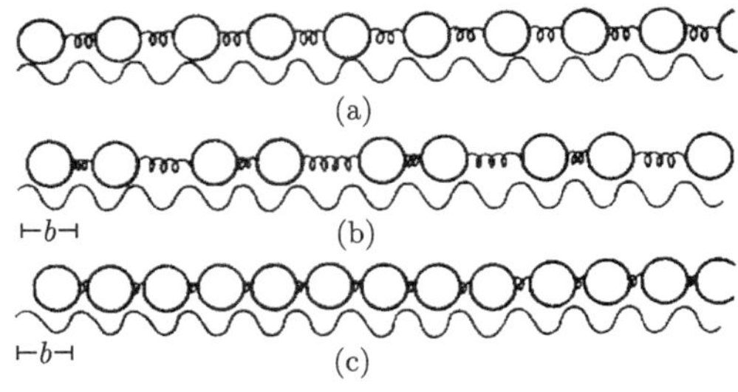

图 8.7　吸附原子势模型

设晶体衬底的晶格常数为 b, 吸附层的晶格常数为 a, 不受衬底势作用时吸附层原子的晶格常数为 a_0. 当吸附层原子之间相互作用很弱, 或衬底与吸附层相互作用很强时, 吸附层服从衬底的周期, 这时 $b/a = 1/1$, 如图 8.7(a) 所示. 设想在吸附的原子链两端缓慢施加拉力, 使吸附的原子之间作用力增加, 衬底与吸附层之间的相互作用相对减弱, 同时拉力使晶格常数 a_0 增大. 在一定范围内的变化, 由于衬底势的作用, 吸附层仍保持原分布, 即 $b/a = 1/1$; 拉力进一步增大, 会出现如图 8.7(b) 所示的原子分布, 这时 $b/a = 1/3$, 这个分布在拉力变化, 即 a_0 变化的一定范围内也保持不变. 当拉力比较大, 衬底与吸附层之间的作用相对很弱时, 吸附层原子的分布与衬底无关, 这时 $a = a_0$, 而 b 与 a 之比通常是无理数, 吸附层与衬底各自保持着自己的周期性, 如图 8.7(a) 所示. 这是一个空间周期相互竞争形成的台阶现象, 如图 8.8 所示.

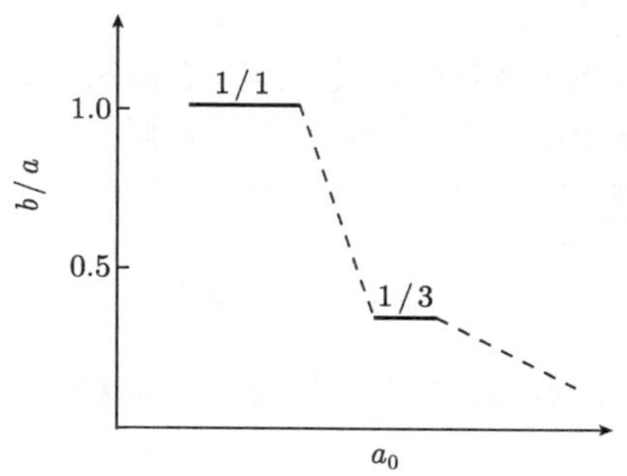

图 8.8　吸附原子层周期的锁相台阶

这个例子比较简明地展示了非线性系统中两个周期相互竞争出现锁相的台阶现象. 其中点阵的周期起到了动力系统里外加力周期同样的作用.

图 8.9(a) 是氩原子吸附在石墨上的 “$\sqrt{3}$ 结构”, 氩原子可能占据石墨晶格中三套等效结构中的一套. 在足够压力和低温条件下, 氩原子层变成了不可公度相, 如图 8.9(b) 所示. 当温度和压强变化时, 有大量的相态存在.

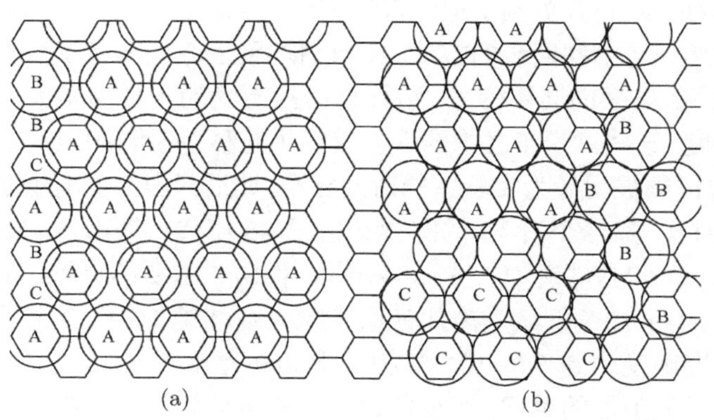

图 8.9　吸附在石墨衬底上的氩原子层

8.3 锁频现象

17 世纪, 荷兰物理学家惠更斯已经注意到, 背对背挂在墙上从而发生耦合的两只钟接近于同步运动. 这是一种耦合阻尼振子. 另外, 受外周期力驱动的阻尼摆, 例如被人推动的秋千, 也倾向锁定于公度运动之中.

耦合阻尼振子和驱动阻尼摆是等效的. 外周期力驱动的阻尼摆是非线性耗散动力系统的典型模型, 其二阶微分方程为

$$\alpha\ddot{\theta}+\beta\dot{\theta}+\gamma\sin\theta=A+B\cos\omega_0 t \tag{8.4}$$

θ 是离开平衡位置的角变量或相位, α 是质量, β 是阻尼系数, γ 是重力场作用, A 是常数扭矩幅度, B 是外驱动力振幅. 这个方程貌似简单, 却难以求解.

对于无外场无阻尼情况下, 单摆的动力学方程为

$$l\ddot{\theta}=-g\sin\theta \tag{8.5}$$

其中 l 是摆长, g 是重力加速度. 这个方程是一个非线性的微分方程, 其解仍然很复杂.

在小角近似下, 上式为

$$\ddot{\theta}+\omega^2\theta=0 \tag{8.6}$$

其中圆频率 $\omega=\sqrt{\dfrac{g}{l}}$ 或周期与摆锤质量无关, 与小角近似下的摆幅无关, 这个现象最早是伽利略观察到的, 这个性质也是摆钟设计的基础. 17 世纪中叶, 荷兰科学家惠更斯发明了擒纵机构以保持摆的摆动, 随即摆钟被发明出来. 几个世纪以来, 科学家和工程师们进行了一系列创造性的工作, 用以改进摆钟的精确程度, 最具代表性的是 20 世纪 20 年代英国工程师肖特 (W. H. Shortt) 设计出的肖特摆钟, 这种摆钟采用从动摆与自由摆同步的方法, 将自由摆置于低压环境中振荡, 只与一个电开关相联, 提供从动摆的同步信号, 结果自由摆所受的干扰因素大大降低, 提高了摆钟的稳定程度; 这些钟一年之中的误差仅约为几秒, 不准确程度约为千万分之一 (10^{-7}), 在当时已能被用做为实验室的时间标准. 此后, 压电材料的利用结束了长达 400 年的摆钟时代; 第一个石英时钟在 20 世纪 20 年代后期出现, 贝尔实验室的霍顿 (J. W. Horton) 和马瑞逊 (W. A. Marrison) 作出了主要的贡献, 石英时钟的误差为每天约 0.1ms(约 10^{-9}); 激光冷却铯原子喷泉基准钟 (简称冷原子喷泉钟) 的时间频率基准的准确度达到 8.5×10^{-15}, 相当于 350 万年不差 1s.

对于无外场无阻尼的单摆, 在小角近似下的运动为简单的周期振动, 且振动频率与摆锤质量和摆幅无关. 一般情况下的动力学方程 (8.4) 具有复杂、丰富的解; 适

当选择系数, 相空间中的运动可能是极限环, 或者收缩至一个固定点. 在外驱动力存在时, B 的大小对微分方程的解有明显影响; 随着 B 的变化, 我们可能得到周期、准周期和混沌各种解. 这个外周期力驱动的阻尼摆的动力学行为实际上十分复杂, 它不仅依赖于参数选择, 还与初始条件有关. 一定条件下, 摆具有一定的振动频率, 该振动频率在参数变化的一定范围内可能锁定不变, 这就是外周期力驱动的阻尼摆的锁频现象.

另外, 交直流外场作用下的耿氏效应中, 在交直流外场的场强、频率等一定的条件下, 耿氏振荡具有一定的频率. 这时, 在一些参数, 例如, 交流场的幅度或频率变化的一定范围内, 耿氏振荡的频率可能锁定不变, 也具有锁频现象.

考虑一个周期电压下的 RLC 串联电路, 其中 C 为一个变容二极管, 其方程为

$$L\ddot{q} + R\dot{q} + V_C = V_0 \cos\omega_0 t \tag{8.7}$$

式中$V_C = \dfrac{q}{C}$, $C = C_0/[1 + aV_C]^{\gamma}$, 典型的参数值为 $a = 1/0.6$, $\gamma = 0.5$. 这又是一个受迫的非线性振荡系统, 由该方程在数学形式上与式 (8.4) 的相似性, 就可以知道该系统具有与外周期力驱动的阻尼摆类似的物理现象, 在实验中发现了锁频、分岔、混沌等现象.

锁频现象是非线性输运系统中一个常见的现象.

8.4　魔　　梯

波矢竞争出现的锁相现象、频率竞争出现的锁频现象等锁模现象, 其模式随某一相关物理量的变化呈现出台阶现象. 下面通过受外周期力驱动的阻尼摆, 介绍锁模现象完整的台阶序列, 称为魔梯 (devil's staircase).

受外周期力驱动的阻尼摆, 倾向于锁定于公度运动之中. 不存在阻尼和周期外力时, 单摆有一个自然振动频率 Ω(决定于摆长 l 等, 在小振动情况下$\Omega = \sqrt{\dfrac{g}{l}}$), 外周期力提供了一个外加驱动频率 ω_0(通常是恒定不变的), 受外周期力驱动的阻尼摆的实际振动频率为 ω. 一般而言, 锁频或者共振出现于一个振子的谐振频率 $P\omega_0$ 接近于另一个振子的某个频率 $Q\omega$, 其中 ω 是系统的振动频率, P、Q 为互质整数. 改变某个参数, 如摆长或驱动频率等, 系统可能进入两个频率之比 ω/ω_0 为有理数 P/Q 的锁频状态, 或者是无理数的非锁频状态.

弱耦合情况下, 锁相区间比较窄, 对大多数驱动频率, 运动是准周期的, 也就是非锁相的; 耦合增强时, 锁相区间增加, 对应的 "台阶" 变宽. 在耦合的某个临界值处, 如果缓慢地改变摆长或驱动频率, 单摆将逐次锁定于 $\omega/\omega_0 = P/Q$ 的各个频率

上, 形成台阶的无穷序列, 如图 8.10 所示. 这种奇特的行为具有一定的普遍性, 称为魔梯.

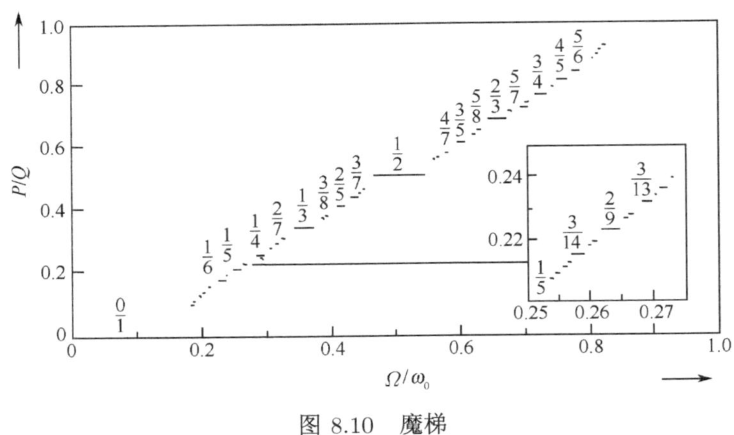

图 8.10 魔梯

上面讲到的吸附在石墨衬底上的惰性气体单原子层晶格常数随耦合强度变化形成的台阶现象 (波矢竞争现象)、外周期力驱动的阻尼摆的锁频现象、交流耿氏效应的锁频现象等都是魔梯现象的实例.

超导物理中交流约瑟夫森效应的夏皮罗 (Shapiro) 台阶是又一个典型的非线性锁频现象. 约瑟夫森结在偏置直流电压 V_0 作用下, 产生超导电子对的隧道电流, 这是一个高频的交变超导电流, 其频率 $\varOmega$ 与 V_0 成正比, 满足关系式

$$\varOmega = 2eV_0/\hbar \tag{8.8}$$

用频率为 ω_0 的微波辐照该约瑟夫森结, 微波对交变电流起频率调制作用. 微波场中电阻电容分路约瑟夫森结 (RCSJ) 的动力学微分方程为

$$\frac{\hbar C}{2e}\ddot{\theta} + \frac{\hbar}{2eR}\dot{\theta} + I_C \sin\theta = A + B\cos\omega_0 t \tag{8.9}$$

这里 θ 是约瑟夫森结两端超导体的相位差, C 是结电容, R 是电阻, A 和 B 分别代表穿过结的常值电流和微波电流振幅. 该方程在形式上与外周期力驱动的阻尼摆满足的二阶微分方程完全相同. 正是这种动力学过程之间存在对应关系, 使得约瑟夫森结的实验结果出现与图 8.10 类似的结构, 在 I-V 特性曲线上出现一系列台阶, 这就是交流约瑟夫森效应及其夏皮罗台阶, 如图 8.11 所示.

更精细的实验进一步观察到在每两个夏皮罗台阶之间还有很多小台阶, 形成魔梯结构, 如图 8.10 中的插图所示, 并且实验表明, 约瑟夫森结的结电容 C 的大小反映结与微波场耦合的强弱, 随着电容 C 的增大, 耦合增强, 锁频区间增大, 台阶变宽.

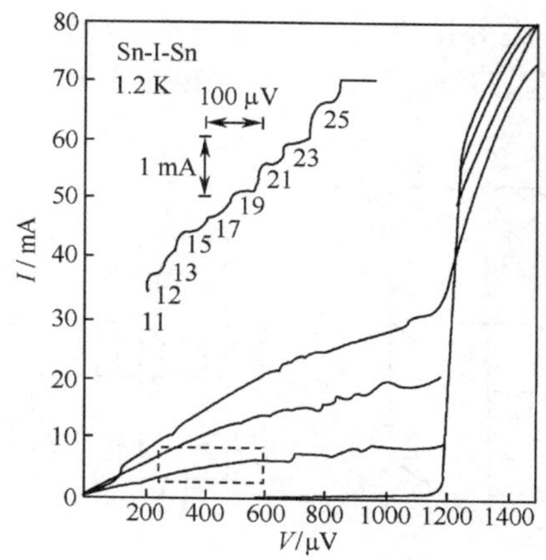

图 8.11　交流约瑟夫森效应及其夏皮罗台阶

8.5　Arnold 舌头和魔花

在一定的耦合强度下, 锁模现象形成魔梯. 对于各种耦合强度, 锁模现象的整体相图形成魔花 (devil's flower).

受外周期力驱动的阻尼摆的整体相图, 如图 8.12 所示.

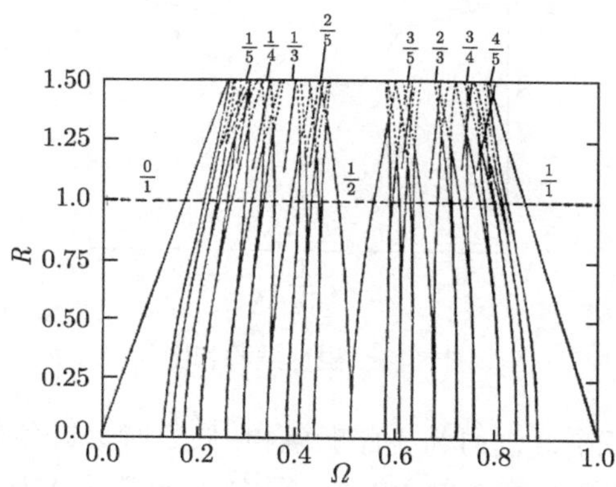

图 8.12　受外周期力驱动的阻尼摆的整体相图
(Arnold 舌头)

下面分析材料磁性结构的整体相图. 考虑具有最近邻和次近邻互作用的简单 Ising 模型, 称之为轴向最近邻和次近邻 Ising 模型, 或简称为 ANNNI 模型, 它最早是 Elliott 在 1961 年为描述 Er 的调制磁性结构而首先引入的. 自旋之间的互作用如图 8.13 所示.

在每一层内, 存在最近邻铁磁互作用 $J_1(>0)$, 沿轴向也存在最近邻铁磁互作用 J_1, 但还有反铁磁次近邻互作用 $J_2(<0)$. Redner 和 Stanley 找到的相图, 如图 8.14 所示.

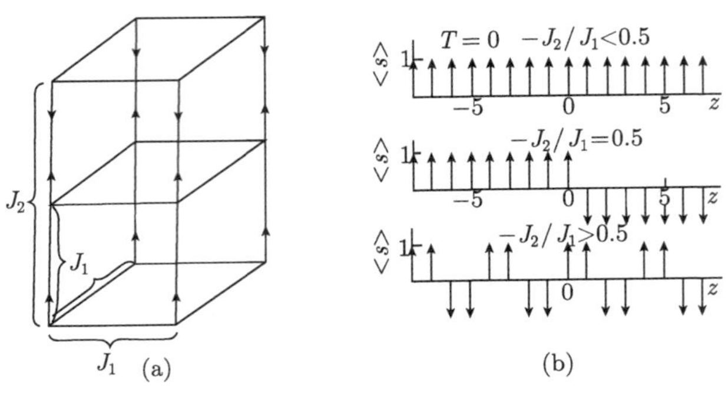

图 8.13 ANNNI 模型示意图

(a) 竞争互作用 J_1 和 J_2; (b) 零温下不同的 J_1/J_2 值时的基态构形

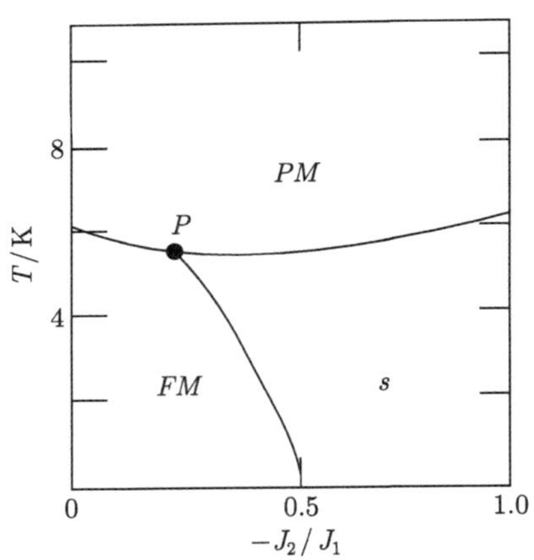

图 8.14 磁性结构相图

该相图包括三部分: 高温时为无序顺磁相, 低温时最近邻相互作用强时为铁磁相, 而最近邻相互作用弱时为调制周期相, 图中 P 点称为 Lifshits 点.

在每个温度, 稳定的波矢或者周期性给出自由能极小. 在有限温度时, 出现波矢在 0 和 1/4 之间的无穷多周期相, 它们都从 $T=0$ 时的多相点分岔出来. 由于其形状特征, 这个相图被称为魔花 (devil's flower), 如图 8.15 所示.

图 8.15 魔花的白叶之间的暗区实际上还有更多的细叶, 它们代表无限多高阶长程公度相, 而在它们中每两个之间还存在非公度相. 公度相的稳定性依赖于孤子, 即畴壁; 在公度相出现时, 孤子形成规则点阵.

图 8.16 是 Aubry 根据 Frank-van der Merve 模型计算晶格振动的相图, 可以注意到, 物理上的不同问题由于非线性带来的相似性.

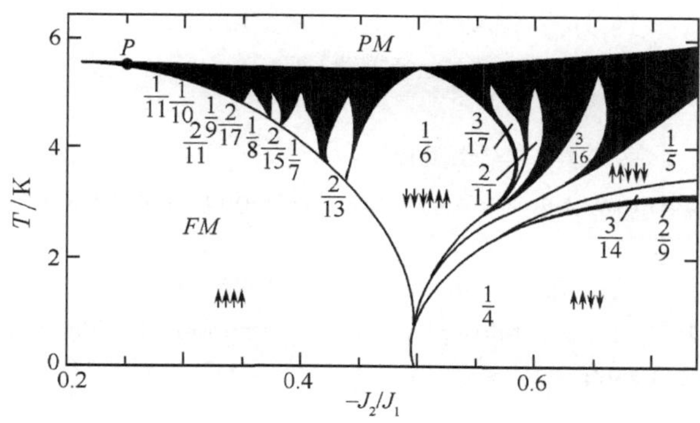

图 8.15 魔花

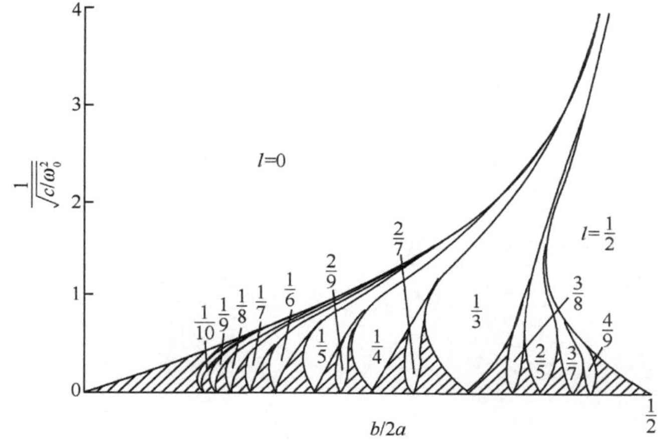

图 8.16 晶格振动的相图

思考题和习题

1. 试列举出几个物理中或生活中的倍周期现象.
2. 简述 Logistic 方程在不同参数情况下的解.
3. 画出倍周期分岔示意图, 并分析说明.
4. 对于外周期力驱动的阻尼摆, 魔梯中的 $\frac{1}{2}$ 台阶表示什么物理过程?
5. 画出 ANNNI 模型的磁性结构相图, 指出各部分的磁性状态.
6. 魔花中的 $\frac{1}{6}$ 花瓣表示什么物理意义?

参 考 文 献

陈式刚. 1992. 映象与混沌. 北京：国防工业出版社

田强. 1996. 交流约瑟夫逊效应与锁频现象. 大学物理, 15(9):8

〔英〕伊恩 · 斯图尔特 (潘涛译). 1995. 上帝掷骰子吗 —— 混沌之数学. 上海: 上海远东出版社

张济忠. 1995. 分形. 北京：清华大学出版社

Bak P.1982. Commensurate phases, incommensurate phases and the devil's staircase. Rep Prog Phys, 45: 587

Bak P. 1986. Physics Today, 39(12):38

Belykh V N, et al. 1977. Shunted-Josephson-junction model. Ⅱ. The nonautonomous case. Phys Rev, B16(11):4860

第 9 章　磁效应和磁现象

电子在强磁场中具有不寻常的运动行为, 一直被人们所关注. 晶体电子在磁场中的能谱和输运性质, 近年来有越来越多的实验和理论研究. 在紧束缚近似下, 晶体电子在稳恒磁场作用下, 电子能带 $E(\boldsymbol{k})$ 分裂为一系列磁子能带, 形成 Hofstadter 蝴蝶, 具有无穷嵌套的自相似结构; 在近自由电子情况下, 磁场中电子朗道能级在晶体周期势场的作用下扩展为朗道能带. 量子霍尔效应是在低温和强磁场条件下, 在二维电子体系中观测到的崭新的现象, 它对二维电子体系是普适的, 即与具体材料及其能带结构无关. 对霍尔电阻的实验研究还发现磁场诱导的场致金属–绝缘体相变, 在一定的阈值磁场强度以下, 电子系统处于绝缘态, 电阻率随温度的增加而减小; 随着磁场强度增大, 当磁场强度为该阈值时, 产生绝缘体到金属的突变; 在磁场强度大于该阈值时, 电子系统处于金属态, 电阻率随温度的增加而增加.

近些年来, 由于实验技术和工艺的进步, 对二维电子体系的研究取得了重大进展. 目前, 实验上获得的二维电子体系主要有液氦表面上吸附的电子层, MOS (金属–氧化物–半导体) 系统中的反型层, 局限于两种半导体界面 (异质结构) 的二维电子系统等. 二维 (设为 $x-y$ 平面)Bloch 电子在 z 方向的稳恒磁场作用下, 电子能带分裂为一系列磁子能带或朗道能带; 如果仅在 x 方向的稳恒电场作用下, Bloch 电子能带分裂为 Wannier-Stark 阶梯, 在 x 方向的输运在 Bloch 振荡的基础上, 具有负微分电导等特性; 在电场和磁场同时存在时, 二维 Bloch 电子的输运呈现出丰富的非线性特性.

磁子能带和朗道能带是磁场中 Bloch 电子在紧束缚近似和近自由电子近似两种极限情况下的能谱结构.

另外, 还介绍了磁泡材料、生物磁学等.

9.1　磁场中的电子

当磁场 $\boldsymbol{B}$ 存在时, 一个单电子的哈密顿算符是这样得到的: 将零场下的哈密顿算符中出现的动量算符 $\boldsymbol{P}$ 都换为

$$\boldsymbol{P}-q\boldsymbol{A}=\boldsymbol{P}+e\boldsymbol{A} \tag{9.1}$$

这里 $\boldsymbol{A}$ 是矢势, $\boldsymbol{B}=\nabla\times\boldsymbol{A}$, $\boldsymbol{P}$ 是正则动量, 并且加入一项 $\dfrac{e\hbar}{m}\boldsymbol{s}\cdot\boldsymbol{B}$ 以表示自旋的能量, e 表示电子电荷的绝对值. 哈密顿算符表示为

$$H=\frac{1}{2m}(\boldsymbol{P}+e\boldsymbol{A}(\boldsymbol{r}))^2+V(\boldsymbol{r})+\frac{e\hbar}{m}\boldsymbol{s}\cdot\boldsymbol{B} \tag{9.2}$$

矢势 $\boldsymbol{A}$ 并不是由场唯一地确定, 这是由于对于 $\boldsymbol{A}$ 可以加上一个任意的位置标量函数的梯度而不会使 $\boldsymbol{B}$ 改变, $\boldsymbol{A}$ 的这样一个变化称为规范变换. 波函数的一个相位变化必然伴随着矢势的一个规范变换. 这样, 如果将 $\boldsymbol{A}$ 换为 $\boldsymbol{A}'$

$$\boldsymbol{A}'=\boldsymbol{A}+\nabla f(\boldsymbol{r}) \tag{9.3}$$

则电子波函数变为 Ψ'

$$\Psi'=U\Psi \tag{9.4}$$

其中

$$U=\mathrm{e}^{-\mathrm{i}ef(\boldsymbol{r})/\hbar} \tag{9.5}$$

9.2　有理磁场和磁超晶格

9.2.1　有理磁场

首先, 复习一下 Bloch 定理.

在无外加磁场时, 晶格势场的周期性反映了晶格的平移对称性, 即晶格平移任意格矢 $\boldsymbol{R}_i$ 时势场是不变的. 平移算符 T_1、T_2、T_3 的定义为

$$T_\alpha f(\boldsymbol{r})=f(\boldsymbol{r}+\boldsymbol{a}_\alpha)\quad(\alpha=1,2,3) \tag{9.6}$$

其中 $\boldsymbol{a}_1$、$\boldsymbol{a}_2$、$\boldsymbol{a}_3$ 为晶格的三个基矢. 平移算符 T_1、T_2、T_3 是互相对易的, 并与晶体的单电子哈密顿算符对易, 即

$$T_\alpha H-HT_\alpha=0 \tag{9.7}$$

根据量子力学, H 与 T_α 具有完全相同的本征态

$$H\Psi=E\Psi \tag{9.8}$$

$$T_1\Psi=\mu_1\Psi \tag{9.9a}$$

$$T_2\Psi=\mu_2\Psi \tag{9.9b}$$

$$T_3\Psi=\mu_3\Psi \tag{9.9c}$$

在 Born-Karmen 周期性边界条件下, 有

$$\mu_\alpha = \mathrm{e}^{\mathrm{i}2\pi l_\alpha/N_\alpha} = \mathrm{e}^{\mathrm{i}\boldsymbol{k}\cdot\boldsymbol{a}_\alpha} \quad (\alpha = 1, 2, 3) \tag{9.10}$$

其中波矢 $\boldsymbol{k} = \dfrac{l_1}{N_1}\boldsymbol{b}_1 + \dfrac{l_2}{N_2}\boldsymbol{b}_2 + \dfrac{l_3}{N_3}\boldsymbol{b}_3$, N_α 是 α 方向的原胞数, l_α 是整数. 由此得到晶格周期性势场中的波函数 $\varPsi(\boldsymbol{r})$ 在平移格矢 $\boldsymbol{R}_i$ 时具有性质

$$\varPsi(\boldsymbol{r} + \boldsymbol{R}_i) = \mathrm{e}^{\mathrm{i}\boldsymbol{k}\cdot\boldsymbol{R}_i}\varPsi(\boldsymbol{r}) \tag{9.11}$$

波函数 $\varPsi(\boldsymbol{r})$ 称为 Bloch 函数, 波矢为 $\boldsymbol{k}$. 其能量本征值构成准连续的能带.

磁场的存在意味着简单的平移不变性已经失去: 考虑平移算符 $T(\boldsymbol{R}_i)$ 对于 H 的作用

$$T(\boldsymbol{R}_i)H = \frac{1}{2m}[\boldsymbol{P} + e\boldsymbol{A}(\boldsymbol{r} + \boldsymbol{R}_i)]^2 + V(\boldsymbol{r}) + \frac{e\hbar}{m}\boldsymbol{s}\cdot\boldsymbol{B} \tag{9.12}$$

这个平移操作使矢势位移一个格矢. 不过物理情况并无变化, 因为矢势原点的移动不会影响磁场. 因此, 应该能够求出某些新的平移算符, 这些算符与哈密顿算符对易.

考虑均匀磁场的情况, 并引用对称规范, 这时

$$\boldsymbol{A} = \frac{1}{2}\boldsymbol{B} \times \boldsymbol{r} \tag{9.13}$$

考虑下面的算符

$$\lambda(\boldsymbol{R}_j) = \mathrm{e}^{\frac{\mathrm{i}}{\hbar}\boldsymbol{R}_j\cdot[\boldsymbol{P} + e(\boldsymbol{r}\times\boldsymbol{B})/2]} = \mathrm{e}^{\frac{\mathrm{i}}{\hbar}\boldsymbol{R}_j\cdot\boldsymbol{P}}\mathrm{e}^{\mathrm{i}(\boldsymbol{\beta}\times\boldsymbol{R}_j)\cdot\frac{\boldsymbol{r}}{2}} \tag{9.14}$$

式中$\boldsymbol{\beta} = \dfrac{e\boldsymbol{B}}{\hbar}$. 指数函数能够写作两项之积, 是因为这两项能够对易 (它们涉及 $\boldsymbol{P}$ 和 $\boldsymbol{r}$ 的垂直分量). 上式中的第一个因子是通常平移算符的一个表示

$$T(\boldsymbol{R}_j) = \mathrm{e}^{\frac{\mathrm{i}}{\hbar}\boldsymbol{R}_j\cdot\boldsymbol{P}} \tag{9.15}$$

此外, 可证诸算符 $\lambda(\boldsymbol{R}_j)$ 与哈密顿算符是对易的

$$[\lambda(\boldsymbol{R}_j), H] = 0 \tag{9.16}$$

诸算符 $\lambda(\boldsymbol{R}_j)$ 称为磁平移算符.

不过, 这些算符互不对易

$$\lambda(\boldsymbol{R}_i)\lambda(\boldsymbol{R}_j) = \mathrm{e}^{\mathrm{i}\boldsymbol{\beta}\cdot(\boldsymbol{R}_i\times\boldsymbol{R}_j)/2}\lambda(\boldsymbol{R}_i + \boldsymbol{R}_j) \tag{9.17}$$

从而

$$\lambda(\boldsymbol{R}_i)\lambda(\boldsymbol{R}_j) = \mathrm{e}^{\mathrm{i}\boldsymbol{\beta}\cdot(\boldsymbol{R}_i\times\boldsymbol{R}_j)}\lambda(\boldsymbol{R}_j)\lambda(\boldsymbol{R}_i) \tag{9.18}$$

上式可以写为

$$\lambda(\boldsymbol{R}_i)\lambda(\boldsymbol{R}_j)=\mathrm{e}^{\mathrm{i}2\pi\frac{\boldsymbol{B}\cdot(\boldsymbol{R}_i\times\boldsymbol{R}_j)}{\Phi_0}}\lambda(\boldsymbol{R}_j)\lambda(\boldsymbol{R}_i)=\mathrm{e}^{\mathrm{i}2\pi\frac{\Phi}{\Phi_0}}\lambda(\boldsymbol{R}_j)\lambda(\boldsymbol{R}_i) \tag{9.19}$$

其中 $\Phi=\boldsymbol{B}\cdot(\boldsymbol{R}_i\times\boldsymbol{R}_j)$, $\Phi_0=\dfrac{h}{e}$ 是磁通量子.

如果有可能在寻常点阵里构造一个超晶格, 称为磁超晶格, 使通过该超晶格单胞的任何一个面的磁通量是 Φ_0 的某一整数倍, 那就会出现有意义的情况. 磁超晶格单胞的每一个面都含有整数个正晶格单胞的平行四边形面, 因此, 通过正晶格单胞的任何一个面的磁通量必然是一个有理数. 如果选择寻常正晶格的一个初基格矢平行于 $\boldsymbol{B}$ 的方向, 将它称为 $\boldsymbol{a}_3$, 另外两个初基格矢是 $\boldsymbol{a}_1$ 和 $\boldsymbol{a}_2$, 于是通过由 $\boldsymbol{a}_1$ 和 $\boldsymbol{a}_2$ 确定的平行四边形的磁通量可能是 Φ_0 的有理数倍数

$$\boldsymbol{B}\cdot(\boldsymbol{a}_1\times\boldsymbol{a}_2)=\frac{L}{N}\Phi_0 \tag{9.20}$$

式中 L 和 N 是无公因子的两个整数. 满足这个条件的磁场就称为有理磁场.

基本的结果是：若 $\boldsymbol{B}$ 是有理磁场, 则能够求出磁平移算符的一个子集, 其中诸元素之间彼此结合的关系正如一个通常的 (矢量) 平移群一样. 能带论的普遍原理, 包括 Bloch 定理, 对于如上所述那样构造的超晶格是成立的. 这样我们就证明了在有理磁场的情况下必然存在某种能带结构. Hofstadter 对此进行了比较详尽的讨论, 得到其能谱结构.

不过, 磁布里渊区可能很小, 磁布里渊区的体积量级为真实布里渊区体积的 $1/N$. 对于强磁场 $B=10\mathrm{T}$, N 约为 1000. 因此磁布里渊区实际上可以看成是一个薄条带.

9.2.2 磁超晶格

磁超晶格是与有理磁场相对应的一个概念. 在有理磁场情况下, 可以在寻常点阵中构造一个超晶格, 使通过该超晶格单胞的任何一个面的磁通量是 Φ_0 的某一整数倍, 并且该超晶格单胞的任何一个面都含有整数个寻常晶格单胞的平行四边形面, 这个超晶格就称为磁超晶格.

令 $\boldsymbol{a}'_1$、$\boldsymbol{a}'_2$、$\boldsymbol{a}'_3$ 表示超晶格的初基矢量, 考虑超晶格中形状为平行六面体的一个初基晶胞, 通过它表面的磁通量可以写作 $\boldsymbol{B}\cdot(\boldsymbol{a}'_i\times\boldsymbol{a}'_j)$ 的形式. 我们要求三个独立的量都是 Φ_0 的整数倍, 从而它们的比应成整数比

$$\boldsymbol{B}\cdot(\boldsymbol{a}'_2\times\boldsymbol{a}'_3):\boldsymbol{B}\cdot(\boldsymbol{a}'_3\times\boldsymbol{a}'_1):\boldsymbol{B}\cdot(\boldsymbol{a}'_1\times\boldsymbol{a}'_2)=l{:}m{:}n \tag{9.21}$$

根据倒格子的定义, 可知诸矢量 $\boldsymbol{a}'_i\times\boldsymbol{a}'_j$ 确定磁超晶格的初基倒格矢 $\boldsymbol{b}'_k$ 的方向. 由此 $\boldsymbol{B}$ 本身必定平行于 (正) 超晶格的某个格矢

$$\boldsymbol{B}=C(l\boldsymbol{a}'_1+m\boldsymbol{a}'_2+n\boldsymbol{a}'_3) \tag{9.22}$$

这里 C 是一个常数, 而 l、m、n 是整数.

9.3 稳恒磁场中的 Bloch 电子和 Hofstadter 蝴蝶

Bloch 电子的能谱为能带, Bloch 电子在磁场作用下的能带结构称为磁布洛赫能带 (magnetic Bloch band, MBB). 若磁场不很强, 周期结构的一个原胞的磁通是磁通量子 $\varPhi_0=\dfrac{h}{e}$ 的有理分数 $\dfrac{p}{q}$, Hofstadter 在紧束缚近似下证明得到 Bloch 能带分裂为 q 个子带. 对于晶格常数 a=5Å的晶格, 在磁场 B=3T 的作用下, $\dfrac{p}{q}\approx 10^{-4}=\dfrac{1}{10000}$. 若磁场很强, 比周期势场还强, 近自由电子近似的朗道能级在磁场作用下展宽并分裂为 p 个子带. 上述两种极限情况下的子带结构就是磁布洛赫能带的例子. 能带在磁场作用下的分裂, 即磁布洛赫能带的形成, 已被实验所证实. 一般情况下, 理论分析求解磁布洛赫能带是很困难的.

这里主要讨论 Harper 方程所描述的 Bloch 电子的能谱. Harper 方程是在下述三个条件下得到的.

(1) 晶格常数为 a 的二维正方晶格处于与之垂直的稳恒磁场 B 中, 只考虑单个 Bloch 能带在磁场 B 中的变化.

(2) 在紧束缚近似下, Bloch 能带函数为

$$W(\boldsymbol{k})=2E_0(\cos k_x a+\cos k_y a) \tag{9.23}$$

(3) Peierls 替代: 在上式中用算符 $\boldsymbol{P}-e\boldsymbol{A}$($\boldsymbol{A}$ 是矢势) 替代 $\hbar\boldsymbol{k}$, 由 $W(\boldsymbol{k})$ 产生一个能量算符, 作为有效单带哈密顿算符.

上述有效哈密顿算符含有平移算符 $\exp(ap_x/\hbar)$ 和 $\exp(ap_y/\hbar)$. 在朗道规范 $\boldsymbol{A}=(0,Bx,0)$ 下, 只有沿 y 方向的平移被乘以相因子. 该哈密顿算符的定态薛定谔方程可写为

$$E_0[\varPsi(x+a,y)+\varPsi(x-a,y)+\mathrm{e}^{-\mathrm{i}eBax/\hbar}\varPsi(x,y+a)+\mathrm{e}^{\mathrm{i}eBax/\hbar}\varPsi(x,y-a)]=E\varPsi(x,y) \tag{9.24}$$

晶格中 (x,y) 处的波函数与其四个最近邻格点相联系.

为方便, 作变换

$$x=ma,\quad y=na,\quad E/E_0=\varepsilon \tag{9.25}$$

由于方程中的系数只与 x 有关, 可设 y 方向的波函数为平面波, 则波函数写为

$$\varPsi(ma,na)=\mathrm{e}^{\mathrm{i}\nu n}g(m) \tag{9.26}$$

现在引入重要的参量 α

$$\alpha = a^2 B/\varPhi_0 \tag{9.27}$$

参量 α 是无量纲的, 它是通过晶格原胞的磁通与磁通量子之比.

经过这样一些代换, 薛定谔方程变为一个一维差分方程

$$g(m+1) + g(m-1) + 2\cos(2\pi m\alpha - \nu)g(m) = \varepsilon g(m) \tag{9.28}$$

这个方程称为 Harper 方程. Harper 方程还可写为

$$\begin{pmatrix} g(m+1) \\ g(m) \end{pmatrix} = \begin{pmatrix} \varepsilon - 2\cos(2\pi m\alpha - \nu) & -1 \\ 1 & 0 \end{pmatrix} \begin{pmatrix} g(m) \\ g(m-1) \end{pmatrix} \tag{9.29}$$

能谱的性质与参数 α 密切相关.

下面主要讨论 α 是有理数的情况. 在 Harper 方程中, 2×2 矩阵记为 $A(m)$, m 个 A 矩阵之积 $A(m)A(m-1)\cdots A(1)$ 作用在矢量 $\begin{pmatrix} g(1) \\ g(0) \end{pmatrix}$ 上, 得到矢量 $\begin{pmatrix} g(q+1) \\ g(q) \end{pmatrix}$; 对于所有的 m, 波函数 g 均须有界, 这对矩阵 $A(m)$ 提出了要求.

假设矩阵 $A(m)$ 是变量 m 的周期函数, 周期为 q, 则

$$2\pi\alpha(m+q) - \nu = 2\pi\alpha m - \nu + 2\pi p \tag{9.30}$$

其中 p 为整数. 此式显然要求 α 是有理数, 即

$$\alpha = \frac{p}{q} \tag{9.31}$$

q 个 A 矩阵之积称为 Q, 则

$$\begin{pmatrix} g(q+1) \\ g(q) \end{pmatrix} = Q \begin{pmatrix} g(1) \\ g(0) \end{pmatrix} \tag{9.32}$$

Q 中的 ε 称为差分方程的本征值.

Hofstadter 仔细研究了这个方程的能谱. 当 $\alpha = \dfrac{p}{q}$ 时, Bloch 能带分裂为 q 个分立的子能带, 如图 9.1 所示, 整个能谱称为 Hofstadter 蝴蝶.

这幅图具有不同寻常的结构和特点, 它的结构优美, 像一只蝴蝶. 下面分析 Hofstadter 蝴蝶能谱的结构特点.

一个完整的蝴蝶称为一个单元 (cell), 对应于 $\alpha \in[0,1]$. 随着 α 的变化, 能谱为以蝴蝶单元为周期的周期结构. 对每一个单元定义一个自己的局域变量 β, $\beta \in[0,1]$. 实际上 β 就是 α 去除整数部分之后的分数部分.

图 9.1　Hofstadter 蝴蝶

横轴是能量轴 ε, 纵轴是 $\beta=\{\alpha\}\in[0,1]$

当 $\beta=0$ 和 $\beta=1$ 时, 只有一个能带扩展于整个单元, 即这时能带没有分裂. 在图中是一条不间断的线段. 它是上下单元的分界线, 称为单元壁 (cell wall).

有理数 β 对于分析 Hofstadter 蝴蝶很重要. 它们有纯态 (pure cases)

$$\frac{1}{N} \quad 和 \quad 1-\frac{1}{N} \quad (N\geqslant 2) \tag{9.33}$$

其中下 (lower) 态有

$$\frac{1}{2},\frac{1}{3},\frac{1}{4},\frac{1}{5},\cdots$$

上 (upper) 态有

$$\frac{2}{3},\frac{3}{4},\frac{4}{5},\cdots$$

和特殊态 (special cases)

$$\frac{N}{2N+1} \quad 和 \quad \frac{N+1}{2N+1} \quad (N\geqslant 2) \tag{9.34}$$

在特殊态中, 分子为 N 的是下态, 有

$$\frac{2}{5},\frac{3}{7},\frac{4}{9},\frac{5}{11},\cdots$$

分子为 $N+1$ 的是上态, 有

$$\frac{3}{5},\frac{4}{7},\frac{5}{9},\frac{6}{11},\cdots$$

9.4　朗道能级和近自由电子近似的弱场适用性

通常, 分析稳恒磁场中的回旋共振、德 · 哈斯–范 · 阿尔芬效应等, 均采用有效

质量近似或近自由电子近似, 能够很好地解释实验结果. 这是因为这些效应涉及的磁场不是很强, 一般为 1T 或 2T 左右, 对于晶格常数为 5Å的晶格, 有

$$\frac{\boldsymbol{B}\cdot(\boldsymbol{a}_1\times\boldsymbol{a}_2)}{\Phi_0}=\frac{1\times5\times10^{-10}\times5\times10^{-10}}{6.6\times10^{-34}/(1.6\times10^{-19})}=6.06\times10^{-5} \tag{9.35}$$

这样不很强的磁场在 Hofstadter 蝴蝶上处于很接近于零 ($\sim10^{-5}$) 的地方, 能带在这样不很强的磁场作用下分裂为很多个 ($q\sim10^5$) 子带. 可以证明, 这些子带基本上是等距排列的, 可以近似地用有效质量近似或近自由电子近似下的朗道能级来表示.

量子霍尔效应目前在理论上还没有得到满意的解释, 由于量子霍尔效应涉及的磁场更强 (~20T), Hofstadter 蝴蝶能谱对该物理效应的作用有可能更显著, 所以近年来有人试图用 Hofstadter 蝴蝶解释量子霍尔效应.

9.5　磁场诱导的金属–绝缘体相变

1994 年, Wang、Clark 等在二维电子体系中, 实验发现的磁致金属绝缘体相变, 如图 9.2 所示.

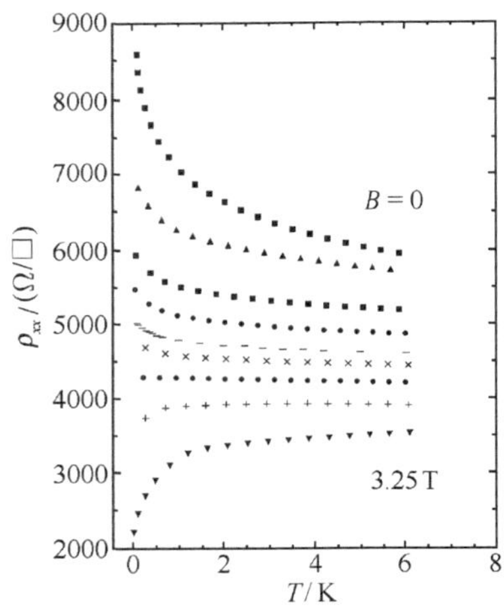

图 9.2　磁致金属绝缘体相变

该二维电子体系的电阻率随温度的变化规律, 随磁感应强度大小的不同而不同. 图 9.2 中的磁感应强度, 由上而下分别为 0, 0.1, 0.5, 1.0, 1.5, 1.75, 2.15, 2.75, 3.25T. 当磁感应强度较小时, 电阻率随温度增大而减小, 为绝缘体; 当磁感应强度增大, 超过一定阈值时, 电阻率随温度增大而增大, 表现为导体; 系统随着磁感应强度的增大, 由绝缘体相变为导体, 称为磁致金属绝缘体相变.

9.6 磁泡材料

磁泡是指在磁性薄膜中观察到的圆柱形磁畴; 磁畴就是磁化的小区域, 它有各种各样的形状, 磁泡是其中特殊的一种. 利用这种圆柱形磁畴的有无表示 “1” 和 “0”, 来存储信息的技术, 就是磁泡存储技术, 这种技术已有三十多年的历史. 1978 年开始有商品问世, 这些年来, 磁泡存储器一直和半导体存储器、磁盘等互相补充, 互相竞争, 在存储技术中已经有了一定的地位.

磁泡早在 1966 年就观察到了. 美国贝尔实验室的 A. H. Bobeck 等首先提出用磁泡实现固体化存储器件的设想, 1967 年该项研究报告发表在《贝尔系统技术杂志》, 但当时尚未引起人们的重视. 直到 1969 年在国际应用磁学会议上, Bobeck 应邀作报告, 用电影生动地演示了磁泡的产生、传输、缩灭、复制, 并表演了第一台磁泡移位寄存器, 这才引起科技界的极大兴趣.

9.6.1 磁泡的形成

磁泡就是在磁性薄膜中形成的一种圆柱状的磁畴. 利用液相外延方法在 [111] 方向生长的磁性石榴石单晶薄膜, 具有单轴磁晶各向异性, 其易磁化轴垂直于膜面. 这种单晶膜很薄, 只有几微米厚, 对可见光是透明的.

利用透射偏光显微镜可以很清晰地观察到薄膜中的磁畴图形. 在未加外磁场时, 薄膜中的磁畴呈迷宫状, 由一些明暗相间的条状畴构成, 两者的面积大体相等, 如图 9.3(a) 所示. 明畴中的磁化方向是垂直于膜面向下的, 而暗畴中的磁化方向是垂直于膜面向上的. 如果在垂直于膜面向下的方向加一外磁场 H_B, 则外磁场 H_B 会引起薄膜中磁畴图形的变化. 在磁泡技术中, 这一外磁场 H_B 称为偏磁场, 通常简称偏场. 随着偏磁场 H_B 的增大, 明畴的面积逐渐增大, 暗畴的面积逐渐减小, 其中部分暗畴变成一段一段的 “段畴”, 如图 9.3(b) 所示. 有时为了形成更多的段畴, 需加脉冲磁场对条状畴进行切割. 当偏磁场增加到某一值时, 段畴缩成圆形的磁畴, 如图 9.3(c) 所示.

这些圆形的磁畴, 看起来很像是一些泡泡, 所以被称为磁泡 (magnetic bubble). 从垂直于膜面的方向来看, 磁泡是圆形的, 实际上磁泡是圆柱形的. 在磁泡区域中, 磁化方向与 H_B 的方向相反. 如再增加 H_B, 则磁泡的直径将随 H_B 的增大而减小; H_B 增加到某一数值时, 磁泡会突然消失, 这时整个膜都在一个方向磁化, 在偏光显微镜中观察不到任何磁畴的边界.

磁泡材料种类很多, 但不是任何一种磁性材料都能形成磁泡. 磁泡只能在自发磁化垂直于膜面的材料中形成. 制成性能优良、符合磁泡存储器用的单晶及薄膜是一个复杂的工艺问题.

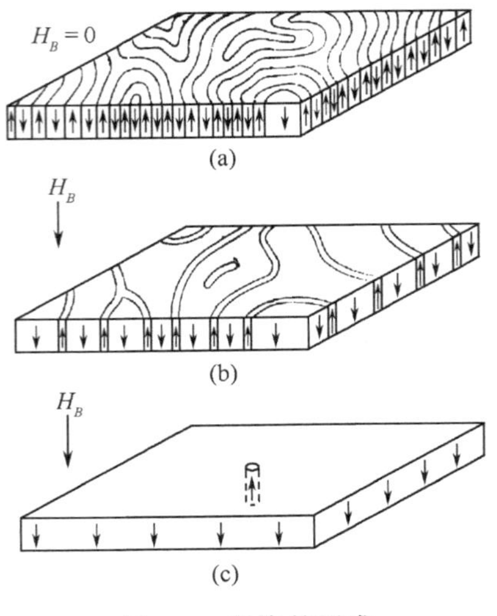

图 9.3 磁泡的形成

9.6.2 磁泡的应用

在形成磁泡以后, 如果保持 H_B 不变, 则磁泡是很稳定的, 即已经形成的磁泡不会自发地消灭, 没有磁泡的区域也不会自发地形成新的磁泡. 在磁性薄膜的某一位置上 "有磁泡" 和 "无磁泡" 是两个稳定的物理状态, 可以用来存储二进制的数字信息. 用磁泡来存储信息的技术称为磁泡技术. 目前, 磁泡技术使用的磁泡的直径是 1~3μm . 为了提高存储密度, 将来要使用亚微米磁泡.

半导体存储器速度很快, 但容量较小; 磁盘、磁带等存储系统容量很大, 但速度很慢. 而磁泡存储器容量大于半导体存储器, 其速度比磁盘存储器快, 这正好弥补了二者的不足. 磁泡存储器的制备采用大规模集成工艺, 集成度高、容量大, 器件完全固体化, 没有机械部件, 因而可靠性高; 同时, 它又具有磁性存储器所特有的长处, 信息可长期保存而不丢失, 操作时功耗小.

目前, 磁泡存储器在电话通信系统中有着广泛的应用. 由于它是固体化的、无机械部件、无须维修等优点, 在航天和武器控制系统中的应用已是确定无疑的. 磁泡存储器在灰尘、震动、辐照等恶劣环境中, 具有得天独厚的长处, 能够继续正常运行. 随着微处理和微型计算机的大量普及, 磁泡存储器作为小型的便携式存储系统, 有着广泛的应用前景.

9.7 磁电阻和巨磁电阻

巨磁电阻 (giant magnetoresistance, GMR) 效应于 1988 年发现, 20 年之后获

得 2007 年诺贝尔物理学奖. GMR 效应的发现, 20 年间导致了具有海量存储硬盘技术的出现, 从而引发了一场信息存储技术的革命, 给我们的生活带来了极大的便利, MP3、数码相机、百 G 硬盘等相继问世, 能够让我们十分轻松地将一个 "图书馆" 随身携带, 日立、富士通、希捷科技 (Seagate technology) 等纷纷宣布推出 1Tbits(即 1000Gbits) 的硬盘, 这足以收录几百小时的高清晰电影.

2007 年 12 月 10 日, 法国物理学家阿尔贝 · 费尔 (Albert Fert) 和德国物理学家彼得 · 格伦贝格 (Peter Grünberg) 由于分别独立发现 GMR 效应, 共同获得 2007 年诺贝尔物理学奖 (图 9.4).

图 9.4　2007 年诺贝尔物理学奖得主

9.7.1　磁电阻效应和巨磁电阻效应

磁电阻效应是磁场作用下电阻发生变化的效应. 150 多年前 (1857 年), 著名的英国物理学家开尔文勋爵在铁磁性金属中, 就测量到磁场引起的电阻变化, 其变化率在 3%∼5%.

巨磁电阻效应就是巨大的磁电阻效应; 巨磁电阻效应是在人工微结构中发现的, 磁场作用下人工微结构的电阻的变化率可达 50%以上. 铁–铬超晶格在 4.2K 低温下的巨磁电阻实验曲线, 如图 9.5 所示.

格伦贝格致力于研究铁磁性金属薄膜上表面和界面的磁有序状态. 1986 年, 他采用精密的分子束外延 (MBE) 方法, 制备得到铁–铬–铁三层膜磁量子阱结构, 其中薄膜是结构完整的单晶膜. 他们发现, 在铬层厚度为 8Å的铁–铬–铁三明治磁量子阱结构中, 两个磁矩反平行时对应于高电阻状态; 两个磁矩平行时对应于低电阻状态; 电阻的差别高达 10%(Binasch G, Grünberg P, et al., 1989), 远远大于开尔文勋爵的电阻变化率在 3%∼5%的结果. 格伦贝格的论文于 1988 年 5 月投稿, 直到第二年的 3 月才发表. 与此同时, 他申请了将这种效应和材料应用于硬盘磁头的专利, 该专利当时还不是实际可行, 所需磁场高达上千奥斯特 (Oe), 当然该专利后来获利颇丰.

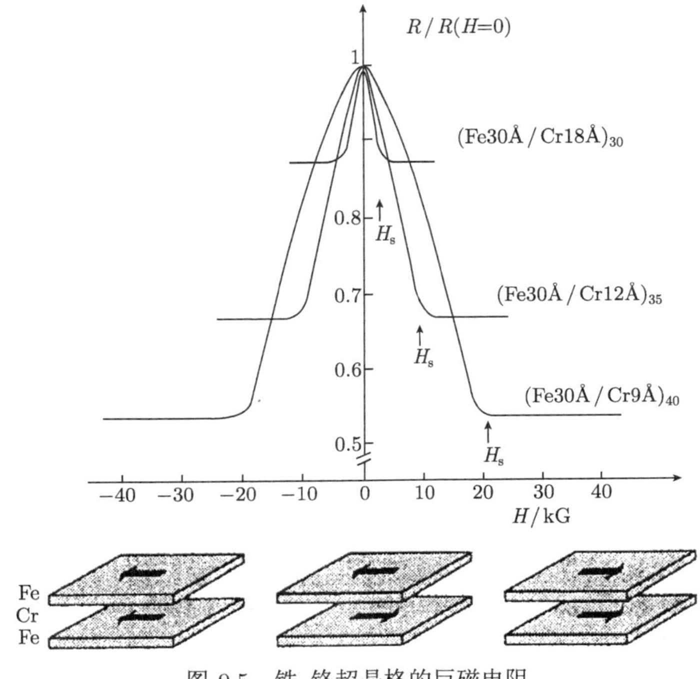

图 9.5　铁–铬超晶格的巨磁电阻

另一方面, 1988 年巴黎南大学 (Orsay) 固体物理实验室的阿尔法 · 费尔的小组将铁、铬薄膜交替制成几十个周期的铁–铬超晶格 (也称为周期性多层膜), 发现改变磁场强度时, 超晶格薄膜的电阻下降近一半, 他们称这个前所未有的电阻巨大变化现象为巨磁电阻 (giant magnetoresistance, GMR)(Baibich M N, Broto J M, Fert A, et al., 1988). 并指出, GMR 现象的物理机制是莫特 (英国物理学家 N. F. Mott, 1977 年诺贝尔物理学奖得主) 早年提出的 "两电流模型".

9.7.2　人工微结构中的 RKKY 间接交换作用

材料中两个格点上自旋之间相互作用的海森伯哈密顿量为

$$H = -\sum_{l,l'}{}' J_{ll'} S_l \cdot S_{l'} \tag{9.36}$$

式中 $J_{ll'}$ 是格点 l 与 l' 上电子间的交换积分. 这种两个格点的自旋之间不通过其他中介产生的相互作用, 称为海森伯直接交换作用. 顺便强调一下, 海森伯直接交换作用不能理解为电子磁矩之间的直接磁作用, 它是电子之间库仑势的交换作用.

磁性金属以及合金中的磁序, 涉及局域磁矩通过传导电子所产生的间接交换作用. 局域磁矩通过传导电子产生的间接交换作用, 称为 RKKY 间接交换作用. 例如, 稀土金属中局域磁矩之间的相互作用, 是通过稀土金属中的传导电子作为中介, 将相邻的稀土原子磁矩耦合起来. 巨磁电阻效应中, 两个铁磁金属层 (FM) 被非磁金属夹层 (NM) 隔开的 FM-NM-FM 多层结构中, 两个铁磁层之间的相互作用, 也是通过传导电子产生的 RKKY 间接交换作用.

直接交换作用的特征长度为 1~3Å, 间接交换作用可以长达 10Å, 10Å已经是实验室中人工微结构可以实现的尺度. 1970 年代之后, 科学家就探索人工微结构中的磁性交换作用. 1988 年, 格伦贝格在铁–铬–铁三层膜结构中以及费尔在几十个周期的铁–铬超晶格中, 分别发现了巨磁电阻效应, 如图 9.5 所示.

9.7.3　自旋阀和高密度存储

计算机的硬盘由磁盘片和磁头两部分组成, 磁盘存储信息, 磁头按照电磁感应原理写入和读出信息.

应用巨磁电阻效应, 革新了硬盘上读写数据的技术. 应用巨磁电阻效应的磁头称为 GMR 磁头. GMR 磁头的工作原理不再是电磁感应效应, 而是磁电阻效应. 首先, 大大提高了读出速度, 记录信息的被磁化的微小磁颗粒所带的弱磁场, 直接导致读出磁头的电阻变化, 这个过程几乎是瞬时的, 在非常薄的磁性层制作的磁头中, GMR 效应为其提供了巨大的电阻变化率. 另外, 为了实现高密度存储, 应该保证磁盘上的磁颗粒极小, 磁头极小以及磁盘与磁头之间的间隙极小. 以面密度为每平方英寸 100Gbit 的商品硬盘为例, 一个比特的长度只有 40nm, GMR 磁头的工作层厚度可以小到 3nm, 自重极轻的 GMR 磁头与磁盘面的间隙为 10nm, 这些都是感应线圈读出磁头根本无法做到的.

GMR 磁头采用的自旋阀结构如图 9.6 所示. 在自旋阀结构中, 最上面的铁磁层磁矩极易转动, 称为自由铁磁层. 下面的铁磁层与反铁磁金属薄膜层相邻, 铁磁层

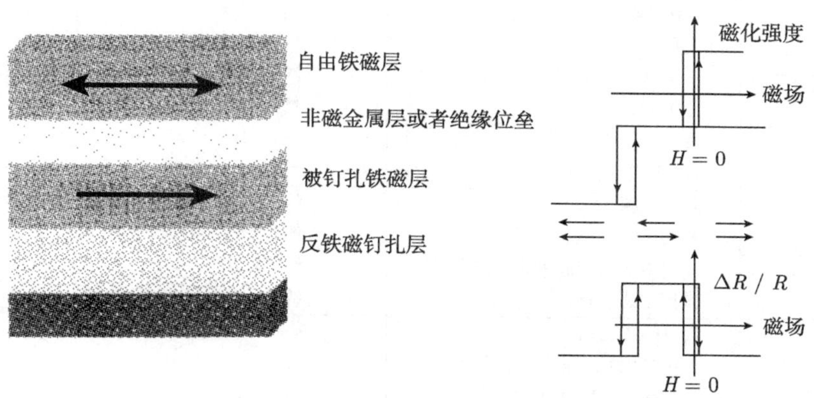

图 9.6　自旋阀结构和磁电阻示意图

的磁矩被反铁磁层所钉扎. 工作时, 硬盘上记录的磁比特的正方向或反方向弱磁场, 很容易驱动自由铁磁层的磁矩转动, 下面被钉扎铁磁层的磁矩不动, 从而实现了两个铁磁层磁矩的平行或反平行状态, 得到低或高的磁电阻以及相应的电压信号. 图 9.6 的右边给出了相应的磁化强度和磁电阻特征.

9.8 生物磁学简介

9.8.1 生物磁场现象

生物体中由于各种生命活动会产生如电子传递、离子转移、神经电活动等生物电过程, 这些生物电过程便会产生频率和强度不同、波形各异的生物电流和相伴随的微弱的生物磁场.

生物磁场现象的研究, 与生物电现象的研究类似, 可以了解一些重要的生命现象和过程; 而且, 比起生物电现象, 生物磁场现象具有一些独特的优点. 测量生物磁场的探测器可以不与生物体接触, 能避免用电极测量生物电场或电流时引起的电极干扰, 可以同时测量恒定的生物磁场和交变的生物磁场, 而一般仅能测量交变的生物电场.

一般情况下, 生物磁场非常微弱, 远远低于地磁场, 难以进行观测和研究. 直到 20 世纪 60 年代末, 由于生物磁学的发展、测量微弱磁场技术和设备的进步, 才陆续发现和开始研究一些生物和人体的生物磁场. 目前, 已经观测到了人的心脏、大脑、肺部和神经等产生的微弱生物磁场. 表 9.1 是人体磁场、地磁场和几种高灵敏度磁强计的情况.

表 9.1 人体磁场、地磁场和几种高灵敏度磁强计的情况

	磁场来源	磁场强度/Oe	磁场频率/Hz
人体磁场	正常心脏	约 $< 10^{-6}$	$0.1 \sim 0.4$
	受伤心脏	约 $< 5 \times 10^{-7}$	0
	正常脑(α律动)	约 $< 5 \times 10^{-9}$	交变
	正常脑 (睡眠时)	约 $< 5 \times 10^{-8}$	交变
	骨肌肉	约 $< 10^{-7}$	$1 \sim 100$
	腹部	约 $< 10^{-6}$	0
	石棉矿工人肺部	约 $< 5 \times 10^{-4}$	0
地磁场	基本地磁场	约5×10^{-1}	0
	岩石产生的地磁异常	约1	0
	高空电离层引起的地磁场起伏	约$5 \times 10^{-5} \sim 10^{-3}$	$0.1 \sim 100$
	城市电磁干扰	约5×10^{-3}	$0.1 \sim 100$
高灵敏度磁强计	磁通门式磁强计	$5 \times 10^{-7} \sim 1$	
	SQUID 式磁强计	$10^{-10} \sim 5 \times 10^{-4}$	
	核磁共振式磁强计	$10^{-6} \sim 10$	
	光泵磁共振式磁强计	$10^{-9} \sim 10$	

由于人体和生物磁场非常微弱, 并且需要消除地磁场及城市和仪器等杂散磁场的干扰, 所以, 目前测量和研究人体和生物磁场时, 既需要灵敏度极高的磁强计, 又需要性能良好的磁屏蔽室. 一间典型的由 5 层屏蔽构成的磁屏蔽室, 其内径为 2.5m, 外径为 3.76m, 其中 3 层屏蔽材料为 Fe-Ni 软磁合金, 2 层材料为铝板.

1. *心磁场*

从大量的实验观测, 已经知道人体的许多部分都有磁场源. 心脏的心耳和心室肌肉的周期性收缩和舒张, 会产生复杂的交变电流, 由此产生心磁场. 这样测得的心磁场强度随时间变化的曲线, 称为心磁图 (MCG), 如图 9.7 所示. 这与医院常用的心电图 (ECG) 相类似, 但由于心磁场很微弱, 实验上观测心磁场比心电图更为复杂和困难, 目前, 心磁图技术还未能达到临床应用.

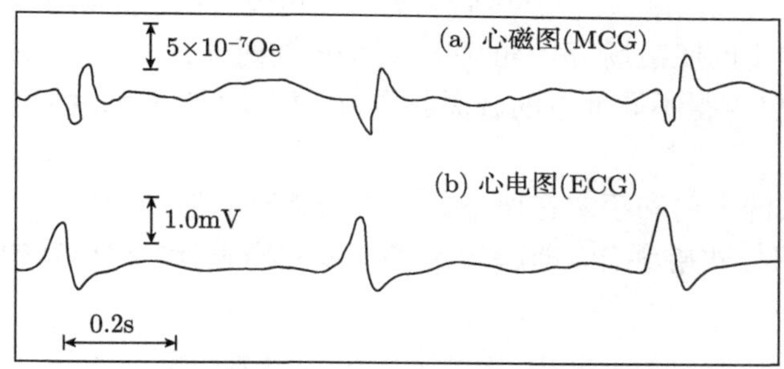

图 9.7　(a) 人的心磁图 (MCG) 和 (b) 心电图 (ECG)

心磁图与心电图之间呈现一定的关系, 并且可以由测得的体外心磁场分布, 计算出体内心电流的分布情况, 这是不能由心电场的观测得到的. 当心脏受到损伤或出现病变时, 将产生微弱的恒定电流和恒定磁场, 这种恒定磁场可以测量出来, 但是恒定的心电流却不能用心电仪测量出来, 因为心电仪只能测量变化的电流和电场.

一些心脏方面的疾病, 如心肌梗塞、心室动脉瘤、心绞痛等, 常伴随着产生恒定的心磁场, 因此, 可能利用心磁场的观测来研究和诊断这些疾病, 而这正好是不能用心电图观测到的.

2. *脑磁场*

人的脑磁场比心磁场更微弱, 脑磁场的测量, 对磁强计的灵敏度和磁屏蔽室的要求更高. 测得的脑磁场强度随时间变化的曲线称为脑磁图 (MEG). 图 9.8 是一个正常的 18 岁青年在磁屏蔽室中睡眠时的脑磁图和脑电图 (EEG), 脑磁图与脑电图之间存在一定的关系, 但频率和相位分布却有差异.

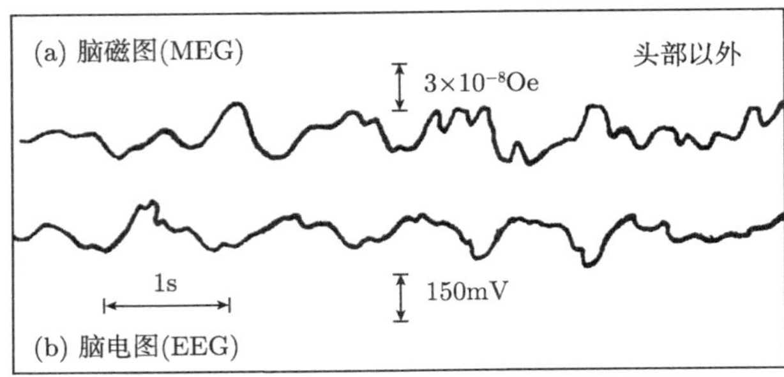

图 9.8　正常的 18 岁青年在磁屏蔽室中睡眠时的脑磁图和脑电图

3. *肌磁场*

当人的骨骼肌肉活动时, 会产生肌电势和肌电流. 用磁场探测器, 可以测得不同部分的肌电流产生的肌磁场, 测得的肌磁场强度随时间的变化称为肌磁图 (MMG). 如果用电极, 可以测得不同部位的表面肌电位, 表面肌电位强度随时间的变化称为肌电图 (EMG).

图 9.9 是人的手肘和手掌在肌肉收缩和松弛时肌磁场强度随时间变化的肌磁图. 这是利用超导式磁强计 (即超导量子干涉式磁强计) 在良好的磁屏蔽室中测量的.

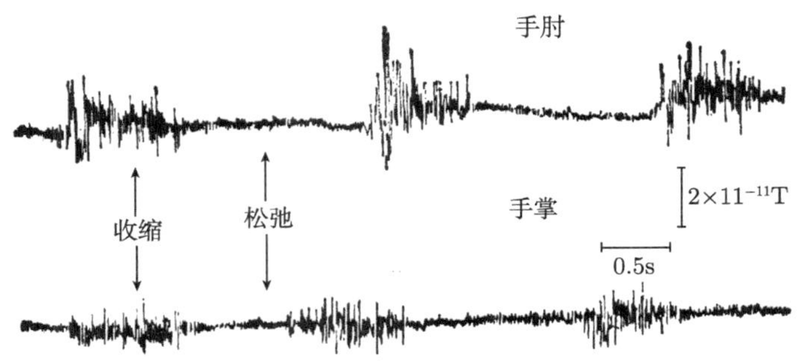

图 9.9　人的手肘和手掌的肌磁图

9.8.2　不同磁场的生物效应

根据磁场的强度, 可以把磁生物效应分为强磁场效应、地磁场效应和极弱磁场效应. 地球表面的磁场约 0.5Oe, 强磁场是指远高于地磁场的磁场, 一般指 100Oe 或更强的磁场, 弱磁场是指远低于地磁场的磁场, 一般指 10^{-2}Oe 或更弱的磁场, 若低于 10^{-5}Oe 就称为极弱磁场或近零磁场.

不同强度的磁场, 其生物效应是不同的. 恒定磁场中的效应与变化磁场中的效应也是不同的, 恒定磁场在生物体中只引起磁效应, 而变化磁场在生物体中除引起磁效应之外, 还由于电磁感应会引起电效应.

1. 恒定强磁场的生物效应

强度高于 100Oe 或更高的强磁场, 对于许多生物都显示其影响; 而且, 磁场的强度、均匀度和作用时间不同时, 表现的效应是有差异的.

例如, 把细菌放置在强度高于 14kOe 的均匀和恒定的强磁场中, 发现这样的磁场会抑制细菌的生长. 把海胆卵放置在 100~140kOe 的超导磁体强磁场中, 经过 2 小时, 便观察到其早期分裂受到显著的延迟. 但强度高于 1.25kOe 的均匀恒定磁场却会促进燕麦的生长.

果蝇和小白鼠是生物试验中经常使用的. 把果蝇长时期饲养在不同强度的均匀恒定的强磁场中, 观察磁场引起果蝇在形态上的畸变, 发现磁场强度为 0.1~1.5kOe 时, 畸变并不显著; 但当磁场增加到 3~4kOe 时, 畸变率迅速增大. 这表明磁场的生物效应存在一个临界磁场, 称为阈场, 超过阈场, 效应才显著. 把小白鼠饲养在约 4kOe 的均匀磁场中, 其肝脏氧化酶的活性发生变化, 尿中的 Na 和 K 含量显著增加, 肾上腺也发生病理变化.

把猴子放在 70kOe 的超导强磁场中约 1 小时, 如图 9.10 所示, 猴子的心率会降低.

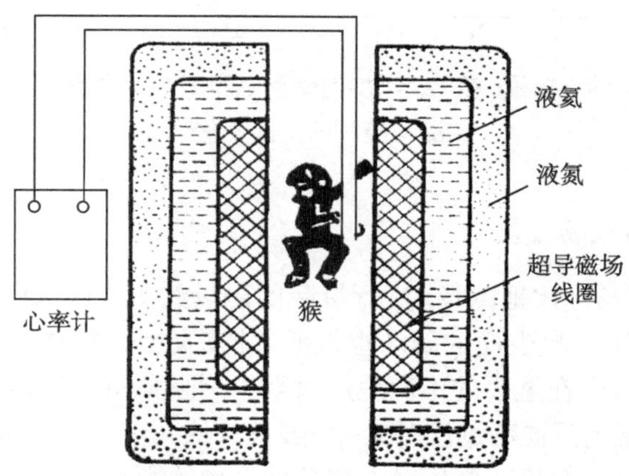

图 9.10　猴子在 70kOe 的超导强磁场中时心率降低

关于强磁场对人的影响, 人的红血球的凝结速率与它所受到的磁场强度有关, 当磁场分别为约 50、400 和 5000Oe 时, 放置在磁场中的红血球凝集速率分别增加 21%、25%和 30%. 当人处在 20kOe 的恒定强磁场中 15 分钟, 并未发现任何的不适或伤害效应, 但当人走近加速器的强磁场 (约 10~20kOe) 时, 几分钟内有不能确定空间方向的感觉, 如停留稍久, 这种感觉便消失, 而当离开加速器的强磁场时, 又会有不辨方向、行走不稳的感觉, 这一现象是磁场的变化影响人的定向感觉.

在不均匀的磁场中, 磁场的不均匀程度对生物的影响相当显著. 把不同蛹龄或虫龄的果蝇放在梯度约 9kOe/mm、强度为 22kOe 的不均匀磁场中, 1 小时龄的果蝇蛹经过几分钟便死亡, 不同蛹龄的果蝇蛹经过 10 分钟后虽有 50%变为成虫, 也不能活到 1 小时以上, 而且有 5%~10%的成虫呈现严重的羽翅反常和体态畸形. 把青蛙胚胎放在梯度为 8.35kOe/cm、强度为 10kOe 的不均匀磁场中培养, 磁场会阻碍它的早期发育. 把移植有肿瘤的小白鼠放在梯度约 1kOe/cm、强度约 2.4~4.5kOe 的不均匀磁场中饲养, 不但肿瘤增长较慢, 而且到第 15 天后, 肿瘤不再增大; 到 22 天后, 肿瘤开始缩小, 这时未加磁场处理的小白鼠因肿瘤长大而死亡; 到 27 天, 肿瘤完全消失, 如图 9.11 所示. 这一实验为磁疗抑制甚至消除肿瘤提供了可能的根据.

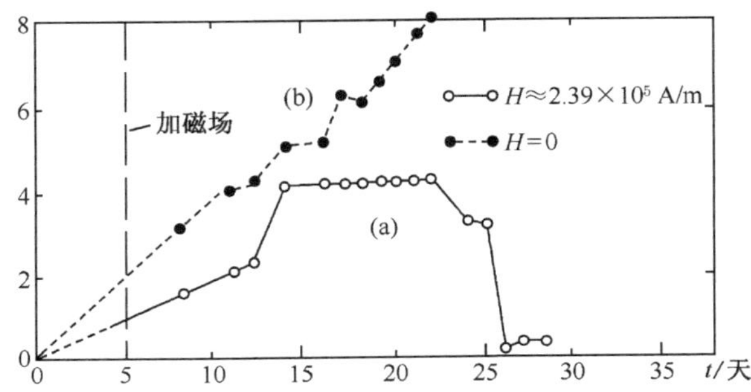

图 9.11　移植有肿瘤的小白鼠, 在 (a) 不均匀磁场中和 (b) 无磁场中的肿瘤面积 S 的对数 $\log S$ 随时间 t 的变化

2. 极弱磁场的生物效应

宇宙空间的磁场远比地磁场弱, 行星际的磁场约 5×10^{-5}Oe, 恒星际的磁场约 10^{-6}Oe, 月球和若干行星表面的磁场也很低 (木星除外, 为约 4Oe). 另一方面, 从古地磁学的研究知道, 在过去的不同地质时期中, 地球的磁场经历过多次剧烈变化和磁极反向; 在地磁场反向的过渡时期 (一般估计约几千年) 中, 地磁场强度会降低到很低的数值. 因此研究极弱磁场对人和各种生物的影响, 在空间研究、航天活动、生物演化等研究中都是具有重要意义的.

各种生物或生物组织, 在极弱磁场中的效应很不相同. 把白葡萄球菌培养在 5.1×10^{-2}Oe 的磁场中, 经过 72 小时后, 菌落的大小和数目都减小了, 表明极弱磁场会抑制这种细菌的繁殖. 但是, 把眼虫藻、绿藻和纤毛虫培养在不同强度的磁场中, 从低于 10^{-3}Oe 的极弱磁场到 10^{3}Oe 的强磁场, 经过 3 个星期培养后, 发现它们在极弱磁场中生长繁殖加快了, 与白葡萄球菌的效应相反, 但在强磁场中生长繁殖却受到抑制.

从古生物学的研究发现, 一些低等生物化石在古地磁场反向的过渡时期 (即地磁场强度剧烈降低的时期) 消失了. 在约 250 万年前的一次地磁场反向中, 所考察的 8 种低等生物化石中有 7 种消失; 在约 7000 万年前的一次地磁场反向中, 有 7 种低等生物化石绝灭; 在约 8500 万年前的一次地磁场反向中, 也有若干种属生物微化石和化石消失. 关于在地磁场反向过渡时期中, 这些生物绝灭的原因, 除了地磁场强度剧烈降低的直接原因之外, 就是地磁场强度降低引起的两方面的变化: 一是地面受到的宇宙线和其他辐射增强, 或间接地改变了紫外辐射的强度; 二是引起磁层电离层和高空大气层的剧烈变化, 从而发生气候的异常变化, 使一些种属的生物不能适应而消亡.

3. 地磁场的生物效应

从古地磁学的研究已经知道, 远在地球上的生物产生之前, 就存在着地球的磁场了, 地磁场始终是地球上的生物和人类的一种物理环境因素. 在生物的长期演化过程中, 已经适应了这一环境因素; 有一些生物利用了这一环境因素, 作为生物导航和定向的依据. 如果地磁场发生剧烈变化 (如磁暴), 会使一些生物不适应, 产生种种的磁生物效应.

人们发现, 某些细菌具有沿着地磁场方向往北游动的本领, 可称为向磁性, 有人称为“活的指南针”或细菌罗盘. 经过研究, 发现这些细菌内含有强磁性的 Fe_3O_4 颗粒. 在鸽子的头部和蜜蜂的腹部也发现了这样的强磁性 Fe_3O_4 颗粒, 这与地磁导航的机制有关. 另外, 冬小麦在地磁场或在抵消地磁场后另加的其他方向的等效地磁场中生长时, 它们的根的生长方向总是平行于地磁场方向或等效地磁场方向, 也表现出向磁性.

人类的生理和病理状态也受到地磁场的影响. 曾对德国一城市在 5 年中的死亡率、发病率和神经错乱症与 67 次强烈磁暴的关系进行统计学的研究, 发现它们之间有着较为明显的相关性.

9.8.3　生物磁学的应用

1. 农业方面

利用适当强度的磁场, 在播种前处理种子, 即在浸种、发芽、育苗和生长的某一过程或几个过程中, 施加一定的磁场, 称为磁场处理. 一些农作物经过这样的磁场处理后, 往往可以提高发芽率, 促进生长, 收到增加产量的效果.

磁场处理对于一些动物饲养也有明显的效果. 在磁场中饲养小鸡, 其体重要比对照组 (不加磁场饲养) 的小鸡体重增加约 1 倍. 在磁场中饲养小白鼠的试验, 是把 14 只平均体重 32g 的小白鼠, 随机分为两组, 分别置于两支木质鼠舍内人工饲养; 一鼠舍两侧各放置电磁铁, 磁铁表面磁场约 1500Oe, 鼠舍中心磁场约 250Oe; 另一鼠舍不加永磁体, 作为对照组. 试验中发现, 最初几天内, 在磁场中饲养的小白鼠比较紧张, 竖耳、耸毛、瞪眼, 毛色湿润, 群体卧伏成团; 4 天以后, 这些差别逐渐消失; 在一个月中, 两组平均体重的变化如图 9.12 所示, 磁场处理组的体重增加较快; 两个月后, 磁场处理组的平均体重又有增加, 而对照组的却有所下降.

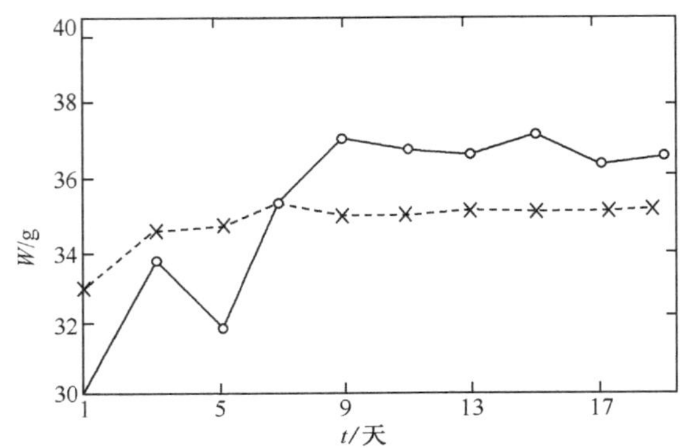

图 9.12 磁场中 (实线) 与不加磁场 (虚线) 饲养的小白鼠体重增加曲线

另外, 磁性肥料、磁场处理水 (简称磁水) 等对农作物的增产研究, 也取得了一些可喜的成果.

2. *医学方面*

生物磁学应用在医药上最早, 天然磁石作为药物治病已有两千年以上的历史. 随着生物磁学的不断发展, 新的生物磁现象、新的磁生物效应以及新的磁学方法和技术在生物学和医学上的应用都有了很大的进步.

生物磁学在医学方面的应用, 包括利用不同类型的磁场治病的磁场疗法 (简称磁疗), 作为内服和外敷用的磁性药物, 利用磁学方法诊断疾病的磁法诊断, 以及利用各种磁原理和磁效应制成的磁医疗器械.

生物磁学在仿生学、生物工程和生物电子学、遗传工程中的磁致变异研究, 在环境保护等方面, 还有很多的应用.

思考题和习题

1. 什么是有理磁场?
2. 简述晶体在磁场中电子能带的特征.
3. 分别在自由电子近似下和紧束缚近似下讨论磁场中晶体电子的能谱.
4. 简述磁致金属–绝缘体相变现象.
5. 简述磁电阻效应和巨磁电阻效应.
6. 列举几种磁场中的生物效应.

参考文献

《磁泡》编写组. 1986. 磁泡. 北京：科学出版社

赖武彦. 2007. 自旋极化的电流 ——2007 年度诺贝尔物理学奖评述. 物理, 36(12): 897

李国栋. 1983. 生物磁学及其应用. 北京：科学出版社

田强. 1997. 晶体电子在稳恒磁场中的能谱与有效质量近似的适用性. 大学物理, 16(7): 1

Baibich M N, Broto J M, Fert A, et al. 1988. Phys Rev Lett, 61: 2472

Binasch G, Grünberg P, et al. 1989. Phys Rev B, 39: 4828

Hofstadter D R. 1976. Energy levels and wave functions of Bloch electrons in rational and irrational magnetic fields. Phys Rev, 14(6): 2239

Wang T, Clark K P, et al. 1994. Magnetic-field-induced metal-insulator transition in two dimensions. Phys Rev Lett, 72(5)

第 10 章　量子霍尔效应

量子霍尔效应 (quantum Hall effect, QHE) 的发现是 20 世纪凝聚态物理学的一项辉煌成就. 量子霍尔效应的理论, 涉及现代物理学的许多基本概念, 例如基态、激发态、元激发的分数统计、对称破缺等. 德国物理学家冯 · 克利青 (von Klitzing) 因发现整数量子霍尔效应 (integer quantum Hall effect, IQHE) 而荣获 1985 年诺贝尔物理学奖; 美籍华裔物理学家崔琦 (Daniel Tsui) 等人因发现分数量子霍尔效应 (fractional quantum Hall effect, FQHE) 而荣获 1984 年美国物理学会每年颁发一次的 Oliver Buckley 凝聚态物理奖, 荣获 1998 年诺贝尔物理学奖.

分数量子霍尔效应的三位诺贝尔奖获奖者, 即美籍华裔物理学家崔琦、美籍德裔物理学家 H. L. Stormer 和 R. Laughlin 的获奖演讲, Stormer 和崔琦等在世纪末写的评论性文章 (Stormer, 1999), 还有国内的一些文章和专著都对量子霍尔效应做了精彩的描述.

本章从经典的霍尔效应 (Hall effect) 开始, 比较系统、深入浅出地介绍整数量子霍尔效应和分数量子霍尔效应, 介绍量子霍尔效应涉及的新概念和实际应用.

10.1　霍 尔 效 应

10.1.1　霍尔效应

在介绍量子霍尔效应之前, 首先回顾一下霍尔效应, 加深对有关基本概念的理解.

霍尔效应是在 1879 年由美国人 E. H. Hall 发现的. 如图 10.1 所示, 在一块导体或半导体上沿 x 方向通以直流电流 (电流密度为 j_x), 沿垂直于电流的 z 方向施加磁场 B_z, 则在垂直于电流和磁场的 y 方向上将产生一横向电场 E_y, 这个效应就是霍尔效应. 产生的横向电场称为霍尔电场, 对应的横向电压称为霍尔电压.

可以证明, 霍尔电场 E_y 与 j_x 和 B_z 成正比, 有

$$E_y = R_{\mathrm{H}} j_x B_z \tag{10.1}$$

比例系数 R_{H} 称为霍尔系数, 在一种载流子的简单情况下, R_{H} 与载流子浓度成反比. 霍尔效应首先是在金属中发现的, 正是由于霍尔系数与载流子浓度成反比, 在半导体中霍尔效应更显著, 后来, 在半导体中得到了重要的应用.

目前, 霍尔效应是判别半导体导电类型的常规实验, 还可以通过霍尔效应实验测定半导体的载流子浓度.

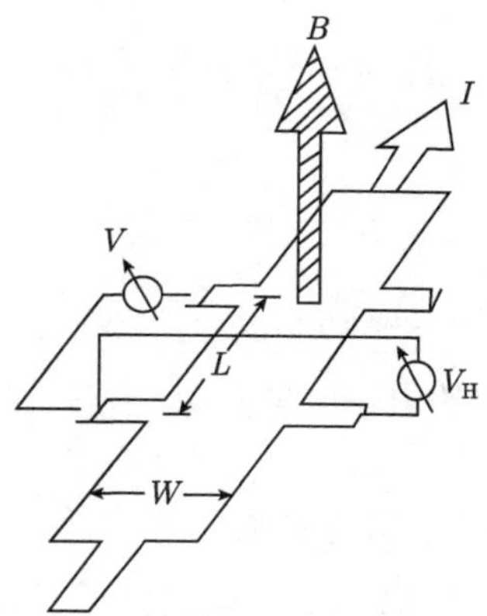

图 10.1　霍尔效应示意图

10.1.2　电阻率与电导率之间的关系

下面对磁场 B_z 作用下的电阻率和电导率做进一步的分析. 在磁场 B_z 作用下, 电导率 σ 和电阻率 ρ 都成为张量, 有

$$\boldsymbol{j} = \sigma \boldsymbol{E}, \quad \boldsymbol{E} = \rho \boldsymbol{j} \tag{10.2}$$

张量 σ 和 ρ 可以写成

$$\sigma = \begin{pmatrix} \sigma_{xx} & \sigma_{xy} \\ \sigma_{yx} & \sigma_{yy} \end{pmatrix}, \quad \rho = \begin{pmatrix} \rho_{xx} & \rho_{xy} \\ \rho_{yx} & \rho_{yy} \end{pmatrix} \tag{10.3}$$

设平均自由时间为 τ, 电子运动的 Langevin 方程为

$$\dot{\boldsymbol{v}} = -\frac{e}{m}(\boldsymbol{E} + \boldsymbol{v} \times \boldsymbol{B}) - \frac{\boldsymbol{v}}{\tau} \tag{10.4}$$

$e = |e|$. 在稳态情况下, 有

$$\frac{ne^2\tau}{m}\boldsymbol{E} = -\frac{ne^2\tau}{m}\boldsymbol{v} \times \boldsymbol{B} + \boldsymbol{j} \tag{10.5}$$

考虑到 $\boldsymbol{j} = -ne\boldsymbol{v}$, 即

$$\begin{aligned} \sigma_0 \boldsymbol{E} &= -ne\boldsymbol{v} \times \frac{e\boldsymbol{B}}{m}\tau + \boldsymbol{j} \\ &= \boldsymbol{j} \times \frac{e\boldsymbol{B}}{m}\tau + \boldsymbol{j} \end{aligned} \tag{10.6}$$

其分量方程为

$$E_x = \frac{1}{\sigma_0} j_x + \frac{\omega_c \tau}{\sigma_0} j_y \tag{10.7a}$$

$$E_y = -\frac{\omega_c \tau}{\sigma_0} j_x + \frac{1}{\sigma_0} j_y \tag{10.7b}$$

由式 (10.7) 易得下列关系

$$\rho_{xx} = \rho_{yy} = \frac{1}{\sigma_0} \tag{10.8a}$$

$$\rho_{xy} = -\rho_{yx} = \frac{\omega_c \tau}{\sigma_0} = \frac{B}{ne} \tag{10.8b}$$

其中 $\omega_c = eB/m$ 是磁场引起的电子回转频率, $\sigma_0 = ne^2\tau/m$ 是磁场为零时的经典电导率.

可以导出电导率和电阻率之间的关系

$$\sigma_{xx} = \frac{\rho_{xx}}{\rho_{xx}^2 + \rho_{xy}^2}, \quad \sigma_{xy} = -\frac{\rho_{xy}}{\rho_{xx}^2 + \rho_{xy}^2} \tag{10.9}$$

横向电阻率 ρ_{xy} 和横向电导率 σ_{xy} 分别称为霍尔电阻率、霍尔电导率, 并记为 ρ_{H} 和 σ_{H}. 可以注意到, 如果 $\rho_{xy} \neq 0$, 则在电阻率 ρ_{xx} 消失时, 电导率 σ_{xx} 也消失, 这正是磁场引起的结果. 另一方面, 由上式可以求得

$$\sigma_{xy} - \frac{\sigma_{xx}}{\omega_c \tau} = -\frac{\sigma_0}{\omega_c \tau} = -\frac{ne}{B}$$

即

$$\sigma_{xy} = -\frac{ne}{B} + \frac{\sigma_{xx}}{\omega_c \tau} \tag{10.10}$$

由此可知, 当取 σ_{xx}=0, 霍尔电导率

$$\sigma_{\mathrm{H}} = \sigma_{xy} = -\frac{ne}{B} \tag{10.11}$$

且当 $E_y = 0$ 时, 电流

$$j_x = \sigma_{xx} E_x + \sigma_{xy} E_y = \sigma_{xy} E_y = 0 \tag{10.12}$$

$$j_y = \sigma_{yx} E_x + \sigma_{yy} E_y = \sigma_{yx} E_x = ne\frac{E_x}{B} \tag{10.13}$$

这些纯粹是经典结果. 在量子力学情况下, 方程 (10.11) 依然成立.

在经典的霍尔效应中 $j_y = 0$, 有

$$j_x = \sigma_{xx} E_x + \sigma_{xy} E_y \tag{10.14}$$

$$j_y = 0 \tag{10.15}$$

或

$$E_x = \rho_{xx} j_x \tag{10.16a}$$

$$E_y = \rho_{yx} j_x \tag{10.16b}$$

10.1.3　霍尔效应中 ρ_{xx} 和 ρ_{xy} 与磁场的关系

在上述的霍尔效应分析中, ρ_{xx} 与 B_z 无关, 为一常值; 而 ρ_{xy} 和 E_y 随 B_z 线性增大. 霍尔效应中霍尔电场 E_y、ρ_{xx} 和 ρ_{xy} 与磁感应强度 B_z 的关系如图 10.2 所示.

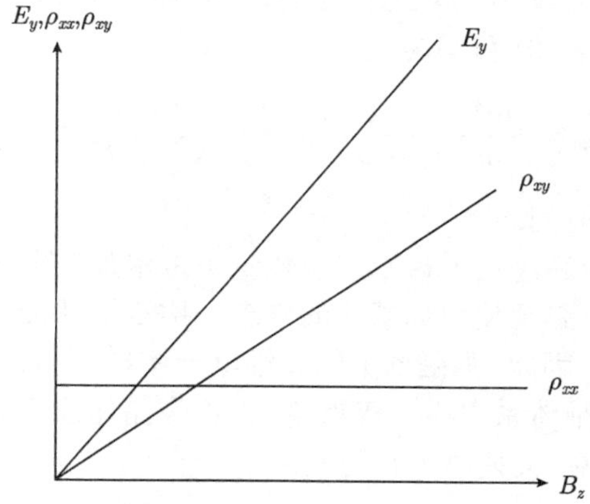

图 10.2　霍尔效应中 E_y、ρ_{xx} 和 ρ_{xy} 与 B_z 的关系

10.1.4　磁场中二维电子的经典运动

考虑二维自由电子在强磁场中的运动. 如果在 x 方向加上均匀电场 E_x, 对于自由电子, 有 $\rho_{xx}=0$, 同时 $\sigma_{xx}=0$, 则电子在做频率为 $\omega_{\mathrm{c}}=\dfrac{eB}{m}$ 的回转运动的同时, 由式 (10.13) 易知, 回转中心在 y 方向上以速度 $v_y=-\dfrac{E_x}{B}$ 做匀速直线运动, 在 y 方向上产生霍尔电流 $j_y=\dfrac{ne}{B}E_x$. 这时, $\sigma_{xx}=0$, $\sigma_{xy}=-ne/B$. 其运动轨迹如图 10.3(a) 所示.

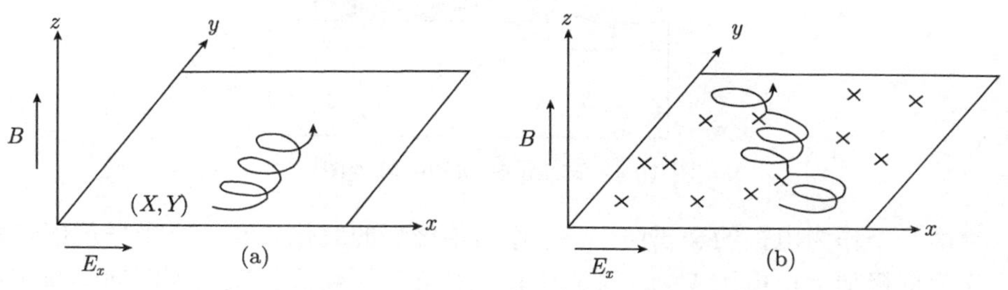

图 10.3　存在电场 E_x 时磁场中二维电子的经典运动

(a) 自由电子情形; (b) 存在杂质的情形

同时

$$\rho_{xy} = -\frac{1}{\sigma_{xy}} = \frac{B}{ne} \tag{10.17}$$

表示霍尔电阻与磁场强度成正比, 比例系数 $1/ne$ 与电子密度 n 成反比.

但是, 在实际的二维电子体系中, 总是存在杂质或无序, 电子的运动由于受到杂质散射而改变方向, 因此在电场方向也有漂移, 如图 10.3(b) 所示, 即 $\rho_{xx} \neq 0$, 同时 $\sigma_{xx} \neq 0$. 这时, 式 (10.9) 可写为

$$\sigma_{xx} = \frac{ne^2\tau}{m}\frac{1}{1+(\omega_c\tau)^2}, \quad \sigma_{xy} = -\frac{ne}{B} + \frac{\sigma_{xx}}{\omega_c\tau} \tag{10.18}$$

其中 τ 是散射的弛豫时间.

值得指出的是, 上述经典理论不能解释量子霍尔效应中 σ_{xy} 出现的霍尔平台. 为了解释平台的出现, 必须使用局域化的概念. 事实上, 强磁场中二维体系的电子态大部分是局域化的. 因此, 强磁场中的二维电子体系, 不具有通常意义上的动能. 无序在强磁场中的二维体系中扮演双重角色, 正像晶体或超晶格中的杂质和缺陷, 它既有利于提高电导率, 又使电子态局域化.

10.2 二维电子体系

10.2.1 二维电子体系简介

目前, 实验上获得的二维电子体系主要有以下三种.

(1) 液氦表面上吸附的单电子层. 液氦表面存在一个超过 1eV 的势垒, 阻止电子透射进液氦中去, 而镜像势又吸引电子于表面.

(2) MOS 系统中的反型层. 硅 MOS 结构如图 10.4 所示.

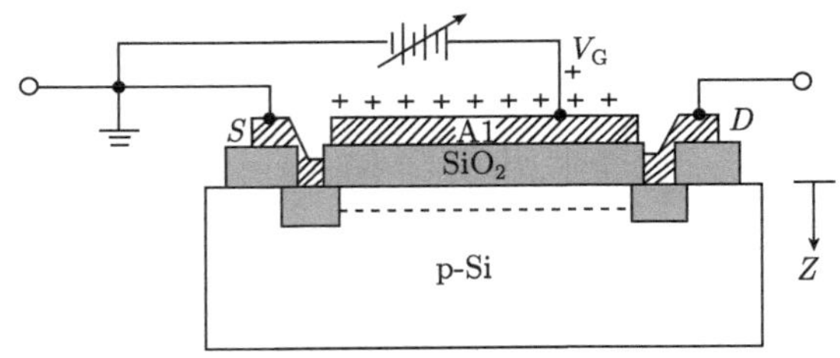

图 10.4 硅 MOS 结构的侧视图

它由一个作为电极的金属层、一个作为绝缘层的氧化层和一个半导体层组成. 铝板作为栅极加上正电压 V_G, p 型硅中正电荷载流子将离开氧化表面向体内转移, 在二氧化硅和硅的界面上感应出负电荷. 因为电荷与硅体内载流子符号相反, 这些电子薄层被称为反型层 (inversion layer), 其厚度约为 10nm 或更少些; 其电子能带

如图 10.5 所示. 如果改用 n 型硅, 这时感应出的电荷薄层与硅体内载流子符号相一致, 于是被称做累积层 (accumulation layer).

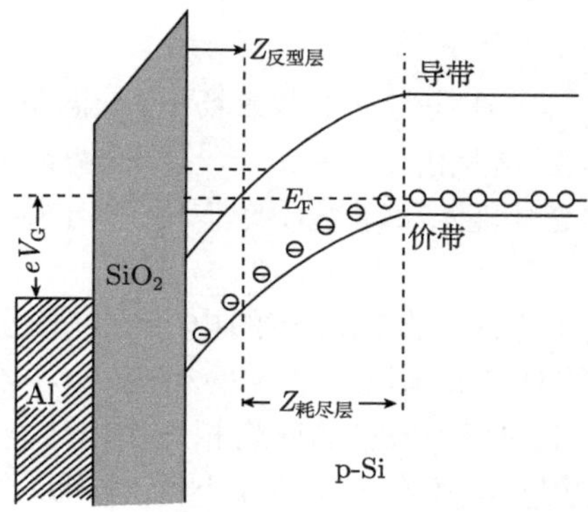

图 10.5　硅 MOS 结构的电子能带图

(3) 局限于两种半导体界面的二维电子系统. 也就是异质结构, 最受人们注意的是 GaAs-AlGaAs. 由于 AlGaAs 的禁带比 GaAs 的宽, 主要在导带形成一个约为 0.3eV 的台阶, AlGaAs 的导带电子流入 GaAs, 在界面处形成空间电荷区及势阱, 与反型层类似, 也形成二维电子气, 如图 10.6 所示.

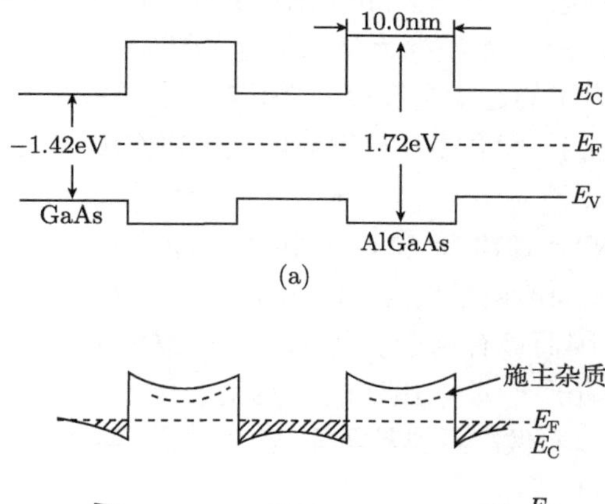

图 10.6　GaAs-AlGaAs 异质结构能带图

在上述三种二维电子体系中, 电子密度 n 相差很大: 液氦表面的二维电子密度约为 10^9cm^{-2}; Si-MOS 结构中, 调节栅极电压可得到典型的电子密度 10^{13}cm^{-2}; 在 GaAs-AlGaAs 上电子密度是 10^{11}cm^{-2}.

由于密度不同, 液氦表面的电子是服从玻尔兹曼统计的经典二维体系, 而低温下的 Si-SiO_2 界面和 GaAs-AlGaAs 异质结构中的电子是简并的量子力学体系.

10.2.2 Wigner 晶格

1934 年 Wigner 就预言, 在均匀正电背景场中, 低温下三维的低密度电子气可排成点阵, 称 Wigner 晶格. 这是由于 $E_{\mathrm{F}} \propto n^{2/3}$, 库仑势能 $U_{\mathrm{C}} \propto n^{1/3}$, 在低密度情况下, 费米能 E_{F} 小于库仑势能 U_{C}, 动能不起作用, 电子排成规则点阵可使库仑势能 U_{C} 减小.

对于经典的二维电子系统, 在比较高的电子浓度情况下, 会发生电子液体 (electron-liquid) 到电子固体 (electron-solid) 的相变. 一个经典的库仑相互作用系统, 其热力学状态取决于平均每个粒子的库仑相互作用势能与动能之比 $\varGamma$. $\varGamma$ 很小时, 即粒子之间的相互作用势能相对于动能为小量, 系统的状态由粒子的动能来决定, 类似于无相互作用的理想气体, 状态是无序的; $\varGamma$ 较大时, 粒子之间的相互作用对于系统的状态起着主导作用, 粒子呈现规则排列, 系统状态是有序的.

经典二维电子系统的 $\varGamma$ 为 (Grimes et al., 1979)

$$\varGamma = \frac{\pi^{1/2} e^2}{k_{\mathrm{B}} T} n^{1/2}$$

其中 n 是电子的面密度. $\varGamma$ 与 $n^{1/2}$ 成正比, 随电子面密度的增大而单调增大. 当 $\varGamma < 1$ 时, 动能起主要作用, 系统行为类似于电子气 (electron gas). 在 $1 \leqslant \varGamma \leqslant 100$ 的中等密度情况下, 电子的运动是高度相关联的, 电子系统的行为类似于液体. 在 $\varGamma > 100$ 的高密度情况下, 库仑相互作用势能起主要作用, 电子系统将发生相变, 形成周期性的晶体结构.

二维 Wigner 晶格于 1979 年 Grimes 和 Adams 首次在液氦表面吸附的电子层中观察到. 由于液氦表面的电子层是在均匀正电背景场中, 而且电子密度也易于调节 ($10^7 \sim 10^9 \mathrm{cm}^{-2}$), 因而最有利于实现 Wigner 晶格. 实验中典型的温度为 0.5K, 电子面密度的范围为 $10^5 \leqslant n \leqslant 10^9 \mathrm{cm}^{-2}$, 这对应于 $2 \leqslant \varGamma \leqslant 200$. 下面分析液氦表面二维电子系统可以看做准经典粒子系统. 一方面, 面密度 n 的二维电子系统的 (低温) 费米能 E_{F} 满足

$$nS = D_2 E_{\mathrm{F}} = \frac{mS}{\pi \hbar^2} E_{\mathrm{F}}$$

即

$$E_{\mathrm{F}} = \frac{\pi \hbar^2}{m} n = \frac{3.14 \times (1.054 \times 10^{-34})^2}{0.91 \times 10^{-30}} n = 3.83 \times 10^{-38} n$$

即

$$\frac{E_{\mathrm{F}}}{[\mathrm{eV}]} = \frac{3.83 \times 10^{-38}}{1.60 \times 10^{-19}} \times (10^2)^2 \frac{n}{[\mathrm{cm}^{-2}]} = 2.93 \times 10^{-15} \frac{n}{[\mathrm{cm}^{-2}]}$$

对于 $n = 10^9\text{cm}^{-2}$ 的二维电子系统, $E_{\text{F}} = 2.93 \times 10^{-6}\text{eV}$; 对应的费米温度为 $T_{\text{F}} = 0.034\text{K}$(玻尔兹曼常量为 $k_{\text{B}} = 8.62 \times 10^{-5}\text{eV/K}$), 即电子系统的费米温度远远低于实验温度. 另一方面, $n = 10^9\text{cm}^{-2}$ 电子系统的电子平均间距为 $3.16 \times 10^{-5}\text{cm}$, 而电子波函数的空间扩展范围约为 10^{-6}cm, 远小于电子平均间距. 以上两个方面的性质表明, 液氦表面二维电子系统中的电子, 其相互作用可以看做是点电荷之间的库仑相互作用, 由于电子系统的费米温度远远低于实验温度, 费米统计可以由玻尔兹曼统计所代替, 液氦表面的二维电子系统可以看做是准经典粒子系统.

在液氦表面存在一个电子势阱, 该势阱由长程的镜像势与液氦表面的短程排斥势垒形成. 电子可以被束缚于液氦表面, 垂直于液氦表面的束缚能为 0.7meV, 同时, 电子可以在平行于表面的方向自由运动. Grimes 和 Adams 的实验装置由一对直径 5cm 的圆形电容器板组成, 一块圆板置于液氦表面上方 0.2cm 处, 另一块圆板置于液氦中, 距离表面约 0.1cm 处. 整个装置密封于一个抽真空的铜盒中, 由液氦冷却. 液氦表面上方的圆板中央有一根灯丝, 给该板施加负电势, 短暂加热灯丝可以向液氦表面施放电子. 实验可以通过调节温度 T 和电子面密度 n, 来控制 Γ.

实验测量是通过下面的圆板与射频电磁波源相连接, 观测液氦表面对于电磁波传播的阻抗 R 对电子面密度的变化率 $\mathrm{d}R/\mathrm{d}n$. 实验结果如图 10.7 所示.

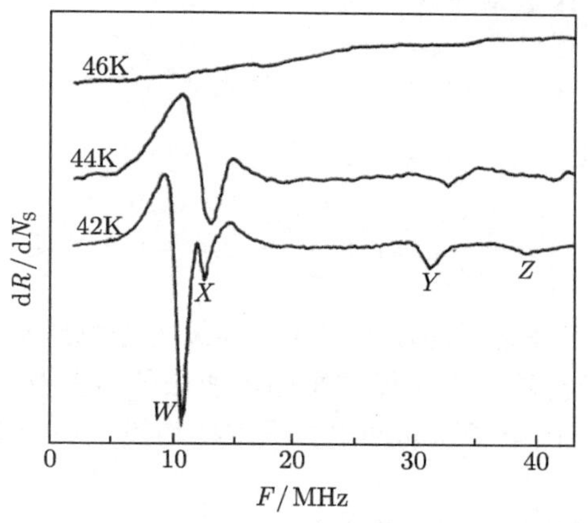

图 10.7　Wigner 晶格形成的实验观测

在液氦表面形成 Wigner 电子晶格之后, 液氦表面的表面张力波色散关系为

$$\omega^2 = \frac{\alpha}{\rho} G_h$$

其中 α 是表面张力系数, ρ 液氦密度, G_h 是电子晶格的倒格矢. 上述实验中电子面密度为 $n = (4.4 \pm 0.4) \times 10^8\text{cm}^{-2}$, 在不同的温度下观测. 在温度低于 0.457K 时, 在几个频率处出现表面张力波与射频电磁波的共振现象, 表明在液氦表面形成了电子

晶格; 而在 0.46K 时, 没有共振现象, 表明这时电子在液氦表面是均匀无规分布的. 理论计算得到六角晶格的能量最低, 库仑势能为

$$U_{\mathrm{C}} = -3.921034\frac{e^2}{\sqrt{\Omega}} \tag{10.19}$$

Ω 是二维电子晶格的原胞面积. 利用六角晶格计算共振频率, 与上述实验相一致.

10.3　自由电子朗道能级

由 Peierls 替代得到有效哈密顿算符, 对于具有有效质量为 m^* 的球形能带这个简单情况, 求解有效质量方程

$$\frac{1}{2m^*}(\boldsymbol{P}+e\boldsymbol{A})^2\Psi(x,y,z) = E\Psi(x,y,z) \tag{10.20}$$

式中 $\boldsymbol{A}$ 为磁场矢势, $\boldsymbol{P}$ 为正则动量, $\boldsymbol{P} = -\mathrm{i}\hbar\nabla$.

选择适当的规范, 例如

$$\boldsymbol{A} = (0, Bx, 0) \tag{10.21}$$

则方程 (10.20) 的本征函数取下述形式

$$\Psi(x,y,z) = \mathrm{e}^{-\mathrm{i}k_y y - \mathrm{i}k_z z}\varphi(x) \tag{10.22}$$

得到能量本征值

$$E = \left(n+\frac{1}{2}\right)\hbar\omega_{\mathrm{c}} + \frac{\hbar^2 k_z^2}{2m^*}\quad (n = 0,1,2,3,\cdots) \tag{10.23}$$

ω_{c} 称为回旋频率. 原来垂直于磁场的二维、连续的抛物线型能带结构分裂为一系列的谱线, 它们与电子在垂直于磁场的平面内所做的经典圆周运动相关, 再加上一个平行于磁场方向的自由电子运动产生的一维抛物线型项. 这些分立能级称为朗道 (Landau) 能级.

朗道能级是高度简并化的, 简并度 D 为

$$D = \frac{m^* L^2}{\pi\hbar^2}\times\hbar\omega_{\mathrm{c}} = \frac{eL^2}{\pi\hbar}B \tag{10.24}$$

朗道能级之间的能量间距是

$$\frac{\hbar eB}{m^*} = 1.1577\times 10^{-4}eV\frac{m_0}{m^*}B \tag{10.25}$$

对于弱场, 而且材料电子有效质量比的数量级为 1 的情况, 除非是在极低温度下, 上式中的能量差与热能相比较是很小的. 在这种情况下, 能级的量子化通常可以忽

略. 这种情况下, Bloch 电子的 Hall 迁移率有一些奇特的跃变现象. 如果考虑在强场下, 有效质量比的数量级为 $10 \to 2$ 的情况 (如 InSb, Bi 等), 朗道能级的形成就变得很明显、很重要.

几个典型的磁场效应: de Haas-von Alphen 效应, Shubnikov-de Haas 效应, 回旋共振, 阿兹贝尔–坎纳效应, 磁光吸收, 量子霍尔效应 (QHE) 等, 以上这些效应都与朗道能级有关.

10.4　整数量子霍尔效应

10.4.1　整数量子霍尔效应的实验

1980 年, 德国物理学家冯 · 克利青 (von Klitzing) 等在极低温 1.5K 和强磁场 18T 作用下, 在 Si-MOS 反型层二维电子体系的霍尔效应实验中发现了一个惊人的与经典的霍尔效应完全不同的现象. 霍尔电阻 R_{H} 随磁场的变化出现了一系列量子化电阻平台, 对应的纵向电阻 R_{xx} 消失变为 0, 如图 10.8 所示. 图中的栅极电压 V_{G} 正比于电子浓度, 每个朗道能级的简并度正比于磁场, 这样, 实验中栅极电压的变化等效于磁场的变化. 平台出现于

$$R_{\mathrm{H}} = \frac{h}{ie^2} \quad (i = 1, 2, \cdots \text{整数}) \tag{10.26}$$

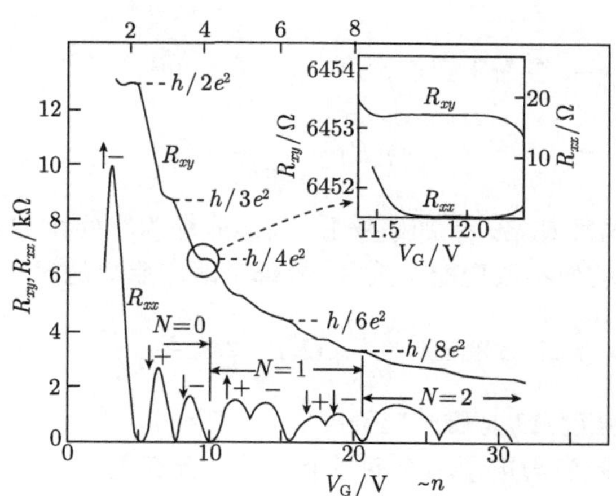

图 10.8　Si-MOS 反型层上的整数量子霍尔效应

霍尔电阻和纵向电阻作为栅极电压 (正比于电阻浓度) 的函数, 右上角小插图标明平台的细节

与样品的材料性质无关. 上式中的 i 只取整数值, 这种现象称为整数量子霍尔效应 (integer quantized Hall effect, IQHE). 由式 (10.9) 注意到, 如果 $\rho_{xy} \neq 0$, 则在电阻率

ρ_{xx} 消失时, 电导率 σ_{xx} 也消失, 且这时 $\sigma_{xy}=-1/\rho_{xy}$, 所以, 量子霍尔效应也可用电导率来表述. 整数量子霍尔效应的发现, 具有重大的理论和实际应用价值, 荣获 1985 年诺贝尔物理学奖.

由经典的霍尔电导率式 (10.11)

$$\sigma_{\mathrm{H}}=-n\frac{e}{B} \tag{10.27}$$

可知霍尔电导率比例于电子密度 n. 对于 Si-MOS 反型层来说, 电子密度 n 正比于栅极电压 V_{G}, 也就是说, 霍尔电导率 σ_{H} 与 V_{G} 存在线性关系, 霍尔电阻率 ρ_{xy} 与 V_{G} 成反比关系.

然而, 整数量子霍尔效应并非如此, 霍尔电导率 σ_{H} 出现量子化平台, 同时, 纵向电导率 σ_{xx} 消失.

量子霍尔效应是基于极低温和强磁场条件, 在束缚于半导体–绝缘体或两个半导体界面之间的二维电子系统中发现的. 二维电子系统的垂直运动受到高势垒束缚而量子化, 垂直方向所加的外磁场又进一步使平面内的运动量子化, 系统成为赝零维的, 单粒子态的能谱成为一系列高度简并的朗道能级, 但无序和电子–电子互作用可以降低简并度, 并展宽朗道能级为能带.

在没有磁场时, xy 平面内电子能态是连续分布的, 单位面积态密度 $g(E)$ 满足

$$g(E)\mathrm{d}E=\frac{1}{(2\pi)^2}2\pi k\mathrm{d}k \tag{10.28}$$

由色散关系 $E=\dfrac{\hbar^2k^2}{2m}$, 容易求得态密度

$$g(E)=\frac{m}{2\pi\hbar^2} \tag{10.29}$$

若考虑自旋, 则态密度加倍. 外加磁场后, 能态收缩为等间距的分立朗道能级. 由于磁场只使能量移动而不改变能态数目, 故每个朗道能级是简并的, 可以容纳

$$\hbar\omega_{\mathrm{c}}g(E)\times 2=\hbar\frac{e\mu_0H}{m}g(E)\times 2=\frac{2e\mu_0H}{h}=\frac{2eB}{h} \tag{10.30}$$

个电子. H 是磁场强度, B 是磁感应强度.

整数量子霍尔效应与电子填充朗道能级的状况有关. 如果电子填充到第 i 个朗道能级, 电子密度 n 满足

$$n=i\frac{2eB}{h} \tag{10.31}$$

对于这些特定的 n, 有

$$\sigma_{\mathrm{H}}=-n\frac{e}{\mu_0H}=-i\frac{e^2}{h} \tag{10.32}$$

10.4.2　整数量子霍尔效应的理论

整数量子霍尔效应的代表性理论有 Prange 理论和洛夫林 (Laughlin) 理论.

二维理想电子体系的态密度为 δ 函数型, 但是在实际的二维电子系统里, 总是存在着杂质或无序, 引起朗道能级简并度的降低, 态密度将不再是一系列尖锐的线, 每个朗道能级展宽为朗道子能带. 扩展态存在于朗道能级的附近, 在两个朗道能级之间存在着局域态, 如图 10.9 所示.

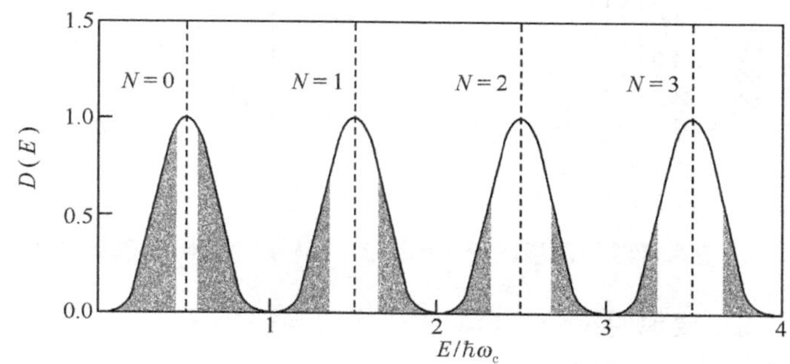

图 10.9　强磁场中二维电子态密度示意图

无规势使朗道能级展宽为朗道子能带

文献中在讨论整数量子霍尔效应时, 使用的迁移率能隙概念, 是指局域态的赝隙, 它与能带理论中导带与价带之间的能隙不同. 能带理论中的能隙中不存在任何电子态.

实验表明, 在电阻率和磁场的关系图上, 每个 ρ_{xx} 的峰出现在朗道能级的中心, 围绕这些峰 ρ_{xy} 随磁场增加而上升. 在一对相邻朗道能级之间, ρ_{xy} 或 σ_{xy} 出现平台, 而 ρ_{xx} 或 σ_{xx} 消失, 这意味着这个区间的电子是局域化的. 在 σ_{xy} 增加的区域, 电子是可迁移的, 处在扩展态.

当费米能级位于扩展态中时, 霍尔电阻随磁场的增加而增加, 出现平台之间的变化.

随着磁场的增强, 朗道能级的态密度增加, 费米能级相对降低. 如图 10.10 (a) 所示, 随着磁场的增强, 由于费米能级降低, 进入扩展态, 第 N 个朗道子带的能量较高一侧的局域态①中的电子消失; 随着磁场的不断增强, 费米能级经过扩展态②→③, 其中的电子数逐渐减少, 结果使霍尔电流逐渐减小, 霍尔电阻逐渐增大, 如图 10.10 (b) 所示. 只要费米能级位于扩展态中, 霍尔电阻就会随着磁场的增强而增大. 最后, 当扩展态中的电子全部被挤出来时, 费米能级进入朗道子带能量较低一侧的局域态④.

当磁场变化使费米能级位于局域态中时, 因为 y 方向的霍尔电流产生 y 方向

的电压降, 即霍尔电压

$$V_{\mathrm{H}} = I_y R_{xy} \tag{10.33}$$

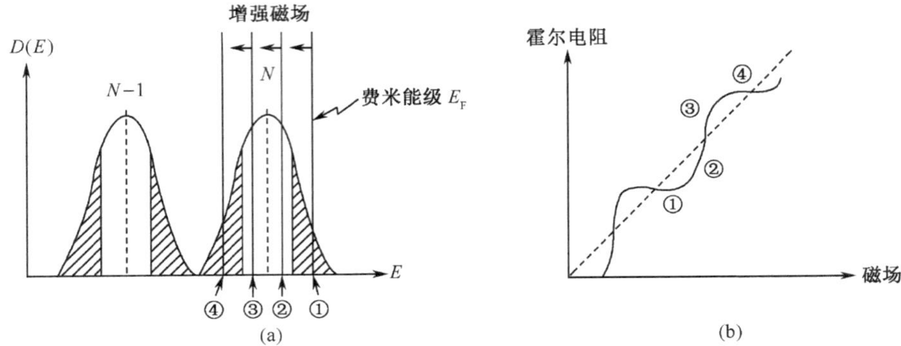

图 10.10　(a) 费米能级随磁场的变化示意图; (b) 霍尔电阻随磁场的变化示意图

霍尔电压 V_{H} 一定, 要说明霍尔平台即霍尔电阻与磁场无关, 等价于说明霍尔电流与磁场无关. 注意到霍尔电流

$$I_y \propto \hbar\omega_{\mathrm{c}} g(E) \times v_y \tag{10.34}$$

而状态数

$$\hbar\omega_{\mathrm{c}} g(E) = \frac{eB}{h} \propto B \tag{10.35}$$

在 E_x 作用下, 二维自由电子的回转中心以速度 $v_y = E_x/B$ 做匀速直线运动 (式 (10.10)), 即电子的漂移速度

$$v_y \propto \frac{1}{B} \tag{10.36}$$

结果是霍尔电流与磁场无关, 由此可知霍尔电阻与磁场无关. 只要费米能级位于局域态中, 上述结论总是正确的.

如果在此朗道子带下面至少还有一个朗道子带, 且该子带的扩展态被电子填满, 有电流流动, 则可以再次观测到量子霍尔效应.

实验上观测到的霍尔电导率之值 $\dfrac{e^2}{h}$ 的精确度高达 10^{-8} 以上, 为什么在存在杂质散射的半导体材料中, 能够测得如此精确的基本物理常数的数值, 这在传统的固体物理学中是不可思议的. 大致有四种方法来处理这一问题.

(1) 应用线性响应理论来讨论无序对霍尔电导率的影响;

(2) 利用电子计算机进行数值计算;

(3) 量子场论方法;

(4) 洛夫林的规范理论.

这些理论内容超出了本课的范围.

10.4.3　整数量子霍尔效应的应用

在 σ_{xx}=0 时, 只要 $\rho_{xy} \neq 0$, 就有 $\rho_{xx} = 0$, 这时 $\rho_{xy} = -\dfrac{1}{\sigma_{xy}}$. 用磁场来调节 Landau 填充因子, 纵向电阻率 ρ_{xx} 消失, 而霍尔电阻率 ρ_{xy} 出现平台, 有

$$\rho_{xy} = \frac{h}{ie^2} \tag{10.37}$$

由式 (10.37) 表达的量子化电阻率目前测量精度已可达到 10^{-8} 以上数量级, 这就带来了两个用途.

(1) 提供了一个绝对电阻标准

$$\frac{h}{e^2} = 25812.806\Omega \tag{10.38}$$

自 1990 年起成为国际电阻标准.

(2) 可用以确定精细结构常数

$$\alpha = \frac{e^2}{2hc\varepsilon_0} = \frac{1}{2c\varepsilon_0}\frac{e^2}{h} \approx \frac{1}{137.0360} \tag{10.39}$$

来独立地验证量子电动力学理论的正确性, 其中光速 c 和真空介电常数 ε_0 早已由其他方法精确测定.

因此, 量子霍尔效应无论在基础研究还是实际应用上都是很重要的.

10.5　分数量子霍尔效应

在冯 · 克利青发现整数量子霍尔效应之后不久, 普林斯顿大学的崔琦、贝尔实验室的 Stormer 和 A. C. Gossard 于 1982 年在比整数量子霍尔效应实验更低的温度 0.1K 和更强的磁场 20T 条件下, 对具有高迁移率的更纯净的二维电子系统样品测量中, 观测到霍尔电阻的平台具有更精细的台阶结构, 在 $\nu = \dfrac{1}{3}$ 以及 $\nu = \dfrac{2}{3}$ 时, 出现霍尔电阻平台

$$\rho_{xy} = \frac{h}{\nu e^2} \tag{10.40}$$

同时 ρ_{xx} 有极小值, 如图 10.11 所示. 接着, ν 的各种分数值

$$\nu = \frac{4}{3}, \frac{5}{3}, \frac{1}{5}, \frac{2}{5}, \frac{3}{5}, \frac{4}{5}, \frac{7}{5}, \frac{8}{5}, \frac{2}{7}, \cdots$$

相继被发现. 这就是分数量子霍尔效应 (fractional quantized Hall effect, FQHE). FQHE 态的形成是朗道能级被电子或空穴部分填充至一个奇分母的填充因子 $\nu = \dfrac{p}{m}$, 它与样品的基质材料性质和能带结构无关, 对于二维电子系统, 分数量子霍尔

效应也是一种普适现象.

随后, 一些实验观测到了更多的分数 ν 对应的 ρ_{xy} 平台和 (或者)ρ_{xx} 极小值. 将分数 ν 写作 p/q, 可以将这些 ν 分为以下几类.

(1) 分母 q 为奇数, 分子 $p=1$ 或 $q-1$, 如 $\nu=1/3$, 2/3, 1/5, 4/5 等;

(2) q 为奇数, $1< p < q-1$, 如 $\nu=2/5$, 3/5, 3/7, 4/7 等;

(3) q 为偶数, 如 $\nu=1/2$, 1/4 等.

另外, 还观测到 ρ_{xx} 对应的电导率 σ_{xx} 随温度 T 升高而指数增大, 即有 $\sigma_{xx} = \sigma_{xx}(\infty)\exp(-E_a/kT)$. 就是说 σ_{xx} 是热激活性的, E_a 为激活能.

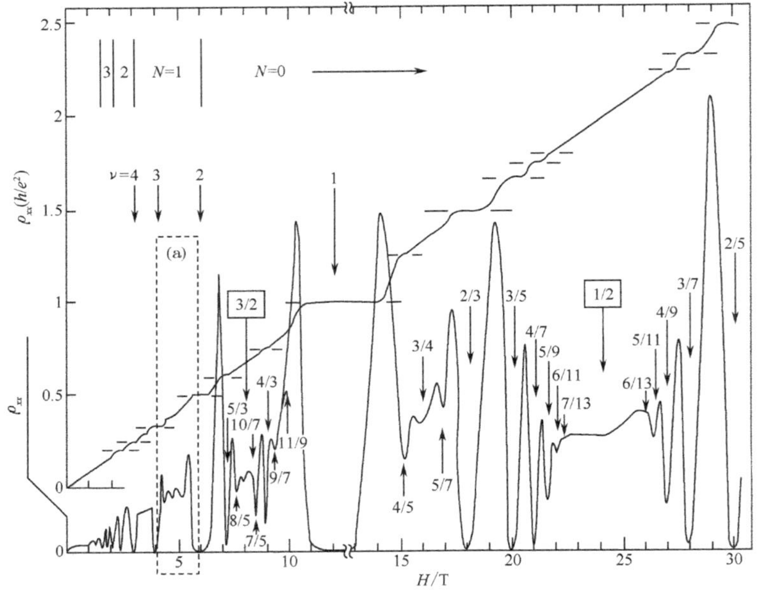

图 10.11　分数量子霍尔效应

N 表示朗道能级, ν 表示填充因子

分数量子霍尔效应只有在非常低的温度, 并具有高迁移率的样品上才能被观察到, 因此, 它一定与电子强关联有联系. 可以说, 这时电子已凝聚到由高度关联产生的特殊稳定的新基态.

整数量子霍尔效应已经给我们带来了新的物理内容, 但理解它所需的理论工具都是早已具备的. 然而 1982 年崔琦等发现的分数量子霍尔效应则更是出人预料, 而且在理论上提出了全新的问题. 实验上观察到的 FQHE, 如

$$\rho_{xy} = \frac{\phi_0}{\nu e} = \frac{\phi_0}{\frac{1}{3}e} \tag{10.41}$$

可以采用有效分数电荷 $e^* = \dfrac{1}{3}e$ 的形式来得到. 分数电荷准粒子作为载流单元, $\nu = \dfrac{p}{m}$ 时, E_F 处出现能隙.

10.6 分数电荷准粒子和分数统计

粒子自旋的大小与其统计性之间具有深刻的联系. 三维空间中, 粒子自旋的大小只可能是整数 (包括零) 和半奇数. 当粒子的自旋是半奇数时, 它是费米子, 服从费米统计; 当粒子的自旋是整数或零时, 它是玻色子, 服从玻色统计. 服从玻色或费米统计的粒子波函数, 在粒子的交换下, 是对称 (+) 或反对称 (−) 的, 即

$$\psi(x_1, x_2) = \pm\psi(x_2, x_1) \tag{10.42}$$

与三维空间的情况不同, 二维空间中粒子自旋的大小是任意的. 因此, 在二维空间不仅有费米子和玻色子, 而且还存在介于它们两者之间的服从分数统计的任意子 (anyon). 服从分数统计的粒子波函数满足

$$\psi(x_1, x_2) = \mathrm{e}^{\mathrm{i}\theta}\psi(x_2, x_1) \tag{10.43}$$

其中, 统计位相 θ 取 0 至 π 之间的任意值. $\theta = 0$ 对应于玻色子, $\theta = \pi$ 对应于费米子.

服从玻色统计或服从费米统计的粒子波函数, 在粒子的两次交换下将恢复原始状态; 而服从分数统计的任意子波函数在粒子的两次交换下变为

$$\psi(x_1, x_2) = \mathrm{e}^{\mathrm{i}2\theta}\psi(x_1, x_2) \tag{10.44}$$

其中位相因子 $\mathrm{e}^{\mathrm{i}2\theta}$ 是个复数. 波函数能否复原, 与 θ 的取值有关.

分数量子霍尔基态的元激发, 服从分数统计并带有分数电荷. 这样的元激发与普通粒子不同, 它是二维系统中电子与磁通的复合物. 它的一个重要性质是破坏了空间和时间的反演对称性; 在空间和时间反演下, 波函数中的位相因子 $\mathrm{e}^{\mathrm{i}\theta}$ 变为 $\mathrm{e}^{-\mathrm{i}\theta}$, 与原始状态不等价.

按照 Laughlin 的理论预言, FQHE 最显著的特征是在越过朗道能级填充因子 $\nu = \dfrac{p}{m}$ 基态的能隙之上, 存在分数电荷 $e^* = \pm\dfrac{e}{m}$ 的准粒子激发. 如果 FQHE 在宏观极限也是精确的, 那么$e^* = \pm\dfrac{e}{m}$ 应是自然界一个新的基本量子. 也就是说, 在 FQHE 中扮演极其重要角色的具有分数电荷的准电子和准空穴究竟是物理上实在的, 还是一种虚拟物, 这个问题引起人们的关注.

实验探索近几年取得显著进展, Simmons 等从纵向电阻的涨落提供了准粒子 $e^* = \dfrac{e}{3}$ 电荷存在的直接证据.

思考题和习题

1. 什么是霍尔效应? 简述霍尔效应的实际应用.
2. 霍尔效应中霍尔系数和霍尔电阻与磁感应强度的关系.
3. 列举三种实际的二维电子系统.
4. 简述整数量子霍尔效应的实验现象及其解释.
5. 分析整数量子霍尔效应的应用.
6. 简述分数量子霍尔效应的实验现象.

参 考 文 献

杨锡震, 田强. 2001. 量子霍尔效应. 物理实验, 6:3

Grimes C, Adams G. 1979. Phys Rev Lett, 42(12):795

Klitzing K, et al. 1980. Phys Rev Lett, 45:494

Laughlin R B. 1999. Rev Mod Phys, 71(4):863

Stomer H L. 1999. Rev Mod Phys, 71(4):875

Stomer H L, et al. 1999. Rev Mod Phys, 71(2):298

Tsui D C. 1999. Rev Mod Phys, 71(4):891

Tsui D C, Stomer H L, Gossard A C. 1982. Phys Rev Lett, 48:1559

第 11 章 准周期结构

11.1 准 晶 体

1984 年, Shechtman 等在急冷方法制备的 Al-Mn 合金中, 获得了具有 5 次对称轴的、具有长程定向有序而没有平移对称的金属相。晶体对称理论从 19 世纪初 Weiss 总结建立近两个世纪以来, 一直排斥 5 次和 6 次以上对称轴存在的可能性, Shechtman 的实验, 首次从实验上报道了 5 次对称轴的发现. 这种不具有平移对称性，而长程定向有序的材料, 就称为准晶体. 准晶体的发现是晶体学、材料学史上的重要事件, 它拓展了晶体的概念和几何学研究范围. 由于没有材料或几何学研究方面的诺贝尔奖, 其发现者之一的 Shechtman 被瑞典科学院在 2000 年授予了 Aminoff 奖.

11.1.1 晶体

1. 晶体的宏观对称性

晶体是完全相同的原子、分子或原子团在空间有规则地周期性地排列而形成的. 晶体结构是长程有序的, 并且具有平移对称性.

晶体的宏观对称性是晶体在旋转、反演等对称操作下保持不变的性质. 晶体的宏观对称性讨论的是晶体外部结晶多面体的对称性; 晶体的微观对称性讨论的是晶体内部结晶构造的对称性. 晶体的宏观对称性不仅表现在几何外形上, 而且反映在晶体的宏观物理性质中.

人类对于晶体的认识是从晶体外形上的对称性开始的, 1669 年丹麦学者斯丹诺在对石英和镜铁矿晶体观察研究之后, 首先发现了晶体的面角守恒定律 (即斯丹诺定律), 在千变万化的晶体外形上找到了初步的规律, 从而奠定了晶体学, 特别是几何结晶学的基础, 人们了解到晶体晶面的相对位置是每一种晶体的固有特征, 而晶面的大小在很大程度上取决于晶体生长期间的偶然条件. 到了 1784 年, 法国学者阿羽依发表了关于晶体内部构造的新见解, 即晶体是由无数具有多面体形状的分子平行堆砌而成, 并于 1801 年发表了著名的阿羽依有理指数定律, 满意地解释了晶体外形与其内部构造之间的关系, 由此可以推知, 晶体的对称性不仅为晶体外形所固有, 同时也表现在晶体的物理性质上. 1830 年德国马尔堡大学矿物学家赫塞尔, 1867 年俄国的物理学教授加多林, 先后分别独立地推导出晶体外形可能具有的一切对称组合, 即 32 种对称型. 这样, 人类对于晶体宏观对称性的认识, 经过了 100

多年的努力, 归纳成为 32 种对称类型.

由于晶体在宏观上占有一定空间, 不可能有平移对称操作, 所以宏观的晶体对称群只能由点对称操作组成. 晶体的宏观对称性是在晶体原子的周期性排列基础上产生的, 同时晶体原子的周期性排列又使晶体的宏观对称性受到严格的限制, 使宏观的晶体对称群只有 32 种, 称为 32 种点群, 决定晶体的 32 种宏观对称类型.

2. 晶体的微观对称性

晶体是基元在空间周期性排列形成的. 微观上的周期性排列, 决定了其旋转对称轴只能是 1, 2, 3, 4, 6 次轴, 形成的晶格可分为 7 大晶系、14 种布拉维格子. 由此推知, 周期性排列格点的可能的点群对称性只有 32 种, 正是由于微观上的周期性排列格点形成的 32 种微观点群对称性, 决定了宏观的 32 种晶体点群对称性.

由于晶体尺寸远大于原子间距, 微观上可以将晶体看做无限大, 这样, 晶体内部基元的周期性排列, 就存在平移这一对称变换, 这是在宏观对称中所不能出现的对称变换. 平移变换与旋转或镜面反映联合, 又产生出螺旋轴 (screw axes) 和滑移反映面 (glide planes) 两类非点式对称操作. 由此可导出 230 种对称操作群, 称为空间群. 由于平移、螺旋轴和滑移反映面这三种对称要素都只能在微观的无限图形中存在, 因而特别称它们为微观对称要素.

X 射线发现以后, 人类得到了揭露晶体内部结构的工具, X 射线衍射实验证实了晶体中原子排列的周期性及其相应的微观对称性.

3. 晶体的宏观对称性与微观对称性的区别和联系

宏观的晶体是一个有限的几何体, 占有一定的空间, 不可能有平移对称变换. 在考虑晶体的微观对称时, 需要引入位置的概念, 即要考虑到距离的问题, 相应地需要考虑平移这一对称变换. 平移对称变换能否存在, 就成了晶体的微观对称与宏观对称之间的分水岭.

另一方面, 晶体的宏观性质是连续的, 而微观上晶体内部结晶构造及其性质是不连续的. 晶体的不连续性在晶体的微观性质上表现得极为明显, 但在晶体的宏观性质上, 由于宏观观察结果的统计性, 不连续性被掩盖掉了. 晶体的宏观对称性是微观结晶构造的宏观统计表现, 它只具有方向的概念; 而晶体的微观对称性不仅具有方向的概念, 同时具有位置的概念. 例如, 对于 NaCl 晶体, 其硬度关于 (100) 面 m 是镜面对称的, 如图 11.1 所示, 即在 A 方向和 B 方向上硬度是相等的, 则所有与面 m 平行的平面都是硬度的对称面, 与镜面的位置无关. 而在微观结构上, 其对称镜面只能位于分立的晶面上, 对称镜面的位置是确定的, 只考虑方向, 不考虑位置是不行的.

对于点群对称性, 宏观晶体的 32 种点群与微观的点群是一样的, 宏观的点群对称性是微观的原子周期性排列所具有的对称性的宏观表现. 微观的原子周期性排列, 决定了其旋转对称轴只能是 1, 2, 3, 4, 6 次轴, 决定了微观的点群对称性, 同时决定了宏观的晶体对称性, 宏观的点群对称性是微观的点群对称性的反映, 这两者是相互依存并且统一的.

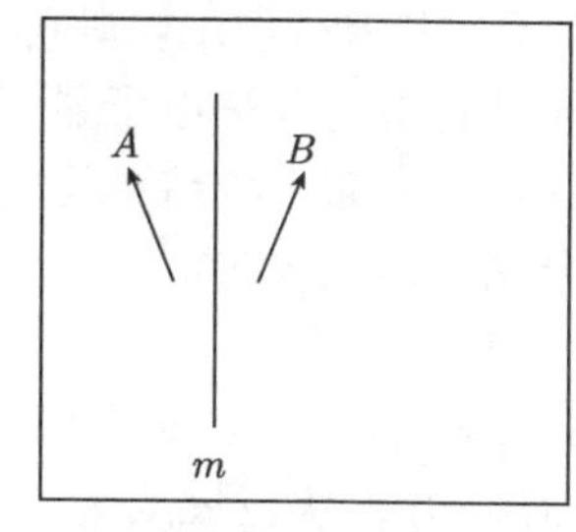

图 11.1　镜面对称示意图

11.1.2　准晶体

晶体对称理论从 19 世纪初 Weiss 总结建立近两个世纪以来, 一直排斥 5 次和 6 次以上对称轴存在的可能性.

1984 年, Shechtman 等在急冷方法制备的 Al-Mn 合金中, 获得了具有 5 次对称轴、斑点明锐的电子衍射图, 如图 11.2 所示; 10 月, Shechtman 等发表了《长程定向有序而没有平移对称的金属相》一文报道了 5 次对称轴的发现, 整个科学界立刻为之震动, 传统的经典对称理论受到猛烈的冲击.

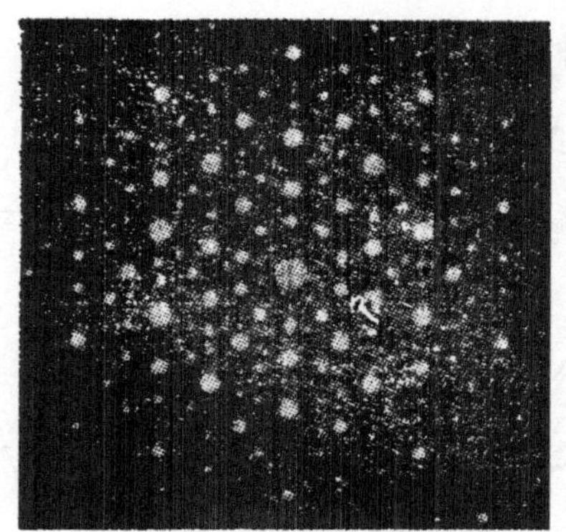

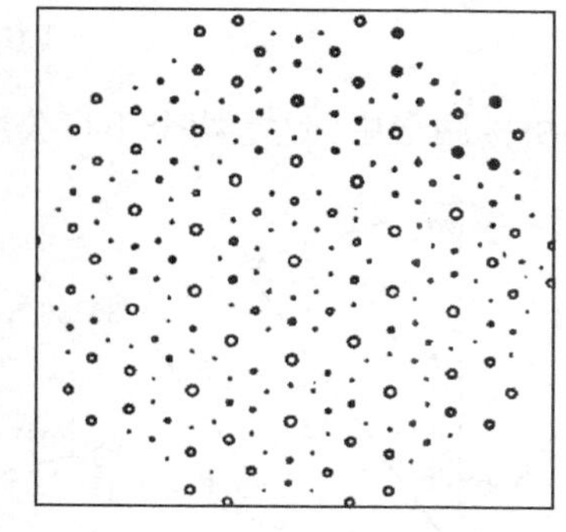

图 11.2　Al-Mn 合金的电子衍射图

1984 年夏, D. Shechtman 到美国马里兰州国家标准局度假时, 与以色列的 I. Bleck、美国的 D. Gratias、法国的 J. W. Caha 等科学家, 采用猝冷法制备 Al_6Mn 合金, 当用电子衍射法分析时, 得到了具有明锐布拉格散射斑的图像. 他们对衍射图做进一步分析, 发现除有 15 个 2 次轴和 10 个 3 次轴外, 还出现了 6 个 5 次对称轴. 几乎在 Shechtman 等实验研究的同时, D. Levine 和 Steinhardt 则从理论上计算出具有 5 次对称性的衍射图, 他们称这种有 5 次对称取向有序、无周期平移序的物质为准晶体 (quasicrystal), 作为准周期晶体的简称. 理论和实验的完美结合, 充分肯定了 5 次旋转对称的客观存在.

随后, 中国科学院以郭可信为首的一个研究小组, 几乎与美国、以色列等国科学家同时利用高分辨电子显微术、电子衍射及计算机成像模拟技术, 深入系统地研究了具有二十面体构造单元的合金相, 发现了 5 次对称. 在此基础上, 郭可信又于 1985 年春, 第一次在 $(Ti_{1-x}V_x)_2Ni(x=0.1\sim0.3)$ 急冷合金中发现了具有 5 次对称的结构.

5 次对称轴作为 20 世纪 80 年代的重大发现载入科学史册. 准晶体科学从此破土而出, 并很快发展成为一门独立的分支学科 —— 准晶体学.

11.1.3 Penrose 拼砌和 Machay 二十面体

1. Penrose 拼砌与 5 次对称性准晶

众所周知, 正五边形的重复排列不能不留空隙地充满一个平面, 或者说, 不可能使用一种形状的拼块不留空隙地在平面上拼出 5 次对称性的图形.

英国数学物理学家 R. Penrose, 早在 1974 年就已经发现可以找到两种四边形在平面上拼接出 5 次对称性的图形, 这两种四边形拼块布满二维空间而不出现空隙. 这两种四边形如图 11.3 所示. 分别称为箭和风筝, 两种四边形的边界分别为 1 和无理数 τ

$$\tau=1.61803398\cdots$$

在所有的拼接图形中, 这是两个不可公度的特征长度.

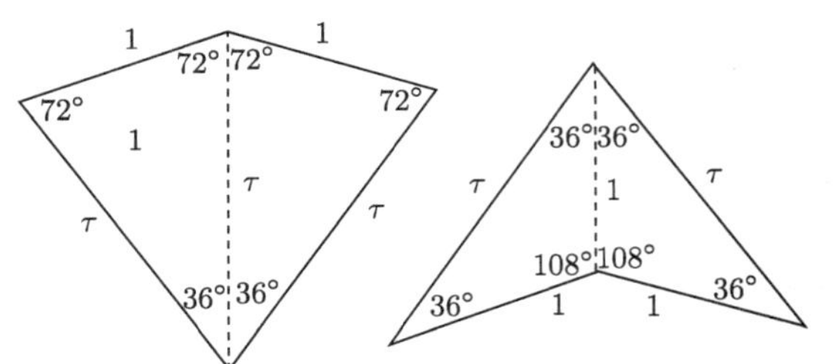

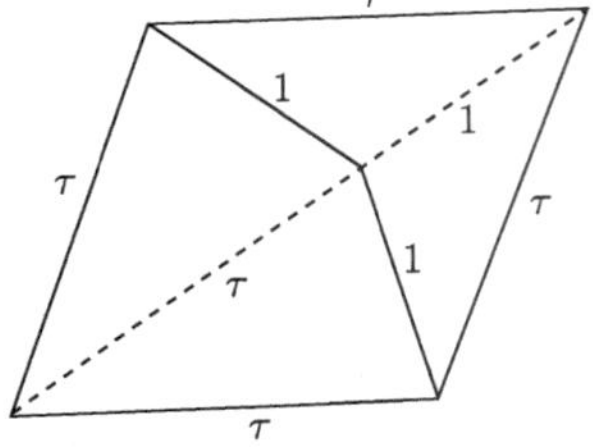

图 11.3 箭和风筝拼块

Penrose 拼接的图案如图 11.4 所示, 该图案具有 5 次对称性. 这种图形, 没有平移对称性, 但沿某一对称轴方向上, 由两个不可公度的特征长度按一定的序列方式排列, 呈现准周期性. 图形虽然没有平移对称性, 但仍具有长程取向序, 或称为是长程有序的.

伦敦大学的 A. L. Mackay 在 1978~1982 年间, 首先用 Penrose 拼图解释了晶体中 5 次对称存在的可能性, 并称之为准点阵 (quasilattice). 它的特点是两种拼块呈非周期排列. 除了得到 Penrose 准点阵的 5 次光学衍射图外, Mackay 还把这种概念推广到三维空间, 得到具有二十面体对称性的三维准点阵.

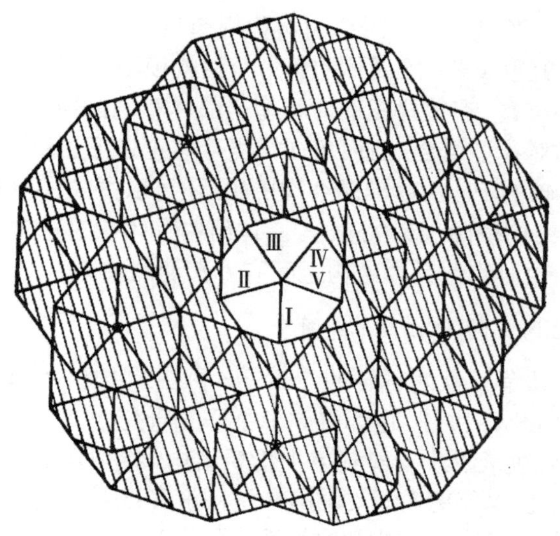

图 11.4　Penrose 拼接图案

由此可见, 在准晶发现之前, 准点阵的概念在晶体中就已经存在了; Mackay 的工作实际上已经打开了准晶体学研究的大门. 准晶的实验发现, 使 Penrose 拼图数学游戏在准晶体学研究中得到重要应用, 促进了准晶体学的发展.

1984 年美国宾夕法尼亚大学的 P. Steinhardt 和 D. Levine, 正是在对三维 Penrose 拼图研究的基础上, 才提出了准晶体的概念, 指出准晶体具有二十面体对称性.

2. Penrose 拼图的狭义和广义概念

狭义的 Penrose 拼图是指用前述的箭和风筝, 或者两种棱长相等、内角分别为 36° 与 72° 的菱形铺砌成为具有 5 次对称轴的拼图. 最初的 Penrose 拼图仅局限于上述具有 5 次对称轴的情况. Penrose 拼图最初只是一种数学游戏, 由于图形具有黄金分割的天然美, 人们把它用于墙纸图案. 1984 年 D. Shechtman 等首次报道了在铝锰合金中发现具有 5 次对称轴的准晶物质, 解释这种准晶结构最常用模型就是这种具有 5 次对称轴的 Penrose 拼图. 随着具有 8, 10, 12 次对称轴的准晶物质的发现, 人们又开始设计出具有 8, 10, 12 次对称轴的 Penrose 拼图, 并用这些拼图解释不同的准晶结构.

人们现在引用 Penrose 拼图时, 已超出了上述狭义的概念. 广义地说, 平面 Penrose 拼图是两种或两种以上的棱长相等、内角不等的菱形铺砌满整个平面的图形; 三维空间 Penrose 拼图是两种或两种以上的棱长相等、多面角不等的菱面体堆砌满整个空间的几何构型.

这种拼图或模型有无数种, 图形的对称规律也很复杂, 对称型组合也有很多. 它们对准晶体的研究很重要, 准晶体的第一个结构模型就产生于 Penrose 堆砌, 同时, Penrose 拼图很丰富, 有些拼图的对称型是晶体和准晶体中都没有的, 如具有 7 次和 9 次对称轴的对称型组合. 而内角 45° 菱形与正方形拼块, 除了可以拼成准周期的具有 8 次对称轴的 Penrose 准晶结构拼图, 还可以拼成具有平移对称性的周期性的 Penrose 晶体结构拼图. 该 Penrose 晶体结构有 4 次对称轴, 由此可见, 8 次对称性准晶结构与 4 次对称性晶体结构之间有着密切的关系.

3. 各种准晶结构中的 Penrose 拼图

前面已介绍了具有 5 次对称轴的 Penrose 拼图. 具有 8, 10, 12 次对称轴的各种准晶结构及其 Penrose 拼图, 也都得到了很好的研究.

Penrose 拼图从数学游戏发展到用于物质结构, 特别是准晶结构的研究, 无疑是一大飞跃. 但是, 仅仅停留在用 Penrose 拼图解释准晶结构是很不够的, 它像是一把钥匙, 给我们打开了准晶结构和物性研究的大门, 还有一个更为广阔的天地等待着开拓.

4. 准晶体正二十面体相

正二十面体相被认为是介于晶态与非晶态之间的一种准晶态. 人们提出了一个 Al-Mn 合金的正二十面体结构模型: 半径较小的 Mn 原子位于正二十面体中心, 其周围 12 个顶点均为 Al 原子, 形成由 20 个正三角形构成的壳层; Mn : Al 为 1 : 6, 故 Al 原子必须为相邻的二十面体所共有, 正是这个共有的 Al 原子使外层的二十面体取向一致.

关于二十面体图形, 最早可追溯到公元前 427～ 前 347 年, 古希腊的哲学家柏拉图曾研究过由 20 个正三角形围起来构成的二十面体. 由于正五角形不能布满平面, 与晶体结构没有直接的联系, 2000 多年前的柏拉图的图形一直没有引起晶体学家的重视. 我国汉代也已注意到植物的花具五出 (5 次对称). 对于生物结构来说, 球状病毒倾向于二十面体对称. 1958 年 Frank 和 Kasper 在研究过渡金属中间相时, 就描述过一种二十面体结构.

5 次旋转对称这个禁区被突破后, 8, 10, 12 次旋转对称准晶相继被发现. 这些准晶都属于二维准晶, 在主轴方向呈周期性平移对称, 而在与此垂直的二维平面上呈准周期对称分布. 除了二维和三维准晶外, 一维准晶也应存在, 这是一种二维层在其法线方向的准周期堆垛结构. 何伦雄等首先在急冷的 Al-Co-Cu 合金及 Al-Ni 合金中发现一维准晶.

11.1.4　非晶

非晶态固体中原子在空间的排列是无序的, 不具有长程有序性. 非晶态的无序,大体可分为两类, 即代位无序和拓扑无序. 代位无序的非晶体, 晶格结构仍然保留, 但原子在格点上的排列呈无规分布, 破坏了晶格的平移对称性, 如二元无序合金就属于这一类. 拓扑无序的非晶体, 晶格结构已不复存在, 但原子在近邻范围内仍可保持一定的短程序, 例如非晶硅, 近邻键长和四面体配位关系仍基本保留, 但四面体键组成无规网络, 完全失去周期性, 如图 11.5 所示.

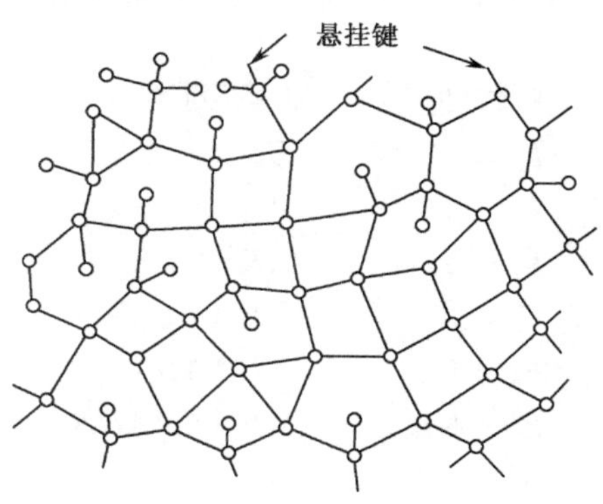

图 11.5　非晶硅的网络结构

具有短程序但不存在长程序, 这是非晶态最显著而重要的特征.

从拼砌的观点来看, 周期晶体只有一种拼块, 准周期结构的准晶体由两种或两种以上的有限种拼块构成, 而无序固体具有无限多种拼块.

11.2　Fibonacci 点阵和准周期结构

11.2.1　Fibonacci 点阵

Fibonacci 点阵是一维准晶点阵, 是阵点由两个特征长度按一定规则排布构成的准周期点阵.

组成 Fibonacci 点阵的两个特征长度可记为 A 和 B. 替代规则为

$$B \to A \quad 和 \quad A \to AB \tag{11.1}$$

由此替代规则, 获得 Fibonacci 序列

$$ABAABABA\cdots$$

Fibonacci 序列是数学上一个古老而有趣的问题. Fibonacci 序列是 1202 年意大利人 Fibonacci 构造的, 也称为兔子序列, 现简称 F 序列, 该序列出自意大利著

名数学家梁拿度 (Leonardo)13 世纪初所著的《算盘全集》(Liber abacci), 梁拿度又名斐波那契 (Fibonacci). 兔子在出生两个月以后就具有生殖后代的能力, 假设有一对大兔子, 每个月都生一对小兔子, 小兔子在出生两个月后长成为大兔子, 也每个月都生一对小兔子, 那么, 由一对兔子开始, 满一年时可以繁殖成多少对兔子? 满两年、满三年时各有多少对兔子?

F 序列的元素个数 (兔子对数) 称为 F 数. 下面列出 F 数和 F 序列的替代产生过程:

F 数(F_n)	F 序列(R_n)
$F_0 = 1$	B
$F_1 = 1$	A
$F_2 = 2$	AB
$F_3 = 3$	ABA
$F_4 = 5$	$ABAAB$
$F_5 = 8$	$ABAABABA$
$\cdots$	$\cdots$

注意到有这样的性质

$$F_{n+1} = F_n + F_{n-1}; \quad R_{n+1} = R_n R_{n-1} \tag{11.2}$$

满一年时, 一对兔子可以繁殖成为 $F_{12} = F_{11} + F_{10} = 144 + 89 = 233$ 对. 把兔子的对数写出来, 得到一个数列

$$1, \quad 1, \quad 2, \quad 3, \quad 5, \quad 8, \quad 13, \quad 21, \quad 34, \quad 55, \quad 89, \quad 144, \quad 233, \quad 377, \quad \cdots$$

称为 Fibonacci 数列。第 n 年大小兔子的排列序列, 就是 Fibonacci 序列.

Fibonacci 数列的另外一个例子. 某人上一段有 11 级的楼梯, 如果一步可上一级, 也可上两级, 则他共有多少种不同的上楼梯的方法? 设上 n 级楼梯共有 a_n 种不同的上法. 当第一步上一级时, 则余下 $n-1$ 级楼梯, 有 a_{n-1} 种不同的上法; 当第一步上两级时, 则余下 $n-2$ 级楼梯, 有 a_{n-2} 种不同的上法; 所以, $a_n = a_{n-1} + a_{n-2}$. 这与 Fibonacci 数列的性质相同. 另外, 显然有 $a_1 = 1$, $a_2 = 2$, 该数列为 1, 2, 3, 5, 8, 13, 21, 34, 55, 89, 144, 233, $\cdots$; 其中 $a_{11} = 144$, 即 11 级的楼梯共有 144 种不同的上楼梯的方法.

F 序列是一个准周期序列, 该序列显然不具有周期性, 但是, 它是长程有序的. 准周期的 F 序列和 F 数列, 具有很多重要的性质和广泛的应用, 在准晶、准周期超晶格等的研究中 F 序列和 F 数列及其性质得到了重要应用. 以两种特征长度, 按照 F 序列排列的一维点阵, 就构成一维准周期点阵.

11.2.2 一维准周期结构

与三维或二维的准晶不同, 一维准周期结构由于其结构简单而特别适合于制备人工材料. Merlin 等首先利用分子束外延方法将 GaAs 和 AlAs 以层状交叠形成 Fibonacci 超晶格, 接着胡安等采用磁控管溅射技术, 陈坤基等采用辉光放电气相淀积技术分别制作了 Nb-Cu 和 α-Si:H/α-SiN$_x$:H 非晶态半导体的 Fibonacci 超晶格. 两个基本的构造单元 A 和 B 分别包含这两层不同的材料. A 和 B 的宽度分别为 L 和 S, 两者之比为黄金中值 τ. A 和 B 按照 Fibonacci 序列进行排列, 形成准周期半导体超晶格或准周期金属超晶格, 如图 11.6 所示.

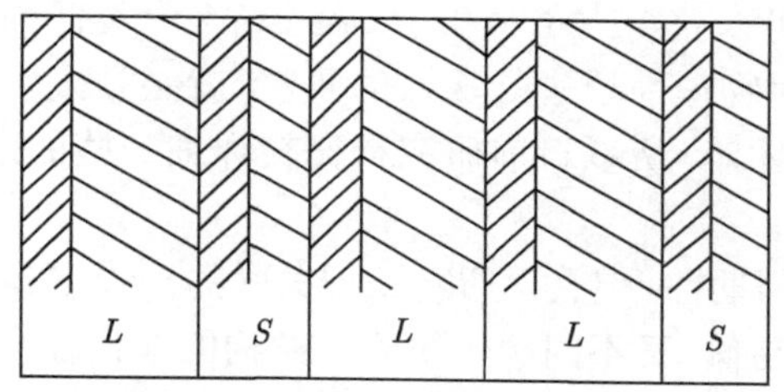

图 11.6 准周期超晶格示意图

每一个 L 或 S 段中不同划线区域代表两种不同材料

作为非周期的二元有序结构还可以有其他构造规则. 如按照替代规则

$$\mathrm{A} \to \mathrm{ABA} \quad 和 \quad \mathrm{B} \to \mathrm{BBB} \tag{11.3}$$

形成的 Cantor 点阵

$$\begin{gathered}\mathrm{A}\\ \mathrm{ABA}\\ \mathrm{ABABBBABA}\\ \mathrm{ABABBBABABBBBBBBBBABABBBABA}\\ \cdots\end{gathered}$$

按照替代规则

$$\mathrm{A} \to \mathrm{AB} \quad 和 \quad \mathrm{B} \to \mathrm{BA} \tag{11.4}$$

形成的 Thue-Morse 点阵等. 这些点阵虽不是一维准晶, 但由于特殊的有序结构也导致有意义的物理结果. 而且 Thue-Morse 点阵可以看做无序结构和 Fibonacci 准晶的中间形态. 最近引人注意的还有一类推广的 Fibonacci 点阵 (generalized Fibonacci lattice), 其替代规则是

$$\mathrm{B} \to \mathrm{A} \quad 和 \quad \mathrm{A} \to \mathrm{A}^m\mathrm{B}^n \tag{11.5}$$

m 和 n 都是正整数.

11.2.3 Fibonacci 点阵上的电子和声子

材料的有序度对物理性质有显著影响. 例如, 一维晶体的所有本征态都是扩展的, 而一维无序材料的所有本征态都是局域的; 三维晶体的本征态也是扩展的, 但三维无序固体中既存在扩展态, 也存在局域态.

由于准晶既没有晶体的平移序, 又没有真正无序系统的无规性, 而具有介于晶体学和无规性之间的序, 故原来用于固体理论的许多传统方法必须重新考虑. 例如, Brillouin 区、Bloch 波等概念就不再适用. 一种抽象的方法是利用高维周期点阵来推广 Bloch 定理, 但这种方案的实际应用还没有完全解决好. 把 Landau 的唯象理论应用于准晶系统, 可以获得声子和相子 (phason) 两类低频激发, 以及缺陷和位错等基本概念, 但要对物理性质进行深入的研究, 就必须采用微观模型. 由于理论和实验上都有相当的困难, 所以目前研究得比较详细一些的是一维准晶 Fibonacci 点阵.

波在不存在严格周期性, 但又保留着长程关联的一维 Fibonacci 序列上的传播, 出现了既不同于一维晶体, 又不同于一维无序结构的新特征. 考察平面波在用 δ 函数势排成的一维 Fibonacci 序列点阵上的透射和发射系数, 就可以发现同样存在扩展和局域化的可能性.

采用转移矩阵和重整化群方法, 理论分析得到数值结果. Fibonacci 点阵上电子和声子的能带结构如图 11.7 所示.

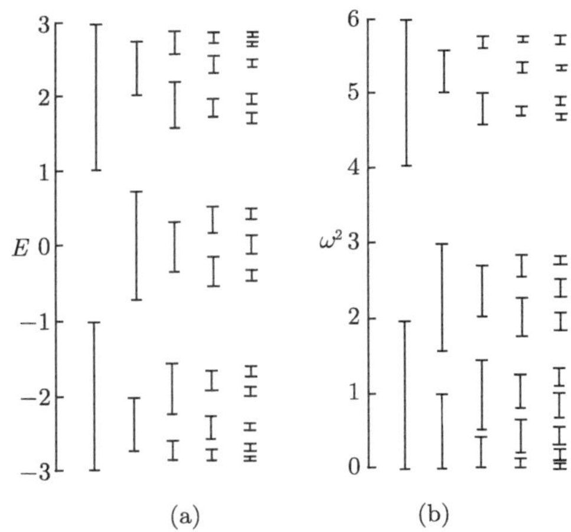

图 11.7　在 l=2,3,4,5,6 时, Fibonacci 点阵上电子和声子的能带结构

(a) 电子情况; (b) 声子情况

在电子情况有均匀标度; 在声子情况, ω 的低值处有宽的能带和窄的能隙, 在ω 取高值时, 能带都非常窄. 还可以看出, 电子和声子问题的能谱形成 Cantor 集合, 对于一定的 l, 能谱由 F_l 段组成, 能隙随 Fibonacci 数 l 的增加是稠密分布的. l 趋

于无限时, 能带宽度之和 (或者说 Lebesque 测度) 为零.

一维人工准周期结构的实验研究, 也取得了很多有意义的成果. 二维 Penrose 点阵的能谱和三维准晶的电子能谱与输运性质, 近年来的实验和理论研究也很有成果.

11.3　准晶体的研究及其物性

在晶体的 7 大晶系和 32 个晶体点群的基础上, 准晶体的发现新增加准晶体晶系 5 个和准晶点群 28 个.

基于结构特征, 人们从理论上和实验上都对准晶体的物性进行了研究. 任何新材料的出现, 总是结构研究和物性研究互相促进、相辅相成.

准晶体是一种各向同性特点比晶态更突出的一种弹性体. 对于二十面体准晶, 其硬度可能较高, 可望发展成一种新磨料.

准晶体的电阻随温度变化呈各向异性. 在 Al-Cu-Co 二维准晶中, 沿 10 次对称轴这个周期方向, 电阻随温度升高而增大, 与金属中的情况一致; 而在与此垂直的准周期方向, 电阻随温度升高而减小, 与半导体相似. 这种各向异性可能对制造电子器件有用.

对准晶体 Al-Fe-Cl 合金的研究表明, 这种准晶体材料在非晶态时呈顺磁性, 准晶态时为铁磁性, 而晶态下则多呈反铁磁性.

准晶体有很多新颖的物性, 有待进一步去探索和发现.

思考题和习题

1. 什么是准晶体? 准晶体与晶体在结构上有什么异同?
2. 比较晶体、非晶体与准晶体中原子排布的有序性.
3. 什么是平移周期性和旋转对称性? 说明平移周期性对旋转对称性的限制.
4. 什么是 Penrose 拼图?
5. 什么是 Fibonacci 序列? 构造 Fibonacci 序列 (至第 8 代).
6. 用两种材料 (记作 A 和 B) 构造 Fibonacci 一维准周期超晶格.

参 考 文 献

崔云昊. 1989. 晶体对称理论三百年. 大自然探索, 8(4): 92

郭可信. 1989. 5 次对称性 Ti-Ni 准晶相的发现与研究. 物理, (6):344

郭可信. 1991. 8 次、12 次对称及有关准晶的发现. 物理, (1):11

Levine D, Steinhardt P J. 1984. Quasicrystals: A new class of ordered structures. Phys Rev Lett, 53:2477

Shechtman D, Blech I, Gratias D, Cahn J W. 1984. Metallic phase with long-range orientational order and no translational symmetry. Phys Rev Lett, 53:1951

第 12 章　分形结构和分数维

分形 (fractal) 是由美国 IBM(International Business Machine) 公司的研究中心物理部研究员暨哈佛大学数学系教授曼德勃罗特 (Benoit B. Mandelbrot), 在 1975 年首次提出的, 其原义是 “不规则的、分数的、支离破碎的” 物体, 这个词是参考拉丁文 “fractus”(弄碎的) 而造出来的, 它既是英文也是法文, 既是名词也是形容词. 1977 年, 他出版了著作*Fractal:Form,Chance and Dimension*(《分形：形态, 偶然性和维数》), 标志着分形理论的正式诞生.

由于在许多学科中的迅速发展, 分形已成为一门描述和研究自然界中不规则事物的规律性的学科.

B. B. Mandelbrot 提出了分数维的概念, 建立了分形几何学, 从而完成了一个科学概念的转变, 他把人们的思维从 Euclid 几何学框架的长期禁锢中解脱出来, 又重新回到创造出无数绚丽多彩的分形结构的大自然之中. 雷鸣闪电形状、蜿蜒曲折的海岸线、令人神往的云图、起伏的沙丘、树叶树枝的外形结构、美丽的雪花冰晶等等, 都是分形的实例.

由于 Mandelbrot 在这方面对科学做出了杰出的贡献, 他荣获了 1985 年的 Barnard 奖. 该奖是由全美科学院推荐, 每 5 年选 1 人. 在过去的获奖者中, 爱因斯坦名列第一, 其余的也全部都是著名科学家.

12.1　Hausdorff 维数定义和分数维

12.1.1　Hausdorff 维数的定义

我们都知道, 直线的维数是 1, 平面的维数是 2, 立体空间的维数是 3. 这是众所周知的, 可是, 维数是如何定义的? 直线的维数为什么是 1 呢?

取一个正方形, 把它的每个边长放大 3 倍, 所得到的图形恰好等于原来的 9 倍, 3 与 9 之间满足

$$3^2 = 9$$

若每个边长放大 2 倍, 得到的图形等于原来的 $2^2 = 4$ 倍; 若每个边长放大 4 倍, 得到的图形等于原来的 $4^2 = 16$ 倍; 于是我们说, 这个正方形是二维的, 或者说它的维数是 2.

取一个立方体, 把每个边长放大 3 倍, 就会得到 27 个原来的立方体, 3 与 27 之间满足

$$3^3 = 27$$

于是我们说, 这个立方体的维数是 3.

这样, 一条直线段的维数显然就是 1.

一般情况下, 把一个 d 维几何对象的每一维尺寸都放大 l 倍, 我们就得到 k 个原来的几何对象. 这三个数的关系是

$$l^d = k \tag{12.1}$$

取对数得

$$d = \frac{\ln k}{\ln l} \tag{12.2}$$

这就是 1919 年豪斯道夫 (Hausdorff) 引入的维数概念.

对于普通的点、线、面、体, 用豪斯道夫的定义得出的维数是 0、1、2、3. 这类规整的几何对象有一个特点: 用低一维的尺度来量, 得到无穷大; 用高一维的尺度来量, 得到零; 只有用维数合适的尺度来量, 才得到一个有限的数. 例如, 一个面积为 5 的二维图形, 其长度 $=\infty$, 面积 $= 5$, 体积 $= 0$.

人们常把 Hausdorff 维数是分数的物体称为分形, 把此时的维数值称为该分形的分形维数, 简称分维; 也有人把该维数称之为分数维数. 当然, 严格地说, 在确定一个物体是否是分形时, 除了看其 Hausdorff 维数值以外, 还必须看其是否具有自相似性和标度不变性.

12.1.2　康托尔集和分数维

先看一个简单的例子. 康托尔 (G. Cantor) 在 1883 年构造了如下的一类集合, 取 (0,1) 线段, 三等分, 舍去中段; 剩下的两段各自再三等分, 舍去中段, 剩下四段; 如此无限分割下去, 得到一个离散的点集, 该点集称之为康托尔集, 如图 12.1 所示, 该点集是去掉线段中间的 1/3 而得到的, 也称之为三分康托尔集. 康托尔集中的点有无穷多个, 而欧氏长度为零. 关于无穷, 康托尔有一句名言: “没有任何问题可以像无穷那样深深地触动人的情感, 很少有别的观念能像无穷那样激励理智产生富有成果的思想, 然而也没有任何其他的概念能像无穷那样需要那么多的数学家为之努力一生地加以阐明. ”

康托尔集的维数是多少?

取 (0,1/3) 的一段为考虑对象, 把尺度放大 $l = 3$ 倍, 它又充满了 (0,1) 区间, 其中 (0,1/3) 和 (2/3,1) 是与原来完全相同的两套对象, 即 $k = 2$. 于是, 康托尔集的维数

$$d = \frac{\ln 2}{\ln 3} = 0.6309\cdots \tag{12.3}$$

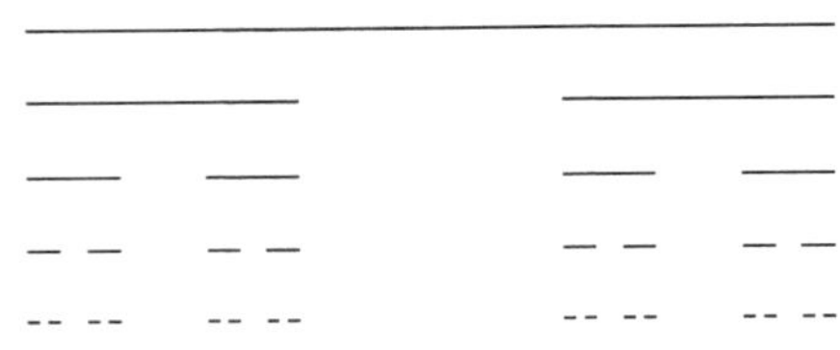

图 12.1 康托尔集合

它的维数介于 0(点) 和 1(线) 之间, 不是一个整数, 称为分数维.

康托尔集合具有自相似结构, 该维数又称为相似维数 (similarity dimension). 一般地, 如果某图形是由把全体缩小为 $1/a$ 的 $k=a^D$ 个相似图形构成的, 那么指数 D 就具有维数的意义, 此维数被称之为相似维数.

12.1.3 科赫曲线及其维数

数学家们设想了许多不规则的几何曲线. 瑞典数学家科赫 (H. von Koch) 在 1904 年首次提出的科赫 (Koch) 曲线就是其中的一个例子.

科赫曲线的生成方法是把一条直线等分成三段, 将中间的一段用夹角为 60° 的两条等长的折线来代替, 形成一个生成元; 然后, 再把每个直线段用生成元进行代换, 经无穷多次迭代后就得到一条有无穷多弯曲的曲线, 这就是科赫曲线, 如图 12.2 所示. 用科赫曲线模拟自然界中的海岸线是相当理想的.

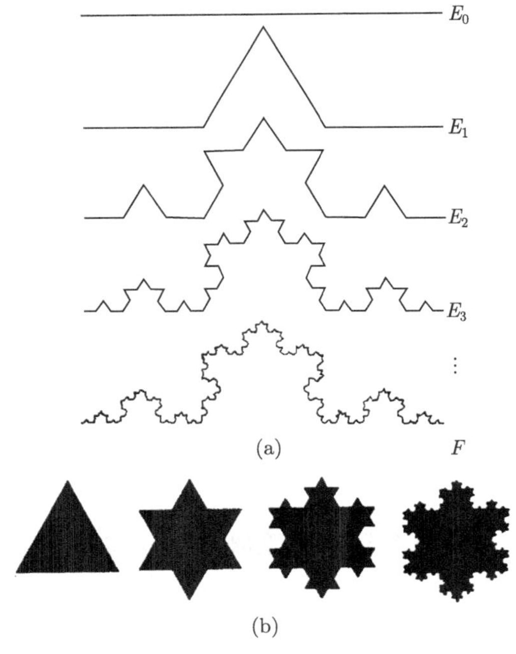

图 12.2 科赫曲线和科赫雪花

科赫曲线是个分形, 具有自相似特性. 由于它是按一定的数学法则生成的, 因此具有严格的自相似性, 这类分形称之为有规分形. 而自然界里的分形, 其自相似性并不是严格的, 而是在统计意义下的自相似性, 海岸线就是其中的一个例子, 凡满足统计自相似性的分形称之为无规分形, 或随机分形.

科赫曲线的维数为

$$d = \frac{\ln 4}{\ln 3} = 1.26186\cdots \tag{12.4}$$

科赫曲线的维数大于 1, 其长度为无穷长.

另外, 还可以将科赫曲线的构造原则加以推广. 第一种推广是改变等分数目. 例如, 将一条欧氏长度为 L 的直线段进行四等分, 保留两端的两个小段, 而中间的两段改成一个向上、另一个向下的小段, 使与原来的两小段构成两个小正方形, 如图 12.3 所示.

将上述操作重复下去, 得到一条具有自相似结构的折线, 称为四次科赫曲线. 其相似维数为

$$d = \frac{\ln 8}{\ln 4} = 1.5$$

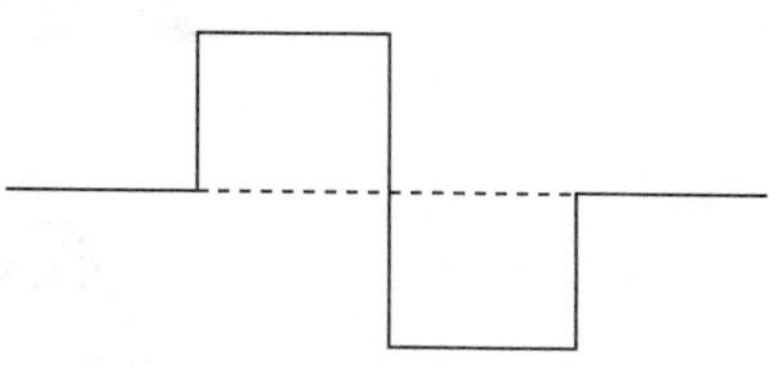

图 12.3　四次科赫曲线

第二种推广, 是将上述的直线段向二维欧氏平面推广. 例如, 将一个等边三角形四等分, 再将中间的小等边三角形改为向上凸起的三个全等的三角形, 与原来中间的小三角形构成一个正四面体. 这样无限次操作后, 原来的等边三角形变成了具有自相似结构的不均匀地向上凸起的面. 设等边三角形的边长为 a, 当边长加倍时, 等边三角形的个数为 6, 相似维数为

$$d = \frac{\ln 6}{\ln 2} = 2.5850$$

又如, 将一个正方形九等分, 把中间的小正方形改为向上凸起的五个小正方形, 与原来的小正方形构成一个立方体. 可以看出, 边长是三等分, 经过第一步操作后的图形共有 13 个小正方形, 于是, 其相似维数为

$$d = \frac{\ln 13}{\ln 3} = 2.3347$$

在日常生活中, 我们可以找到与这种构造原则形成的结构相类似的物体. 如菜花, 仔细观察就可以发现, 它的结构与我们这里讨论的构造原则几乎完全一致. 对一个具体的菜花而言, 可以看做是经过有限次数的操作而形成的结构. 但是, 菜花与推广的科赫曲线的构造原则还是有差别的, 首先, 与严格的结构相比, 菜花表面只具有统计自相似性, 而不是数学上的严格的自相似; 其次, 菜花的每个生长元除

了按一定的规律形成越来越多的向上凸起的曲面外, 还各自沿径向向外扩展, 以获得更多的发展空间, 所以, 它比科赫曲线的构造原则更加复杂, 更富有生命力.

12.1.4 其他的有规分形和随机分形

1. 谢尔平斯基镂垫 (Sierpinski gasket)

将一个等边三角形四等分, 得到四个小等边三角形, 去掉中间的一个, 保留它的三条边. 将剩下的三个小等边三角形再分别进行四等分, 并分别去掉中间的一个, 保留它们的边; 重复操作直至无穷, 就得到下面的图形, 称为谢尔平斯基镂垫, 如图 12.4 所示.

图 12.4 谢尔平斯基镂垫

该图形的面积是零, 而线的欧氏长度趋于无穷大. 其相似维数为

$$d = \frac{\ln 3}{\ln 2} = 1.5850$$

2. 谢尔平斯基地毯 (Sierpinski carpet)

将一个正方形九等分, 去掉中间的一个, 保留它的四条边, 剩下八个小正方形. 将这八个小正方形再分别进行九等分, 各自去掉中间的一个, 保留它们的边; 重复上述操作直至无穷, 就得到下面的图形, 称为谢尔平斯基地毯, 如图 12.5 所示.

图 12.5 谢尔平斯基地毯

该图形的面积是零, 而线的欧氏长度趋于无穷大. 其相似维数为

$$d = \frac{\ln 8}{\ln 3} = 1.8928$$

3. 谢尔平斯基海绵 (Sierpinski sponge)

对一个立方体, 将它的六个面均进行九等分, 这样使立方体进行 27 等分, 去掉体心与面心处的 7 个小立方体, 保留它们的表面, 剩下 20 个立方体小正方形; 将上述操作重复下去, 直至无穷, 得到下面的图形, 称为谢尔平斯基海绵, 如图 12.6 所示.

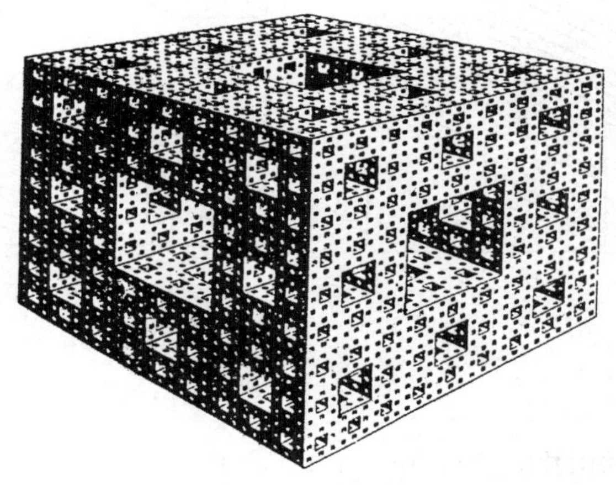

图 12.6　谢尔平斯基海绵

经过上述操作后, 使立方体千疮百孔, 类似于海绵的结构. 该图形的面积是零, 而线的欧氏长度趋于无穷大. 谢尔平斯基海绵的相似维数为

$$d = \frac{\ln 20}{\ln 3} = 2.7268$$

谢尔平斯基海绵的体积趋于零, 而其表面的欧氏面积趋于无穷大. 对于一个正四面体, 也可经过类似的反复操作, 获得具有类似性质的结构.

4. Vicsek 图形

匈牙利的 Vicsek 提出了一个操作方法, 将一个正方形九等分, 去掉四个角上的四个小正方形, 保留它们的边, 还剩下五个小正方形; 重复上述操作直至无穷, 就得到 Vicsek 图形, 如图 12.7(a) 所示.

Vicsek 图形 (a) 的相似维数为

$$d = \frac{\ln 5}{\ln 3} = 1.4650$$

若九等分一个正方形之后, 只保留四个角上的小正方形, 其余的去掉, 这样得到的 Vicsek 图形如图 12.7(b) 所示. 其相似维数为

$$d = \frac{\ln 4}{\ln 3} = 1.2618$$

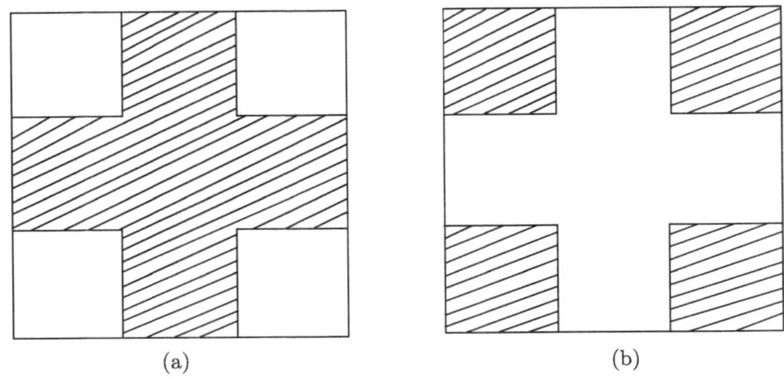

图 12.7 Vicsek 图形

5. Julia 集

Julia 集是由法国数学家 G. Julia(1918) 和 P. Faton 在发展了复变函数迭代的基础理论后获得的. Julia 集由一个复变函数 f 的迭代生成. 在复平面 C 上, 像 $f(z) = z^2 + c$ 这样一个带有常数 c 的简单函数, 由很简单的迭代过程, 就能生成非常复杂的集, 或者说具有奇异形状的分形, 如图 12.8 所示.

另外, 还有复平面 C 上的 Mandelbrot 集等.

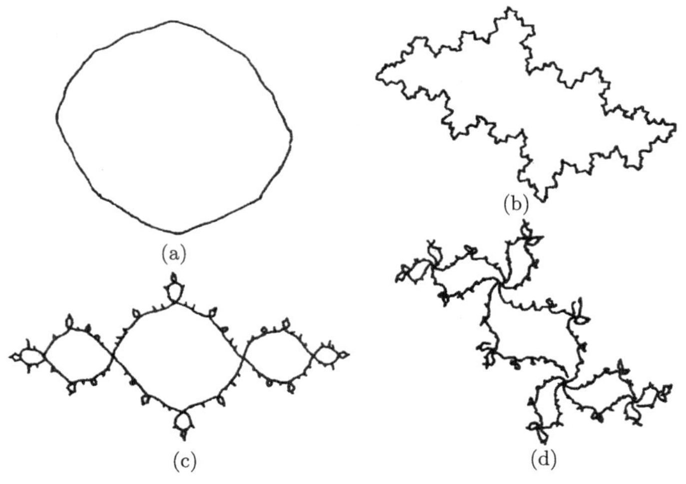

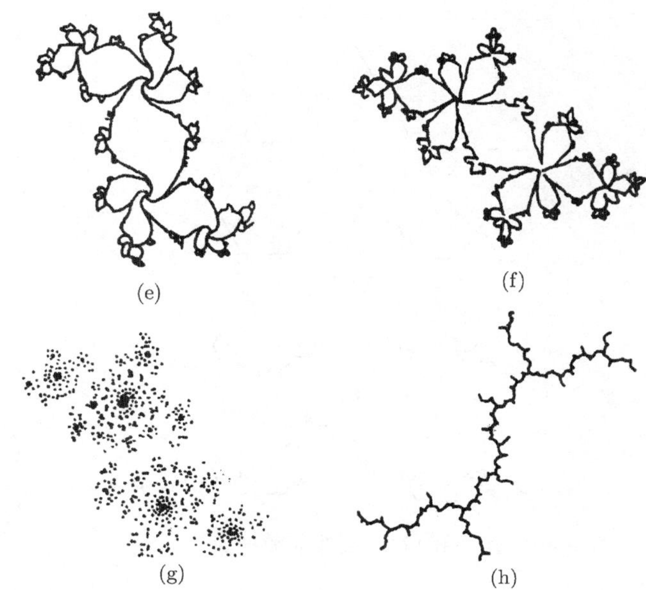

图 12.8　二次复变函数 $f(z) = z^2 + c$ 的一组 Julia 集

(a) $c = 0.1 + 0.1\mathrm{i}$; (b) $c = 0.5 + 0.5\mathrm{i}$; (c) $c = -1 + 0.05\mathrm{i}$; (d) $c = 0.2 + 0.75\mathrm{i}$;
(e) $c = 0.25 + 0.52\mathrm{i}$; (f) $c = 0.5 + 0.55\mathrm{i}$; (g) $c = 0.66\mathrm{i}$; (h) $c = -\mathrm{i}$

6. 一些随机分形

康托尔集的构造可以有随机的形式, 每次把线段分成三等分, 但不是总去掉中间的一段, 可以用掷骰子来决定去掉哪一部分. 另外, 也可以在每步的构造中随机地选择区间的长度. 最终得到一个看起来很不规则的分形.

科赫曲线也可以随机生成, 图 12.9 就是一个随机科赫曲线.

随机科赫曲线在构造的每一步, 每次去掉区间中间 1/3 的部分, 用与去掉部分构成等边三角形的另两条边来代替, 再用掷硬币的方法来决定新的部分位于被去掉的部分的上边或下边. 经过几步以后, 得到一个看起来相当不规则的随机科赫曲线. 它仍然保留了科赫曲线的某些特征, 如具有精细的结构, 但科赫曲线具有的严格自相似性已被随机科赫曲线具有的统计自相似性所取代.

随机分形, 既然称之为是随机的, 应该在所有的尺度上表现随机性, 在构造过程中的每一步都应当引进随机的成分. 这样得到的分形是统计自相似的, 即把某一个小部分放大以后, 它与整体具有相同的统计分布.

随机分形虽然没有与它们相对应的非随机的有规分形的严格的自相似性, 但它们不一致的外表通常与自然现象, 如海岸线、地形表面、云彩的边界等更接近.

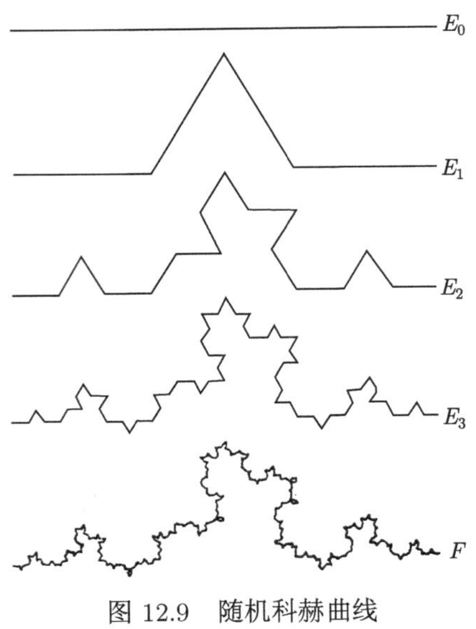

图 12.9　随机科赫曲线

12.2　自相似性和标度不变性

一个系统的自相似性, 是指某种结构或过程的特征从不同的空间尺度或时间尺度来看都是相似的, 或者, 某系统或结构的局域性质或局域结构与整体类似. 另外, 在整体与整体之间或部分与部分之间, 也会存在自相似性. 一般情况下, 自相似性有比较复杂的表现形式, 而不是局域放大一定倍数以后简单地与整体完全重合. 但是, 表征自相似系统或结构的定量性质, 如分形维数, 并不会因为放大或缩小等操作而变化, 这一点被称为伸缩对称性 (dilation symmetry), 所改变的只是其外部的表现形式.

人们在观察和研究自然界的过程中, 认识到自相似性可以存在于物质系统的多个层次上, 它是物质运动、发展的一种普遍表现形式, 是自然界的普遍规律之一. 但是, 科学工作者真正把自相似性作为自然界的本质特性来研究还只是近些年的事.

自然界中许多事物, 具有自相似的分形结构. 简单分形的每一个单元均由 N 个相同的亚单元所构成, 而 N 个大单元又可拼构成一个更大的单元. 每一级图案都有一些大小与该级的尺度成比例的洞. 这个形态具有尺度不变性, 尺度不变性就是分形的伸缩对称性.

自相似性通常划分为两大类: 统计意义上的无规自相似和严格的有规自相似. 自然界中无规自相似的例子比比皆是, 如宇宙中的物质分布、漫长的海岸线、云彩、高分子聚合物等等. 对于有规自相似, 在数学上人们在一个世纪前就曾涉及, 康托尔线段集合、科赫曲线、科赫雪花等, 都是有规自相似的例子.

标度不变性是指在分形上任选一局部区域, 对它进行放大, 这时得到的放大图又会显示出原图的形态特性. 对于分形, 不论将其放大或缩小, 它的形态、复杂程度、不规则性等各种特性均不会发生变化, 标度不变性就是伸缩对称性. 通俗一点说, 如果用放大镜来观察一个分形, 不管放大倍数如何变化, 看到的情形都是一样的; 或者说, 从观察到的图像, 无法判断所用放大镜的倍数.

12.3　分 形 维 数

在分形研究中, 对分形维数有不少定义, 因为要找到一个对任何事物都适用的定义并不容易. 由于测定维数的对象不同, 就某一分形维数的定义而言, 对有些对象可以适用, 而对另一些就可能完全不适用. 维数的定义有 Hausdorff 维数、信息维数、关联维数、容量维数、谱维数、填充维数、分配维数、Lyapunov 维数 (混沌的吸引子维数) 等. 目前, 笼统地把取非整数值的维数统称为分形维数.

测定分形维数的方法, 大致可以分成以下五类：①改变观察尺度求维数; ②根据测度关系求维数; ③根据相关函数求维数; ④根据分布函数求维数; ⑤根据频谱求维数.

分形维数是客观存在的, 分形维数存在一个上限和下限. 以云的形状为例, 虽然云是没有特征长度的分形构造, 但若要使它具有一定的分形维数值, 就必须有尺寸的上限和下限. 若以地球的大小为基准, 一个积雨云只不过是一个点, 显示不出自相似性来; 如以放大镜级的大小为基准, 云也只不过是小水滴的聚集体, 也显示不出自相似性. 所以, 对于现实中存在的物体, 说它具有分形的特性, 那么在它成立的尺度内, 必然存在上限和下限, 只有在某种被限制的观测尺度范围内, 其自相似性才成立, 分形维数所具有的意义也仅在此范围之内.

下面简单介绍通过改变观察尺度求维数.

用圆和球、线段、正方形、立方体等具有特征长度的基本图形去近似分形图形, 例如用长度为 r 的线段集合近似海岸线那样的复杂曲线, 如图 12.10 所示.

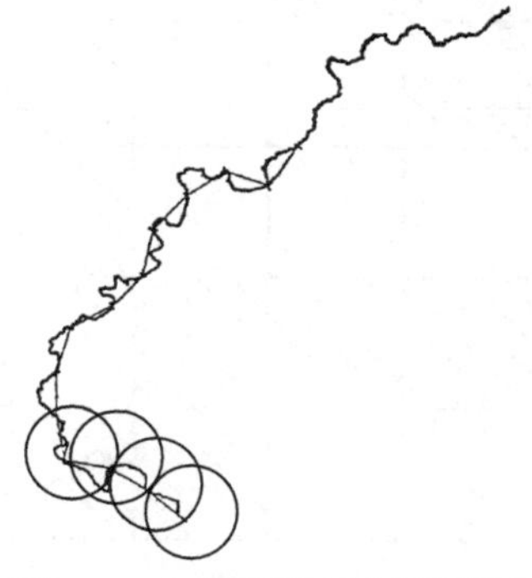

图 12.10　用折线近似海岸线

在用长度为 r 的线段组成的折线去近似海岸线时, 把测得的线段总数记作 $N(r)$. 如果改变基准长度 r, 则 $N(r)$ 也要变化; 如果海岸线是笔直的, 则

$$N(r) \propto \frac{1}{r} = r^{-d} \tag{12.5}$$

其中 $d = 1$ 是该直线的维数. 对于形状复杂的海岸线, 如果把基准长度 r 变小, 因为这时能测出 r 大时被漏掉的细致结构, 所以需要比上式更多的小线段来近似海岸线, 可以用科赫曲线来验证

$$N\left(\frac{1}{3}\right) = 4, \quad N\left(\left(\frac{1}{3}\right)^2\right) = 4^2, \quad \cdots, \quad N\left(\left(\frac{1}{3}\right)^k\right) = 4^k$$

也就是说, 对于科赫曲线有

$$N(r) \propto r^{-d}$$

其中 $r = \left(\frac{1}{3}\right)^k$, 指数 $d = \log_3 4$. 该指数与科赫曲线的相似维数和 Hausdorff 维数都相同. 一般地说, 如果某曲线具有

$$N(r) \propto r^{-d} \tag{12.6}$$

关系, 即可称 d 为这一曲线的维数.

对于海岸线和随即行走轨迹的分形维数的测定, 多数是采用这个方法.

可以把这个方法进行扩展, 使之适用范围扩大到二维和三维. 把平面或空间分割成边长为 r 的正方形或立方体, 然后数出所要考虑的对象所占据的正方形或立方体的数目 $N(r)$, 如图 12.11 所示, 如果当 r 取不同的大小时, 下式

$$N(r) \propto r^{-d}$$

成立, 则 d 就是所考虑对象的维数. 这个方法不仅适用于曲线和点的分布, 也适用于有大量分岔的河流等图形.

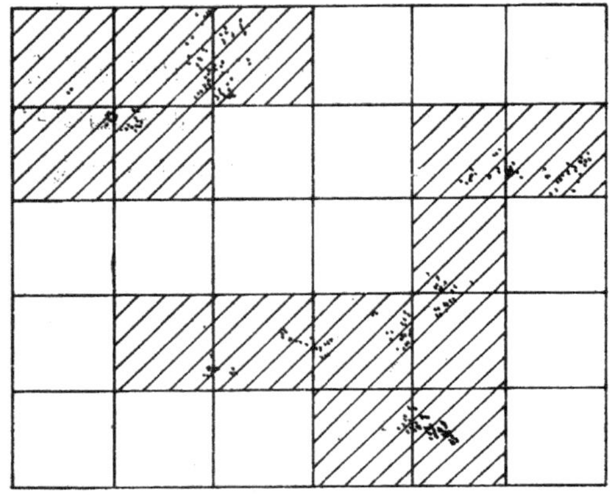

图 12.11　改变正方形的尺度求平面上点的分布的维数

12.4　中国的海岸线有多长

在欧几里得几何学中，点线面以及立体几何 (立方体、球、锥体等) 等规则形体是对自然界中事物的高度抽象，也是欧几里得几何学的研究范畴. 这些人类创造出来的几何体可以是严格对称的，也可以在一定的测量精度范围，制造出两个完全相同的几何体. 然而，自然界中广泛存在的是形形色色不规则的形体，如地球表面的山脉、河流、海岸线等，这些自然界产生的形体具有自相似特性，它们不可能是严格对称的，也不存在两个完全相同的形体.

从飞机上俯视海岸线，可以发现海岸线并不是规则的光滑的曲线，而是由很多半岛和港湾组成的. 随着观察高度的降低 (相当于放大倍数增大)，可以发现原来的半岛和港湾又是由很多较小的半岛和港湾组成的. 当你沿着海岸线步行时，再来观察脚下的海岸线，则会发现更为精细的结构，即具有自相似特性的更小的半岛和港湾组成了海岸. 这样，一个普通的问题被提了出来，一条海岸线的长度能精确测量吗? 答案是否定的. 人们无法精确地测量海岸线的长度，因为随着测量的尺子的长度减小，海岸线的长度会逐渐增大. 用 1dm 长的尺子去测量海岸线所得的长度，比用 1m 长的尺子去测量所得的长度要大得多. 1967 年 Mandelbrot 在美国的 Science 杂志上首次发表了一篇题为《英国的海岸线有多长?》的论文，使整个学术界大为震惊. 应用分形的理论，人们认识到海岸线的长度是不确定的，它依赖于所使用的测量单位.

海岸线的形状是分形并可用随机 Koch 曲线来进行模拟. 测量 Koch 曲线的长度，其结果取决于测量用的尺子的长短. 随着尺子无限变短，测量 Koch 曲线长度的结果将趋于无穷长. 那么，中国的海岸线有多长呢? 这就取决于测量用的尺子.

下面再用一个简单的图形来说明这个问题.

在图 12.12 中，设线段的长度 $AB = BA' = 1$，则折线 $ABA' = 2$; 线段 AB 与 BA' 互相垂直，有 $AA' = \sqrt{2}$.

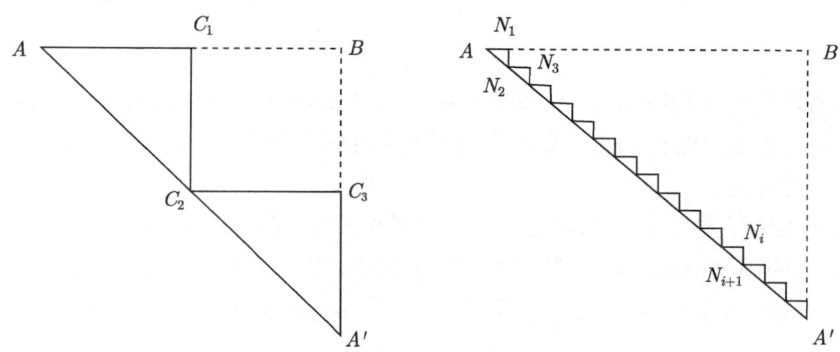

图 12.12　测量结果取决于尺长的示意图

从 AB 的中点 C_1 和 BA' 的中点 C_3 作互相垂直的折线 $C_1C_2C_3$, 显然, 折线的长度, 有

$$AC_1C_2C_3A' = ABA' = 2$$

再从 AC_1 的中点 D_1 和 C_1C_2 的中点 D_3 作互相垂直的折线 $D_1D_2D_3$、从 C_2C_3 的中点和 C_3A' 的中点作互相垂直的折线, 每段线段的长度均减半, 但折线的总长度不变, 有

$$AD_1D_2D_3D_4D_5D_6D_7A' = ABA' = 2$$

照此方法, 一直操作下去, 每段线段的长度不断缩短, 但折线的总长度是不改变的, 有

$$AN_1N_2N_3N_4\cdots N_iN_{i+1}\cdots A' = ABA' = 2$$

当每段线段的长度足够短时, 总长度为 2 的折线与长度为 $\sqrt{2}$ 的直线 AA' 将非常贴近. 但是折线长度的正确测量, 则取决于测量用的尺子.

海岸线的形状是分形, 人们认为海岸线可以用随机 Koch 曲线来进行模拟. 海岸线的长度, 就取决于测量用的尺子. 尺子越短, 测量的结果越长. 如果用无穷短的尺子来测量, 将得到无穷长的结果.

12.5 分形及其物理机制

对于大千世界中的种种分形结构, 人们一般认为非线性、随机性和耗散性是出现分形结构的必要物理条件. 非线性是指运动方程含有非线性项, 状态演化 (相空间轨迹) 发生分支, 这也是混沌的根本原因; 随机性可以分为两大类, 即噪声热运动和混沌, 它们反映了系统的内在随机性, 随机系统并不是完全无序的; 耗散性可以用一个表达式来表述, 即

$$\frac{\mathrm{d}E}{\mathrm{d}t} < 0 \tag{12.7}$$

开放系统必然是个耗散系统, 耗散性破坏了宏观运动规律的时间反演不变性.

系统产生分形结构的充分条件是非线性耗散系统中的吸引子 (attractor). 吸引子可分为两大类.

(1) 稳定解: 稳定的定态解是一个零维的吸引子, 在相空间中是一个点, 称为不动点; 稳定的周期解是一维的吸引子, 在相空间中是一条封闭的曲线, 称做极限环.

(2) 无规运动解: 又叫做奇异吸引子 (strange attractor), 在相空间中产生分形结构.

12.6　准晶体的自相似性

准晶体的几何结构具有晶体中禁止的 5, 8, 10, 12 次旋转对称性, 同时, 准晶体具有自相似伸缩对称性.

具有 5 次对称轴的准晶体的自相似结构, 其自相似比例因子为

$$1+2\cos 36^\circ = 1+\frac{\sqrt{5}+1}{2} = 2.6180 \tag{12.8}$$

具有 8 次、10 次、12 次对称轴的准晶体结构, 其自相似比例因子 r_n 的通式为

$$r_n = 1+2\cos\frac{360^\circ}{n} \tag{12.9}$$

其中 n 为对称轴次数. 它们分别为

$$r_8 = 1+2\cos 45^\circ = 1+\sqrt{2}$$
$$r_{10} = 1+2\cos 36^\circ = 1+\frac{\sqrt{5}+1}{2}$$
$$r_{12} = 1+\cos 30^\circ = 1+\sqrt{3}$$

12.7　凝聚态中其他的一些分形结构

12.7.1　合金薄膜

离子束、电子束和激光束作为改变材料性能的新技术, 日益引起人们的重视. 近年来, 在离子束辐照效应的理论与实验研究中, 分形概念已被用来阐明离子注入到固体的作用过程和一些现象.

离子注入是在离子注入机中进行的. 离子注入机主要包括离子源、高压加速装置和真空靶室三部分. 载能离子在与固体样品的碰撞过程中, 不断地与固体表面层的原子核和核外电子相互作用, 产生 “碰撞级联”, 逐渐地消耗能量, 最后停留在固体表面下某一位置. 离子所带的一部分能量, 在碰撞过程中被转化为热能, 从而使固体样品的温度升高. 在离子注入中, 为了使样品保持在一定的温度, 常采用水或液氮来冷却固定样品的靶台, 以控制样品的温度.

把二氧化硅和氯化钠单晶片作为沉积薄膜的基体, 放入真空沉积设备中, 在其表面上沉积厚度约 40nm 的 $Ni_{55}Mo_{45}$ 多层膜. 然后, 把样品放进离子注入机的真空靶室. 在离子注入以后, 把二氧化硅样品用氢氟酸腐蚀其背面, 把氯化钠样品放入去离子水中, 使氯化钠溶解掉, 再用铜网或钼网把多层膜收集起来, 制得透射电镜分析用的试样.

Ni-Mo 合金薄膜在液氮温度下由重离子 Xe^+ 注入, 在这样的 Ni-Mo 合金无序薄膜中, NiMo 晶体相在非晶的基体内扩散并凝聚为亚稳的分形结构, 如图 12.13 所示. 另外, Ni-Mo 合金薄膜在室温下进行离子注入, 也得到了分形结构.

图 12.13　200keV Xe^+ 注入到 $Ni_{55}Mo_{45}$ 多层膜后所观察到的分形凝聚体

12.7.2　电解沉积

在电解液中通过电解来沉积出各种分形结构, 是人们很感兴趣的实验研究之一. 这种方法不仅设备简单、实验参数容易控制, 对不同的电解液一般都能获得形态各异的分形结构, 更为重要的是可以直接观察分形生长的每一个细微过程, 用相机拍摄下分形生长的全过程.

日本学者 Matsushita 等在硫酸锌电解液中用电解沉积的方法获得了二维的金属锌分形结构. 在一个直径为 20cm 的容器中, 注入一薄层浓度为 $2mol/dm^3$ 的 $ZnSO_4$ 水溶液, 溶液的深度约为 4mm, 再注入醋酸丁酯, 以形成一个界面. 一个直径约 0.5mm 的铅笔芯用做阴极, 一个直径 17mm、宽 2.5cm、厚 3mm 的环形锌板做阳极, 在碳阴极和锌阳极之间加上直流电压就可以进行电解沉积实验了. 结果, 沿着 $ZnSO_4$ 与醋酸丁酯的界面, 从阴极的尖端向外产生了一个二维的金属锌叶片状沉积图形, 该图形具有复杂的随机分叉的特点. 通常施加几伏的直流恒定电压约 10 分钟, 就可以生长出尺度为几厘米的叶片状金属锌. 实验系统的温度保持为 15°C, 叶片状金属锌的一张照片如图 12.14 所示.

图 12.15 是一个电解开始后 3, 5, 9 和 15 分钟拍摄的典型的叶片状金属锌生长过程的照片, 值得注意的一个特征是金属锌生长时的屏蔽效应. 在图 12.15(a) 中两个箭头所指的分枝在以后的生长过程中停止了生长.

对于长方形的实验装置, 金属锌沉积的树状结构如图 12.16 所示.

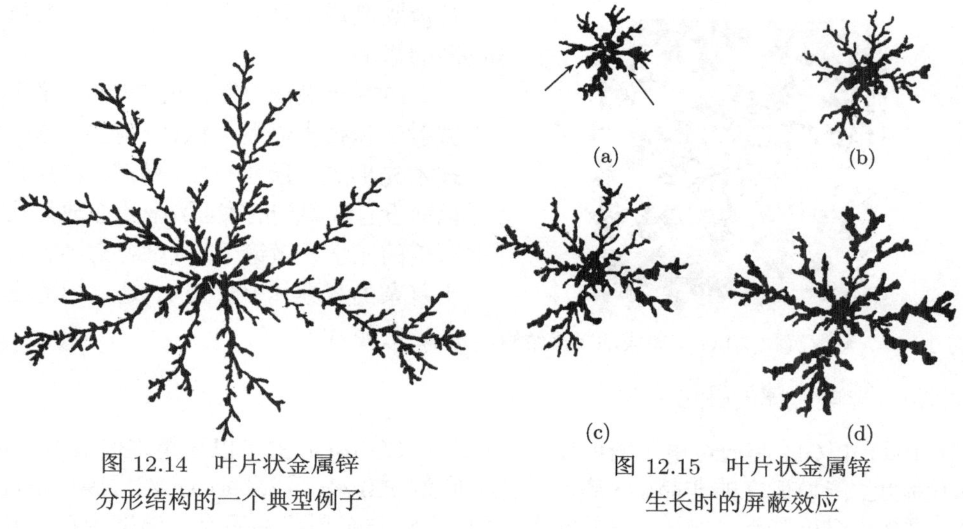

图 12.14　叶片状金属锌分形结构的一个典型例子

图 12.15　叶片状金属锌生长时的屏蔽效应

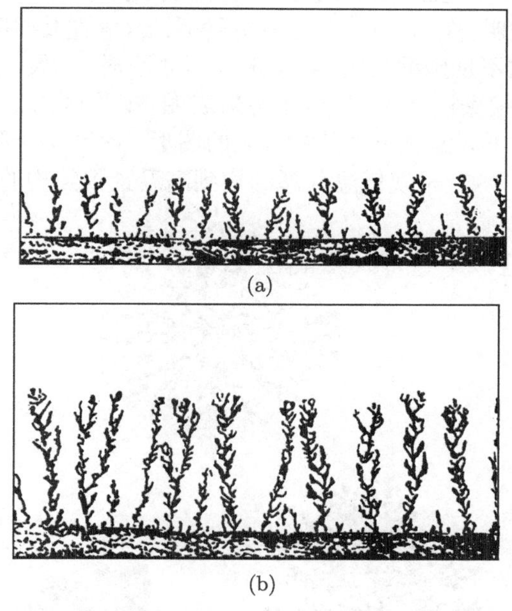

图 12.16　金属锌生长的树状结构

12.7.3　溅射凝聚

溅射沉积在近几十年来已经被用做一个主要的技术来制备各种用途的薄膜. 而对所有的薄膜来说, 其表面的形貌是人们所关心的主要问题之一, 因为它常常对这

图 12.17　溅射沉积 $NbGe_2$ 薄膜的凝聚结构

种薄膜制成的器件的电特性等产生强烈的影响.

1978 年美国海军研究实验室, 采用溅射沉积技术制备 Nb_3Ge 薄膜. 这个技术先形成一层 $NbGe_2$ 薄膜, 它具有以前没有观察到的表面结构. 在放大几百倍的光学显微镜下, 可以观察到表面上复杂的凝聚体, 图 12.17 是这种薄膜之一的照片.

12.7.4　非晶态膜的晶化

1969 年 Oki 等通过电子衍射发现, 金属蒸积在 α-Ge 上可以显著降低 α-Ge 的晶化温度, 例如孤立的非晶 Ge 膜的晶化温度为 400°C, 而 α-Ge/Au 双层膜中非晶 Ge 的晶化温度降至 100°C; 非晶硅也是如此, 它与金属接触后晶化温度也可以从 700°C 降至 400°C, 甚至更低. 这种现象称为金属诱导晶化.

透射电镜观察表明, 在 100°C 退火 30 分钟后, α-Ge 在某些区域开始晶化, 并出现大小约几百纳米的不规则缩聚区; 继续退火至 4 小时, 缩聚区长大至几个微米大小, 形成无规分叉的缩聚图形区域. 电子衍射表明, 缩聚区内含有较大的 Ge 晶粒.

图 12.18 是几种不同温度下样品缩聚区的图形. 计算其分形维数, 结果分别为 $D=1.785$, 1.808 和 1.980. 呈现低温分形结构到高温紧致结构的转变.

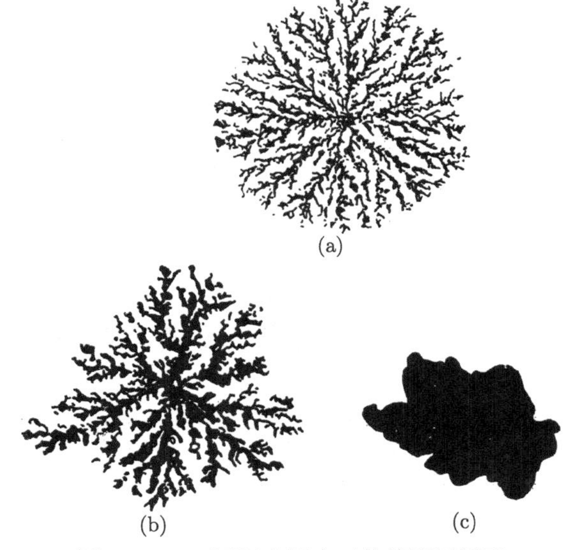

图 12.18　不同退火温度下的缩聚区图形

(a) 100°C; (b) 200°C; (c) 300°C

12.7.5　电介质击穿

气体、液体和固体绝缘体的电介质击穿, 经常以狭窄的放电径迹形式发生. 这种放电径迹强烈地显示出分叉倾向, 形成各种复杂的随机图案, 如闪电、表面放电等. 在这一大类放电现象中, 分叉放电的整体结构经常表现出一种很接近的结构相似性.

1984 年瑞士的 Brown Boveri 研究中心的 Niemeyer 等研究了平行玻璃板之间 SF_6 气体中的电击穿现象. SF_6 是一种击穿强度很高的绝缘气体, 常被用在高压电器开关、加速器中起绝缘作用. 图 12.19 就是一幅表面放电的图案照片, 这个图案又被称之为 Lichtenberg 图, 是以 18 世纪德国物理学家 George C. Lichtenberg 的名字命名的. 实验用的玻璃板厚 2mm, SF_6 气体压力为 0.3MPa, 所加的电脉冲为 30kV×1μs.

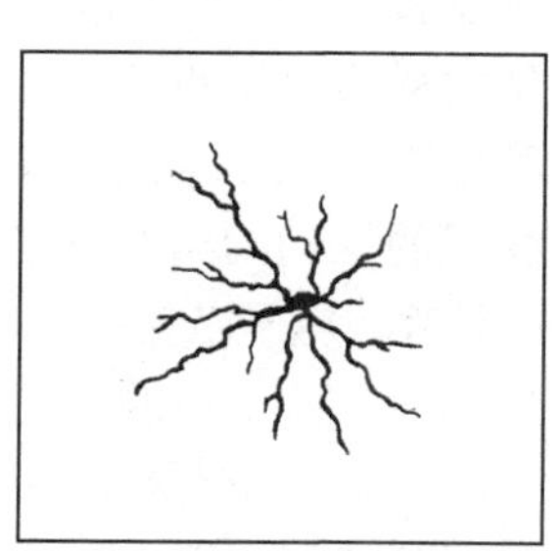

图 12.19　在 SF_6 气体中的二维径向放电图案

12.7.6　水溶液结晶

过饱和水溶液中的溶质, 在一定的温度、浓度等条件下, 会在溶液中结晶析出. 1986 年日本学者 Honjo 等在过饱和 NH_4Cl 水溶液中首次观察到 NH_4Cl 晶体的无规生长, 如图 12.20 所示. 实验装置很简单, NH_4Cl 水溶液被封在两个相距 25μm 的玻璃板之间, 上面的玻璃板表面涂有导电膜以控制温度, 下面的玻璃板通过表面的粗糙、光滑的程度不同, 得到不同的生长模式.

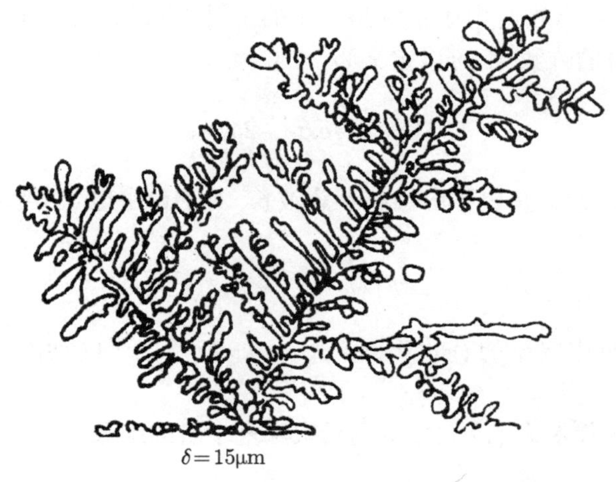

$\delta = 15\mu m$

图 12.20　二维 NH_4Cl 水溶液中晶体生长的分枝枝晶

12.8　分数维方法研究量子阱中的激子和极化子

12.8.1　量子阱的维数

量子结构对于电子具有量子限制效应. 用维数来分类, 量子结构有：一维受限的准二维结构, 一般称为量子阱; 二维受限的准一维结构称为量子线; 三维受限的准零维结构称为量子点. 下面以准二维结构量子阱为例, 讨论 "准二维" 的维数.

一维受限的准二维结构量子阱, 与量子力学中的一维量子阱相对应. 对于实际的一维受限的三明治结构量子阱, 例如 AlGaAs/GaAs/AlGaAs 构成一维有限深量子阱. 若不考虑电子从量子阱中逸出, 认为势垒无限高, 就得到一维无限深量子阱. 注意这里的 "一维", 指的是电子系统受限的维度, 电子系统本身是准二维的. 以无限深量子阱为例, 当阱宽 $2a \to 0$ 时, 电子系统是二维的, 当阱宽很大 ($2a$ 远大于电子的德布罗意波长) 时, 电子系统是三维的. 通常的量子阱电子系统的维数, 是介于 2 与 3 之间的分数维, 这就是通常所说的 "准二维".

1. 无限深量子阱的维数

首先讨论无限深量子阱的维数. 对于实际的三明治结构的量子阱, 在不考虑电子从量子阱中逸出的情况下, 可近似为无限深量子阱. 无限深量子阱的电子势能可以表示为

$$V(z) = \begin{cases} \infty & |z| \geqslant a \\ 0 & |z| < a \end{cases} \tag{12.10}$$

该量子阱中的电子是在 z 方向受限, 在 xy 平面内可以自由运动的准二维电子系统. 基于阱宽 $2a \to 0$ 时电子系统是二维的, 当阱宽很大时电子系统是三维的共识, 无限深量子阱的维数 D 可以定义为

$$D = 3 - \exp(-2a/\lambda) \tag{12.11}$$

式中 $2a$ 为势阱宽度, λ 是电子的德布罗意波长, 对于自由电子, 当温度为 T 时的德布罗意波长为

$$\lambda = h/p = h/\sqrt{2mE_{\mathrm{k}}} = h/\sqrt{2mk_{\mathrm{B}}T} \tag{12.12}$$

式中 m 为量子阱中电子的有效质量, $E_{\mathrm{k}} = k_{\mathrm{B}}T$ 是电子的动能, k_{B} 为玻尔兹曼常量.

把式 (12.12) 代入式 (12.11), 得到无限深量子阱的维数

$$D = 3 - \exp(-2a\sqrt{2mk_{\mathrm{B}}T}/h) \tag{12.13}$$

具体对于 GaAs 量子阱进行数值计算, GaAs 中电子的有效质量为 $m=0.0665m_0$, m_0 为自由电子的静止质量, 温度 T 取 300K, 数值计算式 (12.13), 得到无限深量子阱的维数随阱宽的变化, 如图 12.21 所示.

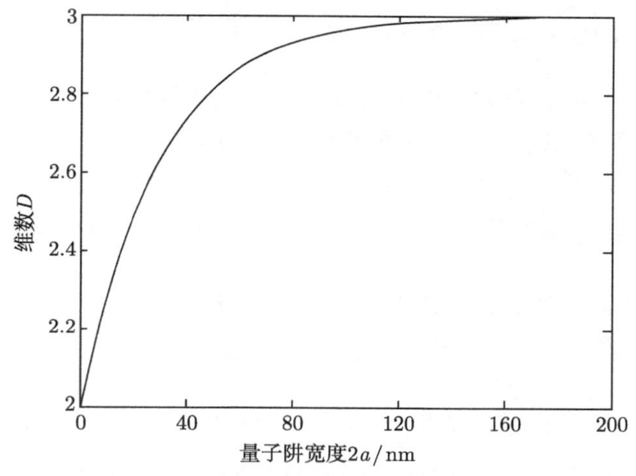

图 12.21　无限深量子阱的维数随阱宽的变化

无限深量子阱的阱宽 $2a \to 0$ 时, 量子阱电子系统是二维的, 有限宽度的无限深量子阱电子系统的维数介于 2 与 3 之间, 随着阱宽的增大, 维数趋于 3. 温度 T =300K 时, 电子德布罗意波长 $\lambda \approx 29.6\text{nm}$, 当阱宽 $2a > 100\text{nm}$, 即阱宽远大于电子德布罗意波长时, 量子阱对于电子的量子限制作用将不显著, 这时, 如图 12.21 所示, 无限深量子阱的维数趋近 3.

2. 有限深量子阱的维数

在无限深势阱情况下, 电子不能隧穿到势垒中, 而在有限深势阱中, 电子能够隧穿进入势垒中, 这时量子阱对于电子的有效限制宽度将大于阱宽. 对于有限深量子阱

$$V(z)=\begin{cases} V_0 & |z| \geqslant a \\ 0 & |z| < a \end{cases} \tag{12.14}$$

类似无限深量子阱中维数的定义式 (12.11), 有限深量子阱的维数可以表示为

$$D = 3 - \exp(-L_{\mathrm{w}}^*/\lambda) \tag{12.15}$$

式中 L_{w}^* 是有限深量子阱中电子在 z 方向分布的有效宽度, 考虑到波函数在势垒中的分布, 有效宽度 L_{w}^* 可以表示为

$$L_{\mathrm{w}}^* = 2a + 2/k_{\mathrm{b}} \tag{12.16}$$

式中 $k_{\mathrm{b}}=\sqrt{2m_{\mathrm{b}}(V_0-E)}/\hbar$ 是势垒中电子的波数, $1/k_{\mathrm{b}}$ 标志电子在一侧势垒中的隧穿分布深度, m_{b} 为势垒中电子的有效质量, E 为电子的基态能量. 通过求解势能为式 (12.14) 的定态薛定谔方程, 得到基态能量 E 由下式决定

$$(2a)k_{\mathrm{w}}=\pi-2\arcsin\left[1/\sqrt{1+(k_{\mathrm{b}}m_{\mathrm{w}}/k_{\mathrm{w}}m_{\mathrm{b}})^2}\right] \tag{12.17}$$

式中 $k_{\mathrm{w}}=\sqrt{2m_{\mathrm{w}}E}/\hbar$ 为势阱中电子的波数, m_{w} 为势阱中电子的有效质量.

有限深量子阱中电子的德布罗意波长 λ 还是由式 (12.12) 计算, 不同的是电子的有效质量 m. 由于电子有隧穿进入势垒的概率, 此时电子的有效质量 m 应取为电子在整个系统中的平均有效质量. 用 $P_{\mathrm{w}}=\displaystyle\int_{-L_{\mathrm{w}}/2}^{L_{\mathrm{w}}/2}|\varPsi|^2\mathrm{d}x$ 表示势阱中电子出现的概率, $P_{\mathrm{b}}=1-P_{\mathrm{w}}$ 为势垒中电子出现的概率, 其中 $\varPsi=\sqrt{\dfrac{k_{\mathrm{w}}\tan k_{\mathrm{w}}a}{1+k_{\mathrm{w}}a\tan k_{\mathrm{w}}a}}\cos k_{\mathrm{w}}z$ 为电子在势阱中的归一化波函数, 则电子有效质量 m 满足

$$1/m=P_{\mathrm{b}}/m_{\mathrm{b}}+P_{\mathrm{w}}/m_{\mathrm{w}} \tag{12.18}$$

具体对于量子阱 $\mathrm{Al_{0.3}Ga_{0.7}As/GaAs/Al_{0.3}Ga_{0.7}As}$ 进行数值计算. 势阱 GaAs 中电子的有效质量为 $m_w=0.0665m_0$, 势垒 $\mathrm{Al_{0.3}Ga_{0.7}As}$ 中电子的有效质量为 $m_b=0.317m_0$, 由式 (12.12) 以及式 (12.15)~(12.18), 计算得到有限深势阱的维数随阱宽的变化, 如图 12.22 所示.

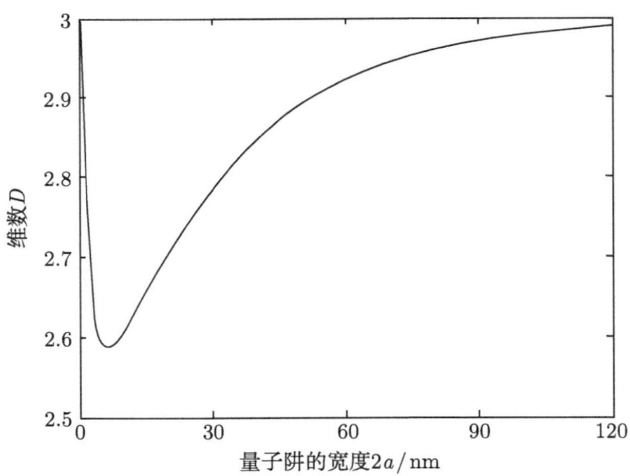

图 12.22 有限深量子阱的分数维

由图 12.22 可以看出, 当有限深量子阱的阱宽较大时维数趋于3, 随着量子阱宽的减小, 电子的维数先单调减小; 当阱宽进一步下降时, 维数达到最小值, 然后又逐渐增大; 当阱宽 $2a\to0$ 时, 维数又趋近 3. 这是因为在阱宽较大时量子阱

对电子的束缚作用较小, 电子的运动几乎不受阱的限制, 所以在阱宽较大时量子阱的维数趋于三维, 随着阱宽的减小, 阱对电子的束缚逐渐显现出来, 维数随之减小; 当阱宽趋于零时, 量子阱的量子限制作用随之消失, 具体对于量子阱 $Al_{0.3}Ga_{0.7}As/GaAs/Al_{0.3}Ga_{0.7}As$ 来说, 阱宽趋于零时, 量子阱随之变为了体材料 $Al_{0.3}Ga_{0.7}As$, 即阱宽趋于零时系统的维数趋于三维; 其间, 量子阱的维数有一个分数维极小值, 该极小的维数对应于这时的量子阱对于电子的量子限制作用最强.

12.8.2　分数维方法研究量子阱中的激子

量子阱中激子在各向同性有效质量近似下的哈密顿

$$\begin{aligned} H_{\mathrm{ex}} &= -\frac{\hbar^2}{2m_{\mathrm{e}}}\nabla_{\mathrm{e}}^2 - \frac{\hbar^2}{2m_{\mathrm{h}}}\nabla_{\mathrm{h}}^2 - \frac{e^2}{4\pi\varepsilon_0\varepsilon_\infty|\boldsymbol{r}_{\mathrm{e}}-\boldsymbol{r}_{\mathrm{h}}|} + V_{\mathrm{well}} \\ &= -\frac{\hbar^2}{2m_{\mathrm{e}}}\nabla_{\mathrm{e}}^2 - \frac{\hbar^2}{2m_{\mathrm{h}}}\nabla_{\mathrm{h}}^2 - \frac{e^2}{4\pi\varepsilon_0\varepsilon_\infty r} + V_{\mathrm{well}} \end{aligned} \tag{12.19}$$

其中 r 是电子相对于空穴的相对位矢的大小, 以及量子阱势能

$$V_{\mathrm{well}} = V_{\mathrm{e}}(z_{\mathrm{e}}) + V_{\mathrm{h}}(z_{\mathrm{h}}) \tag{12.20}$$

在整数维情况下, 即在均匀体材料和二维系统中, 人们得到了三维系统中激子的结合能和基态激子半径为

$$E_{\mathrm{b}}^{(D=3)} = \frac{\mu e_{\mathrm{s}}^4}{2\hbar^2\varepsilon_{\mathrm{r}}^2 n^2}, \quad a_{\mathrm{ex}}^{(D=3)} = \frac{\varepsilon_{\mathrm{r}}\hbar^2}{\mu e_{\mathrm{s}}^2} \tag{12.21}$$

二维系统中激子的结合能和基态激子半径为

$$E_{\mathrm{b}}^{(D=2)} = \frac{\mu e_{\mathrm{s}}^4}{2\hbar^2\varepsilon_{\mathrm{r}}^2\left(n-\dfrac{1}{2}\right)^2}, \quad a_{\mathrm{ex}}^{(D=2)} = \frac{\varepsilon_{\mathrm{r}}\hbar^2}{2\mu e_{\mathrm{s}}^2} \tag{12.22}$$

基态 $(n=1)$ 激子的结合能, 有 $E_{\mathrm{b}}^{(D=2)} = 4E_{\mathrm{b}}^{(D=3)}$, 这是大家熟知的结果, 随着维数的降低, 激子结合能显著增大.

量子阱具有分数维, 特别是不同的量子阱具有不同的势能函数, 量子阱中激子的研究相对更复杂. 可以通过确定量子阱的分数维, 利用分数维方法研究量子阱中的激子. 对于激子, 量子阱的维数为

$$D = 3 - \exp\left[-\frac{L_{\mathrm{w}}^*}{2a_{\mathrm{ex}}^{(D=3)}}\right] \tag{12.23}$$

其中 L_{w}^* 是量子阱对于激子产生量子限制作用的有效宽度. 当 $L_{\mathrm{w}}^* \gg a_{\mathrm{ex}}^{(D=3)}$ 时, 量子阱对于激子的量子限制作用微弱, 量子阱趋于三维情况; 当 $L_{\mathrm{w}}^* \ll a_{\mathrm{ex}}^{(D=3)}$ 时, 量子阱趋于二维情况; 当 $L_{\mathrm{w}}^* = 0$ 时, 这样量子阱中的激子是二维的.

在量子阱的分数维确定之后, 可以很方便地根据目前的研究结果, 得到与维数有关的激子结合能、激子有效玻尔半径等物理量. 与维数有关的激子结合能和激子半径为

$$E_{\mathrm{b}}=\frac{\mu e_{\mathrm{s}}^{4}}{2\hbar^{2}\varepsilon_{\mathrm{r}}^{2}\left(n+\dfrac{D-3}{2}\right)^{2}} \tag{12.24}$$

$$a_{\mathrm{ex}}=\left(n+\frac{D-3}{2}\right)^{2}\frac{\varepsilon_{\mathrm{r}}\hbar^{2}}{\mu e_{\mathrm{s}}^{2}} \tag{12.25}$$

12.8.3　分数维方法研究量子阱中的极化子

对于极化子在电子与声子弱耦合 (耦合系数 $\alpha \ll 1$) 情况下, 通过二阶微扰理论, 可以计算得到分数维为 D 的量子阱中极化子能量为

$$E=-\alpha\hbar\omega_{\mathrm{LO}}G_{\alpha}(D)+\frac{\hbar^{2}k^{2}}{2m_{\mathrm{pol}}^{*}} \tag{12.26}$$

其中

$$m_{\mathrm{pol}}^{*}=\frac{m^{*}}{1-\alpha G_{\beta}(D)} \tag{12.27}$$

是极化子有效质量, m^* 是电子有效质量. 式中

$$G_{\alpha}(D)=\frac{\sqrt{\pi}}{2}\frac{\Gamma\left(\dfrac{D-1}{2}\right)}{\Gamma\left(\dfrac{D}{2}\right)} \tag{12.28}$$

$$G_{\beta}(D)=\frac{\sqrt{\pi}}{4}\frac{\Gamma\left(\dfrac{D-1}{2}\right)}{D\Gamma\left(\dfrac{D}{2}\right)} \tag{12.29}$$

注意 $G_{\beta}(D)=\dfrac{1}{2D}G_{\alpha}(D)$.

直接验证, 可以得到熟知的严格的极化子二维和三维极限. 利用 $\Gamma(x+1)=x\Gamma(x)$, $\Gamma(1)=1$ 和 $\Gamma\left(\dfrac{1}{2}\right)=\sqrt{\pi}$, 有 $G_{\alpha}(3)=1$ 和 $G_{\alpha}(2)=\dfrac{\pi}{2}$; 二维和三维极限下, 极化子的能移 $\Delta E^{(D=2)}=\dfrac{\pi}{2}\Delta E^{(D=3)}$. 另外, $G_{\beta}(3)=\dfrac{1}{6}$ 和 $G_{\beta}(2)=\dfrac{\pi}{8}$, 得到熟知的三维和二维极限情况下, 极化子的有效质量 $m_{\mathrm{pol}}^{*(D=3)}=\dfrac{m}{1-\alpha\dfrac{1}{6}}$ 和 $m_{\mathrm{pol}}^{*(D=2)}=\dfrac{m}{1-\alpha\dfrac{\pi}{8}}$.

在常见的 GaAs-Al$_x$Ga$_{1-x}$As 量子阱中, 电子与声子的耦合系数 $\alpha \ll 1$, 属于弱耦合情况.

分数维方法为量子阱中激子、极化子等的研究, 提供了一个比较简捷的方法, 该方法的前提是首先要正确地确定量子阱的分数维. 另外, 其他的量子结构, 例如量子线、量子点等, 只要能够正确地确定其分数维, 也可以用分数维方法研究其中准粒子的性质.

思考题和习题

1. 什么是康托尔集合? 计算康托尔集合的维数.
2. 构造科赫曲线, 计算科赫曲线的维数.
3. 各举出两个有规分形和随机分形的例子.
4. 中国的海岸线有多长? 为什么?
5. 列举凝聚态中的一些分形结构.

参 考 文 献

邓艳平, 吕彬彬, 田强. 2010. 非对称方势阱中的激子及其与声子的相互作用. 物理学报, 59(7): 4961

冯端, 金国钧. 1992. 凝聚态物理学新论. 上海: 上海科学技术出版社

张济忠. 1995. 分形. 北京：清华大学出版社

赵松年. 1994. 非线性科学 —— 它的内容、方法和意义. 北京：科学出版社

Hausdorff F. 1918. Dimension and ausseres Mass. Math Ann, 79(1): 157

He X F. 1990. Fractional dimensionality and fractional derivative spectra of interband optical transitions. Phys Rev B, 42(18): 11751

Mathieu H, Lefebvre P, Christol P. 1992. Excitons in semiconductor quantum wells: A straightforward analytical calculation. J Appl Phys, 72(1): 300–302

Wu Z H, Li H, Yan L X, Liu B C, Tian Q. 2013. Fractional-dimensional space approach for the polaron in a GaAs film deposited on Al$_x$Ga$_{1-x}$As substrate. Physica B, 410: 28–32

第 13 章　半导体发光和显示

发光是吸收能量后又把能量用光的形式释放出来的过程. 发光是一个专门名词, 并非发亮就是发光. 我们的生活离不开光源, 从远古以来, 人类的生活和生产都是在太阳光下进行的, 昔日人们 “日出而作, 日入而息”, 借助于太阳光, 人们才能够有效地进行生活和生产, 才可以了解周围的情况, 这是唯一强大的自然光. 但是, 太阳光是经过大气层过滤后才到达地面的, 其中臭氧层能吸收 200~320nm 的光, 吸收最强的波长是 255nm, 每穿过 1μm, 透过的强度就要减半, 由于臭氧层的吸收, 太阳光中的紫外成分已经很少; 阳光出现的时间只是一昼夜中的一部分, 不能满足人类生活和生产的需要, 于是人类就致力于创造人造光.

最早的人造光是利用火来获得的, 后来渐渐发展到靠加热, 而不是靠燃烧获得人造光, 最成功的结果是 1887 年美国发明家爱迪生 (Edison) 发明的白炽灯. 白炽灯是靠通电来加热, 从而产生热辐射发光, 要使炽热体的光谱与白昼光相近, 就要把炽热体加热到太阳表面的温度 5800°C. 一般的金属, 加热到 500°C, 才能发出微弱的红光, 为了得到适用的明亮的白光, 温度需达 2000°C 以上, 而在这样的温度下, 大多数固态金属都熔化成液态了. 爱迪生经过 2 年多、对 1000 多种材料的试验, 最后选用碳丝 (熔点高达 4000°C) 点亮了世界上第一只电灯, 开创了电光源的新纪元. 后来用钨丝代替碳丝, 得到耐用的实用化的白炽灯. 白炽灯的钨丝温度通常只有 2000° 左右, 因而所发射的光与日光相比, 颜色还是黄得多. 目前白炽灯仍广泛用做照明光源.

后来, 人们发明了 “冷光”, 在这种发光中发射光的物体不必被加热, 物体与周围环境的温度几乎相同, 只是在它的发光中心吸收能量, 然后发出一定光谱范围的光. 例如, 极光、萤火虫 (古人李密曾用大量萤火虫照明读书)、海中的发光鱼等发出的光, 都是冷光的例子. 至于能够被吸收的能量的种类, 经过科学家多年的研究, 发现除去波长较可见光为短的电磁波之外, 还有电子束、电场、高能粒子等. 发光的光谱常常只集中在一个窄的光谱范围. 由色度学已经知道, 任何自然色都可以用三基色的混合来得到, 所以, 当前不论在照明或全色显像方面, 都集中研究三基色的获得.

白色发光二极管被认为是 21 世纪最有价值的新光源, 将取代白炽灯和日光灯成为照明市场的主导, 被称为第四代照明光源. 发光二极管的能耗仅为白炽灯的 1/8, 荧光灯的 1/2, 其寿命可长达 10 万小时, 对于普通家庭照明, 可谓一劳永逸, 同时还实现了无汞化, 对于环境保护和节约能源具有重要意义.

在实际应用中, 人们面临着各种各样的问题, 如发光强度、发光效率等, 有些应用中衰减也是重要的, 例如, 要显示动画就要衰减快, 而要求长余辉就需要衰减慢. 近期大家关注的蓝色发光、多孔硅发光、有机及高分子发光二极管、纳米硅的发光等, 将从不同途径满足新技术的需求.

13.1　半导体发光现象及其几个基本概念

1907 年 H. J. Round 发现金刚砂晶体通电后可以发光, 此后将近 50 年无多大进展. 直到 1955 年, G. A. Wolff 发现 GaP 的发光现象, 才引起科学界的极大重视. 从此, 对发光二极管的研究活跃起来.

1961 年前后, 不少研究者发表了应用III-V族半导体材料制成发光二极管 (light emitting diode, LED) 的研究成果. 1968 年红色 LED 首先在美国 Monsanto 公司和 HP 公司作为商品出售. 1970 年, 我国试制成功红色 LED. 20 世纪 70 年代开始, 人们继续在高亮度、多色化、低电流、多功能、大面积、表面安装等方面取得令人瞩目的进步, 从而促进了 LED 工业化生产的迅速发展. 1983 年, 世界 LED 总产量为 40 亿只, 1990 年达 150 亿只, 产值约 10 亿美元.

20 世纪 80 年代以来, GaAlAs LED 商品化工作取得很大进展, 使 LED 由过去只能作为室内显示向室外光源 (广告牌、交通信号灯、汽车尾灯等) 发展. 光纤通信是 LED 的另一应用领域, 其工作波长在红外范围, 即 0.82→0.85μm 和 1.3μm 的光纤通信.

白光 LED 被称为第四代照明光源, 具有节能、环保、寿命长、体积小等特点, 可以广泛应用于各种指示、显示、装饰、背光源、普通照明和城市夜景等领域. 近年来, 世界上一些经济发达国家围绕白光 LED 的研制展开了激烈的技术竞赛. 美国从 2000 年开始投资 5 亿美元实施 “国家半导体照明计划”, 欧盟在 2000 年 7 月启动类似的 “彩虹计划”. 我国在 “863” 计划的支持下, 2003 年 6 月首次提出发展半导体照明计划, 已取得了多项研究成果, 一些白光 LED 产品开始进入国际市场, 我国的半导体照明技术具有国际先进水平.

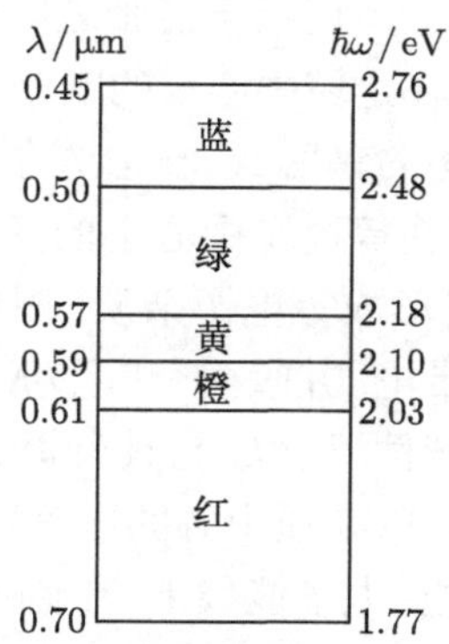

图 13.1　禁带宽度和波长的对应关系

适合于制作发光二极管的材料主要是禁带较宽的材料, 禁带宽度和波长的对应关系如图 13.1 所示. GaAs 的禁带宽度为 1.46eV, 所对应的波长在红外 0.85μm 附近, 用于制作红外发光二极管; 另一种宽禁带材料 α-SiC, $E_g \approx 3$eV, 可用于制作可见光发光二极管; 一些Ⅱ-Ⅵ族化合物, 就禁带宽度和禁带性质而言是理想的发光材料; 目前用做可见光范围发光二极管的主要材料是 GaP 以及它和 GaAs 的连续固溶体 $GaAs_{1-x}P_x$, GaP 的室温禁带宽度为 2.26eV, 相应的波长约 0.55μm, 在绿光波段, 改变混晶中 GaP 的含量, 可得到不同颜色的发光二极管; 近年来, 固溶体 $In_{1-x}Ga_xP$ 也受到重视.

13.1.1 辐射跃迁

辐射跃迁的主要过程有:

(1) 带间跃迁. 自由电子和自由空穴的跃迁, 有时被称为自由-自由跃迁. 图 13.2(a) 是直接带的带间竖直跃迁, 称为直接跃迁, 其中横轴是波矢, 纵轴是电子能量; 图 13.2(b) 是间接带的带间跃迁, 称为间接跃迁.

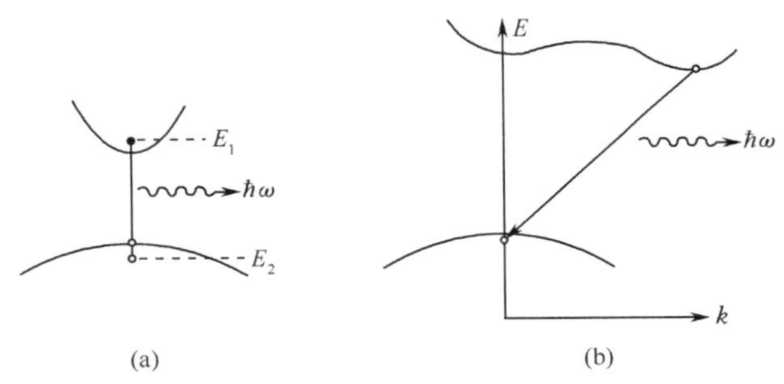

图 13.2 带间跃迁

(a) 直接带; (b) 间接带

(2) 杂质能级与能带之间的跃迁.

(3) 在定域中心上的跃迁. 在许多发光体中 (例如 ZnS:Mn), 已经观察到来自这种定域态的辐射跃迁. 它发射具有一个原子跃迁特征的狭窄谱线.

(4) 在等电子中心上的跃迁. 用相同价数的另一种原子取代基质晶体中的一种原子, 就形成等电子杂质, 例如 GaP 中的 N 杂质. 等电子中心能够以短程势俘获电子而带电, 并吸引空穴形成束缚激子. 因为束缚在等电子中心上的激子具有非常强的定域性, 所以, 它具有很高的辐射复合概率.

当这些杂质中心的浓度增加的时候, 由于束缚激子的相互作用, 就增加了它们的结合能, 电子能级下降, 因而降低了激发态的能量和发射的光子能量.

(5) 施主 - 受主跃迁. 由于杂质间距离的变化范围可以很大, 所以施主 D- 受主 A 跃迁的发射光谱很宽. 最近邻的 DA 对, 发射的光子能量最高, 通常形成很清晰的谱峰; 能量最低的光子是远距离 DA 对的发射, 它们形成一个比较宽的谱带.

13.1.2　无辐射跃迁

无辐射跃迁的主要过程有:

(1) 多声子发射. 电子多余的能量和动量以发射声子的形式释放. 通常跃迁中所释放的能量比单个声子的能量大得多, 必须同时发射多个声子, 称为多声子发射过程, 或多声子过程, 又称为热跃迁.

(2) 俄歇效应. 进行复合的电子把要辐射的那部分能量交给处于激发态的另一个电子, 使它上升到更高的能态, 这就是俄歇过程. 这第二个电子可以通过多声子发射回到能量较低的激发态. 例如, 一个导带电子可以被激发到导带中的高能态, 然后通过发射声子在导带内热能化. 在这种过程中, 发生了复合, 但没有产生辐射.

另外, 通过一些缺陷的复合 (例如表面复合) 是无辐射的, 这些缺陷称为无辐射缺陷.

13.2　半导体电致发光

在电致发光中, 向自由载流子提供势能或动能, 就造成了激发. 在 pn 结或某些其他势垒上加正向偏压, 电子就获得了必要的势能; 在结上加反向偏压或在绝缘材料上加高电场, 就会产生过热载流子. 有时, 在载流子被电场加速之前, 必须先把载流子引入绝缘体, 这是产生高电场的一种方法.

13.2.1　注入发光

1. pn 结

pn 结能带图和简并掺杂 n 型与轻掺杂 p 型半导体的 pn 结能带图分别如图 13.3 和图 13.4 所示.

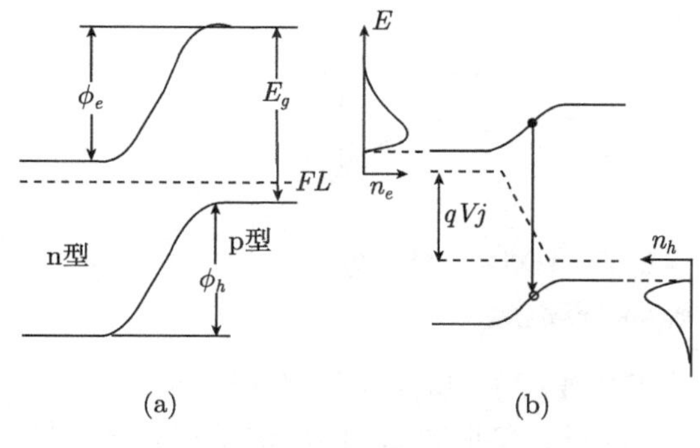

图 13.3　pn 结能带图

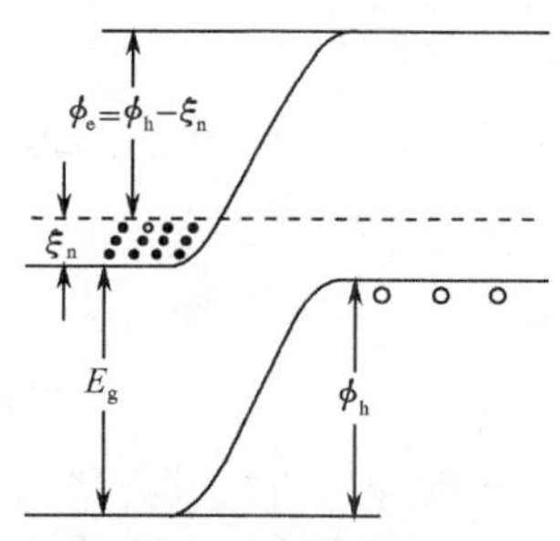

图 13.4　简并掺杂 n 型和轻掺杂 p 型半导体 pn 结能带图

在发光二极管中, 结区两边的掺杂, 往往是一侧比另一侧更重些. 事实上, 重掺杂一侧的材料通常是简并的, 亦即其费米能级在导带内.

2. 异质结

可以利用异质结控制注入发光材料中的载流子类型. 注入的载流子源是一种禁带宽带比发光区材料的禁带宽带更宽的材料, 如图 13.5 所示, 在正向偏压下, 可以得到高的注入效率.

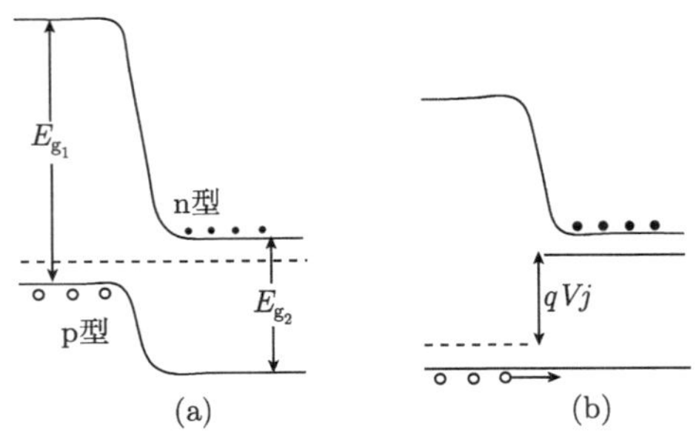

图 13.5　异质结能带图

(a) 平衡时; (b) 加正向偏压时

两种材料在加工温度下具有相近的晶格常数, 这样就可以最大限度地减少位错和界面间的应力.

3. 肖特基势垒

肖特基势垒发生在与金属接触的半导体表面上. 这种势垒的行为像 pn 结, 一旦表面态感生反型层, 表面就具有和体内相反的导电类型, 如图 13.6 所示. 在效果上, 这等价于紧挨着表面下面形成一个 pn 结. 施加正向偏压后能带被拉平, 少数载流子就能注入到体内, 然后, 就像在 pn 结中那样进行辐射复合.

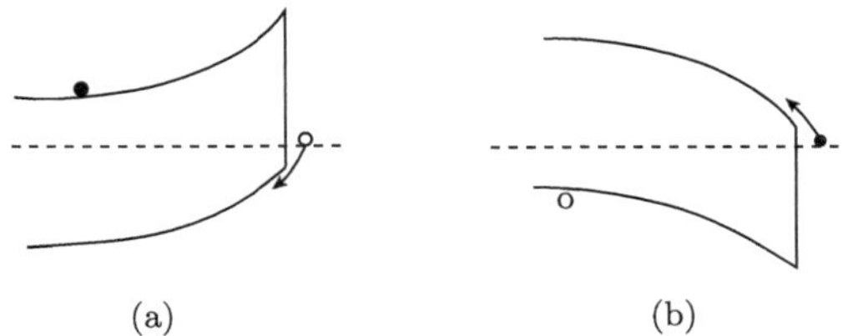

图 13.6　n 型 (a) 和 p 型 (b) 材料中肖特基势垒图

箭头表示在正向偏压下, 少数载流子的注入

正向偏压肖特基势垒的一个问题是多数载流子很容易流入金属电极, 从而降低注入效率, 因而也就降低了发光效率. 肖特基势垒很容易制作, 这是它的一个显著的优点.

4. MIS 结构

当表面不足以感生所期望的反型层时, 可以通过一个绝缘体, 由电容和表面的耦合而感生表面电荷. MIS 结构的一个直接好处是可以通过外加电压控制能带的弯曲. 这样便可以在一种极性下感生反型层, 然后使金属电极反转, 就能使在表面上积累起来的载流子注入, 如图 13.7 所示. 已经利用这种方法在没有 pn 结的 GaAs 中得到了电致发光; 这种激发方式的另一个实例是 GaN 的紫外电致发光.

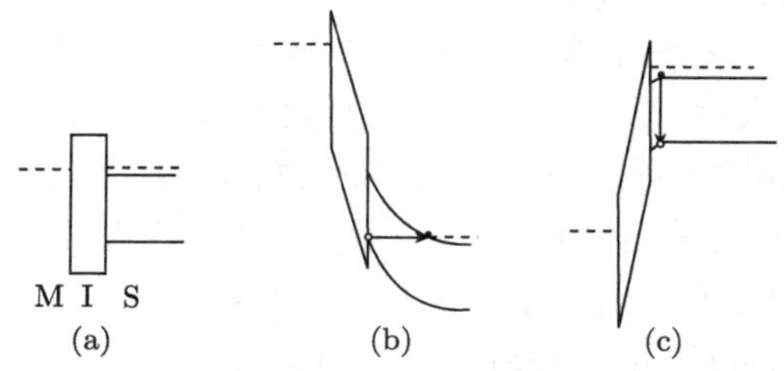

图 13.7　MIS 极性转换时的能带结构

(a) 未加偏压; (b) 为产生空穴而在金属上加负偏压; (c) 为复合而在金属上加正向偏压

13.2.2　辐射隧穿

导带电子通过隧穿进入禁带, 在那里完成到价带的辐射跃迁, 如图 13.8 所示. 发射光谱的峰值随外加电压而移动; 而且, 在相同的材料上, 与用别的激发方式 (例如光致发光) 得到的发射光谱峰相比较, 它位于较低的光子能量区.

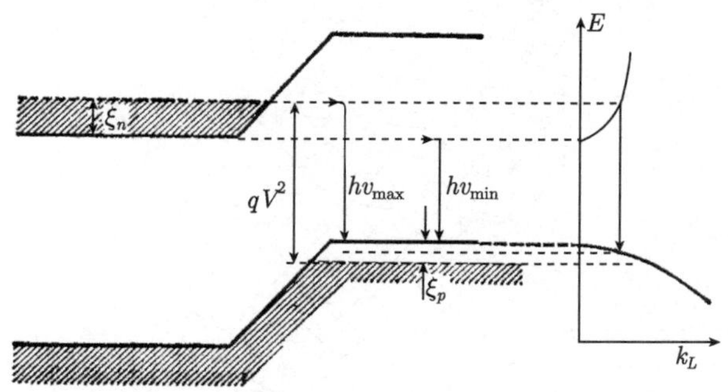

图 13.8　在正向偏压下, 贯穿 pn 结的辐射隧穿

13.2.3　击穿发光

在击穿过程中产生的电子–空穴对可以辐射复合. 发射光谱的高能量部分很容易被半导体再吸收, 因而只有在特殊制备的结构中, 使击穿就在表面或者非常接近表面处发生, 才能观察到雪崩击穿发光.

13.2.4 移动的高场畴的发光

存在若干能把比较低的外加电场转换成强场畴的现象. 这些畴沿样品 (通常从阴极向阳极) 移动. 在某些结构中, 畴与 pn 结相互作用, 或引起注入, 或发生击穿. 虽然这些效应目前还只是实验室中才有的珍品, 但具有潜在的实用价值.

1. 耿氏效应感生的发光

耿氏畴是一个电阻率较高的区域, 外加电压主要降落在这个高电阻率的畴上. 由于畴很薄, 形成一个高场畴. 这个区域中的电场超过了碰撞离化值 2×10^5V/cm, 并产生许多电子 - 空穴对. 这些对的辐射复合就形成了随耿氏畴传播的光源. 当外电场断开 (或在畴的尾部) 时, 过热电子热能化而到达能带边缘并产生更强的直接辐射跃迁的光脉冲, 这时采用法布里–珀罗腔, 就可以得到相干辐射.

由耿氏畴引起的可见光预计会产生于因具有较高能谷而使迁移率降低的宽禁带材料中. 这样的材料可以是 $GaAs_{1-x}P_x$ 或 $Ga_{1-x}Al_xAs$, 其中 x 接近从直接带材料过渡到间接带材料的组分值. $In_{1-x}Ga_xP_{1-z}As_z$ 的禁带宽度随组分值的变化如图 13.9 所示, 实线为等禁带宽带线, 虚线为等晶格常数线.

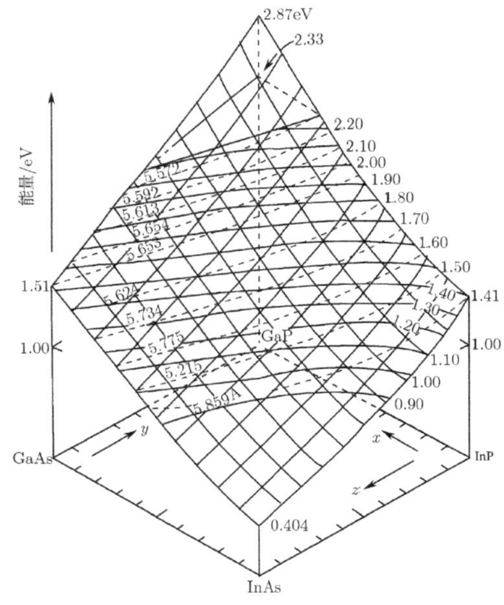

图 13.9 $In_{1-x}Ga_xP_{1-z}As_z$ 的禁带宽度随组分值的变化

$GaAs_{1-x}P_x$ 是一种有趣的混合晶体, 其禁带宽带的变化参看图 13.9, 在室温下, 在 $x=0.49$ 时发生由直接禁带向间接禁带过渡; 在 $x<0.49$ 时, 晶体是类 GaAs 的, 为直接禁带半导体, 而 $x>0.49$ 时, 晶体是类 GaP 的间接禁带半导体. 由混合晶体我们可以得到禁带宽带大于 2eV 的直接禁带材料.

2. *声电效应感生的发光*

另一个产生移动的高场畴的方法是声电效应.

声电效应是电子和声子间的合作现象. 在电场的作用下, 当载流子被加速到其速度可与材料中的声速相比时, 载流子就会把它们的一部分动能以声子的形式传递给晶格. 当电子速度将要超过声速时, 它给声子的能量就更多. 平均说来, 电子的速度将在声速 v_s 处达到饱和.

速度饱和相当于迁移率下降. 在样品上的外加电压恒定时, 沿晶体的电场分布就由初始的均匀场演变为阶跃式电场, 如图 13.10 所示. 这种被称为 “声电畴” 的高场区以声速移动. 当畴到达样品末端时, 晶体内部的电场突然增加, 电流骤升; 畴一旦被扫出样品, 另一新畴就在阴极形成, 电流又降到饱和值.

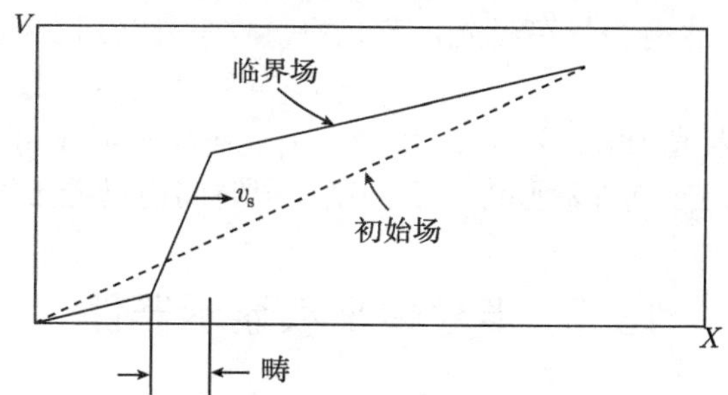

图 13.10　声电畴形成之前和之后半导体上的电位分布

在哑铃状的样品中, 如图 13.11 所示, 当声电畴到达棒的末端时, 观察到了突然

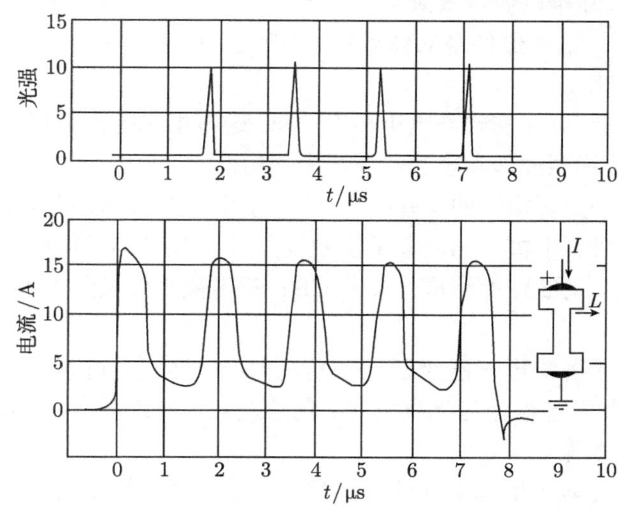

图 13.11　在哑铃状的 n 型 GaAs 样品中, 声电畴到达棒的末端时产生的光发射

迸发的光. 其光谱相应于接近禁带的复合. 这种光发射可以作如下解释: 畸中的电场把电子和空穴分离成为移动的偶极子, 当电场在靠近样品的阳极的扩口端突然减弱时, 电子云和空穴云便可以交叠而发生辐射复合.

13.2.5 半导体光致发光

光致发光是固体发光的一个重要方面, 在此做一点简单介绍.

光致发光是用光来激发材料而引起的发光. 早在古代, 就有夜明珠的报道, 后汉书 (公元 450 年) 中就有 "夜光壁" 的记载, 它们在白天受到日光的激发、吸收了光能, 到晚上又以发光的形式释放出来.

光致发光是一种普遍存在的现象, 不管是气态、液态, 还是固态, 也不管是无机、有机, 还是生命物质, 都可以有光致发光. 日常生活中的日光灯就有光致发光过程. 这种灯的灯管内壁上涂有荧光粉, 通电后, 灯管内的气体放电发光, 管内的水银蒸气发出紫外光 (也有少量可见光), 荧光粉吸收紫外光后发出可见光, 这后一过程就是光致发光.

光致发光又有荧光 (fluorescence) 和磷光 (phosphorescence) 之分. 若在激励期间的发光, 就称为荧光; 而在激励停止后的某一段时间内仍继续发光, 则称为磷光.

13.3 半导体平板显示器件

电子束显像管在显示显像领域, 特别是作为台式显示显像器, 占据着压倒的优势. 不过, 它存在一些固有的缺点.

(1) 荧光屏尺寸难以做得很大;

(2) 体积较大, 这种器件是立体器件, 有管壳, 并且需要较长的管身, 以获得优良的电子光学性能;

(3) 扫描和调制电路需要高电压和大功率, 这与集成电路不相配;

(4) 不适合在强烈冲击和震动的环境中使用.

为了克服电子束显像管的这些缺点, 出现了电子广告牌、袖珍电视机等设备中用的平板显示器件. 平板显示器通常由数以万计的发光单元组成的大型面阵发光屏及相应的供电驱动线路所组成. 未来 CRT 彩电被平板显示电视取代, 已成为公认的发展趋势.

图像显示基于各类电子能级跃迁发光机理. 根据发光过程中激励电子跃迁的能源不同, 可把发光过程分为光致发光、场致发光、电致发光、等离子体发光、化学发光和磁致发光等.

能够作为发光显示单元器件的有四种: ①场致发光显示器件 (EL); ②等离子体显示器件 (PDP); ③液晶显示器件 (LCD); ④半导体发光二极管 (LED).

13.3.1　半导体发光二极管显示板

与普通二极管相比, 半导体发光二极管的 pn 结区做得较宽, 掺杂浓度要高得多. 这样, 当两端加上正向偏置电压时, 导致少数载流子大量注入, 它们在较宽的结区内、以较大的概率复合并发光.

这种电注入发光若是非相干光, 则称为发光二极管; 当发光是相干光时, 称为半导体激光二极管.

可见光发光二极管有 $GaAs_{1-x}P_x$(红色)、GaP(红、黄、绿色) 和 GaN(蓝、绿、黄色) 等. 很多个发光二极管可做成一个大面阵显示器件, 其特点是低电压工作、尺寸小、可集成、能适应电池供电和配用逻辑电路.

所谓大屏幕显示指的是 $1m^2$ 以上的显示技术. 目前最大电视机只能达 80cm (32in), 且其中的电子束显像管制作起来非常困难. 能够实现大屏幕显示的技术手段有: 投影显示、激光显示和光阀显示. 随着半导体显示的研究, 半导体晶体彩色显示屏、壁挂电视等应运而生.

13.3.2　其他发光显示板简介

场致发光显示板: 场致发光粉通常属硫化锌序列, 如 ZnS:(Cu,Cl)(绿色)、ZnS:(Mn,Cu)(橙色) 和 ZnS:Cu(红色) 等; 场致发光粉与前述的荧光粉的发光机理相似. 这类显示板尺寸有 201mm×269mm(13in), 水平和垂直方向各有 224 条电极, 发橙黄色的光 (ZnS:Mn), 做成的袖珍电视机的对比度为 20 : 1 至 50 : 1.

等离子体显示板: 其发光单元的发光过程基于等离子体中带负电的电子与已被电离了的气体原子 (正离子) 之间的碰撞, 进而复合而发光. 实现等离子体板彩色图像显示的方法是: 用四个小单元组成一个彩色像素, 其中三个分别涂有蓝色 ($CaWO_4$)、红色 (YVO_4, 钒酸钇) 和绿色 ($ZnSiO_4$:Mn) 三种荧光粉, 它们靠气体放电产生的紫外线激发而发光; 通过三个小单元产生的不同比例的红、绿、蓝三基色, 组合成不同色彩的彩色电视图像. 等离子显示板已成功地用于计算机监视器中, 显示图形及文字, 并正在向电视图像显示应用领域扩展.

13.4　液晶和液晶显示

人们常见的袖珍式电视机、电子手表等大多用液晶显示板. 所谓 “液晶”, 是界于固态与液态之间各向异性的流体. 顾名思义, 它形如液体、性如晶体; 说它是液体, 其分子方向和位置可在外界作用力下, 产生变动, 宏观上呈现为流动性; 说它是晶体, 它具有晶体电导率 σ、介电常数 ε 和折射率 n 的各向异性. 液晶和液体的分子排列如图 13.12 所示.

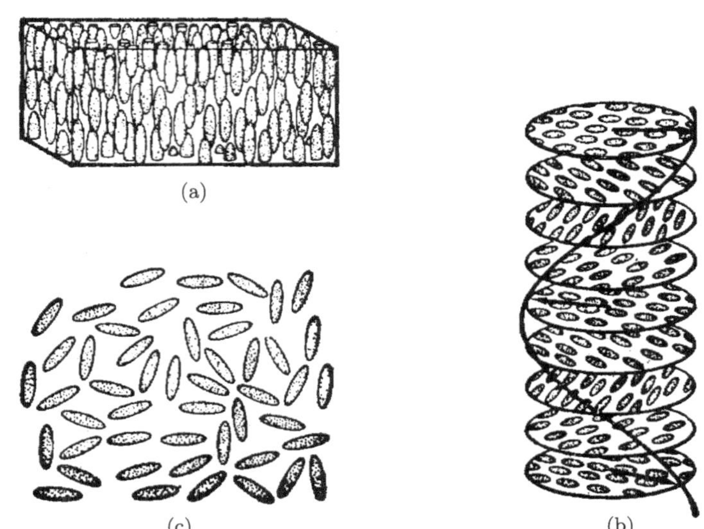

图 13.12　液晶 (a)(b) 和液体 (c) 的分子排列示意图

人们正好利用“液晶”的这种双重性质, 发明了液晶显示器. 由于液晶显示器的电力消耗低、体积小、显示鲜明、可靠性高、品质优良、成本低, 很快在钟表、计算器、计算机等行业得到广泛应用.

13.4.1　液晶的发现

液晶是早在 1888 年由奥地利的植物学家莱尼茨尔 (F. Reinitzer) 发现的, 至今已经一个多世纪了. 但是, 在过去的漫长岁月中, 由于历史条件的限制, 人们对液晶的结构和性质了解甚少; 直到最近的几十年, 液晶的研究才受到重视, 并从实验室进入到实际应用领域, 成为一种新的重要的工业材料.

当时莱尼茨尔在做胆甾醇苯甲酸酯结晶的实验时, 发现在 145.5°C 时, 结晶熔解成为混浊黏稠的液体, 继续加热到 178.5°C 时, 成为透明的液体. 这是人们对液晶认识的开始. 第二年, 德国的物理学家莱曼 (O. Lehmann) 发现, 上述 145.5~178.5°C 的黏稠混浊的液体, 在用偏光显微镜进行观察时, 它具有双折射现象. 于是, 莱曼把这种具有光学各向异性的液体称为液晶 (liquid crystal, LC). 关于液晶的发明权, 莱尼茨尔和莱曼各自都在争夺; 液晶研究开拓者之一的沃尔德 (Vorlander) 在 1908 年也曾写到: “有关液晶的发明者问题, 在莱尼茨尔和莱曼之间是难以区别的.”

莱尼茨尔在实验过程中, 发现胆甾醇苯甲酸酯的结晶有两个熔点, 还发现把胆甾醇苯甲酸酯的熔解液逐渐冷却至凝固点之前, 出现许多独特的鲜艳色彩. 为了弄清这些物理现象, 莱尼茨尔就把实验现象和样品送给莱曼, 希望他能就此现象进一步深入研究. 当时, 莱曼已经是从事了 20 多年结晶物理研究的著名物理学家, 他很快就着手研究了这种奇妙的液体, 1889 年正式把它确定为液晶.

莱曼的论文发表后不久, 德国汉堡大学的有机化学家加特曼 (Gattermann), 在实验中发现氧化偶氮苯乙醚和氧化偶氮苯甲醚及其衍生物产生类似于液晶的那种熔解现象, 他去请教莱曼. 经莱曼研究后确定, 这些化合物以及油酸铵、油酸钾都是液晶.

对液晶化学研究有贡献的沃尔德曾合成了许多液晶物质, 到 1920 年他已合成了 250 种以上. 在液晶研究史上, 最杰出的文献是法国的夫里德耳 (Friedel) 写的《物质的介晶态》, 这是一篇附有许多优美照片、长达 200 页左右的论文.

13.4.2 液晶的三种类型

目前, 已发现有两千多种液晶. 按其结构可分为三种类型或三种相: 近晶型液晶或近晶相 (smectic)、向列型液晶或向列相 (nematic)、胆甾型液晶或胆甾相 (cholesteric).

1. 近晶相

smectic 由希腊语而来, 是肥皂状之意, 因这种类型的液晶与浓肥皂水溶液, 都显示特有的偏光显微镜像, 因而命名为皂相. 这类液晶的分子分层排列, 有同一方向, 比较接近晶体, 故中译名为近晶相.

近晶相液晶具有分子水平的层状结构. 各层中的分子有一定的排列方向, 位置则完全无序, 分子的长轴与层面垂直或倾斜, 如图 13.13 所示, 层与层之间可以自由滑动.

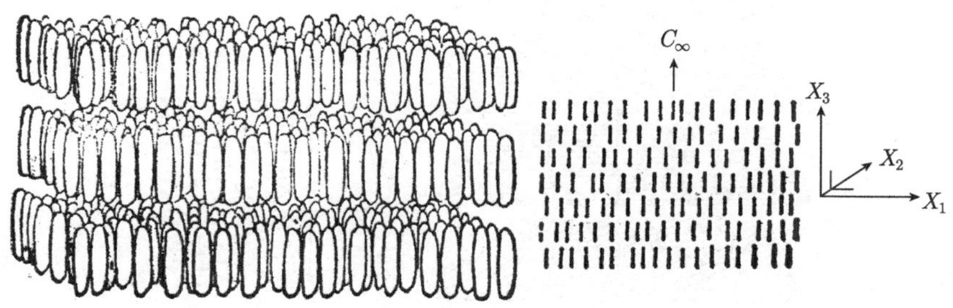

图 13.13　近晶相液晶的分子排列模式

2. 向列相

nematic 也是由希腊语而来, 是丝状之意, 因这种液晶的薄层在偏光显微镜下观察时, 呈现丝状型织构, 故称之为丝相. 这类液晶的分子位置杂乱, 但方向大致一致, 故译为向列相, 如图 13.14 所示.

向列相液晶比近晶相液晶的黏滞性低，而且，同一液晶物质若具有向列相和近晶相时，向列相通常靠近高温这一侧，随温度升高的转变规律为结晶 → 近晶相 → 向列相 → 液体.

向列相液晶最大的特点是在磁场、电场、表面力和机械力的影响下，分子排列一律倾向于同一方向.

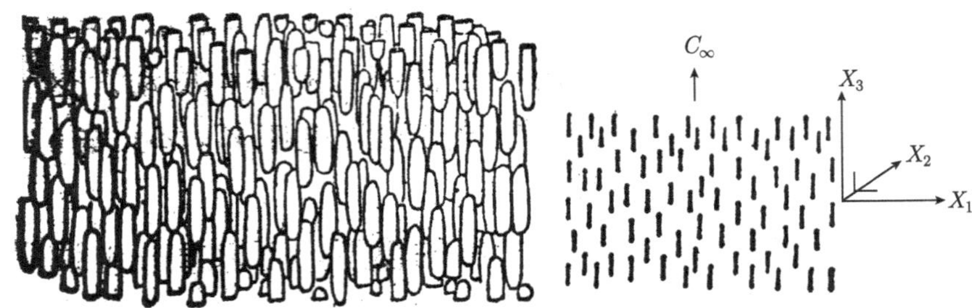

图 13.14　向列相液晶的分子排列模式

3. 胆甾相

胆甾相液晶则是由于此种液晶最早是从胆甾醇类物质中发现的，故称之为胆甾相，胆甾相液晶的分子排列如图 13.15 所示.

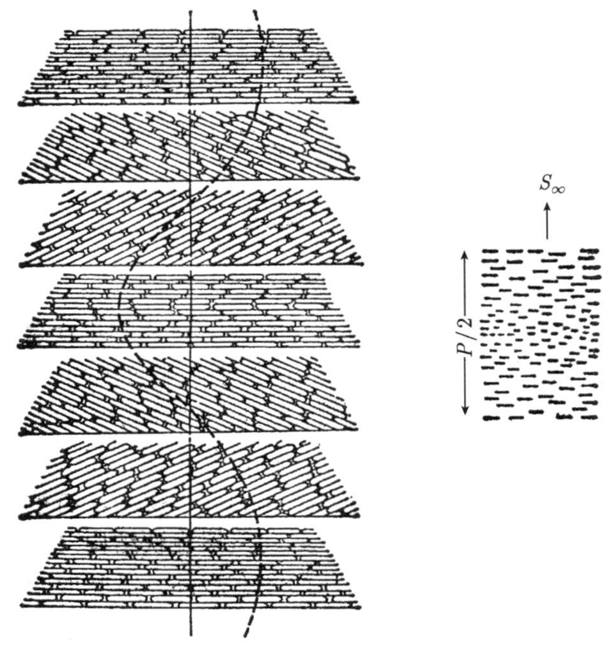

图 13.15　胆甾相液晶的分子排列模式

胆甾相液晶具有很大的旋光性, 至少可达到 100°/mm~1000°/mm, 这个值比水晶的旋光度 (20°/mm) 要大得多.

液晶不但可由通常的有机化合物加热熔解后生成, 而且把某些有机化合物放在一定的溶剂中也能形成液晶, 例如肥皂的浓水溶液便是具有代表性的一例. 按照液晶的生成方式, 液晶又可分为热致液晶和溶致液晶.

13.4.3 液晶显示

液晶在显示、检测、分析化学和合成化学等方面有较多的应用. 这里只是介绍液晶在显示方面的简单的应用.

液晶显示是利用液晶电光效应的非发光型显示. 液晶的电光效应分为电流效应型和电场效应型; 在电流或电场作用下使液晶分子的取向发生变化, 从而使液晶中光的通透性 (即透射率)、旋光性等发生变化来实现显示. 一般用于液晶显示器 (LCD) 的相是向列相.

具有规则分子取向的液晶为光学单轴性, 因此在具有透明电极的夹层式盒内, 注入分子轴为同一方向的液晶, 则可得到光学单轴性的液晶盒 (液晶盒的厚度在数十微米至几毫米). 为了得到平行取向, 一般采用摩擦法, 即用布等将液晶盒基板内表面往一个方向擦, 这是很早就采用的方法, 现在也在用. 通常在摩擦之前, 将聚酰亚胺等聚合物涂布于基板表面, 这种膜叫做取向膜. 分子轴按一定方向取向的向列相液晶和近晶相液晶都是光学单轴性. 在一般情况下, 光轴与分子轴方向一致. 液晶沿分子轴方向的相对介电常数 $\varepsilon_{//}$ 与垂直分子轴方向的相对介电常数 $\varepsilon_{\perp}$ 不同, 其差值 $\Delta\varepsilon = \varepsilon_{//} - \varepsilon_{\perp}$ 称为介电各向异性. 液晶的介电常数在分子轴方向上大时, 称为正介电各向异性 ($\Delta\varepsilon > 0$); 在垂直分子轴方向上大时, 称为负介电各向异性 ($\Delta\varepsilon < 0$). 在正介电各向异性的液晶中, 外加电场的作用使液晶分子的取向平行于电场方向; 而负介电各向异性液晶中的分子取向将垂直于外电场方向.

液晶显示的应用研究开始于 20 世纪 60 年代末. 应用的液晶电光效应是电流型的动态散射 (DS) 模式 (图 13.16). 在 DS 模式液晶显示中使用的是负介电各向异性的向列相液晶. 透明液晶单元加直流或低频电压时, 分子从有序排列变为无序排列, 导致液晶浑浊不透明. 当施加电压时, 由于分子电离或由电极注入电子, 使液晶内部产生导电离子, 它们的移动又碰撞别的液晶分子, 打乱了液晶原来规则的分子排列, 阻挡光线, 辐射光散射. DS 模式是离子电流驱动的显示, 所以功耗不能降低, 持续工作时间和寿命也不能太长, 而且其驱动电压高于 IC(集成电路) 的电压, 因而被其后电场型的扭曲向列 (twisted nematic, TN) 模式所取代.

TN 模式中使用的向列相液晶具有正介电各向异性, 在施加电压前后的液晶分子排列如图 13.17 所示. 无外加电压时, 液晶分子与基板平行取向, 且分子长轴在与基板平行的平面内连续地进行 90° 扭曲, 呈现 90° 的旋光效应. 若施加电压, 液晶分子取向顺着电场方向, 垂直于基板, 该垂直排列状态对于垂直入射的光来说是各向同性的, 所以入射光全部透过. 在液晶元件的两侧设置直线偏振片, 使之与偏振光方向平行或垂直, 因而能够容易地控制光的透过量以实现显示.

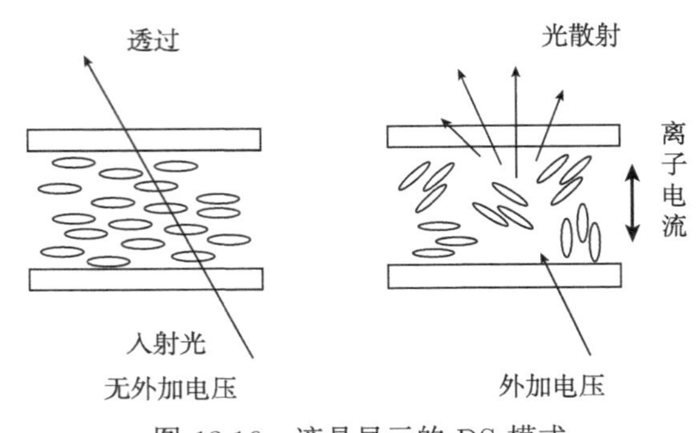

图 13.16 液晶显示的 DS 模式

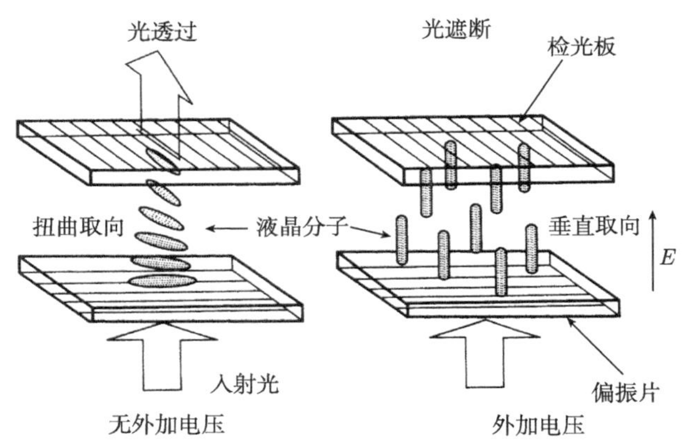

图 13.17 液晶显示的 TN 模式

液晶显示的模式在不断更新, STN(超扭曲向列) 模式、TFT(薄膜晶体管) 等相继成熟并投入实际应用.

另一种电场效应液晶 (胆甾型) 可显示彩色图像. 在电场作用下, 其各层间的螺旋状走向会发生变化, 导致对不同颜色光的吸收率发生相应改变. 例如, 30%油酸胆甾醇、45%溴化胆甾醇和 25%碳酸、壬苯胆甾酸的混合液, 不加电场时为红色, 加 6V/μm 电场时为黄色, 加 12V/μm 电场时为绿色, 加 16V/μm 电场时为蓝色. 利用上述电场效应的组合, 可显示彩色电视图像.

液晶电视显示板的优点是功耗小 (0.1→1mW/cm^2), 工作电压低 ($10^0 \rightarrow 10^1$V), 可直接用集成电路驱动. 其缺点是输出亮度低、响应时间长 (毫秒级).

13.5　固体摄像器件 CCD

固体摄像器件是从 20 世纪 60 年代末发明和逐渐成熟起来的光电子成像半导体器件. 所谓光电子成像, 是以光子、光电子作为信息载体, 研究图像转换、增强、接收、传输、处理、显示及存储等物理过程的一门综合性学科.

随着微电子学超大规模集成电路工艺的成熟, 人们可以将电视摄像的三个物理过程, 即景物图像的光电转换及存储、电荷转移和电荷 (信号) 读出, 通过一个集成的半导体芯片在特定外驱动电路控制下, 一并实现. 这类器件称为固体摄像器件. 它有电荷耦合型 (charge-coupled devices, CCD)、电荷注入型 (CID)、电荷引动型 (CPD) 和叠层型 (PLOSS) 等类型. 其中, 以 CCD 型的应用最为普遍.

20 世纪 60 年代末, 美国贝尔实验室的 W. S. 波涅尔和 G. E. 史密斯等在研究磁泡时, 发现了电荷通过半导体势阱时会发生转移现象, 他们据此提出了电荷耦合这一新概念和一维 (CCD) 模型, 预言了 CCD 在信号处理、信号存贮和图像传感等领域中的应用前景.

CCD 可达很高的分辨率, 线阵器件已有 7000 像元, 可分辨最小尺寸 7μm; 面阵器件已达 4096 像元 ×4096 像元, CCD 摄像机分辨率已超过 1000 线以上.

13.5.1　pn 结的光伏效应

如果用包含 $h\nu > E_g$ 光子的辐射照射具有 pn 结结构的半导体表面, 如图 13.18 所示, 那么, 只要结的深度在光的透入深度范围内, 光照的结果将在光照面与暗面之间产生光电压. 这个效应称为光生伏特效应, 或称光伏效应.

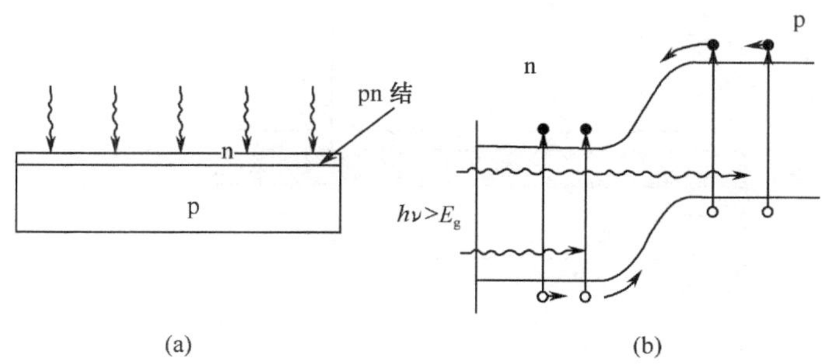

图 13.18　光伏效应示意图

入射光在其透入深度范围内激发电子-空穴对, 在距离势垒边界约一个扩散长度范围内光产生的少子, 可被势垒区的强电场抽取到对方. 在短路的情形下, 这将形成光致电流, 称为短路电流, 这个电流显然与 pn 结的反向电流的方向一致. 在断路的情形下, 则将在光照面与暗面之间形成一定的光致电压, 它使 pn 结正向偏置; 在稳定的条件下, 该电压产生的正向电流正好抵消光生电流. 在包含负载的回路中, 光生电动势可引起一定的电流, 从而向负载输出一定的功率. 这也是普遍使用的光电池的工作原理.

13.5.2 CCD 工作原理

CCD, 即电荷耦合器件, 是一种大规模集成的光二极管阵列成像器件, 分为线阵 (一维)CCD 和面阵 (二维)CCD 两种结构. 它们集光电转换及电荷存贮、电荷传输和电荷 (信号) 拾取等摄像三功能于一体, 属全固态化的光电子成像器件.

1. 光电转换与电荷存贮

CCD 一个像素单元光电 MOS 的结构及偏压如图 13.19 所示. 每个像素上加有一个反向偏压, 即 Al 电极为正, p-Si 基底为负 (零电位). 这种 MOS 光敏电容器或光电二极管能起到相应像素光电转换与电荷存贮的作用. 景物像各点的光子数分布就变成了相应像元势阱中的电子数分布, 并被存贮起来, 从而起到了光电转换和电荷存贮的作用.

由半导体物理学可知, 在反向偏压作用下, p-n 结两侧会形成多数载流子被耗尽的耗尽层. 反偏压越高, 耗尽层越宽. 当受光照时, 像元产生的光生少数载流子 (电子) 会很容易地向此耗尽区像元的表面聚集, 该像元相当于是电子的势阱. 在各势阱内存放的电子数多少, 正比于该像元处的光照度. 于是, 景物像各点的光子数分布就变成了相应像元势阱中的电子数分布, 并被存贮起来, 从而起到了光电转换和电荷存贮的作用.

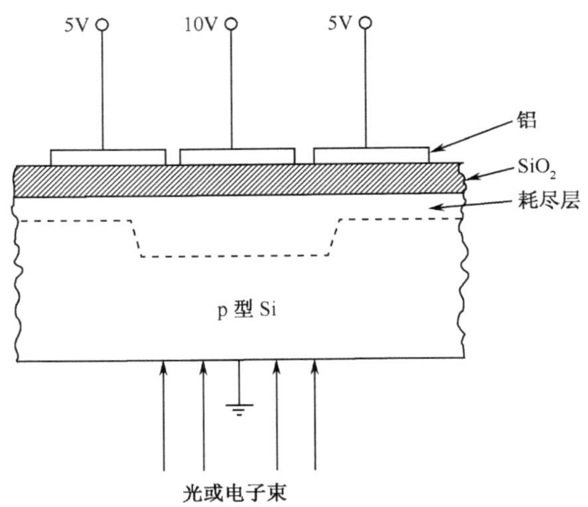

图 13.19　CCD 单元光二极管示意图

2. 电荷的传输

存贮于各像元势阱中的电荷, 可以通过顺序移动像元反偏压的方法沿表面传输, 使光生电荷 (电子) 向其输出端方向传输. 电荷传输可以是一维的, 也可以是二维的. 于是通过时钟反偏压脉冲的驱动, 可从器件输出端得到一时序光电信号.

3. 电荷 (信号) 拾取

为提高电荷信号拾取速度和效率, 通常采用帧传递 CCD 模式拾取, 并产生视频信号. 帧传递 CCD 芯片分暂时帧传递阵列结构和分离式光敏二极管阵列结构, 读取电荷, 最终形成全电视信号.

13.6 微光像增强器件和夜视仪

作为征服黑夜、军用夜视和光电子成像技术的重要组成部分, 微光成像技术一直受到各国军界的高度重视和支持. 自第一次世界大战以来, 先后经历了第零代、第一代、第二代和第三代产品发展阶段. 现在, 有些国家正致力于第四代微光夜视和长波 (3~5μm 和 8~14μm) 红外像增强器技术的研究和开发技术.

第零代微光夜视技术: 用裸眼不可见的近红外线 (0.8~1.2μm) 探照灯照射目标, 通过夜视仪物镜摄取, 把被照景物反射回来的红外线图像经过处理, 再现出景物的可见光图像. 由于配用了人工辅助照明光源, 这类仪器常被称为主动式红外夜视仪器. 这类夜视仪曾在第一、第二次世界大战及 20 世纪 50 年代的朝鲜战争中, 发挥了隐蔽自己、消灭敌人的重要作用. 然而, 在后来的实战中, 人们发现, 主动式红外夜视仪并不隐蔽. 因为尽管人眼不能直接看见红外线, 但它却能被装备有同类仪器的敌方所发现. 60 年代以来, 激光技术的成熟和应用, 促进了红外激光选通夜视技术的发展, 这种技术已被确认为是在恶劣气候下实现中远距离 (2~10km) 和深海探测成像的主要途径.

第一代微光夜视技术: 60 年代初, 由于越南战争需求的推动, 促进了多碱光阴极、光学纤维面板等的发明和完善, 在此基础上, 研制成第一代微光管. 一级单管可实现约 50 倍亮度增益, 通过三级级联, 增益可达 $5\times10^4 \sim 10^5$ 倍. 这样, 就可把典型夜天光照度 (10^{-3}lx) 下的景物亮度放大到 10~100Cd/m^2, 接近人眼正常观察物体所需的亮度条件. 用这种亮度增强方式实现了被动夜视. 第一代微光夜视仪曾在越南战争中得到装备应用, 发挥了重要作用. 但在使用中, 暴露了它的几大弱点: 一是怕强光, 难以在战火纷飞的条件下正常工作; 二是器件尺寸和重量限制了它在轻武器夜瞄镜上的大量装备和广泛应用.

第二代微光夜视技术: 第二代微光夜视器件的主要技术特色是微通道板 (microchannel plates, MCP) 电子倍增器的发明, 并引入单级微光管中. 这种 MCP

由上百万个 10μm 级直径的微通道的二次电子倍增器阵列所组成, 每一个微通道相当于一个倍增管打拿极. 装有一块 MCP 的一级微光管, 就可达到 $10^4 \sim 10^5$ 的亮度增益, 从而替代了原有的体积大、笨重的三级级联第一代微光管. 第一代、第二代微光管用的是多碱光阴极, 做成的仪器可在 10^{-3}lx(星空夜晚照度) 下正常工作.

第三代微光夜视技术：以灵敏度高、长波响应好、红外响应延伸潜力大的 NEA(负电子亲合势) 砷化镓光阴极和低噪声、长寿命 MCP 为主要特色的光电子成像器件、系统及其应用构成第三代微光夜视技术. 与第二代微光器件相比, 第三代微光器件灵敏度增加了 4~8 倍, 寿命延长了 3 倍, 对夜天光光谱利用率显著提高, 在漆黑 (10^{-4}lx) 夜晚中目标视距延伸了 50%~100%. 80 年代以来, 美欧国家军队陆续大量装备了第三代微光夜视仪器, 在 1983 年马岛战争、1991 年海湾战争中使用后, 取得了比较满意的结果.

第四代微光管 GaP/GaInAs(0.9~1.65μm) 已由美俄联合研制成功, 1994 年在伦敦展出.

13.6.1 光阴极

最早的光电发射现象是赫兹于 1887 年从真空管金属阴极受光照的实验中偶然发现的. 根据半导体能带模型, 光电子发射过程可分为三步：电子受激、电子输运和电子逸出.

光阴极是各类像管的光电子传感器, 承担着将输入光子图像变换为相应时空分布的光电子图像的关键任务; 大部分光阴极材料是半导体, 光阴极的工作原理主要基于半导体外光电效应.

半导体表面区域的电子能级, 由于表面态的存在使其表面能级不再为一些水平直线, 而发生一定程度的向上或向下的弯曲, 表面能级引起能带的变化如图 13.20 所示, 电子亲合势由弯曲前的 E_A 变为有效电子亲合势 $E_{A(\text{eff})}$. 外来杂质原子不仅能显著改变半导体的体性质, 而且能在表面形成表面 (杂质) 能级或表面态, 从而显著改变该半导体的表面性质. 类似于体内的 p 型和 n 型杂质能级, 表面态也有 p 型表面态和 n 型表面态. 我们知道, 当 p 型半导体和 n 型半导体接触在一起形成 p-n 结时, p 型半导体中的空穴向 n 型区扩散, p 区电位逐渐降低、电子势能升高, p 型半导体的能带在界面附近向下弯曲; 对于 p 型基底半导体材料, 若表面存在有 n 型表面态, 表面的能带向下弯曲了 $E_A - E_{A(\text{eff})}$, 如图 13.20(a) 所示, 即光电子逸出的功函数减小了 $E_A - E_{A(\text{eff})}$, 从而改善了光电发射的长波响应, 提高了电子逸出概率, 增加了光电灵敏度. 与以上情况相反, 如果在 n 型半导体基底材料上有 p 型表面态, 则能带在表面向上弯曲, 表面光电子亲合势由 E_A 增大为 $E_{A(\text{eff})}(E_{A(\text{eff})} > E_A)$, 如图 13.20(b) 所示, 使光电子的逸出概率下降, 光电灵敏度降低.

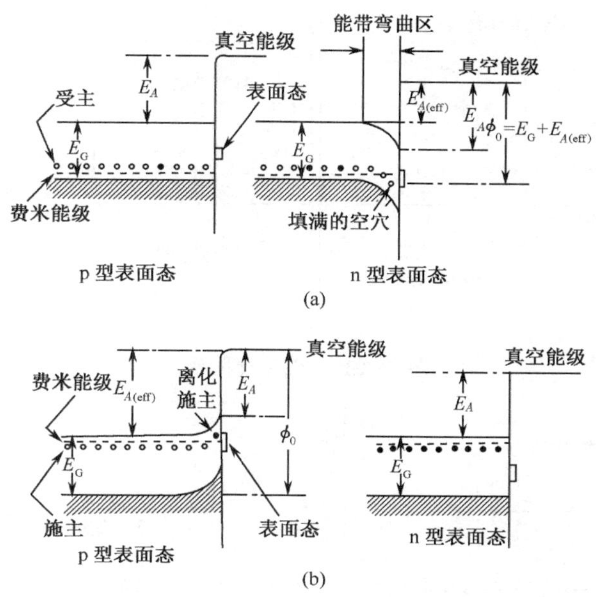

图 13.20　表面能级引起能带的变化

实用型光阴极的体材料多为重掺杂的 p 型半导体, 对于重掺杂 p 型光电发射材料, 表面态使表面一定宽度区域内的电子能带向下弯曲, 从而使所谓真实的表面电子亲合势 $E_{A真}$, 即真空能级与表面导带底能级之差相对于无表面态时的电子亲合势 E_A 有不同程度的下降. 如果下降后的真空能级仍然高于体内导带底的电子能级, 则表明实际上仍存在有一降低了的正电子亲合势 (PEA); 进而, 如果真空能级降低到比体内导带底的电子能级还要低, 则构成所谓负电子亲合势 (NEA). 这两类光阴极的典型代表分别是多碱光阴极和砷化镓光阴极, 它们的能带分别如图 13.21 和图 13.22 所示, 图中 $E_{A(\mathrm{eff})}$ 为有效电子亲合势, $E_{A真}$ 为表面真实电子亲合势.

光阴极的类别, 若按其材料的物理特性, 分为多晶型和单晶型 (如Ⅲ –Ⅴ族半导体光阴极等); 若按其光谱响应范围, 可分为紫外、可见、近红外和 X 线光阴极; 若按其光电发射机理, 可分为正电子亲合势 PEA 光阴极 (图 13.21) 和负电子亲合势 NEA 光阴极 (图 13.22). NEA 光阴极要比 PEA 光阴极的灵敏度高得多.

第三代微光 NEA 砷化镓光阴极的真空能级低于半导体体内导带底能级 (负电子亲合势), 且受光子激发到导带的电子通过与晶格声子交换能量 “热化” 到导带底, 进而逸入真空产生光电子电流. 砷化镓光阴极灵敏度为 800→2600μA/lm.

GaAs 负电子亲合势光阴极、GaInAs/GaP 近红外阴极以及 PbSnTe/PbTe 中红外阴极的发明和实用化, 是第三代以及正在发展的第四代微光夜视技术的主要特征.

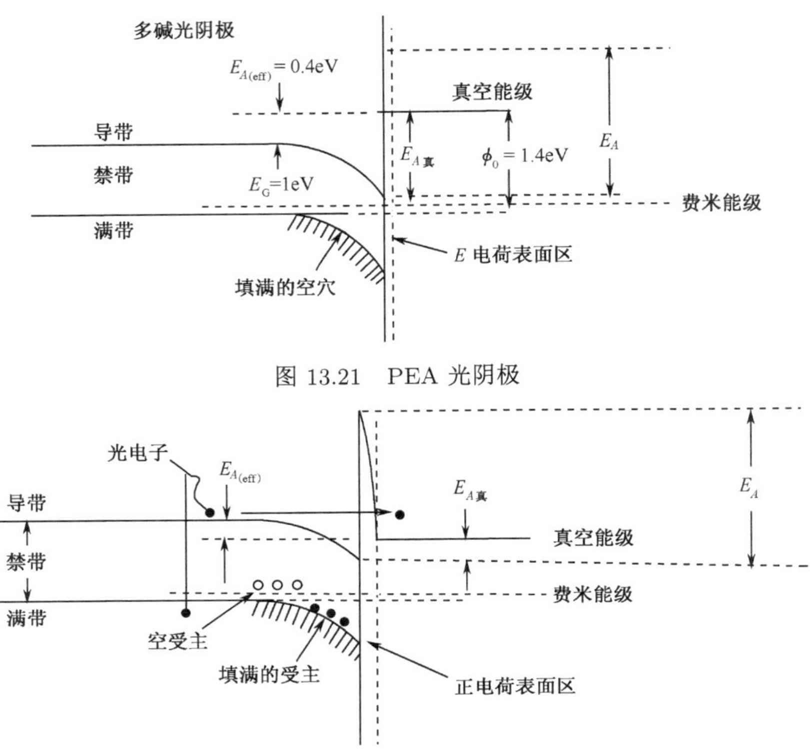

图 13.21　PEA 光阴极

图 13.22　NEA 光阴极

13.6.2　微通道板

微通道板 (microchannel plates, MCP) 是一种大面阵微通道电子倍增器, 它由高二次电子发射系数的含铅玻璃制成. MCP 是一块被加工成薄片 (0.4mm 至几个毫米厚) 的空心玻璃纤维二维阵列, 如图 13.23 所示.

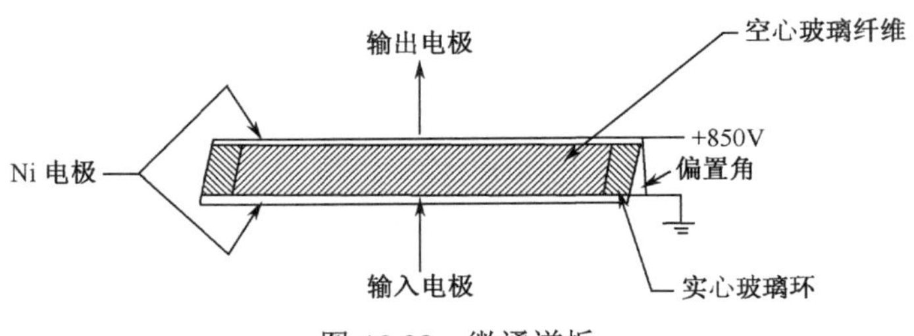

图 13.23　微通道板

每一个微通道空心管 (内壁直径 $\phi6\rightarrow50\mu\text{m}$), 相当于一个微型连续打拿极光电倍增管, 两端加有一定工作电压. 以一定角度入射的电子打到这种微通道内壁上时, 经过多次二次电子倍增, 可获得很高的电子数倍增输出, 单通道的电子倍增如

图 13.24 所示. 它不仅对电子, 而且对离子、X 射线、紫外线等都有一定的相应度, 因此, MCP 可以做成对这些粒子敏感的探测器.

MCP 是大面阵多像素电子倍增器件, 像素数以百万计, 因而它自然具备了对电子及其他粒子二维密度分布进行高鉴别率倍增成像的功能.

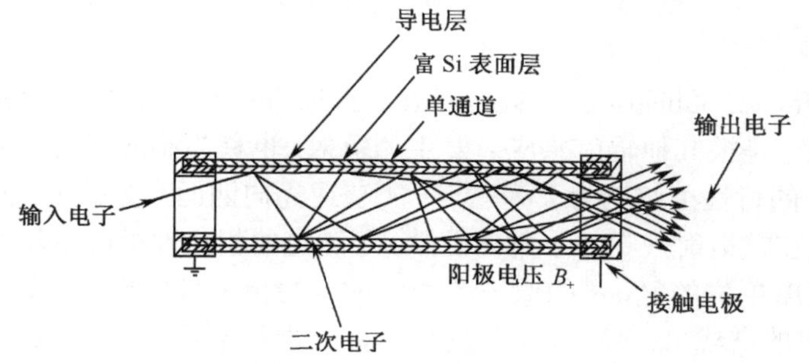

图 13.24　单通道的电子倍增

13.6.3　第三代微光像增强器

一种第三代微光像增强器的典型结构如图 13.25 所示.

第三代微光像增强器的关键部件是透射式 GaAs 光电阴极组件、带 Al_2O_3 离子壁垒膜的第三代 MCP 等.

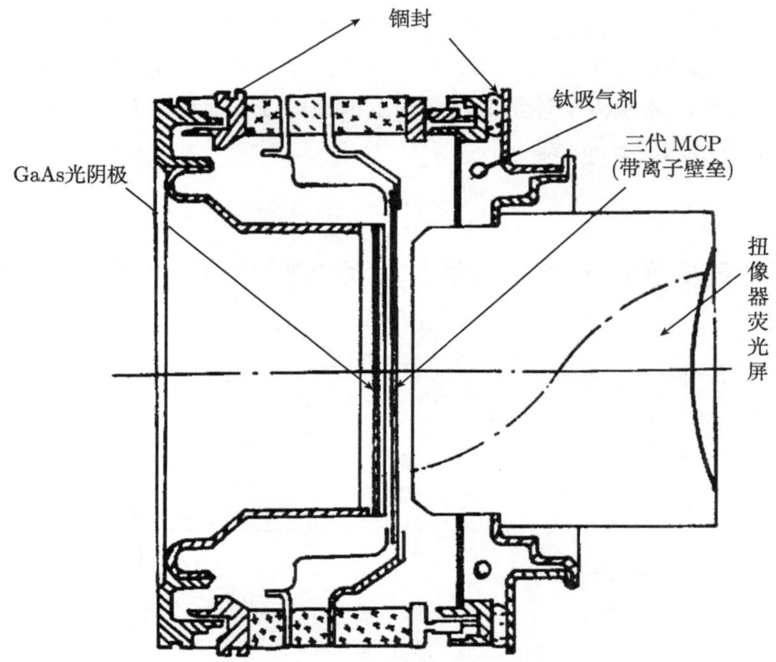

图 13.25　第三代微光像增强器的典型结构

13.7 固体激光器和量子点激光器

13.7.1 简介

1. 激光原理

激光 (light amplification by stimulated emission of radiation, 简称 laser) 是受激而发射的光, 是被其他辐射感应而发生的辐射, 也称为感应辐射. 它和一般的光大不相同. 它的特性可归纳为下列三点: ①普通光向四面八方发射, 而激光沿一条直线传播, 仅在被衍射规定的小角内发散. ②激光的相干性很好. 普通的光是非相干光, 作为长度单位的氪 86 的原子谱线 6057Å的相干长度也只有数十厘米, 而氦氖激光器发出的谱线 6328Å, 相干长度可达数十米甚至数百米. ③激光的输出功率虽然有个限度, 但由于光束细, 功率密度特别大, 一般激光的亮度远比太阳的亮度还大.

1958 年汤斯 (Townes) 等先在微波制成了受激发射量子放大器 (maser) 之后, 在可见光区域提出了产生激光 (laser) 的理论与实验. 激光从 1958 年发现以来, 得到迅速发展和广泛应用. 半导体激光器是 1963 年发明的, 是最有意义的半导体器件之一.

早在 1917 年, 爱因斯坦在他的辐射理论中预见了受激发射的存在. 设物质的粒子存在着一系列分立的能级, 如图 13.26 所示, 其中有上下能级 E_1 和 E_2. 设 n_1 和 n_2 分别为单位体积内下能级为 E_1 和上能级为 E_2 的粒子数, 在热平衡条件下粒子数服从玻尔兹曼分布, 即

$$\frac{n_2}{n_1} = \mathrm{e}^{-\frac{E_2 - E_1}{kT}} \tag{13.1}$$

在常温下处于 E_2 的粒子数 n_2 是很少的, 绝大部分粒子都处于下能级 E_1(基态) 中.

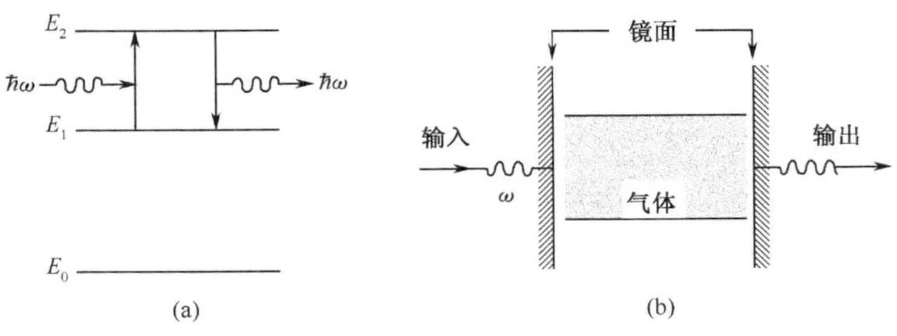

图 13.26 激光器的基本原理

(a) 能级图; (b) 激光谐振腔

要产生激光, 人们需要创造两个重要条件: 第一, 粒子数反转, 找到具有实现能级粒子数反转的工作物质和条件; 第二, 建立一个谐振腔, 当某一频率的信号在腔内谐振, 在工作物质中多次往返时有足够机会去感应处于粒子数反转状态的工作物质, 才能产生激光. 被感应的辐射具有和去感应的辐射同方向、同位相、同频率与同偏振. 这些被感应的辐射, 继续去感应其他粒子, 造成连锁反应, 雪崩似地获得放大效果, 因而产生强烈的激光.

2. 法布里-珀罗标准具

法布里-珀罗 (Fabry-Perot) 干涉仪和标准具的原理为激光谐振腔提供了基本模型. 这种仪器是由平行放置的两块平面板组成的, 在两板相对的平面上镀薄银膜或其他有较高反射系数的薄膜. 要求镀膜的两平面与理想几何平面的偏差不超过 1/20 至 1/50 波长, 而为消除两平板相背的平面上的反射光的干涉与我们所研究的干涉的重叠, 每块板都不是平行平面板, 板的两面成一很小的夹角, 如图 13.27 所示.

若两平行的镀银平面的间隔用由某些热膨胀系数很小的材料做成的环固定起来, 则称该仪器为法布里-珀罗标准具; 若两平行的镀银平面的间隔可以改变, 则称该仪器为法布里-珀罗干涉仪.

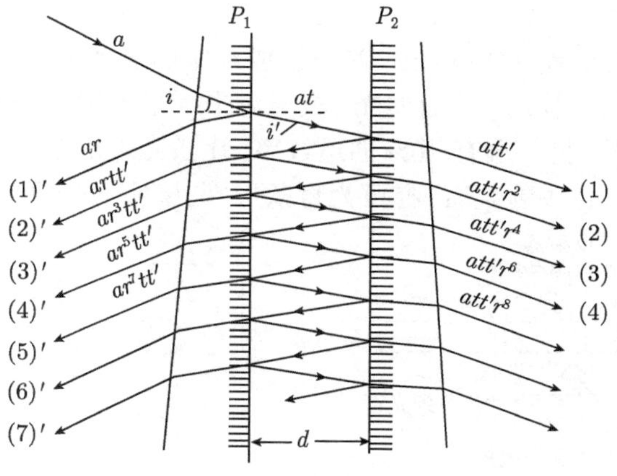

图 13.27　法布里-珀罗标准具

3. 激光器简介

第一个连续工作气体激光器是在 1960 年由雅文 (Javan)、贝内特 (Bennett) 和赫利欧特 (Herriott) 制成的氦氖激光器. 它是一个气体放电管, 管内充压强为 1Torr 的氦气和 0.1Torr 的氖气的混合气体. 两端通以 2~3kV 直流电, 管长 10~100cm. 如反射镜的反射峰配合在 6328Å, 则抑制其他几个波长的谐振, 使 6328Å输出为最大. 从这类最常用的激光器, 人们可获得从 1mW 到数十毫瓦的连续单色平面偏振红光输出. 相干长度可达数十米以至数百米.

1968 年可调谐染料激光器问世. 人们可从 350nm 到 750nm 整个可见光范围内, 获得所需的激光. Xe 灯、氮分子激光器或其他固体激光器可作为它的抽运光. 如用 1W 氩离子连续光抽运, 则输出约为几十毫瓦.

4. 激光的应用

激光用做热源. 用红宝石、铷玻璃脉冲激光打钻石孔; 二氧化碳激光器的效率高达 20%, 有很多工厂用它来做打孔、切割、焊接等工作; 医院中还有用它来做手术刀; 功率特大的横向激励的二氧化碳激光器, 还可用做武器.

激光测距, 在数千米的距离上, 可准确到厘米数量级.

材料的非线性效应研究和应用. 目前, 激光功率密度可达 10^7W/cm^2 以上, 相当于电场强度为 10^5V/cm 以上, 这使材料的非线性效应明显地表现出来, 并得到广泛的研究和应用.

还有激光通信和在受控核聚变中的应用等.

13.7.2 固体激光器

1. 红宝石激光器

1960 年美国人梅曼 (Maiman) 首先做成红宝石激光器. 红宝石磨成直径约 0.8cm, 长约 8cm 的圆棒. 二端面抛光, 成一对平行平面镜, 平行度在 1 分弧度以内, 一端镀全反射膜, 另一端有 10%的透过率, 让激光透出来, 如图 13.28 所示, 氙闪光灯为螺旋形管, 包围红宝石, 亦可为直条形, 与红宝石平行放置在一聚光器内.

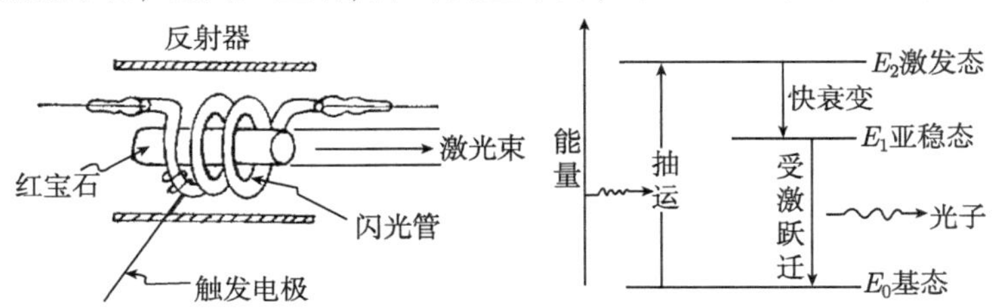

图 13.28 红宝石激光器及其能级图

红宝石是含有 0.035%铬离子的三氧化二铝. 铬离子是作为杂质, 在 Al_2O_3 基质中有三个能级 E_0, E_1, E_2. E_0 是稳态, E_2 是激发态, E_2 实际上是两个宽带, E_1 是亚稳态, 也包含两个挨近的能级. 处于 E_0 的粒子, 被氙灯闪光激发到 E_2, 这种激发称为光抽运. 粒子在 E_2 是不稳定的, 寿命很短, 在约 10^{-7}s 内, 很快地自发无辐射地落入亚稳态 E_1. 粒子在那里寿命较长, 约 10^{-3}s. 只要激发光足够强, 在闪光时间内, 亚稳态的粒子数增多, 基态的粒子数减少, 实现了粒子数反转.

红宝石两端的平行反射面反射率很高. 它们构成一个长间距的法布里 - 珀罗 (Fabry-Perot) 标准具. 光在两面间进行多次反射, 要符合多光束干涉加强原理, 即 $2nL = k\lambda$, 其中 n 是工作物质的折射率,L 是两镜面距离, 也就是腔长,k 是多光束干涉级数,λ 是加强的波长. 只有满足这个条件的光, 才能形成持续振荡. 这就是所谓的谐振腔或称共振腔.

腔有两个作用：第一个作用就是使轴向光束来回反射不受损失, 并在它们进行中不断感应处于粒子数反转的激发态粒子, 产生受激光, 继续感应其他粒子, 因而获得放大; 腔的另一个作用是使在轴向进行的光束中符合多光束干涉加强的波长, 谱线宽度变窄, 强度增加, 才有可能从透过率为 10%的窗口射出来. 对其他方向的光束, 则反射数次后就偏出腔外; 对其他波长, 亦因干涉相消而消失.

当然, 能满足 $2nL = k\lambda$ 条件的, 不只一个波长. 这就是模的问题.

从 10%透过率的窗口出来的激光是波长为 6943Å的脉冲激光. 当氙灯另一次放电时, 又产生另一脉冲激光. 两脉冲的时间间隔, 决定于散热的措施. 上述红宝石棒的尺寸, 每脉冲在 1ms 内, 输出的能量为焦耳数量级; 但输入能量很大, 约为数千焦耳, 效率不到 0.1%, 绝大部分能量转化为热能. 这就限制了脉冲的时间间隔. 由于是脉冲, 光的单色性较差, 相干长度仅毫米数量级.

2. 半导体结型激光器

激光器件的基本前提在于, 通过使布居数反转, 即 $n_2 > n_1$ 来放大信号. 半导体激光器的工作原理基本上与气体激光器相同. 如果在价带与导带的能带边缘附近, 布居数能够反转, 则有可能放大光束.

对于高掺杂的 n 型和 p 型半导体, 其自由载流子基本上为简并分布, 其费米能量 $E_{\rm Fc}$ 和 $E_{\rm Fv}$ 分别位于两个能带内, 如图 13.29 所示. 这种半导体形成的 p-n 结, 其分布有可能保持非平衡分布, 存在两个不同的准费米能级, 在结内实现布居数反转. 这样的一个分布会导致放大.

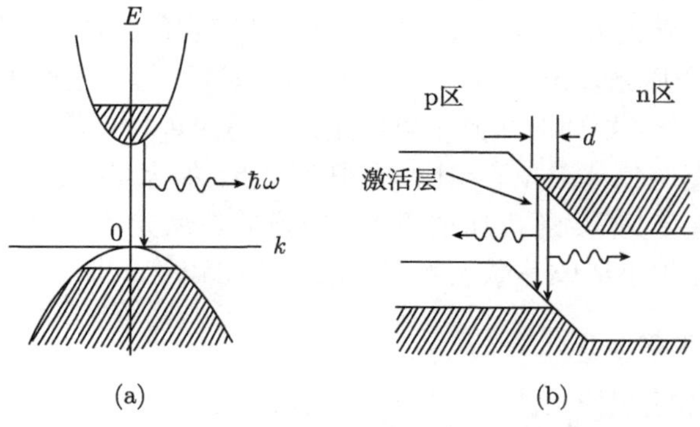

图 13.29　高掺杂 pn 结内实现布居数反转

最初的粒子数反转就是采用高掺杂的 pn 结实现的. 在正向偏置下, 结中存在一个空间区域, 在该区中完成了布居数反转; 对于稳定情况, 电子从右方连续注入, 并在激活区内与空穴复合. 这些空穴则是从左方被依次注入的. 按照激发方式, 这种半导体激光器称为注入激光器.

激活层与结平面平行, 激光束由结的旁边发出, 如图 13.30 所示, 光学腔则由晶体本身的平面构成, 例如, 通常是取 GaAs 的解理面, 再加以抛光而制成.

第一个半导体激光器是用 GaAs 结实现的. 77K 时 GaAs 的激光谱线位于红外区, λ=8400Å, 与 GaAs 的能隙极为接近. 温度升高, 激光器的波长增大, 这与能隙随温度升高而减小是一致的. 采用较宽能隙的 GaAs 的磷合金, 即 $GaAs_{1-x}P_x$, 可将频率提高到可见光区域.

异质结激光器, 可在室温下连续工作, 所需的阈电流密度要小得多 (100A/cm^2), 且效率提高.

1963 年以来, 已发现许多其他半导体化合物的激光材料, 例如 InSb, InP 等, 其频率分布从远红外延伸到紫外区.

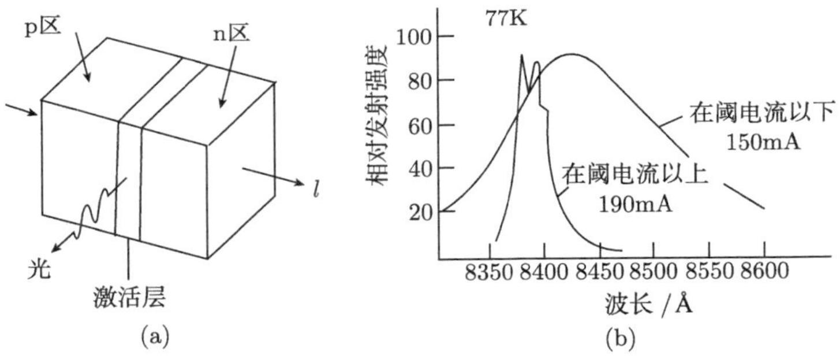

图 13.30　半导体结型激光器示意图

尚未观测到 Si, Ge 的激光性能. 这不足为奇, 因为这些材料是间接能隙半导体, 它们的电子和空穴不能直接复合, 否则就会违反动量守恒定律.

实现粒子数反转的方式, 除电流注入以外, 还有别的方法. 在电子束方法中, 用高能电子束冲击介质激发出很多电子 - 空穴对, 然后, 辐射复合并发出光子. 在光学方法中, 来自一个半导体的激光束可以用来使另一种材料的粒子数反转.

半导体激光器与气体激光器相比, 有很多优点: 能大量制造、与电路连接容易、体积小、轻便、频率高等, 还可通过压力、电场等使激光频率可连续调谐. 其缺点是单色性较差、体积小造成其激光光束的准直性比较差.

3. 量子阱激光器

与光纤通信相匹配的长波长 (大于 1.3μm)GaInAsP/InP 激光器有一个主要问题, 就是阈值电流对温度十分敏感; 随温度上升, 阈值电流将以指数形式增大, 造成热不稳定性和低效率.

一个理想的半导体激光器, 它的能带结构应该是: 导带和价带都有小的有效质量. 因为如果价带空穴的有效质量和导带电子的一样小, 则它的态密度也小, 这样就使得俄歇复合和价带间吸收的概率大大减小, 有利于实现粒子数反转. 但通常的半导体不是这样, 最上面的价带是重空穴带, 它的有效质量远大于电子有效质量.

对于半导体超晶格, 由于在超晶格生长方向电子运动受到约束, 电子和空穴能带变成一系列子带. Osbourn 首先从理论上预言, 在应变超晶格中, 如果量子阱材料在 x, y 方向受到压缩, 在 z 方向伸长, 则第一空穴子带的 $m^*_{//}$ 会变小. 由于应变的作用, 第一子带明显变 "陡", 相应的有效质量 $m^*_{//}$ 变小. 这点已在 $In_{0.2}Ga_{0.8}As/GaAs$ 应变超晶格中由振荡磁阻实验证实, $m^*_{//}=0.14m_0$ 远小于重空穴有效质量.

最近发现, 掺铒 (Er) 的光纤放大器作为光纤通信的中继站具有很大的优越性, 它可进行光信号的直接放大, 不需转换成电信号, 具有高增益、低噪声、宽带、高饱和输出功率等优点. 掺铒光纤放大器需要波长为 970nm 的 InGaAs/GaAs/GaAlAs 激光器作泵源. 应变层量子阱激光器将在光纤通信中发挥越来越重要的作用.

13.7.3　量子点激光器

1. 纳米激光器

数十年来, 硅晶体管越变越小, 人们能够制造出尺寸微小但功能强大的芯片. 与这场革命同时进行的是另一场不那么为人所知的革命, 即半导体激光器的革命. 最近, 研究人员已使半导体激光器的某些尺寸缩小到令人瞠目的纳米尺度, 比这些激光器发射出的光的波长还要小. 在这样小的尺度上, 量子行为开始占优势, 从而能得到效率更高、速度更快的器件.

例如, 纳米激光器在光学计算机中可能有多种多样的用途 (光学计算机用光代替电来传送和处理并存的信息). 虽然以光为基础的计算机或许不会很快问世, 但其他方面的用途 (例如光纤通信), 现在已经是切实可行的了.

虽然纳米激光器把现代物理学的边界向前推进了一大步, 但是, 这类器件的工作原理非常类似于它们最早的老前辈, 即 40 年前用一根红宝石棒制成的奇妙装置, 实际上, 它就是某种激光材料, 例如氦或氖之类的气体或结晶半导体夹在两块反射镜之间而构成的. 该激光材料用光或电加以 "泵激" (pumped). 这一过程使此材料中的电子受到激发而从较低的能级跃迁到较高的能级. 当电子返回到较低能级时, 它们就产生在两块反射镜之间来回反射的光.

来回反射的光子, 使其他的处于较高能态上的 "激发" 电子发射出相同的光子, 很像炸响的鞭炮又引燃其他的鞭炮一样. 这一链式反应的过程称为受激发射, "激光" (laser) 的名称即源于此 ("laser" 是 light amplification by stimulated emission of radiation 的缩写词). 随着光子数目不断增加, 它们就汇入到一束公共的光波中而使其强度不断增大, 直到最后从两块反射镜之一射出而形成一个集中的聚光光束.

但并非所有的光子都加入了这束光波. 典型的激光器空腔的尺寸是极为庞大的, 光子可以比较自由地行动. 光子常常是击中激光器的侧面, 产生有害的热量, 而不是在反射镜之间来回反射. 对于某些类型的激光器, 一万个光子中只有一个是有用的.

由于存在这一严重的浪费现象, 需要有一定的最低能量才能确保受激电子的数量大得足以引起并维持受激发射. 如果不能克服这一障碍, 激光器将不能实现使它工作所必不可少的自维持链式反应. 这一障碍是半导体激光器需要较强电流才能工作的原因之所在. 相比之下, 硅晶体管的用电则要节省得多. 但是, 如果能设法使半导体激光器不再大量挥霍能量, 那么它们就可以在应用场合同半导体电子器件相竞争, 包括用于计算机上.

最近, “无能量阈” 运行 (thresholdless operation) 的概念已获得许多物理学家的支持. 无能量阈运行要求所有的光子都被用于激光发射这一任务中. 在理论上, 激光器只需要极少的能量, 几乎像一个特制的水壶只需要一根火柴的热量就能把水烧开一样. 研究人员对于这样一种激光器的最佳设计方案存在着不同的意见, 但他们在下面这个问题上取得了共识, 即此种激光器的尺寸必须极小 (在它所发射的光的波长这一数量级上), 以便它能够利用量子行为.

无能量阈运行的基础工作是在 20 世纪 70 年代后期奠定的, 当时东京理工学院的 Kenichi Iga 和其他研究人员演示了一类完全不同的半导体激光器. 由于这类激光器的尺寸为微米级, 因此被称为微型激光器, 它们是广泛用于 CD 机的半导体二极管激光器的近亲.

然而, 微型激光器同通常的二极管激光器之间存在若干根本的区别. 二极管的形状像矩形的盒子, 它们必须从一块大硅片上切下来, 而且它们发出的光是沿着横向从切口边缘射出的. 微型激光器是用蚀刻法制出的尺寸更小的圆柱体器件, 它们发出的光从顶部射出, 与构成激光器的各个圆形半导体材料层垂直. 因此, 微型激光器产生更加完美的圆形光束. 此外, 微型激光器是在硅片上以排成阵列的方式制出的, 因此可以一次同时制造并检测许多个微型激光器, 就像制造计算机芯片的情况一样. 相反, 二极管激光器通常必须在已经切成一个一个的激光器后各自单独地进行检验.

或许更重要的一个区别是, 微型激光器同时利用了电子和光子的量子性质. 这些器件是用 “阱” 制造的, 即只有几个原子厚的一层极薄的半导体. 在这样一个极其微小的空间中, 电子只能存在于若干离散的量子化的能级上. 通过把量子阱夹在其他材料之间, 研究人员可以捕获电子并迫使电子越过带隙而发射出所需要的光.

为了发挥正常功能, 微型激光器也必须约束光子. 为了达到这一目的, 利用了使透明玻璃窗显示出暗淡反射影像的那种效应. 这一反射效果的根源在于玻璃的折射率比空气高，也就是说，光穿过玻璃的运动速度比在空气中运动速度慢．当光穿越具有不同折射率的材料之间的界面时，部分光子在界面上被反射．微型激光器的反射镜由交替排列的具有不同折射率的半导体材料层构成 (如砷化镓层和砷化铝层)．如果这些半导体层的厚度只有波长的 1/4，那么此结构的几何形状将使微弱的反射能够相互增强．对于砷化镓和砷化铝的耦合，几十对半导体层将反射 99%的光，这一性能优于通常使用的那种抛光金属镜的性能．

第一批微型激光器已经在光纤通信中获得了大规模的应用．其他用途目前也正在研究之中．

最近推出的一种微型激光器是有选择地对某些层进行氧化，这一工艺有助于增加阱区域中激发电子和反射光子的数目，从而使激光器的工作效率提高到 50%以上．换言之，激光器能够把一半以上的能量转变为输出的激光．这一性能远远超过了半导体二极管激光器的性能，后者的工作效率通常连 30%都达不到．

微型激光器还导致了新的一代装置的出现，此类装置进一步利用了电子的量子性质．现在已制造出了量子线和量子点之类的结构，它们分别把电子约束在一维和零维上 (量子阱把电子约束在二维上)．

2. 微碟激光器

微碟激光器 (microdisk laser)，是贝尔实验室的 Richart E. Slusher 及其同事们开发出来的．运用先进的蚀刻工艺 (类似于制造计算机芯片时使用的光刻技术)，贝尔实验室的研究人员得以刻出了直径只有几微米、厚度只有 100nm 的极薄的微碟．这些半导体碟的周围是空气，下面则靠一个微小的底座支撑，使它的外形结构看来像一张微观的圆桌．

由于半导体和空气的折射率相差很大，微碟内产生的光在此结构内发射，沿着它的边缘掠射出去．这一效应类似于瑞利勋爵在一个多世纪前首次描述的“低音廊”声波．这位物理学家解释说，在伦敦圣保罗大教堂的巨大的圆屋顶内，由于音频振动从墙上反射并彼此增强，因此在圆屋顶内相对两侧可以听到对方的谈话声．

微碟的微小尺寸使光子被限制在少数几个状态上 (包括我们所需要的基本光学模式)，而低音廊效应则使光子受到约束，直到所产生的光波积累起足够多的能量后射出此结构外．其结果是激光器达到极高的工作效率，而能量阈则很低．这些微碟激光器工作时只需要大约 100μA 的电流．

3. 微环激光器

微环激光器是一个变种的微碟激光器，它就是一根弯曲成极薄面包圈形状的光子导线，即半导体丝，如图 13.31 所示，利用微光刻技术蚀刻出这样一种半导体结构，它的直径为 4.5μm，其横截面为长 400nm、宽 200nm 的矩形．为了改进它发射出的光的质量, 研究人员用一个U形的玻璃结构包绕微环, 此结构引导光沿着 “U” 的两条边以两束平行光的形式从激光器中射出.

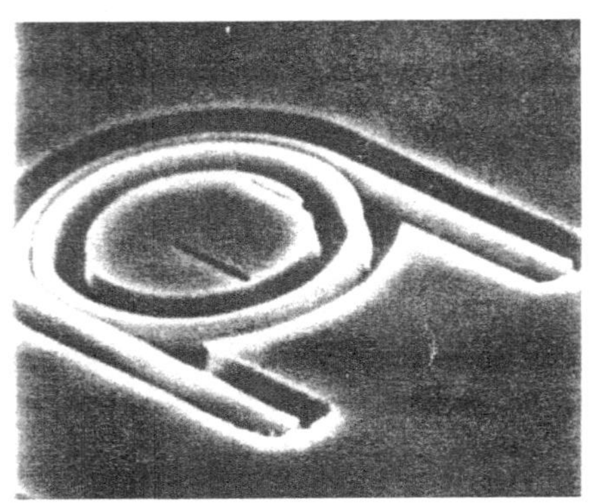

图 13.31　微环激光器

思考题和习题

1. 简述 pn 结注入发光的物理过程.
2. 什么是液晶? 简述液晶的三种类型.
3. 简述液晶显示的基本原理.
4. 什么是光伏效应? 简述光电池的工作原理.
5. 简述 CCD 的工作原理.
6. 简述微光像增强器件的基本工作原理.

参 考 文 献

李永平, 田强, 牛智川, 等. 2002. GaAs/Si/AlAs 异质结不同生长温度 Si 夹层分布的 CV 实验研究. 北京师范大学学报 (自然科学版), 38(3):26

向世明, 倪国强. 1999. 光电子成像器件原理. 北京：国防工业出版社

叶良修. 1987. 半导体物理学. 北京：高等教育出版社

Jewell J L, Harbison J P, Scherer A. 1992. 微型激光器. 科学, 3

第 14 章　非线性光学材料简介

关于光学的线性与非线性, 都是指介质的性质, 而不是光自身的性质. 光在自由空间中传播时, 没有什么非线性行为. 光与光的相互作用也是通过介质来实现的; 光在介质中传播时会改变介质的性质, 通过介质性质的改变与其他光相互作用, 或影响自身的性质.

在光学的悠久历史中, 光学介质都被认为是线性的. 光学介质的线性假设, 有以下基本的四条:

(1) 折射率、吸收系数等光学性质与光强无关.

(2) 服从叠加原理, 这是经典光学的基本原理.

(3) 光在介质中传播时频率不变.

(4) 光与光之间无相互作用; 线性光学介质中同一区域中的两束光, 彼此互不影响; 当然, 线性光学介质中光不能控制光.

1960 年激光的发现, 使我们能够认识强光在介质中的行为. 很多实验清楚地表明光在介质中的非线性行为. 例如:

(1) 折射率、与之有关的介质中的光速等与光强有关.

(2) 叠加原理不再成立.

(3) 光在介质中传播时频率会改变, 例如由红变蓝.

(4) 光能够控制光; 光子与光子之间可以相互作用.

非线性光学领域有很多有趣的现象, 本章简单介绍非线性光学的基础知识和一些现象.

14.1　介质的极化机制

组成宏观物质的结构粒子都是复合粒子, 例如原子、离子、分子等. 一个宏观物体含有数目巨大的粒子, 由于热运动的原因, 这些粒子的取向处于混乱状态, 因此无论粒子本身是否具有电矩, 由于热运动的平均结果, 使电介质的宏观极化强度总是等于零. 在外加电场的作用下, 粒子会沿电场方向贡献一个电矩, 使电介质产生宏观极化. 一个粒子对极化的贡献可以来自不同的原因, 电极化的三个基本过程是:

(1) 原子核外电子云的畸变极化. 电子云极化的建立时间极短, 价电子极化建立的时间 $10^{-14}\sim10^{-15}$s, 内层电子极化建立的时间约 10^{-19}s, 价电子极化建立的时间与近红外到紫外光区的光振动周期相对应. 电子极化率具有 $10^{-40}\mathrm{Fm}^2$ 量级, 可见, 在电子云位移极化中原子核中心与电子云中心的相对位移是极其微小的.

(2) 分子中正、负离子的相对位移极化. 离子位移极化建立所需的时间与晶格振动的周期具有相同的数量级, 为 10^{-12} ~10^{-13}s, 这一时间与红外光区的光振动周期相对应, 在频率处于红外范围内的交变电场作用下可以引起强烈的共振吸收和色散. 离子位移极化率与束缚电子位移极化率有大致接近的数量级, 即 $10^{-40}\mathrm{Fm}^2$. 一些共价键结合的分子如 HCl、NH_3 等在电场作用下引起键长的变化, 使分子的固有偶极矩产生变化, 也属于这种极化过程, 但一般非离子型介质分子中的原子相对位移极化率均很小.

(3) 分子固有电矩的取向极化. 固有电矩的取向极化只存在于极性介质当中. 在电场作用下, 每个极性分子都有沿电场方向取向的趋势, 使电介质整体出现沿电场方向的宏观偶极矩. 由于受到分子热运动的无序化作用、电场的有序化作用及极性分子间的长程作用等, 使这种极化的建立需要较长的时间, 为 10^{-6} ~10^{-2}s, 甚至更长, 属于慢极化方式, 随交变电场的变化属弛豫型.

除了电极化的三个基本过程, 电介质的极化还有其他的一些过程. 例如, 在非均匀介质或存在缺陷的晶体介质中, 由于自由电荷的移动, 使电荷分布不均匀产生的空间电荷极化. 这种极化的建立所需要的时间比偶极子的还要长, 随交变电场的变化属于弛豫型.

14.2 非线性光学简介

14.2.1 基本关系式

当光通过介质传播时, 会引起介质的电极化. 若光强度不太大, 电极化强度与光频电场之间成线性关系

$$P = \varepsilon_0 \chi E \tag{14.1}$$

其中 ε_0 是真空介电常数, χ 是介质的电极化率.

$P = Np$, p 是介质原子或分子的电偶极矩. 在弱场情况下, p 与 E 成线性关系; 当光场增强到与原子间电场 (典型值为 10^5 ~10^8V/m) 可相比拟时, p 与 E 之间就具有非线性关系. 电极化强度与光频电场之间的关系如图 14.1 所示.

一般地, 将电极化强度 P 对光频电场 E 展开为 Taylor 级数

$$P = \varepsilon_0 \chi E + 2dE^2 + 4\chi^{(3)}E^3 + \cdots \tag{14.2}$$

其中 d 和 $\chi^{(3)}$ 是二次和三次非线性系数. 上式在有些书中写作

$$P = \varepsilon_0(\chi E + \chi^{(2)}E^2 + \chi^{(3)}E^3 + \cdots) \tag{14.3}$$

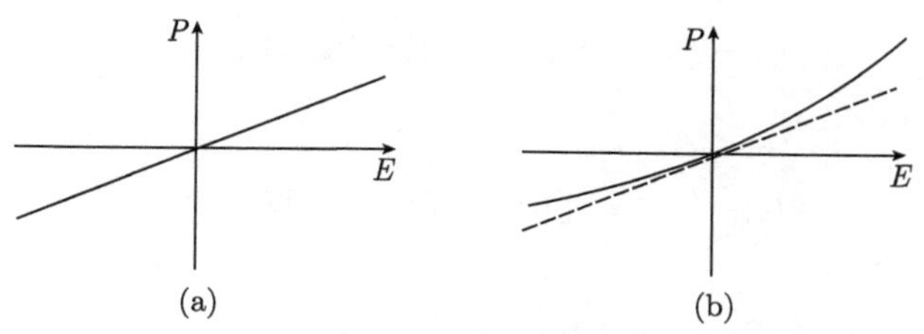

图 14.1　电极化强度与光频电场关系示意图

(a) 线性关系; (b) 非线性关系

在中心对称的介质中, 由于介质在中心反演 $\boldsymbol{r} \to -\boldsymbol{r}$ 对称操作下不变, 要求函数 $P(E)$ 具有奇对称性, 即光频电场 E 反向时电极化强度 P 随之反向. 这时, 二次非线性系数 d 为零, 最低的非线性项为三次项.

通常将电极化强度 P 的 Taylor 级数展开式写作线性项和非线性项两部分

$$P = \varepsilon_0 \chi E + P_{\mathrm{NL}} \tag{14.4}$$

其中

$$P_{\mathrm{NL}} = 2dE^2 + 4\chi^{(3)}E^3 + \cdots \tag{14.5}$$

14.2.2　二次非线性光学效应

对于二次非线性光学效应, 在式 (14.2) 中的非线性项只考虑二次项, 忽略三次项和更高次项, 这时

$$P_{\mathrm{NL}} = 2dE^2 \tag{14.6}$$

1. 二次谐波产生

考虑这种非线性介质对角频率为 ω 的简谐电场的响应, 该简谐电场可写为

$$E(t) = \mathrm{Re}\{A(\omega)\mathrm{e}^{\mathrm{j}\omega t}\} \tag{14.7}$$

$A(\omega)$ 是电场的复振幅. 由于 $E(t) = \dfrac{1}{2}[A(\omega)\mathrm{e}^{\mathrm{j}\omega t} + A^*(\omega)\mathrm{e}^{-\mathrm{j}\omega t}]$, 有

$$\begin{aligned}
E^2 =& \frac{1}{4}[A(\omega)\mathrm{e}^{\mathrm{j}\omega t} + A^*(\omega)\mathrm{e}^{-\mathrm{j}\omega t}]^2 \\
=& \frac{1}{4}[2A(\omega)A^*(\omega) + A(\omega)A(\omega)\mathrm{e}^{\mathrm{j}2\omega t} + A^*(\omega)A^*(\omega)\mathrm{e}^{-\mathrm{j}2\omega t}] \\
=& \frac{1}{2}A(\omega)A^*(\omega) + \frac{1}{4}[A(\omega)A(\omega)\mathrm{e}^{\mathrm{j}2\omega t} + A^*(\omega)A^*(\omega)\mathrm{e}^{-\mathrm{j}2\omega t}] \\
=& \frac{1}{2}A(\omega)A^*(\omega) + \frac{1}{2}\mathrm{Re}[A(\omega)A(\omega)\mathrm{e}^{\mathrm{j}2\omega t}]
\end{aligned}$$

所以, 非线性电极化强度为

$$P_{\mathrm{NL}} = 2dE^2$$

$$=dA(\omega)A^*(\omega)+d\mathrm{Re}[A(\omega)A(\omega)\mathrm{e}^{\mathrm{j}2\omega t}]$$

记作

$$P_{\mathrm{NL}}(t)=P_{\mathrm{NL}}(0)+\mathrm{Re}\{P_{\mathrm{NL}}(2\omega)\mathrm{e}^{\mathrm{j}2\omega t}\} \tag{14.8}$$

其中

$$P_{\mathrm{NL}}(0)=dA(\omega)A^*(\omega) \tag{14.9}$$

$$P_{\mathrm{NL}}(2\omega)=dA(\omega)A(\omega) \tag{14.10}$$

图 14.2 是角频率为 ω 的简谐电场, 在二次非线性光学介质中, 产生角频率为 2ω 的二次谐波和一个直流成分的示意图.

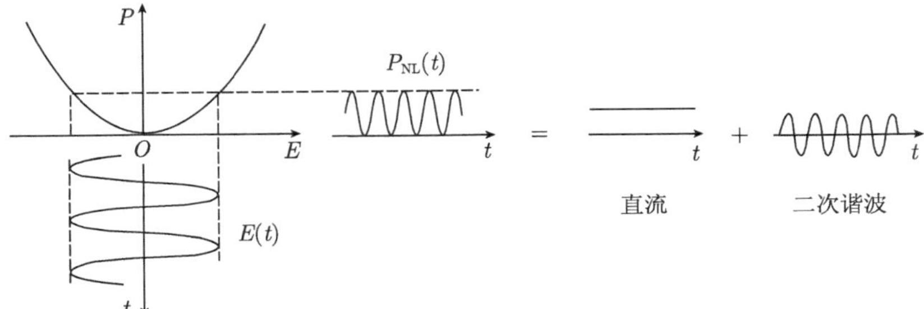

图 14.2 二次谐波产生示意图

2. **电光效应** (electro-optic effect)

考虑同时有光频电场 $E(\omega)$ 和直流电场 $E(0)$

$$E(t)=E(0)+\mathrm{Re}\{A(\omega)\mathrm{e}^{\mathrm{j}\omega t}\} \tag{14.11}$$

非线性电极化强度为

$$P_{\mathrm{NL}}(t)=P_{\mathrm{NL}}(0)+\mathrm{Re}\{P_{\mathrm{NL}}(\omega)\mathrm{e}^{\mathrm{j}\omega t}\}+\mathrm{Re}\{P_{\mathrm{NL}}(2\omega)\mathrm{e}^{\mathrm{j}2\omega t}\} \tag{14.12}$$

其中

$$P_{\mathrm{NL}}(0)=d[2E^2(0)+|A(\omega)|^2] \tag{14.13}$$

$$P_{\mathrm{NL}}(\omega)=4dE(0)A(\omega) \tag{14.14}$$

$$P_{\mathrm{NL}}(2\omega)=dE(\omega)E(\omega) \tag{14.15}$$

电极化强度中包含了角频率为 0、ω 和 2ω 的成分.

若光频电场 $E(\omega)$ 远小于直流电场 $E(0)$, 即 $|E(\omega)|^2 \ll |E(0)|^2$, 则二次谐波项 $P_{\mathrm{NL}}(2\omega)$ 为小项, 可以忽略. 这时, 在强电场和弱光场情况下, 二次非线性光学介质

对于光场是近似线性的, 与光场同频的非线性极化强度与光场复振幅成正比, 或者说, 强电场使二次非线性光学介质线性化了, 如图 14.3 所示.

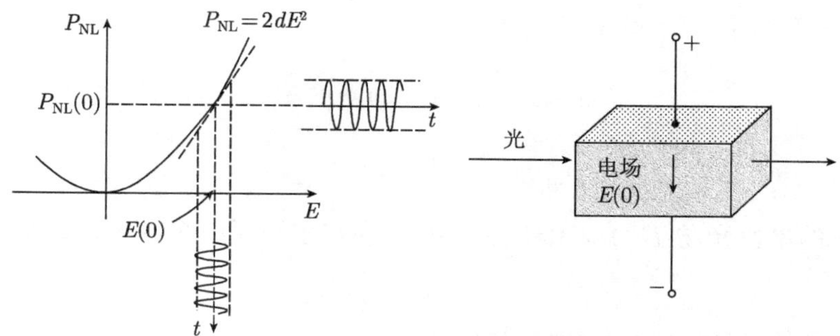

图 14.3　二次非线性作用在强电场和弱光场情况下线性化的示意图

线性化关系式 (14.14) 可以写作

$$P_{\mathrm{NL}}(\omega)=\varepsilon_0\Delta\chi A(\omega) \tag{14.16}$$

其中 $\Delta\chi=\dfrac{4d}{\varepsilon_0}E(0)$ 是与电场 $E(0)$ 成正比的极化率的增量. 由于 $n^2=1+\chi$, 得到 $2n\Delta n=\Delta\chi$, 则与极化率的增量 $\Delta\chi$ 相对应的介质折射率的变化为

$$\Delta n=\frac{2d}{n\varepsilon_0}E(0) \tag{14.17}$$

介质的折射率 $n+\Delta n$ 由外加直流电场 $E(0)$ 线性控制, 称为线性电光效应或 Pockels 效应.

14.2.3　三次非线性光学效应

在中心对称介质中, 二次非线性项为零, 主要的非线性项是三次项

$$P_{\mathrm{NL}}=\varepsilon_0\chi^{(3)}E^3 \tag{14.18}$$

如图 14.4 所示, 具有这样极化性质的介质称为克尔介质 (Kerr medium).

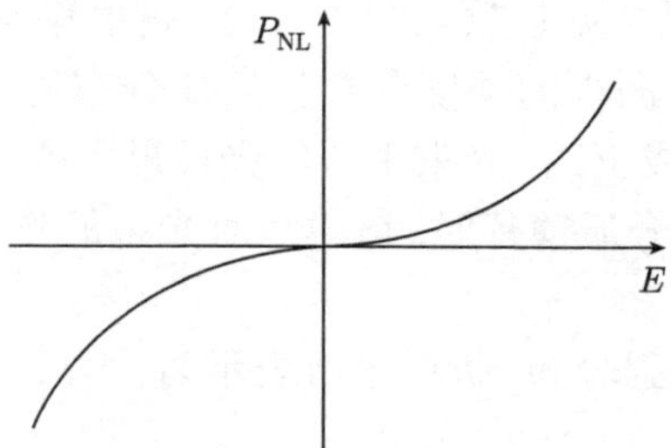

图 14.4　三次非线性示意图

1. 三次谐波产生

为简明起见, 考虑单色光场 $E(t) = \mathrm{Re}\{A(\omega)\mathrm{e}^{\mathrm{j}\omega t}\}$, 该光场在克尔介质中产生的电极化包含有频率为 ω 和 3ω 的成分

$$P_{\mathrm{NL}}(\omega) = \frac{3}{4}\varepsilon_0\chi^{(3)}|A(\omega)|^2 A(\omega) \tag{14.19}$$

$$P_{\mathrm{NL}}(3\omega) = \frac{1}{4}\varepsilon_0\chi^{(3)}A^3(\omega) \tag{14.20}$$

频率为 ω 的单色光场 $E(t) = \mathrm{Re}\{A(\omega)\mathrm{e}^{\mathrm{j}\omega t}\}$, 在克尔介质中产生了频率为 3ω 的三次谐波.

2. 光克尔效应 (optical Kerr effect)

频率为 ω 的极化强度式 (14.19), 对应于一个极化率的变化 $\Delta\chi$

$$\varepsilon_0\Delta\chi = \frac{P_{\mathrm{NL}}(\omega)}{A(\omega)} = \frac{3}{4}\varepsilon_0\chi^{(3)}|A(\omega)|^2 \tag{14.21}$$

与式 (14.17) 类似, 极化率的变化 $\Delta\chi$ 相对应的介质折射率的变化为

$$\Delta n = \frac{\Delta\chi}{2n_0} = \frac{3}{8n_0}\chi^{(3)}|A(\omega)|^2 \equiv n_2 I \tag{14.22}$$

折射率的变化 Δn 与光强 $I = |A(\omega)|^2$ 成正比, 其中

$$n_2 = \frac{3}{8n_0}\chi^{(3)} \tag{14.23}$$

称为非线性折射率系数. 总的折射率是光强的线性函数

$$n(I) = n + n_2 I \tag{14.24}$$

这就是光克尔效应. 其中 n_0 是弱光折射率.

3. 自聚焦现象

当一束强光通过具有光克尔效应的薄片时, 折射率与光强成正比. 最经常遇到的是垂直于传播方向平面内的强度分布呈高斯分布的光束, 该光束具有圆柱对称性, 由于折射率与光强成正比, 光束中心的光程最大或波长 λ/n 最短, 波阵面发生弯曲. 当光束通过克尔介质薄片时, 该薄片对光束的作用就像一个凸透镜, 如图 14.5 所示.

特别是对于一定的光强分布, 折射率可表示为

$$n^2(r) = n_0^2\left(1 - \frac{k_2 r^2}{k}\right) \tag{14.25}$$

式中 k_2 是一个代表介质特征和光强分布的常数, n_0 是对称轴处的折射率, r 是离开对称轴的距离, k 是波数, $k=\dfrac{2\pi n_0}{\lambda}$. 上式描述的介质称为类透镜介质. 光波在该介质中通过一段 dz 路程的传播之后, 不同 r 处产生的相位延迟不同, 为

$$\frac{2\pi dz}{\lambda}n(r) \tag{14.26}$$

由此可见, 上式描述的介质薄板相当于薄凸透镜, 产生与 r^2 有关的相移.

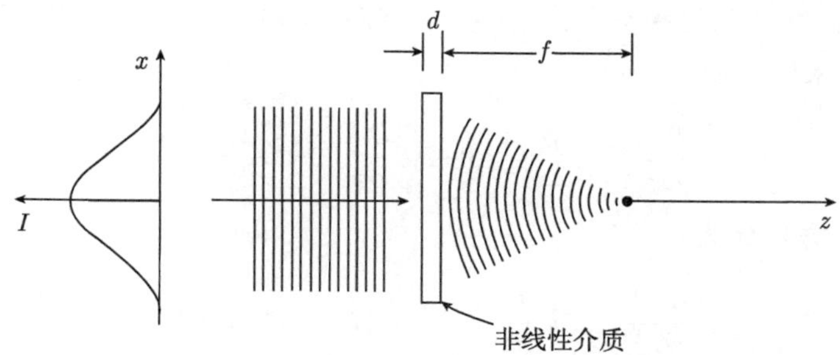

图 14.5　三次非线性介质对光的自聚焦现象

14.3　空间孤子

空间孤子 (spatial soliton) 是在光波传播的横截面空间中局域的单色波, 它在非线性介质中向前传播而不改变空间分布. 空间分布不改变是光在非线性介质中衍射 (diffraction) 与自位相调节 (self-phase modulation) 相平衡的结果.

当一束单色强光束在非线性均匀介质中传播时, 由于介质的非线性, 折射率随光强而变化, 光在传播的同时产生自己的波导 (waveguide). 如果光束在传播的横截面空间的强度分布与自身产生的波导模式相一致, 则光束将自恰地在空间中传播而不改变其空间分布. 这种自导光束 (self-guided beam) 就称为空间孤子, 如图 14.6 所示.

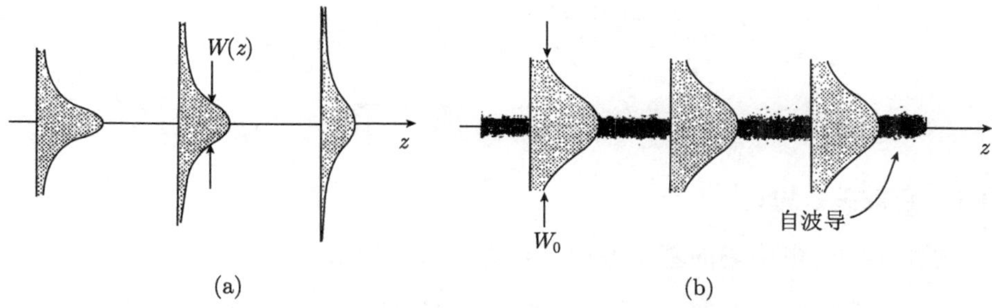

图 14.6　(a) 线性介质中传播的高斯光束; (b) 非线性介质中传播的空间孤子 (自导光束)

克尔介质中光的自导, 遵从 Helmholtz 方程

$$[\nabla^2 + n^2(I)k_0^2]E = 0 \tag{14.27}$$

其中 $n(I) = n + n_2 I$, $k_0 = \omega/c_0$, $I = |E|^2/2\eta$. 这是关于 E 的非线性微分方程. 令

$$E = A(x,z)\mathrm{e}^{-\mathrm{j}kz} \tag{14.28}$$

其中 $k = nk_0$, 并设包络函数 $A(x,z)$ 在 z 方向与波长 $\lambda = 2\pi/k$ 相比为慢变函数, 且与 y 无关. 采用近似

$$\frac{\partial^2}{\partial z^2}(A\mathrm{e}^{-\mathrm{j}kz}) \approx \left(-2\mathrm{j}k\frac{\partial A}{\partial z} - k^2 A\right)\mathrm{e}^{-\mathrm{j}kz} \tag{14.29}$$

则 Helmholtz 方程化为

$$\frac{\partial^2 A}{\partial x^2} - 2\mathrm{j}k\frac{\partial A}{\partial z} + k_0^2[n^2(I) - n^2]A = 0 \tag{14.30}$$

由于非线性效应相对较小, 即 $n_2 I \ll n$, 有

$$[n^2(I) - n^2] = [n(I) - n][n(I) + n] \approx n_2 I \cdot 2n = \frac{2n_2 n|A|^2}{2\eta} = \frac{n^2 n_2}{\eta_0}|A|^2 \tag{14.31}$$

则上述方程写为

$$\frac{\partial^2 A}{\partial x^2} + \frac{n_2}{\eta_0}k^2|A|^2 A = 2\mathrm{j}k\frac{\partial A}{\partial z} \tag{14.32}$$

这是一个非线性薛定谔方程. 该方程有孤子解

$$A(x,z) = A_0 \sec h\left(\frac{x}{W_0}\right)\mathrm{e}^{-\mathrm{j}\frac{z}{4z_0}} \tag{14.33}$$

其中 W_0 是一个常数, A_0 满足 $\dfrac{n_2 A_0^2}{2\eta_0} = \dfrac{1}{k^2 W_0^2}$, 且 $z_0 = \dfrac{1}{2}kW_0^2 = \dfrac{\pi W_0^2}{\lambda}$. 相应的光强分布为

$$I(x,z) = \frac{|A(x,z)|^2}{2\eta} = \frac{A_0^2}{2\eta}\sec h^2\left(\frac{x}{W_0}\right) \tag{14.34}$$

14.4 光 孤 子

14.4.1 色散关系讨论

一般情况下, 电磁场的基本方程是麦克斯韦方程组

$$\nabla \times \boldsymbol{E} = -\frac{\partial \boldsymbol{B}}{\partial t} \tag{14.35a}$$

$$\nabla \times \boldsymbol{H} = \frac{\partial \boldsymbol{D}}{\partial t} + \boldsymbol{j} \tag{14.35b}$$

$$\nabla \cdot \boldsymbol{D} = \rho \tag{14.35c}$$

$$\nabla \cdot \boldsymbol{B} = 0 \tag{14.35d}$$

解实际问题时, 还必须引入一些关于介质电磁性质的实验关系, 即介质性能方程

$$\boldsymbol{D} = \varepsilon \boldsymbol{E} \tag{14.36a}$$

$$\boldsymbol{B} = \mu \boldsymbol{H} \tag{14.36b}$$

在导电物质中还有欧姆定律

$$\boldsymbol{j} = \sigma \boldsymbol{E} \tag{14.37}$$

这些关系又称为介质的电磁性质方程.

因为

$$\nabla \times (\nabla \times \boldsymbol{E}) = \nabla(\nabla \cdot \boldsymbol{E}) - \nabla^2 \boldsymbol{E} \tag{14.38}$$

又由麦克斯韦方程组的第一个方程, 有

$$\begin{aligned}\nabla \times (\nabla \times \boldsymbol{E}) &= -\frac{\partial}{\partial t}(\nabla \times \boldsymbol{B}) \\ &= -\mu\left(\frac{\partial^2 \boldsymbol{D}}{\partial t^2} + \frac{\partial \boldsymbol{j}}{\partial t}\right)\end{aligned} \tag{14.39}$$

由上面两式, 得

$$\nabla^2 \boldsymbol{E} - \mu \frac{\partial^2 \boldsymbol{D}}{\partial t^2} = \nabla(\nabla \cdot \boldsymbol{E}) + \mu \frac{\partial \boldsymbol{j}}{\partial t} \tag{14.40}$$

在均匀且各向同性的介质中, $\boldsymbol{j} = 0$ 且 $\nabla \cdot \boldsymbol{E} = 0$, 标准的电磁波方程为

$$\nabla^2 \boldsymbol{E} - \mu\varepsilon \frac{\partial^2 \boldsymbol{E}}{\partial t^2} = 0 \tag{14.41}$$

$$\nabla^2 \boldsymbol{H} - \mu\varepsilon \frac{\partial^2 \boldsymbol{H}}{\partial t^2} = 0 \tag{14.42}$$

其中 ε 和 μ 是介质的介电函数和磁导率. 众所周知, 平面波

$$\psi = \psi_0 \mathrm{e}^{\mathrm{i}(\omega t - \boldsymbol{k} \cdot \boldsymbol{r})} \tag{14.43}$$

满足这些方程, 式中角频率 ω 和波矢 $\boldsymbol{k}$ 的大小由下式联系起来

$$|\boldsymbol{k}| = \omega \sqrt{\mu\varepsilon} \tag{14.44}$$

ψ 可以是 $\boldsymbol{E}$ 和 $\boldsymbol{H}$ 的笛卡儿坐标任一分量.

波的相速度为

$$v = \frac{\omega}{k} = \frac{1}{\sqrt{\mu\varepsilon}} \tag{14.45}$$

非磁性材料 $(\mu = \mu_0)$ 的 ε、折射率 $n = \sqrt{\dfrac{\varepsilon}{\varepsilon_0}}$ 都是频率的函数. n 随频率的变化, 导致光学中众所周知的色散现象. 色散介质中, 光波的相速度取决于频率.

光脉冲的有限持续时间, 导致频率的有限展宽, 如图 14.7 所示. 因为麦克斯韦方程是线性的, 所以, 线性介质中的光脉冲传播可用由不同频率的平面波经适当线性叠加后的波的传播来描述. 在色散介质中, 波的不同频率成分以不同的速度传播, 使彼此之间的相对相位改变, 这通常导致光脉冲的展宽.

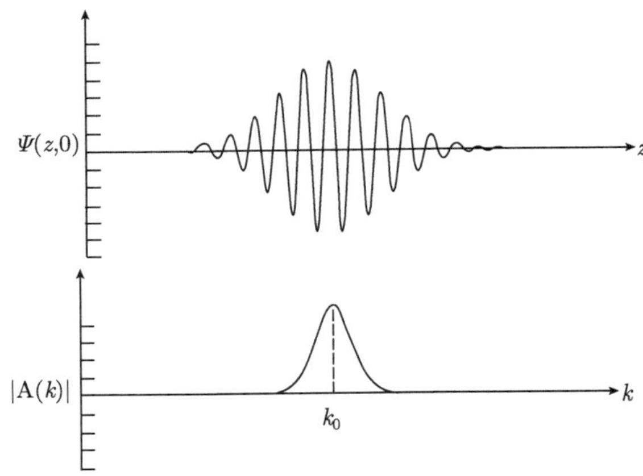

图 14.7　有限范围的光脉冲及其在波数空间的傅里叶光谱

光脉冲通常用它的中心频率 ω_0(或它的相应波数 k_0) 以及 ω_0 附近的频率扩展 $\Delta\omega$(或相应的波数扩展 Δk) 来表征. 对色散关系 $\omega(k)$ 在 k_0 附近进行泰勒级数展开

$$\omega(k) = \omega_0 + \left(\frac{\mathrm{d}\omega}{\mathrm{d}k}\right)_0 (k - k_0) + \frac{1}{2}\left(\frac{\mathrm{d}^2\omega}{\mathrm{d}k^2}\right)_0 (k - k_0)^2 + \cdots \tag{14.46}$$

在忽略 $(k - k_0)$ 的二次项和更高次项的近似下, 即线性色散关系近似下, 介质是无色散的. 不同频率或波数的光均以相同的相速度和相同的群速度传播. 这时, 光脉冲在外形上无失真地传播, 如图 14.8 所示.

光脉冲无失真传播的速度为

$$v_{\mathrm{g}} = \left(\frac{\mathrm{d}\omega}{\mathrm{d}k}\right)_0 \tag{14.47}$$

称为脉冲的群速度.

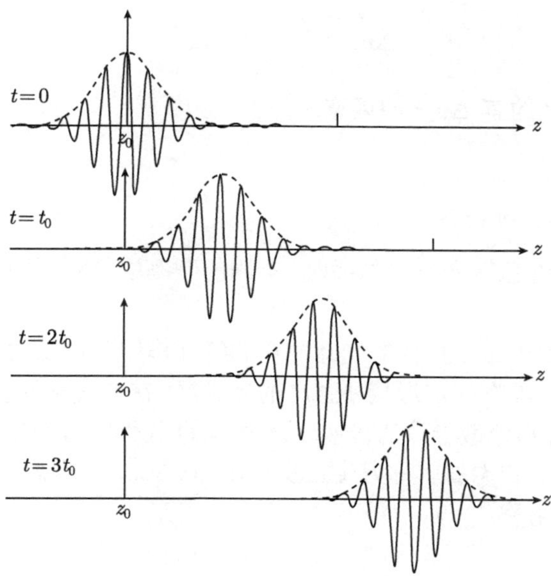

图 14.8　无色散的线性介质中光脉冲的无失真传播

光学中, 介质的色散通常用作为频率函数的折射率 $n(\omega)$ 来描述. ω 与 k 之间的关系为

$$k = n(\omega)\frac{\omega}{c} \tag{14.48}$$

式中 c 是光在真空中的速度. 相速度为

$$v_p = \frac{c}{n(\omega)} \tag{14.49}$$

相速度大于或小于 c, 取决于 $n(\omega)$ 是小于还是大于 1. 群速度为

$$v_{\mathrm{g}} = \frac{c}{n + \omega\dfrac{\mathrm{d}n}{\mathrm{d}\omega}} \tag{14.50}$$

对于正常色散, $\dfrac{\mathrm{d}n}{\mathrm{d}\omega} > 0$, 群速度小于相速度.

进一步在色散关系 $\omega(k)$ 的泰勒级数展开式中, 考虑二次项的存在

$$\omega(k) = \omega_0 + \left(\frac{\mathrm{d}\omega}{\mathrm{d}k}\right)_0 (k - k_0) + \frac{1}{2}\left(\frac{\mathrm{d}^2\omega}{\mathrm{d}k^2}\right)_0 (k - k_0)^2 \tag{14.51}$$

光脉冲就不再保持不变, 一般将随脉冲传播而展宽. 对于光脉冲的每个频率成分, 群速度 v_{g} 不可能相同 (群速度色散), 用它可解释脉冲的展宽. 若 Δk 为脉冲的光谱展宽, 则群速度展宽约为

$$\Delta v_{\mathrm{g}} \approx \left(\frac{\mathrm{d}^2\omega}{\mathrm{d}k^2}\right)_0 \Delta k \tag{14.52}$$

当脉冲传播时, 预计约有 $\Delta v_{\mathrm{g}} t$ 的展宽.

14.4.2 光孤子

1. 色散和弱非线性的作用

当光脉冲在线性色散介质中传播时, 不同的频率成分有不同的群速度, 使光脉冲连续形变.

如果介质是非线性的, 传播的光脉冲在非线性作用下也发生形变.

在一定条件下, 具有一定形状和强度的光脉冲, 在非线性的色散介质中传播时不改变形状. 这时介质色散导致的群速度色散, 与非线性的自相位调节完全抵消. 这种类脉冲 (pulse-like) 定态波就称为孤立波 (solitary waves), 常被称为孤子 (solitons).

非线性介质折射率

$$n(I) = n_0 + n_2 I(z,t) \tag{14.53}$$

光脉冲在该介质中通过一段 Δz 路程之后, 产生的相位改变是

$$k_0[n_0 + n_2 I(z,t)]\Delta z \tag{14.54}$$

则 t 时刻 z 处的相位为

$$\varphi(t) = \omega_0 t - k_0[n_0 + n_2 I(z,t)]\Delta z \tag{14.55}$$

$$\omega = \frac{\mathrm{d}\varphi}{\mathrm{d}t} = \omega_0 - k_0 n_2 \Delta z \frac{\mathrm{d}I(z,t)}{\mathrm{d}t} \tag{14.56}$$

如果 n_2 是正的, 由于 $\dfrac{\mathrm{d}I}{\mathrm{d}t} < 0$, 光脉冲后半部 (右边) 的频率增加 (蓝移); 而前半部 (左边)$\dfrac{\mathrm{d}I}{\mathrm{d}t} > 0$, 使频率降低 (红移), 如图 14.9 所示. 光脉冲发生了啁啾 (chirped).

如果介质反常色散, 色散系数是正的, 群速度随波长增加而减小, 随波长减小而增加. 蓝移的光脉冲后半部 (右边) 的传播速度将快于红移的部分, 发生波追赶现象. 结果是由于蓝移部分的传播快于红移部分, 使光脉冲得到压缩. 孤立波的存在是光波波长处于反常色散区; 若是处于正常区, 孤立波解仅在暗区成立, 即所谓暗孤子.

正是由于色散项的存在, 使得波弥散了, 抵消了非线性项的变陡, 最后会到达一种由孤立波体现的波弥散与非线性变陡之间的平衡. 即对于一定强度和形状的光脉冲, 非线性的自位相调节与群速度色散相平衡, 形成稳定不变的光脉冲, 即孤子.

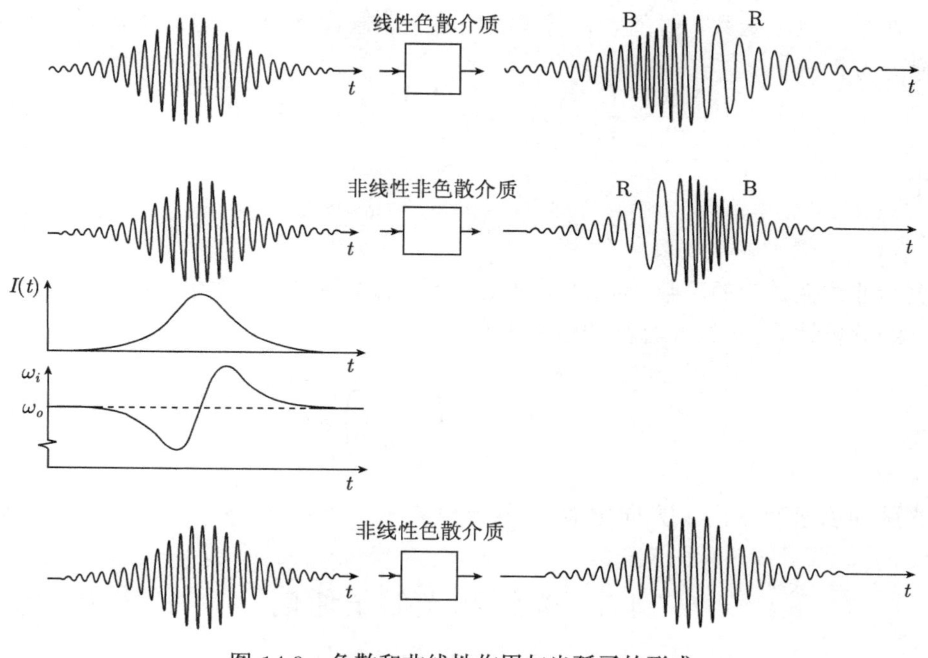

图 14.9　色散和非线性作用与光孤子的形成

2. 光脉冲包络函数的微分方程

由式 (14.40), 以及

$$\boldsymbol{D} = \varepsilon_0 \boldsymbol{E} + \boldsymbol{P} \tag{14.57}$$

得到非线性色散介质中光脉冲传播的波方程为

$$\nabla^2 E - \frac{1}{c_0^2}\frac{\partial^2 E}{\partial t^2} = \mu_0 \frac{\partial^2}{\partial t^2}(P_{\mathrm{L}} + P_{\mathrm{NL}}) \tag{14.58}$$

其中 $P_{\mathrm{NL}} = 4\chi^{(3)}E^3$. 将两个线性项合并, 上式写为

$$\nabla^2 E + F = \mu_0 \frac{\partial^2 P_{\mathrm{NL}}}{\partial t^2} \tag{14.59}$$

其中 $F = -\mu_0 \dfrac{\partial^2}{\partial t^2}(\varepsilon_0 E + P_{\mathrm{L}})$

令

$$E = \mathrm{Re}\{A(z,t)\mathrm{e}^{\mathrm{j}(\omega_0 t - \beta_0 z)}\} \tag{14.60}$$

$A(z,t)$ 是 t 和 z 的慢变复包络函数, ω_0 是中心角频率, $\beta_0 = \beta(\omega_0)$ 是中心波矢.

在慢变包络函数、弱色散和弱非线性的三项假设下, 可证包络函数 $A(z,t)$ 满足微分方程

$$\left(\frac{\partial}{\partial z}+\frac{1}{v}\frac{\partial}{\partial t}\right)A-\mathrm{j}\frac{\beta''}{2}\frac{\partial^2 A}{\partial t^2}-\mathrm{j}\gamma|A|^2A=0 \tag{14.61}$$

其中

$$\gamma=\frac{3}{2}\mu_0 c\omega_0\chi^{(3)}=\frac{\omega_0}{2c_0}\frac{n_2}{\eta} \tag{14.62}$$

是表示非线性效应的系数, 而 $\beta''=\beta''(\omega_0)$ 是 $\beta(\omega)$ 的二阶导数值.

经分析计算, 可得光脉冲的包络函数

$$A(z,t)=A_0\sec h\left(\frac{t-\dfrac{z}{v}}{\tau_0}\right)\mathrm{e}^{\mathrm{j}\frac{z}{4z_0}} \tag{14.63}$$

该光脉冲以速度 v 沿 z 方向传播, 形状不变.

14.5 光纤和光孤子通信

光纤通信在人类信息化社会中扮演着重要的角色, 光纤通信的发展和广泛应用, 极大地提高了信息的传输容量.

20 世纪 70 年代末, 光纤通信开始进入实用化阶段, 逐渐成为电信传送网的主要传输手段. 90 年代中期以前推出的光波系统, 是以电时分复用为基础的单信道系统; 波分复用 (WDM) 技术、密集波分复用 (DWDM) 技术和掺铒光纤放大器 (EDFA) 的实用化, 在 1996 年首次实现了太比特每秒 (每秒 1 万亿比特) 的传输, 同时, 也使建立以波长路由为基础、具有高度灵活性和生存性的 WDM 全光通信网成为可能. 继时分复用、波分复用之后, 更先进的码分复用技术现已投入实用. 另外, 光时分复用 (OTDM) 和光孤子传输是另一种实现高速度、大容量信息传输的可选方案.

14.5.1 光纤

透镜、反光镜与棱镜是光学系统中最常用的一些元件, 然而, 自激光问世以来, 在很多光学仪器中, 特别是在光通信系统中, 光纤成了重要的元件.

光纤中光的传播建立于全反射现象, 如图 14.10 所示. 存在一个临界角 r_1, 满足

$$\sin r_1=\frac{n_1}{n_0} \tag{14.64}$$

当入射角 $r>r_1$ 时, 发生全反射现象.

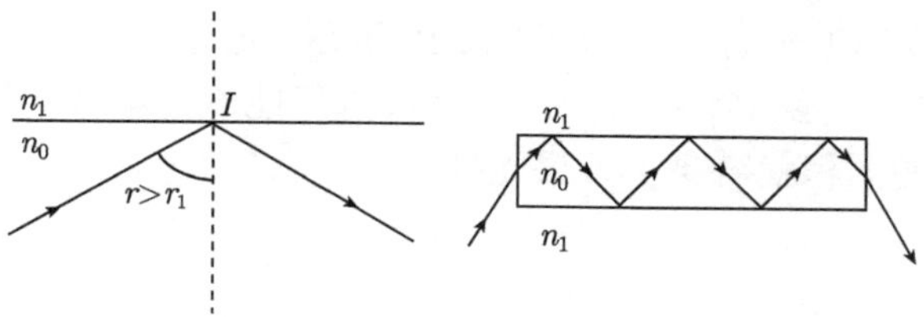

图 14.10　光纤中光的传播, 当入射角 $r > r_1$ 时全反射

一根光纤是由玻璃或石英为材料拉成的一个直径很小的正圆柱体, 光纤的外层为一种折射较光纤本身的折射率 n_0 为小的薄层介质 n_1 所包覆, 使之在光纤中有可能发生全反射并保护光纤. 一根光纤的直径可以变化在几微米到十分之几毫米之间, 工业上制造的光纤长度可达几十千米.

光纤有许多制备方法, 其中最常用的方法是由一根石英管制备成的预制棒开始. 高温 (1600°C) 加热石英管, 方法是沿管安置氢氧吹管, 在一端注入氧与卤素混合物使之在加热区起反应, 得到沉淀在管内壁细微的氧化物. 就这样获得一根比如说直径为 10mm 的梯度折射率的预制棒. 利用如图 14.11 所示的设备, 在 2000°C 的烘炉中让预制棒以恒定的速度缓慢下降, 将预制棒拉成光纤.

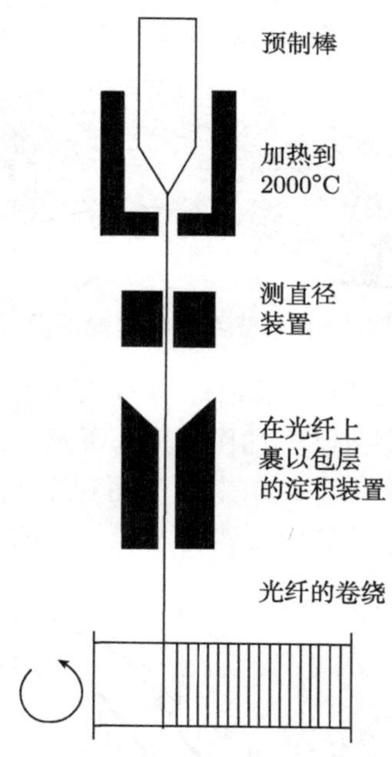

图 14.11　由预制棒拉丝成光纤

若干条光纤可集合组成光纤光缆, 如图 14.12 所示.

在光缆中聚集大量的光纤, 如果保持光纤的相对位置不变, 人们可以从光纤的一端向另一端无损坏地传递图像, 如图 14.13 所示. 光纤光缆传输图像的分辨率受到光纤直径的限制; 若用直径为 10μm 的光纤, 人们能够传输出一个高质量的像, 但是要覆盖 1mm^2 的面积就需要 1 万根光纤.

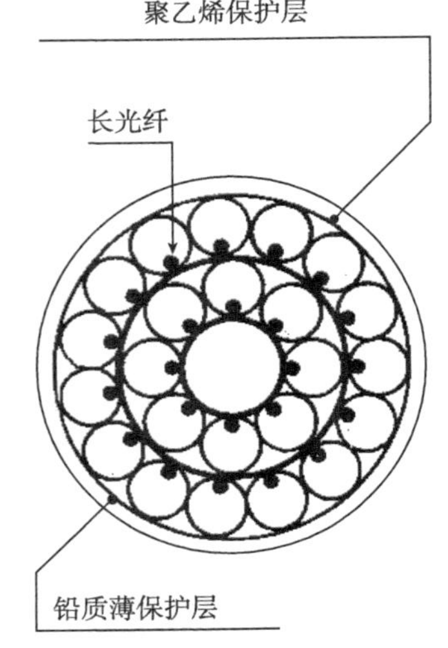

图 14.12　光纤光缆

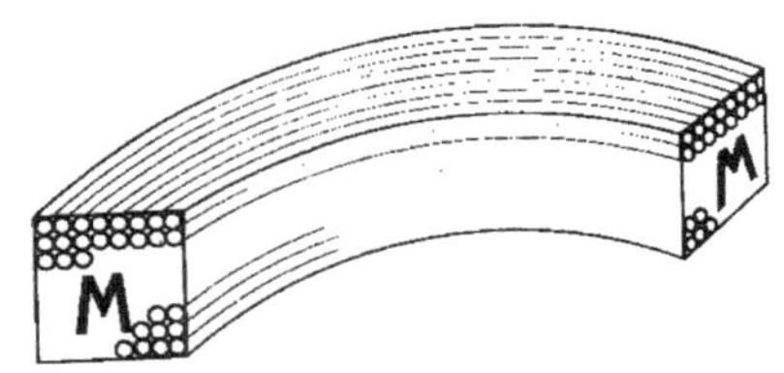

图 14.13　光纤光缆传输图像

光纤内窥镜用于查看难以到达的腔体. 光纤内窥镜一般由两束光纤所构成, 一束用于照明而另一束用于检测内腔, 如图 14.14 所示, 光束 A 用于照明腔体, 而光束 B 则用于观察. 一块棱镜 P 可以用来做侧面观察. 借助光缆的柔顺, 人们就可将它引进腔体内进行观察, 这是其他仪器所不能办到的.

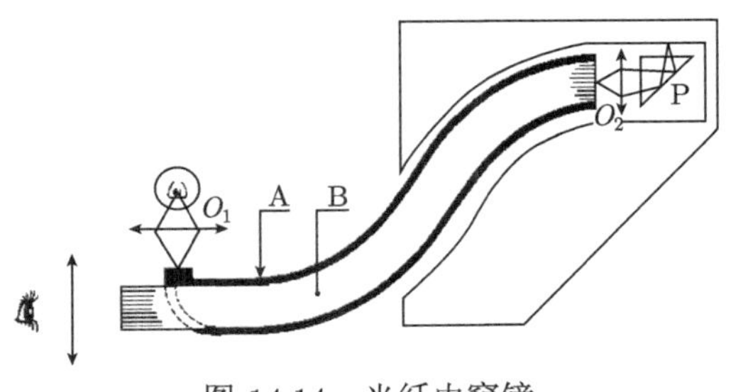

图 14.14　光纤内窥镜

14.5.2 光纤通信

用光来通信并不是新鲜的事情, 早在 1790 年, 克劳德 · 夏普曾用一台信号机做他的光学电报, 他能在 15 分钟内将信息传递到 200km 远处.

由于激光的空间相干性和高强度, 人们曾设想采用激光传递信息到远方. 然而, 在自由空间中调制激光束的传输极为困难, 大气吸收很大, 光信号被大气湍流吸收或变形很快.

选取用来传输光信号的介质材料是光纤. 直到 1970 年光纤的吸收损耗仍然很可观. 就在这一年, 康宁玻璃公司首次制成长几百米而损耗小于 20dB/km 的光纤. 这成为积极研究的起点, 在 1972 年康宁公司获得光纤的损耗达到 5dB/km 的成就. 当前, 有可能使光纤损耗下降到 0.2dB/km, 或每千米的损耗为 5%.

在光纤通信系统中, 随着传输速率的增加, 传统的 O/E/O 中继方式已不能满足要求, 人们寻找用光放大的方法来替代传统的 O/E/O 中继方式, 并延长传输距离. 掺铒光纤放大器 (erbium-doped fiber amplifier, EDFA) 是目前性能最完美、技术最成熟、应用最广泛的光放大器. 1987 年, 英国南安普顿大学和美国 AT&T Bell 实验室报道了离子态的稀土元素铒在光纤中可提供 1.55μm 通信波长处的光增益, 由于其近于完美的特性和半导体泵浦源的使用, EDFA 给 1.55μm 窗口的光纤通信带来了一场革命. 在源源不断的泵浦下, 石英基质光纤中铒离子中的电子布居实现反转, 当 1.55μm 信号光通过已被激活的掺铒光纤时, 在信号光的感应下, 受激辐射产生出与感应光子完全一样的光子, 从而实现信号光在掺铒光纤的传输过程中不断放大.

波分复用是一项 20 世纪 90 年代在通信网中扮演重要角色的技术, 复用存取是指同一链路上传输多路复用信号, 并在一个接收端进行分路. 在此之前, 传统的电时分复用的光纤通信系统, 由于受到电子器件速率瓶颈的限制, 在 40Gbit/s 以上的传输很难实现. 而波分复用 (WDM) 技术以较低的成本、较简单的结构形式, 几倍、几十倍地扩大单根光纤的传输容量. 目前, 更先进的码分复用技术已成为宽带光网络中的主导技术.

通信网的两大组成部分是传输和交换. 随着通信技术的成熟, 传输系统容量的飞速增长带来的是对交换系统发展的压力和动力. 目前的电子交换和信息处理网络的发展, 已接近了电子速率的极限, 为了解决电光、光电转换等电子器件瓶颈限制, 研究人员开始在交换系统中引入光子技术, 实现光交换、光分叉连接 (OXC) 和光分叉复用 (OADM), 即实现全光通信网.

全光网已引起国内外的极大关注, 被认为是未来电信网升级的首选方案. 我国的 WDM 全光通信试验网, 在 1998 年 3 月由北京大学、清华大学、北京邮电大学共同完成. 该光网络含有两个 OXC 节点和两个 OADM 节点, 建网目的是演示光信号的透明传输和研究传输中可能出现的问题.

14.5.3 光纤数字通信和光孤子通信

光纤传递光信息有两种方式: 模拟通信和数字通信. 在数字通信中, 通过发送、传递和接收激光数字脉冲, 进行通信; 数字 1 相应于一个光脉冲, 数字 0 表示没有脉冲.

通常所说的光脉冲指的是波包光脉冲, 即以高载频 ω_0 传送但振幅缓慢变化的波包. 若波包用复振幅 $A(z,t)$ 来描述, 而光频载波为 $\mathrm{e}^{\mathrm{i}(k_0 z-\omega_0 t)}$, 则电场 E 可写为

$$E=\mathrm{Re}\{A(z,t)\mathrm{e}^{\mathrm{i}(k_0 z-\omega_0 t)}\} \tag{14.65}$$

一定宽度的理想方波光脉冲, 输入光纤, 在光纤输出端的输出信号一般都有展宽, 展宽量依赖于光纤长度.

在光纤的反常色散区, 由于色散和非线性效应相互作用, 可产生一种非常引人注目的现象, 即光学孤子 (optical soliton). 孤子是一种特别的波, 它可以传输很长的距离而不变形, 特别适用于超长距离、超高速的光纤通信系统; 当两列波相互碰撞以后, 光孤子依然保持各自原来的形状不变. 它利用的是光在光纤中传输时的非线性效应 (即自相位调制 (SPM) 效应) 来补偿色散, 可以通过求解非线性薛定谔方程来分析.

在无损耗情况下, 在 Kerr 介质中传输的光波会形成一个波包孤子. 实际光纤中总是会有损耗的, 这种损耗可通过 Raman 散射得到补偿, 以维持孤子的能量不变.

实验上, 1988 年 Mollenauer、Smith 等成功地传送了一个孤子达 6000km, 损耗由 Raman 增益周期地补偿, 保证了孤子波形与宽度不变.

光孤子通信是一种很有潜在应用前景的传输方式, 能否迅速应用, 取决于这一技术本身的发展和市场的需求、技术的可靠性和经济上的合理性, 以及与其他技术相比实现上的难易程度.

14.6 光子晶体和光子带隙

从波的共性出发, 电子 de Broglie 波的能带理论原则上应该可以找到其经典波 (例如光波) 的对应物. 近年来, 有关光子晶体和光子能带的研究, 在理论上和实验上都取得了进展, 这意味着倒易空间、Brillouin 区、色散关系、Bloch 波函数等固体电子论的基本概念, 可在特定的条件下应用于光波.

14.6.1 光子晶体

光子晶体一般是用高介电常数的球体或圆柱排成周期列阵来获得, 这些球体或圆柱的直径和点阵常数与光波长相接近.

Yablonovitch 和 Gmitter 首先从实验上观察到, 对于一种微结构, 存在着微波辐照上的完整带隙. 他们用折射率为 3.6 的介电材料, 通过数控机床加工出 8000 个球形空腔, 并让这些球形空腔组成 fcc 点阵, 如图 14.15 所示. 当固体体积分量 $f \approx 0.15$ 时, 在带隙中心频率两边 6% 宽度的频率范围内, 材料表现出完整的光子带隙. 当固体体积分量增加或者减小而偏离 $f \approx 0.15$ 时, 带隙宽度显著下降.

蛋白石和蝴蝶翅膀是自然界中的光子晶体. 目前, 绝大多数光子晶体是人工剪裁的周期结构, 通常都选择 fcc 点阵结构. fcc 点阵的布里渊区接近球形, 容易产生不交叠的带隙.

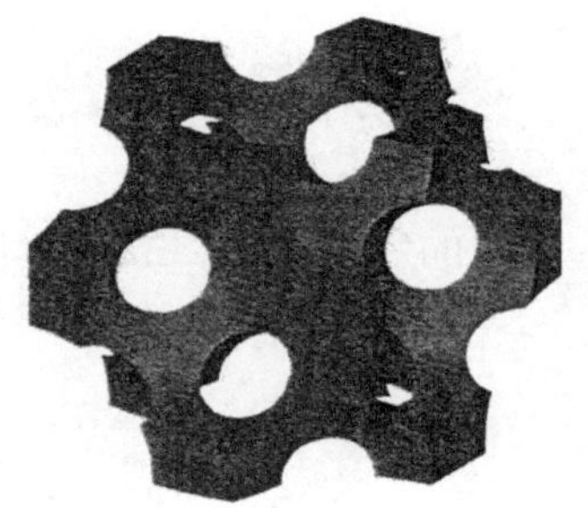

图 14.15 光子晶体

14.6.2 光子带隙

在周期晶体中, 电子能带的形成来自于原子轨道的交叠和简并性, 而从自由电子色散关系的偏离是由电子波在各个原子上相干散射的干涉效应所导致的, 于是能隙就出现了. 但是, 在光波通过周期电介质时, 不存在与原子轨道对应的东西, 光子并不能束缚于介电球, 因而, 光子带隙的出现必定另有其成因. 实际上, 当球体直径与光波长相接近, 并有简单整数倍时, Mie 散射共振发挥作用. 选择介电球密度, 使单个球体上散射出现 Mie 共振与球体列阵上出现宏观 Bragg 共振具有同一波长, 这时光子带隙就产生了. 于是, 与电子能带的形成可比拟, 单个球体 Mie 共振的衔接导致光子能带的产生.

为解释 Yablonovitch 和 Gmitter 的实验结果, Satpathy 等采用标量波方程

$$[-\nabla^2 + V(\boldsymbol{r})]\varphi(\boldsymbol{r}) = q^2\varphi(\boldsymbol{r}) \tag{14.66}$$

其中

$$V(\boldsymbol{r})=\frac{\omega^2}{c^2}\sum_{\boldsymbol{R}}(1-\varepsilon_a)\theta(R_{\mathrm{s}}-|\boldsymbol{r}-\boldsymbol{R}|) \tag{14.67}$$

这里 $\theta(x)$ 是阶跃函数, $x\geqslant 0$ 时, $\theta(x)=1$, 其他情况为零; 求和是对某个范围以内的所有介电球中心 $\boldsymbol{R}$ 进行; 球与背景的介电常数之比取为 ε_a.

利用计算电子能带结构的平面波方法, 按倒格矢 $\boldsymbol{G}$ 进行 Fourier 展开, 把势场和波函数写成

$$V(\boldsymbol{r})=\sum_{\boldsymbol{G}}V(\boldsymbol{G})\mathrm{e}^{\mathrm{i}\boldsymbol{G}\cdot\boldsymbol{r}} \tag{14.68}$$

$$\varphi_{\boldsymbol{k}}(\boldsymbol{r})=\sum_{\boldsymbol{G}}C_{\boldsymbol{G}}\mathrm{e}^{\mathrm{i}(\boldsymbol{k}+\boldsymbol{G})\cdot\boldsymbol{r}} \tag{14.69}$$

这里 $\boldsymbol{k}$ 相当于 Bloch 动量. 把上述两者代入波动方程, 得到展开系数 $C_{\boldsymbol{G}}$ 满足的方程

$$\left[|\boldsymbol{k}+\boldsymbol{G}|^2-\frac{\omega^2}{c^2}\right]C_{\boldsymbol{G}}+\sum_{\boldsymbol{G}'}V(\boldsymbol{G}-\boldsymbol{G}')C_{\boldsymbol{G}'}=0 \tag{14.70}$$

由该方程, 可以求得 ω 与 $\boldsymbol{k}$ 之间的色散关系, 也就求得了光子能带结构. 图 14.16 是假定球体按 fcc 点阵排列、ε_a=5 、填充因子 $f=0.15$ 时, 数值计算求得的光子能带结构.

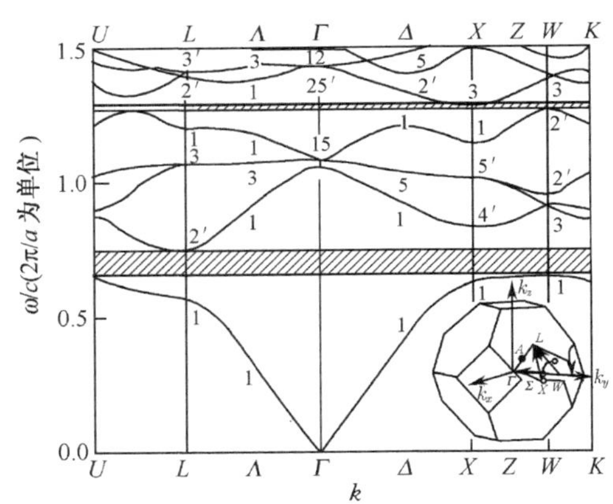

图 14.16　标量波近似下典型的光子能带结构

光子带隙相当于在禁戒频率范围内没有允许的电磁波模式. 当然, 与半导体相类似, 实际材料中的杂质可以在带隙中引入局域模. 然而, 与半导体有所区别的是, 在带隙中存在跃迁频率的原子并不能表现出自发辐射, 因为被释放的光子将在原子附近形成束缚态. 这已得到初步的实验迹象.

单个杂质原子可能在光子带隙中形成杂质能级, 如果考虑一些杂质原子掺进材料, 就有可能出现新的现象. 当杂质原子间距较近时, 由于共振偶极 - 偶极互作用, 束缚光子可以发生隧道过程, 于是在光子带隙中形成光子杂质带. 这将给非线性光学和激光物理学都带来新的课题.

光子晶体, 无论对于扩展态还是局域态, 实现了经典波与 de Broglie 波的完全对应.

14.7　光子计算机

光子计算机是由光子代替电子、实现高速处理大容量信息的计算机. 由于光子速度为 30 万 km/s, 所以, 光子计算机的运算速度可高达 10000 亿次/s, 至少比现在电子计算机快 1000 倍, 存储容量比现在电子计算机大百万倍.

光子计算机的并行处理信息能力很强. 几束光通过光晶体管时能互相独立、互不干扰, 可同时处理多路信息. 光子计算机利用反射镜、棱镜、分光镜等, 可随意控制和改变方向, 这样, 在传递信息时, 光束不需要导体, 可相互交叉而不损失信息; 光子计算机是无导线的计算机. 一块直径只有硬币大小的棱镜, 通过信息的能力却是现在全世界电话电缆的许多倍.

1969 年, 研究光子计算机的序幕由美国麻省理工学院的科学家揭开. 1982 年, 英国赫罗特 - 瓦特大学教授德斯蒙德 · 史密斯研制了光晶体管. 1983 年, 日本京都大学佐佐木昭夫教授也研制了光晶体管. 1986 年, 美国贝尔实验室研制出了光晶体管, 并制成集成光路. 1990 年, 贝尔实验室制成第一台光子计算机, 这只是一台用来计算的演示性光子计算机, 但这毕竟是计算机领域的一大突破.

目前, 光子计算机的研究工作仍处于实验室阶段. 此外, 未来的计算机还有超导计算机、纳米计算机、DNA 计算机、量子计算机等.

思考题和习题

1. 简述线性光学与非线性光学中, 光学性质的主要不同之处.
2. 介质的基本电极化过程.
3. 简述二次谐波的产生机理和自聚焦现象.
4. 简述光波的空间孤子的形成机制.
5. 光孤子产生的物理机制.
6. 简述光子晶体和光子带隙.

参 考 文 献

顾畹仪, 李国瑞. 1999. 光纤通信系统. 北京：北京邮电大学出版社

肖冬萍, 田强. 2001. 电介质的极化机制与介电常量的分析. 大学物理, 20(9)：44

亚里夫叶. 1991. 晶体中的光波 —— 激光的传播与控制 (中译本). 北京：科学出版社

Bloembergen N. 1991. Nonlinear Optics. In: Bahaa E.A.Saleh and Malvin Carl Teich. Fundamentals of Photonics. New York: A Wiley-Interscience Publication, John Wiley & Sons, Inc. Chapter 19

Yariv A, Yeh P. 1984. Optical Waves in Crystals, Propagation and Control of Laser Radiation. New York: John Wiley & Sons, Inc.

第 15 章　非共振非线性光学效应

非线性光学效应普遍存在于固体材料中. 当入射光子能量小于材料禁带宽度时, 在材料中不会引起显著的吸收, 但仍存在由非线性光学效应产生的非线性折射率、双光子吸收等. 入射光子能量小于材料禁带宽度时的非线性光学效应称为非共振非线性光学效应 (non-resonent nonlinear optical effect) 或称为非本征吸收区非线性光学效应. 非共振非线性光学效应来自于束缚电子的非简谐运动. 由于共振效应的光生载流子存在弛豫效应, 响应并不很快, 而非共振的非线性光学效应典型地呈现出超快响应. 人们已采用多种方法, 如 Z 扫描、二次谐波产生 (SHG)、三次谐波产生 (THG)、四波混频 (FWM) 等方法, 测量了许多材料的非本征吸收区的非线性折射率系数的值和符号.

15.1　非线性折射率系数

非线性折射率系数有两个定义. 下面在给出这两个定义的基础上, 讨论这两个非线性折射率系数的关系, 然后给出半导体非线性折射率系数的一般特性.

15.1.1　非线性折射率系数 n_2

非线性折射率与光强有关, 可以写为

$$n = n_0 + n_{\text{eff}} I \tag{15.1}$$

式中 n_0 是弱光折射率, 也称为线性折射率; 折射率的变化 $\Delta n = n - n_0$ 称为非线性折射率, n_{eff} 称为有效非线性折射率系数. 在具有中心反演对称性的介质中, 考虑到五阶非线性效应, 上式写为 (Ganeev et al., 2003)

$$n = n_0 + (n_2 + n_4 I) I \tag{15.2}$$

其中 n_2 是三阶非线性折射率系数, n_4 是五阶非线性折射率系数. 通常的非线性折射率系数是指三阶非线性折射率系数 n_2.

在光克尔效应中, 折射率是光强 (有效值)$I(\omega)$ 的线性函数

$$n(\omega, I) = n_0(\omega) + n_2(\omega) I(\omega) \tag{15.3}$$

或写作

$$n(I) = n_0 + n_2 |E|^2 = n_0 + n_2 \frac{|E_0|^2}{2} \tag{15.4}$$

折射率的变化 $\Delta n = n(I) - n_0$ 称为非线性折射率, 它与光强成正比 $\Delta n = n_2 I$, $n_2(\omega)$ 称为非线性折射率系数 (单位为 $(\mathrm{V^2m^{-2}})^{-1}=\mathrm{V^{-2}m^2}$); 其中光强

$$I(\omega) = |E(\omega)|^2 = \frac{1}{2} |E_0(\omega)|^2 \tag{15.5}$$

$E \equiv E_{\mathrm{rms}}$(rms 代表 root mean square 方均根) 和 E_0 分别是光电场的有效值和峰值.

非线性折射率系数 n_2 与三阶非线性极化率的实部成正比 (Sheik-Bahae et al., 1990)

$$n_2 = \frac{2\pi}{n_0} \mathrm{Re}\chi^{(3)} \tag{15.6}$$

15.1.2 非线性折射率系数 γ

折射率还常表示为 (Sheik-Bahae et al., 1990 PRL)

$$n(\omega) = n_0(\omega) + \gamma(\omega) \bar{S}(\omega) \tag{15.7}$$

其中 $\bar{S}(\omega)$ 是平均能流密度 (文献中常写作 intensity of the radiation 或 irradiance), 单位是 $\mathrm{W \cdot m^{-2}}$.

$$\bar{S}(\omega) = \varepsilon |E(\omega)|^2 \frac{c}{n_0} = \frac{1}{2} \varepsilon |E_0(\omega)|^2 \frac{c}{n_0} \tag{15.8}$$

可以看做是能量以平均密度 $\frac{1}{2}\varepsilon |E_0(\omega)|^2$ 和相速度 $\frac{c}{n_0}$ 传播 (劳兰, 考森, 1980.p332), 式中 c 是真空中光速. 或写作

$$\bar{S}(\omega) = \varepsilon_0 \varepsilon_{\mathrm{r}} |E(\omega)|^2 \frac{c}{n_0} = \varepsilon_0 |E(\omega)|^2 n_0 c = \frac{1}{2} \varepsilon_0 |E_0(\omega)|^2 n_0 c \tag{15.9}$$

对于平面正弦波, 有

$$\begin{aligned} \bar{S}(\omega) =& \varepsilon_0 |E(\omega)|^2 n_0 c = 8.854 \times 10^{-12} \times 3 \times 10^8 |E(\omega)|^2 n_0 \\ =& 2.656 \times 10^{-3} |E(\omega)|^2 n_0 (\mathrm{W \cdot m^{-2}}) \end{aligned}$$

平均能流密度用光强表示为

$$\bar{S}(\omega) = \varepsilon_0 |E(\omega)|^2 n_0 c = \varepsilon_0 n_0 c I(\omega) \tag{15.10}$$

15.1.3 n_2 与 γ 的关系

非线性折射率系数 $n_2(\omega)$ 与式 (15.7) 中系数 $\gamma(\omega)$ 的关系为

$$n_2(\omega) = \varepsilon_0 n_0 c \gamma(\omega) \tag{15.11}$$

Sheik-Bahae 的定义中 E_ω 是电场峰值, 即 $E_\omega = E_0(\omega) = \sqrt{2}E(\omega)$; 并给出 (Sheik-Bahae et al., 1990)

$$n_2(\text{esu}) = \frac{1}{40\pi}\text{n}_0\text{c}\gamma(\text{mks})^{①} \tag{15.12}$$

验证如下：由国际单位制的 $n_2(\omega) = \varepsilon_0 n_0 c\gamma(\omega)$, 得

$$\begin{aligned} & n_2[\text{esu}] \\ =& \frac{\varepsilon_0}{[\text{F}\cdot\text{m}^{-1}]}(0.975\times10^{-12}\text{cm}\cdot(100\text{cm})^{-1})n_0\frac{c}{[\text{m}\cdot\text{s}^{-1}]}(100\text{cm}\cdot\text{s}^{-1}) \\ & \frac{\gamma(\omega)}{[\text{W}^{-1}\cdot\text{m}^2]}(10^{-3}\text{erg}^{-1}\text{s}\cdot\text{cm}^2) \\ =& \frac{1}{40\pi}n_0\frac{c}{[\text{m}\cdot\text{s}^{-1}]}\frac{\gamma(\omega)}{[\text{W}^{-1}\cdot\text{m}^2]}(\text{erg}^{-1}\cdot\text{cm}^3) \end{aligned} \tag{15.13}$$

其中用到 1J=10^7erg.

15.1.4　半导体的非线性折射率系数

半导体在本征吸收区 ($\hbar\omega \geqslant E_\text{g}$) 的非线性折射率系数 n_2 是负的, 总折射率 $n(I) < n_0$ 且随光强减小而增大, 表现出光学自散焦现象; 而在非本征吸收区 ($\hbar\omega < E_\text{g}$), 当光子能量在刚低于基本吸收边 E_g 时为负, 在 E_g 与双光子吸收边 $E_\text{g}/2$ 之间改变符号, 在更低的能量处为正, 正的非线性折射率系数 n_2 表现出光学自聚焦现象. CdSe、CdS、ZnO 等一些半导体在非本征吸收区非线性折射率系数 n_2 的实验值如图 15.1 所示 (Sheik-Bahae et al., 1990 PRL), 其中 $K' = 3.4\times10^{-8}$.

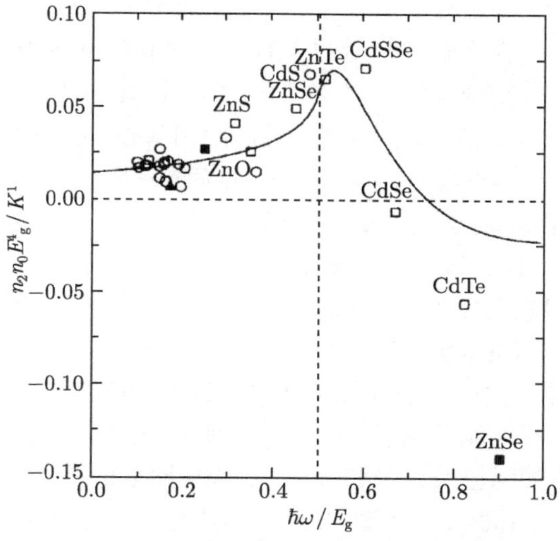

图 15.1　非本征吸收区非线性折射率系数 n_2 的实验值

① esu: 静电单位制; mks: 米千克秒单位制, 即国际单位制 (SI).

在低于能隙频率 ($\omega < \omega_g, \omega_g = E_g/\hbar$) 的范围, 存在明显的色散效应. 当 $\hbar\omega$ 在 $E_g/2$ 附近时, 主要是双光子吸收过程产生的非线性折射率的色散, 非线性折射率系数为正, 当光频由 $\omega_g/2$ 的低频向高频移动时, 非线性折射率系数由正变为负.

15.2　双光子吸收及其二级微扰理论

固体材料在电磁场中, 当电磁场频率小于固体禁带宽度时, 会产生双光子吸收. Goppert-Mayer 首先于 1931 年对双光子吸收过程利用二级微扰理论进行了理论研究. 在红宝石激光器 1960 年问世之后, Bell 电话实验室的 Kaiser 和 Garrett 于 1961 年利用红宝石激光实验观察到了双光子吸收, 他们用红宝石激光 ($\lambda_r = 6943\text{Å}$) 照射掺铕的氟化钙 ($CaF_2:Eu^{2+}$) 晶体时, 探测到 $\lambda_b = 4250\text{Å}$的蓝色荧光, 如图 15.2 所示 (Kaiser and Garrett, 1961). 由于该晶体不存在与单个红宝石激光光子相对应的任何激发态, 所以不能用连续吸收两个红宝石激光光子来解释; 又由于掺铕的氟化钙晶体属于立方晶体, 不可能发生二次谐波产生过程, 所以, 上述现象唯一的解释是同时 (simultaneously) 吸收了两个光子产生的效应, 即双光子吸收效应.

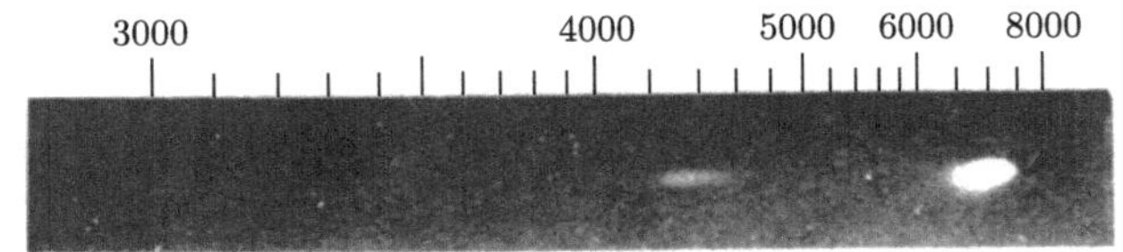

图 15.2　Kaiser 和 Garrett 的双光子吸收实验现象

Kaiser 和 Garrett 在实验中使用的样品是掺铕 0.1%的氟化钙晶体, Eu^{2+} 在晶体中取代 Ca^{2+}; 经双光子吸收, Eu^{2+} 中的电子产生 4f→5d 跃迁, 随后跃迁到一个较低能级, 发出 $\lambda_b = 4250\text{Å}$的蓝色荧光; 最后回到基态. 他们还对纯净的氟化钙晶体进行了相同的实验, 结果没有发现 $\lambda < \lambda_r$ 的荧光.

Braunstein 于 1962 年通过二级含时微扰理论, 讨论了双光子吸收的跃迁几率 (Braunstein, 1962). 1964 年 Braunstein 和 Ockman 实验研究了红宝石激光照射 CdS 晶体的双光子吸收现象 (Braunstein et al., 1964). 红宝石激光的光子能量 $\hbar\omega = 1.78\text{eV}$ 远小于 CdS 晶体的禁带宽度 $E_g = 2.5\text{eV}$, 在红宝石激光的激发作用下, CdS 晶体中的电子不可能产生单光子吸收现象, 当然也不可能有单光子吸收产生的光致发光现象. CdS 晶体在高能量光子 ($\hbar\omega > E_g$) 激发下产生单光子吸收, 77K 的光致发光有 5100～5400Å的绿色发光带和 4900～5050Å附近的蓝色发光带, 如图 15.3 所示 (Braunstein et al., 1964). 绿色发光带是自由电子与杂质束缚空穴的复合发光, 蓝色发光带是自由电子–空穴对的激子发光. 绿色的发光强度 I 与激发光强度 I_0 在实验强度范围内成正比, 而蓝色的发光强度 I 与激发光强度 I_0^2 成正比, 或者统

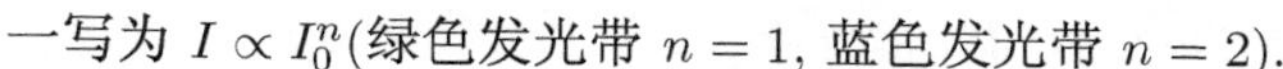
一写为 $I \propto I_0^n$(绿色发光带 $n=1$, 蓝色发光带 $n=2$).

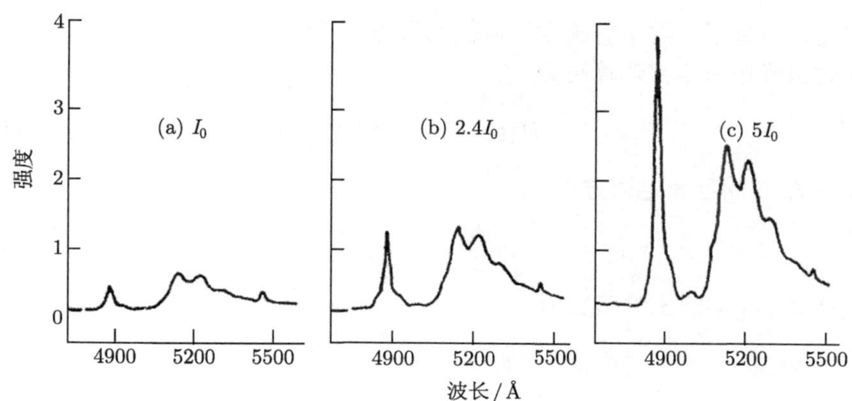

图 15.3　在 Hg 灯 3660Å光激发下 CdS 的 77K 发光谱

在红宝石激光 ($\hbar\omega < E_{\mathrm{g}}$) 的激发作用下, Braunstein 和 Ockman 观察到了 CdS 晶体中类似的光致发光现象, 如图 15.4 所示 (Braunstein et al., 1964). 红宝石激光激发 CdS 晶体的绿色发光带和蓝色发光带, 是 CdS 晶体中的价带电子同时吸收了两个红宝石激光光子跃迁到导带, 随后与杂质束缚空穴或与自由空穴复合的发光. Braunstein 和 Ockman 在实验中, 通过在激光器与透镜之间插入不同的中性灰度滤光片来调节入射激光的强度, 研究了双光子吸收产生的发光强度与激发光强度的关系. 与单光子吸收不同的是, 双光子吸收的发光强度与激发光强度的关系为 $I \propto (I_0^n)^2 = I_0^{2n}$(绿色发光带 $n=1$, 蓝色发光带 $n=2$).

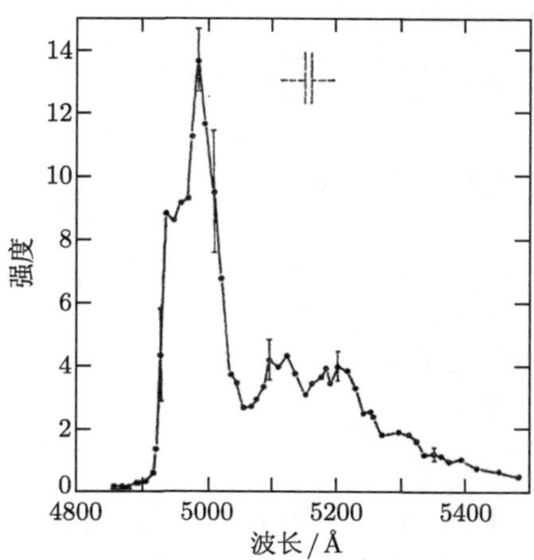

图 15.4　红宝石激光作用下 CdS 的 123K 发光谱

下面介绍双光子吸收的二级微扰理论计算.

15.2.1 含时微扰理论

首先复习量子力学中有关含时微扰的理论.

含时微扰体系哈密顿算符为

$$H(t) = H_0 + H'(t) \tag{15.14}$$

体系波函数 ψ 满足薛定谔方程

$$\mathrm{i}\hbar\frac{\partial\psi}{\partial t} = H(t)\psi \tag{15.15}$$

无微扰体系 H_0 的定态波函数为

$$\varPhi_n = \phi_n \mathrm{e}^{-\frac{\mathrm{i}}{\hbar}\varepsilon_n t} \tag{15.16}$$

其中 ϕ_n 是 H_0 的本征函数

$$H_0\phi_n = \varepsilon_n\phi_n \tag{15.17}$$

将含时微扰体系的波函数 ψ 按无微扰体系 H_0 的定态波函数 $\varPhi_n$ 展开

$$\psi = \sum_n a_n(t)\varPhi_n \tag{15.18}$$

含时微扰理论能够通过无微扰体系 H_0 的定态波函数 $\varPhi_n$ 近似地计算出有微扰时的波函数 ψ, 从而可以计算在微扰作用下, 无微扰体系由一个量子态跃迁到另一个量子态的跃迁几率.

将 ψ 按定态波函数 $\varPhi_n$ 展开的波函数, 代入薛定谔方程, 得到与薛定谔方程等价的, 或者说得到薛定谔方程的另一种表示形式

$$\mathrm{i}\hbar\frac{\mathrm{d}a_m(t)}{\mathrm{d}t} = \sum_n a_n(t)H'_{mn}\mathrm{e}^{\mathrm{i}\omega_{mn}t} \tag{15.19}$$

其中 $\omega_{mn} = \dfrac{1}{\hbar}(\varepsilon_m - \varepsilon_n)$, 微扰矩阵元为

$$H'_{mn} = \int \phi_m^* H' \phi_n \mathrm{d}\tau \tag{15.20}$$

现在求薛定谔方程的一级近似解. 设微扰在 $t = 0$ 时开始引入, 这时体系处于 H_0 的第 k 个本征态 $\varPhi_k$, 即

$$a_n(0) = \delta_{nk} \tag{15.21}$$

由于薛定谔方程的右边已经含有一级微量 H'_{mn}, 在只考虑一级近似而略去二级和更高级的近似情况下, 薛定谔方程右边的 $a_n(t)$ 用 $a_n(0)$ 代替, 得到一级近似方程

$$\mathrm{i}\hbar\frac{\mathrm{d}a_m(t)}{\mathrm{d}t} = \sum_n \delta_{nk}H'_{mn}\mathrm{e}^{\mathrm{i}\omega_{mn}t} = H'_{mk}\mathrm{e}^{\mathrm{i}\omega_{mk}t} \tag{15.22}$$

一级近似解为

$$a_m(t) = \frac{1}{\mathrm{i}\hbar}\int_0^t H'_{mk}\mathrm{e}^{\mathrm{i}\omega_{mk}t'}\mathrm{d}t' \tag{15.23}$$

在 t 时刻发现体系处于 Φ_m 态的几率是 $|a_m(t)|^2$, 即在微扰作用下, 体系由初态 Φ_k 跃迁到终态 Φ_m 的几率为

$$W_{k\to m} = |a_m(t)|^2 \tag{15.24}$$

设微扰的形式为

$$H'(t) = h(\mathrm{e}^{\mathrm{i}\omega t} + \mathrm{e}^{-\mathrm{i}\omega t}) \tag{15.25}$$

微扰矩阵元为

$$H'_{mk} = \int \phi_m^* H' \phi_k \mathrm{d}\tau = h_{mk}(\mathrm{e}^{\mathrm{i}\omega t} + \mathrm{e}^{-\mathrm{i}\omega t}) \tag{15.26}$$

式中

$$h_{mk} = \int \phi_m^* h \phi_k \mathrm{d}\tau \tag{15.27}$$

代入式 (15.23), 得

$$\begin{aligned} a_m(t) =& \frac{h_{mk}}{\mathrm{i}\hbar}\int_0^t [\mathrm{e}^{\mathrm{i}(\omega_{mk}+\omega)t'} + \mathrm{e}^{\mathrm{i}(\omega_{mk}-\omega)t'}]\mathrm{d}t' \\ =& \frac{h_{mk}}{\mathrm{i}\hbar}\left[\frac{\mathrm{e}^{\mathrm{i}(\omega_{mk}+\omega)t'}}{\mathrm{i}(\omega_{mk}+\omega)} + \frac{\mathrm{e}^{\mathrm{i}(\omega_{mk}-\omega)t'}}{\mathrm{i}(\omega_{mk}-\omega)}\right]_0^t \end{aligned}$$

即

$$a_m(t) = -\frac{h_{mk}}{\hbar}\left[\frac{\mathrm{e}^{\mathrm{i}(\omega_{mk}+\omega)t} - 1}{\omega_{mk}+\omega} + \frac{\mathrm{e}^{\mathrm{i}(\omega_{mk}-\omega)t} - 1}{\omega_{mk}-\omega}\right] \tag{15.28}$$

对于共振吸收现象, $\omega \approx \omega_{mk}$, 这时

$$a_m(t) = -\frac{h_{mk}}{\hbar}\frac{\mathrm{e}^{\mathrm{i}(\omega_{mk}-\omega)t} - 1}{\omega_{mk}-\omega} \tag{15.29}$$

则体系由初态 Φ_k 跃迁到终态 Φ_m 的几率为

$$W_{k\to m} = |a_m(t)|^2 = \left(-\frac{h_{mk}}{\hbar}\right)^2 \frac{|\mathrm{e}^{\mathrm{i}(\omega_{mk}-\omega)t} - 1|^2}{(\omega_{mk}-\omega)^2} \tag{15.30}$$

由于

$$|\mathrm{e}^{\mathrm{i}(\omega_{mk}-\omega)t} - 1|^2 = [\cos(\omega_{mk}-\omega)t - 1]^2 + [\sin(\omega_{mk}-\omega)t]^2 = 4\sin^2\frac{1}{2}(\omega_{mk}-\omega)t$$

所以

$$W_{k\to m} = |a_m(t)|^2 = 4|h_{mk}|^2 \frac{\sin^2\frac{1}{2}(\omega_{mk}-\omega)t}{\hbar^2(\omega_{mk}-\omega)^2} \tag{15.31}$$

由公式

$$\lim_{t\to\infty}\frac{\sin^2 xt}{\pi t x^2}=\delta(x) \tag{15.32}$$

得

$$W_{k\to m}=|h_{mk}|^2\frac{\pi t}{\hbar^2}\delta\left[\frac{1}{2}(\omega_{mk}-\omega)\right]=\frac{2\pi t}{\hbar^2}|h_{mk}|^2\delta(\omega_{mk}-\omega) \tag{15.33}$$

即

$$W_{k\to m}=\frac{2\pi t}{\hbar}|h_{mk}|^2\delta(\varepsilon_m-\varepsilon_k-\hbar\omega) \tag{15.34}$$

单位时间内体系由初态 Φ_k 到终态 Φ_m 的跃迁几率为

$$w_{k\to m}=\frac{2\pi}{\hbar}|h_{mk}|^2\delta(\varepsilon_m-\varepsilon_k-\hbar\omega) \tag{15.35}$$

15.2.2 电磁场作用下的微扰哈密顿和一级近似的跃迁几率

当粒子在电磁场中运动时, 单粒子哈密顿算符为

$$H=\frac{1}{2m}(\boldsymbol{P}-q\boldsymbol{A})^2+qV \tag{15.36}$$

对于固体中的电子 $(q=-e)$, 在有效质量近似下, 电磁场中的非相对论哈密顿算符为

$$\begin{aligned}H_{\mathrm{e}}=&\frac{1}{2m_{\mathrm{e}}}(\boldsymbol{P}+e\boldsymbol{A})^2-e\varphi_0\\=&\left(\frac{1}{2m_{\mathrm{e}}}P^2-e\varphi_0\right)+\frac{e}{m_{\mathrm{e}}}\boldsymbol{P}\cdot\boldsymbol{A}+\frac{e^2}{2m_{\mathrm{e}}}A^2\\=&H_0+H'+H''\end{aligned} \tag{15.37}$$

其中 $\boldsymbol{A}$ 是电磁场矢势, φ_0 是固体中的有效单电子势场, $\boldsymbol{P}$ 是电子动量算符. 计算中应用了 $[\boldsymbol{A},\boldsymbol{P}]=0$, 这是因为 $\nabla\cdot\boldsymbol{A}=0$.

式 (15.37) 中的 $H_0=\dfrac{1}{2m_{\mathrm{e}}}P^2-e\varphi_0$ 是电磁场不存在时电子的哈密顿, 第二项

$$H'=-\frac{q}{m_{\mathrm{e}}}\boldsymbol{P}\cdot\boldsymbol{A}=\frac{e}{m_{\mathrm{e}}}\boldsymbol{P}\cdot\boldsymbol{A} \tag{15.38}$$

和第三项 $H''=\dfrac{e^2}{2m_{\mathrm{e}}}A^2$ 代表电子与电磁场的相互作用. 由于当磁场不很强时, H'' 比 H' 小很多, 因此当 H' 不为零时, 一般不需要考虑 H''.

对于电磁场矢势

$$\boldsymbol{A}=\hat{A}A_0\cos\omega t=\hat{A}\frac{A_0}{2}(\mathrm{e}^{-\mathrm{i}\omega t}+\mathrm{e}^{\mathrm{i}\omega t}) \tag{15.39}$$

微扰哈密顿为

$$H' = \frac{e}{m_e}\boldsymbol{P}\cdot\boldsymbol{A} = \frac{eA_0}{2m_e}\boldsymbol{P}\cdot\hat{A}(\mathrm{e}^{-\mathrm{i}\omega t}+\mathrm{e}^{\mathrm{i}\omega t}) \tag{15.40}$$

由初态 $\varPhi_k$ 到终态 $\varPhi_m$ 的一级近似跃迁几率为

$$\begin{aligned} w_{k\to m} =& \frac{2\pi}{\hbar}\left(\frac{eA_0}{2m_e}\right)^2\left|\boldsymbol{P}_{mk}\cdot\hat{A}\right|^2\delta(\varepsilon_m-\varepsilon_k-\hbar\omega) \\ =& \frac{\pi e^2A_0^2}{2\hbar m_e^2}\left|\boldsymbol{P}_{mk}\cdot\hat{A}\right|^2\delta(\varepsilon_m-\varepsilon_k-\hbar\omega) \end{aligned} \tag{15.41}$$

15.2.3　二级微扰的跃迁几率和双光子吸收系数

设两束频率分别为 ω_1 和 ω_2 的单色光入射晶体, 光子能量 $\hbar\omega_1$ 和 $\hbar\omega_2$ 均小于晶体能隙 E_g, 而 $\hbar\omega_1+\hbar\omega_2$ 大于能隙, 则电子同时吸收两个光子从价带态 $|\mathrm{V}\bar{k}\rangle$ 跃迁到导带态 $|\mathrm{C}\bar{k}\rangle$ 的竖直跃迁几率 (忽略光子的动量), 由二级微扰理论得到 (Braunstein et al., 1964)

$$\begin{aligned} w(k) =& \frac{2\pi}{\hbar}\left|\frac{H'_{\mathrm{V}n}H'_{n\mathrm{C}}}{\Delta E+E_{nk}+E_{\mathrm{V}k}-\hbar\omega_1}+\frac{H'_{\mathrm{V}n}H'_{n\mathrm{C}}}{\Delta E+E_{nk}+E_{\mathrm{V}k}-\hbar\omega_2}\right|^2 \\ & \delta(E_g+E_{\mathrm{C}k}+E_{\mathrm{V}k}-\hbar\omega_1-\hbar\omega_2) \end{aligned} \tag{15.42}$$

注意绝对值中的两项对应于两个不同的中间态 $|n\bar{k}\rangle$, 分别是价带电子吸收 $\hbar\omega_1$ 与 $\hbar\omega_2$ 到达的中间态; 其中 ΔE 是价带与中间态能带极值之间的能量间距, $H'_{\mathrm{V}n}$ 和 $H'_{n\mathrm{C}}$ 分别是价带和导带与中间态 $|n\bar{k}\rangle$ 的矩阵元

$$|H'_{\mathrm{V}n}|^2 = \left|\frac{eA_{01}}{2m_e}\hat{A}\cdot\boldsymbol{P}_{\mathrm{V}n}\right|^2 = \frac{e^2A_{01}^2}{4m_e^2}\left|\hat{A}\cdot\boldsymbol{P}_{\mathrm{V}n}\right|^2 \tag{15.43}$$

由 (Braunstein, 1962)

$$N = \frac{\varepsilon_0\varepsilon_r\omega A_0^2}{2\hbar} \tag{15.44}$$

有

$$A_{01}^2 = \frac{2\hbar N_1}{\varepsilon_0\varepsilon_r\omega_1} \tag{15.45}$$

其中 N_1 是材料中入射光的光子 $\hbar\omega_1$ 的数密度 (单位体积中 $\hbar\omega_1$ 的光子数). 代入上式, 得

$$|H'_{\mathrm{V}n}|^2 = \frac{\hbar e^2N_1}{2\varepsilon_0\varepsilon_r m_e^2\omega_1}\left|\hat{A}\cdot\boldsymbol{P}_{\mathrm{V}n}\right|^2 \tag{15.46}$$

计入高斯单位制, 该式统一地写作

$$|H'_{\mathrm{V}n}|^2 = \frac{2\pi\hbar e_s^2N_1\left|P_{\mathrm{V}n}\right|^2}{\varepsilon_r m_e^2\omega_1} \tag{15.47}$$

同样的讨论可以得到另外一个矩阵元

$$|H'_{n\mathrm{C}}|^2=\frac{2\pi\hbar e^2N_2\left|P_{n\mathrm{C}}\right|^2}{\varepsilon_\mathrm{r}m_\mathrm{e}^2\omega_2} \tag{15.48}$$

则价带电子先吸收光子 $\hbar\omega_1$ 到达中间态, 再吸收光子 $\hbar\omega_2$ 到达导带 (竖直跃迁) 的矩阵元乘积为

$$H'_{\mathrm{V}n}H'_{n\mathrm{C}}=\sqrt{\frac{2\pi\hbar e_\mathrm{s}^2N_1}{\varepsilon_\mathrm{r}m_\mathrm{e}^2\omega_1}}\left|P_{\mathrm{V}n}^{(1)}\right|\sqrt{\frac{2\pi\hbar e_\mathrm{s}^2N_2}{\varepsilon_\mathrm{r}m_\mathrm{e}^2\omega_2}}\left|P_{n\mathrm{C}}^{(2)}\right|=\sqrt{\left(\frac{2\pi\hbar e_\mathrm{s}^2}{\varepsilon_\mathrm{r}m_\mathrm{e}^2}\right)^2\frac{N_1N_2}{\omega_1\omega_2}}\left|P_{\mathrm{V}n}^{(1)}P_{n\mathrm{C}}^{(2)}\right| \tag{15.49}$$

或者价带电子先吸收光子 $\hbar\omega_2$ 到达中间态, 再吸收光子 $\hbar\omega_1$ 到达导带的矩阵元乘积为

$$H'_{\mathrm{V}n}H'_{n\mathrm{C}}=\sqrt{\frac{2\pi\hbar e_\mathrm{s}^2N_2}{\varepsilon_\mathrm{r}m_\mathrm{e}^2\omega_2}}\left|P_{\mathrm{V}n}^{(2)}\right|\sqrt{\frac{2\pi\hbar e_\mathrm{s}^2N_1}{\varepsilon_\mathrm{r}m_\mathrm{e}^2\omega_1}}\left|P_{n\mathrm{C}}^{(1)}\right|=\sqrt{\left(\frac{2\pi\hbar e_\mathrm{s}^2}{\varepsilon_\mathrm{r}m_\mathrm{e}^2}\right)^2\frac{N_1N_2}{\omega_1\omega_2}}\left|P_{\mathrm{V}n}^{(2)}P_{n\mathrm{C}}^{(1)}\right| \tag{15.50}$$

跃迁几率式 (15.42) 在国际单位制 $\left(e_\mathrm{s}^2=\dfrac{e^2}{4\pi\varepsilon_0}\right)$ 写作

$$\begin{aligned}w(k)=&\frac{\pi\hbar e^4N_1N_2}{2\varepsilon_0^2\varepsilon_\mathrm{r}^2m_\mathrm{e}^4\omega_1\omega_2}\left|\frac{P_{\mathrm{V}n}^{(1)}P_{n\mathrm{C}}^{(2)}}{\Delta E+E_{nk}+E_{\mathrm{V}k}-\hbar\omega_1}+\frac{P_{\mathrm{V}n}^{(2)}P_{n\mathrm{C}}^{(1)}}{\Delta E+E_{nk}+E_{\mathrm{V}k}-\hbar\omega_2}\right|^2\\&\delta(E_\mathrm{g}+E_{\mathrm{C}k}+E_{\mathrm{V}k}-\hbar\omega_1-\hbar\omega_2)\end{aligned} \tag{15.51}$$

$\hbar\omega_1$ 和 $\hbar\omega_2$ 同时存在时, 对于光子 $\hbar\omega_1$ 的吸收系数为

$$\beta^{(1)}=-\frac{2}{N_1v}\frac{\partial N_1}{\partial t}=\frac{2n_0}{N_1c}\sum_k w(k) \tag{15.52}$$

其中 n_0 是折射率, N_1 是光子 $\hbar\omega_1$ 的数密度, $-\dfrac{\partial N_1}{\partial t}=\sum\limits_k w(k)$(体积 V 取为单位体积). 式中的因子 2 是考虑到电子自旋有两个取向而引入的 (Braunstein et al., 1964), 电子自旋的两个取向使吸收系数加倍. 文献中有时用平均能流密度 $\bar{S}$ 式 (15.8) 来表示, 这时利用式 $N=\dfrac{\bar{D}_E}{\hbar\omega}=\dfrac{\bar{S}}{\hbar\omega v}$, 即

$$\frac{n_0}{N_1c}=\frac{\hbar\omega_1}{\bar{S}_1} \tag{15.53}$$

代入, 得

$$\beta^{(1)}=\frac{2\hbar\omega_1}{\bar{S}_1}\sum_k w(k) \tag{15.54}$$

将跃迁几率式 (15.51) 代入上式或式 (15.52), 得到双光子吸收系数 (Braunstein et al., 1964)

$$\beta^{(1)} = \frac{16\pi^2 n_0 \hbar e^4}{c m_e^4 \omega_1 \omega_2} \int \frac{d^3 k}{(2\pi)^3} \left| \frac{P_{Vn}^{(1)} P_{nC}^{(2)}}{\Delta E + E_{nk} + E_{Vk} - \hbar\omega_1} + \frac{P_{Vn}^{(2)} P_{nC}^{(1)}}{\Delta E + E_{nk} + E_{Vk} - \hbar\omega_2} \right|^2 \delta(E_g + E_{Ck} + E_{Vk} - \hbar\omega_1 - \hbar\omega_2) \tag{15.55}$$

15.2.4　允许跃迁和禁戒跃迁

双光子跃迁的选择定则与单光子跃迁的不同. 在偶极近似下, 单光子跃迁在不同宇称态之间发生, 而双光子跃迁是在相同宇称态之间进行. 在前面的跃迁几率或吸收系数表达式中, 当两个矩阵元同时不为零时, 跃迁几率或吸收系数才不为零, 这意味着始态和终态必须与中间态通过光学上允许的跃迁相联系, 也就是始态和终态必须有相同的宇称, 这是双光子跃迁的选择定则. 因此, 对于单光子禁戒的跃迁能级可以通过双光子跃迁来研究.

一级微扰的跃迁矩阵元为零的跃迁是禁戒跃迁, 在任何级近似中跃迁几率为零的跃迁称为严格禁戒跃迁.

由于价带、导带, 以及虚导带即中间态的对称性的不同, 双光子跃迁有三种类型: 允许–允许跃迁、禁戒–允许跃迁和禁戒–禁戒跃迁, 可分别记作 aa 跃迁、af 跃迁和 ff 跃迁. 对于允许跃迁, 两个态的宇称相反, 动量矩阵元 $|P_{Vn}|^2$ 和 $|P_{nC}|^2$ 在带边附近可近似取为常数, 由振子强度 f 表示为 (Braunstein et al., 1964)

$$|P_{if}|^2 = \frac{1}{2} m \hbar \omega_{if} f_{if} \tag{15.56}$$

如果跃迁是禁戒的, 两个态的宇称相同, 可以假设动量矩阵元与初态的 $\boldsymbol{k}_i$ 成正比

$$|P_{if}|^2 = \left(\frac{m}{m_T}\right)^2 \hbar^2 (\hat{A} \cdot \boldsymbol{k}_i)^2 \tag{15.57}$$

其中 m_T 是跃迁的一个有效质量, $\hat{A}$ 是光子极化的单位矢.

假设能带是抛物的且具有球形等能面, 即

$$E_{Vk} = \alpha_V \frac{\hbar^2 k^2}{2m_e}, \quad E_{nk} = \alpha_n \frac{\hbar^2 k^2}{2m_e}, \quad E_{Ck} = \alpha_C \frac{\hbar^2 k^2}{2m_e} \tag{15.58}$$

式中的 α 是各能带电子有效质量与电子质量之比的倒数.

上述各式代入吸收系数表达式, 可以得到三种类型跃迁的吸收系数 (Braunstein et al., 1964).

15.2.5 简并入射光情况的跃迁几率和双光子吸收系数

在式 (15.42) 中, 记

$$
\begin{aligned}
E_{\mathrm{VC}}(\boldsymbol{k}) &= E_{\mathrm{g}} + E_{\mathrm{C}k} + E_{\mathrm{V}k} \\
E_{\mathrm{V}n}(\boldsymbol{k}) &= \Delta E + E_{nk} + E_{\mathrm{V}k}
\end{aligned}
$$

分别是 $\boldsymbol{k}$ 态电子竖直跃迁过程中的导带与价带的能量差, 以及中间态与价带态的能量差. 由二级微扰理论, 晶体中电子同时吸收两个 $\hbar\omega$ 光子, 由价带态 $|\mathrm{V}\boldsymbol{k}\rangle$ 跃迁到导带态 $|\mathrm{C}\boldsymbol{k}\rangle$, 对所有可能的 $\boldsymbol{k}$ 积分得到双光子吸收跃迁几率为 (Vaidyanathan, 1981)

$$
w = \frac{2\pi}{\hbar}\int \frac{\mathrm{d}\boldsymbol{k}}{(2\pi)^3}\left|\sum_n \frac{H'_{\mathrm{V}n}H'_{n\mathrm{C}}}{E_{\mathrm{V}n}(\boldsymbol{k})-\hbar\omega}\right|^2 \delta[E_{\mathrm{VC}}(\boldsymbol{k})-2\hbar\omega] \tag{15.59}
$$

其中取和是对所有的中间态 n 进行.

考虑电子自旋、修正因子 $\varepsilon_{\infty}^{-1}$ 等, 以及动量矩阵元式 (15.56) 和式 (15.57), 且

$$
E_{\mathrm{VC}}(\boldsymbol{k}) = E_{\mathrm{g}} + \frac{\hbar^2 k^2}{2m_{\mathrm{VC}}^*} \tag{15.60}
$$

得到 aa 跃迁和 af 跃迁的双光子吸收系数 (Vaidyanathan, 1980)

$$
\beta_{\mathrm{B}}^{\mathrm{aa}} = \frac{2^{5/2}\pi e^4 (m_{\mathrm{VC}}^*)^{3/2}\Delta E(\Delta E - E_{\mathrm{g}}) f_{\mathrm{V}n} f_{n\mathrm{C}}}{\varepsilon_{\infty} c^2 m_{\mathrm{e}}^2 (\hbar\omega)^3} \frac{(2\hbar\omega - E_{\mathrm{g}})^{1/2}}{\left[\Delta E - \hbar\omega + \dfrac{m_{\mathrm{VC}}^*}{m_{\mathrm{V}n}^*}(2\hbar\omega - E_{\mathrm{g}})\right]^2} \tag{15.61}
$$

$$
\beta_{\mathrm{B}}^{\mathrm{af}} = \frac{2^{9/2}\pi e^4 (m_{\mathrm{VC}}^*)^{5/2}\Delta E f_{\mathrm{V}n}}{3\varepsilon_{\infty} c^2 m_{\mathrm{e}} m_{+}^2 (\hbar\omega)^3} \frac{(2\hbar\omega - E_{\mathrm{g}})^{3/2}}{\left[\Delta E - \hbar\omega + \dfrac{m_{\mathrm{VC}}^*}{m_{\mathrm{Vn}}^*}(2\hbar\omega - E_{\mathrm{g}})\right]^2} \tag{15.62}
$$

其中下脚标 B 表示这是 Braunstein 发展的二级微扰理论的双光子吸收系数.

为了考虑能带的非抛物性, Vaidyanathan 采用非抛物能带函数

$$
E_{\mathrm{VC}}(\boldsymbol{k}) = E_{\mathrm{g}}\left(1 + \frac{\hbar^2 k^2}{m_{\mathrm{VC}}^* E_{\mathrm{g}}}\right)^{1/2} \tag{15.63}
$$

Braunstein 的 aa 跃迁双光子吸收系数公式改进为 (Vaidyanathan, 1980)

$$
\beta_{\mathrm{B}}^{\mathrm{aa}} = \frac{8\pi e^4 (m_{\mathrm{VC}}^*)^{3/2}\Delta E(\Delta E - E_{\mathrm{g}}) f_{\mathrm{V}n} f_{n\mathrm{C}}}{\varepsilon_{\infty} c^2 m_{\mathrm{e}}^2 E_{\mathrm{g}}^{1/2} (\hbar\omega)^2}
$$

$$\cdot \frac{\left[\left(\frac{2\hbar\omega}{E_{\rm g}}\right)^2 - 1\right]^{1/2}}{\left(\Delta E\left\{1+\frac{E_{\rm g}}{\Delta E}\frac{m_{\rm VC}^*}{m_{{\rm V}n}^*}\left[\left(\frac{2\hbar\omega}{E_{\rm g}}\right)^2 - 1\right]\right\}^{1/2} - \hbar\omega\right)^2} \tag{15.64}$$

在具体数值计算中, 目前中间带的电子有效质量和振子强度还未知. 可以假设

$$m_n^* = m_{\rm C}^* \tag{15.65}$$

由 $\boldsymbol{k}\cdot\boldsymbol{p}$ 近似可以得到

$$f_{{\rm V}n} = \frac{m_{\rm e}}{2m_{\rm VC}^*} \tag{15.66}$$

$$f_{n{\rm C}} = \frac{m_{\rm e}}{m_{\rm C}^*} - 1 \tag{15.67}$$

进一步假设 $\Delta E = 2E_{\rm g}$, 其合理性是由于双光子吸收系数随 ΔE 变化不大 (只要 $\Delta E > E_{\rm g}$). 在双光子吸收边 $2\hbar\omega \approx E_{\rm g}$ 附近, 抛物能带的吸收系数和非抛物能带的吸收系数式 (15.64) 都简化为

$$\beta_{\rm B}^{\rm aa}(2\hbar\omega \approx E_{\rm g}) = \frac{2^{9/2}\pi e^4 (m_{\rm VC}^*)^{1/2}\left(\frac{m_{\rm e}}{m_{\rm C}^*} - 1\right)}{9\varepsilon_\infty c^2 m_{\rm e}} \frac{(2\hbar\omega - E_{\rm g})^{1/2}}{(\hbar\omega)^3} \tag{15.68}$$

另外, 由式 (15.59) 计算双光子吸收跃迁几率, 需要知道布里渊区中的电子能量和波函数. Vaidyanathan 采用经验赝势方法 (empirical pseudopotential calculation) 进行了数值计算. 由双光子吸收系数与跃迁几率的关系

$$\beta = 4\hbar\omega\frac{w}{\bar{S}^2} \tag{15.69}$$

其中 $\bar{S}$ 是平均能流密度式 (15.8). 数值计算得到 GaAs、InP、CdTe 和 ZnSe 的双光子吸收系数, 并与实验结果进行了比较 (Vaidyanathan, 1981).

双光子吸收的二级微扰理论, 跃迁几率和吸收系数在形式上有多种表达式, 只有从量子力学初始的一级微扰、二级微扰分析, 才能辨别不同形式之间的联系和区别; 另一方面, 进一步讨论不同的能带形式、不同近似计算的结果, 并与实验结果进行比较和分析; 研究量子点材料的双光子吸收也是目前的一个研究热点问题.

15.3 半导体中的光斯塔克效应

15.3.1 光斯塔克效应

随着超短脉冲光谱的发展, 现在可以在半导体中观察到强相干激光束产生的电

子重正化现象. 与直流场的效应相类比, 光场使电子能带产生的变化称为光斯塔克效应 (optical Stark effect), 又称动力学斯塔克效应, 或称交流斯塔克效应.

强光场作用下, 光场会引起导带与价带的耦合, 使能隙产生移动. 导带和价带的电子能量可以表示为

$$E_{\mathrm{C}}(\tau)=E_{\mathrm{C0}}+\Delta E_{\mathrm{CC}}(\tau)+\Delta E_{\mathrm{CV}} \tag{15.70}$$

$$E_{\mathrm{V}}(\tau)=E_{\mathrm{V0}}+\Delta E_{\mathrm{VV}}(\tau)+\Delta E_{\mathrm{VC}} \tag{15.71}$$

在有效质量近似下, 有

$$E_{\mathrm{C0}}=E_{\mathrm{C}}+\frac{\hbar^2k^2}{2m_{\mathrm{e}}^*} \tag{15.72}$$

$$E_{\mathrm{V0}}=E_{\mathrm{V}}-\frac{\hbar^2k^2}{2m_{\mathrm{h}}^*} \tag{15.73}$$

$$\Delta E_{ii}=-\frac{e\hbar}{m_i^*}\boldsymbol{k}\cdot\boldsymbol{A}(\tau) \tag{15.74}$$

而 ΔE_{CV} 和 ΔE_{VC} 是与时间无关的能带的二阶斯塔克移动.

注意到

$$E_{\mathrm{C}}(\tau)-E_{\mathrm{V}}(\tau)=E_{\mathrm{g}}+\frac{\hbar^2k^2}{2\mu}+\Delta E_{\mathrm{CV}}-\Delta E_{\mathrm{VC}}+\Delta E_{\mathrm{CC}}(\tau)-\Delta E_{\mathrm{VV}}(\tau)$$

定义

$$\hbar\omega_{\mathrm{VC}}=E_{\mathrm{g}}+\frac{\hbar^2k^2}{2\mu}+\Delta E_{\mathrm{CV}}-\Delta E_{\mathrm{VC}} \tag{15.75}$$

对于 ω_1 光场的吸收跃迁, 由于 ω_2 光场的存在会产生导带与价带间隔的变化, 即

$$\begin{aligned}\Delta E_{\mathrm{CV}}&=-\Delta E_{\mathrm{VC}}\\&=\left(\frac{eA_{02}}{2m_{\mathrm{e}}c}\right)^2\left|\hat{A}\cdot\boldsymbol{P}_{\mathrm{CV}}\right|^2\left[\left(E_{\mathrm{g}}+\frac{\hbar^2k^2}{2\mu}-\hbar\omega_2\right)^{-1}+\left(E_{\mathrm{g}}+\frac{\hbar^2k^2}{2\mu}+\hbar\omega_2\right)^{-1}\right]\end{aligned} \tag{15.76}$$

对应的 ω_2 光场存在时, 对于 ω_1 光场的吸收跃迁几率的变化为 (钱士雄等, 2001)

$$\Delta W=-\frac{e^4}{20\pi\varepsilon_0^2n_1n_0c^2}\frac{\mu^{3/2}}{m_{\mathrm{e}}^4}\left|\boldsymbol{P}_{\mathrm{CV}}\right|^4I_1I_2\frac{(\hbar\omega_1-E_{\mathrm{g}})^{1/2}}{(\hbar\omega_1)^2(\hbar\omega_2)^2}\frac{1}{\hbar}\left(\frac{1}{\omega_1-\omega_2}+\frac{1}{\omega_1+\omega_2}\right) \tag{15.77}$$

上式通常记为

$$\Delta W=-\frac{2^{10}e^4}{20\pi\varepsilon_0^2n_1n_0c^2}\frac{\mu^{3/2}}{m_{\mathrm{e}}^4}\left|\boldsymbol{P}_{\mathrm{CV}}\right|^4\frac{I_1I_2}{\hbar\omega_1E_{\mathrm{g}}^{9/2}}F_2\left(\frac{\hbar\omega_1}{E_{\mathrm{g}}},\frac{\hbar\omega_2}{E_{\mathrm{g}}}\right) \tag{15.78}$$

其中

$$F_2(x_1, x_2) = -\frac{1}{2^{10}x_1x_2^2(x_1-1)^{1/2}}\left(\frac{1}{x_1-x_2}+\frac{1}{x_1+x_2}\right) \tag{15.79}$$

15.3.2 光斯塔克效应的非平衡理论的一些基本结果

激光激发的半导体性质强烈依赖于外场. 光产生的 e 和 h 凝聚系统的分析, 需要用到多体非平衡理论 (Haug, 1987). 与平衡系统的情况不同, 仅使用一种类型的格林函数是不够的, 例如, 推迟格林函数. 这是因为不仅要计算重正化的准粒子谱, 而且还有对应的非平衡分布函数.

我们只考虑均匀激发的均匀半导体 (二维或三维), 考虑具有自旋简并的简单双带模型. 这样, 半导体中相干驱动的带间跃迁, 与超导体或玻色凝聚系统的情况很相像. 在格林函数理论中, 由相干激光场产生的相干极化由非对角的带间格林函数矩阵元决定, 对应于超导体中的 anomalous 格林函数或玻色凝聚体中的凝聚波函数. 它不是自发的, 而是在对称破缺的泵浦场的外加作用下产生的.

与相干单色泵浦场

$$E_{\rm p}\exp(-{\rm i}\omega_{\rm p}t)+E_{\rm p}^*\exp({\rm i}\omega_{\rm p}t) \tag{15.80}$$

相互作用的讨论, 将采用旋转波近似, 即只保留共振项. 频率为 $\omega_{\rm p}$ 高次谐波的快速振荡在旋转波近似下 (in the rotating frame) 可以消去.

在旋转波近似下, 未扰动 (但携带了 1 个光子能量) 的导带和价带能量为

$$\varepsilon_{1\boldsymbol{k}}^0 = (E_{\rm g}-\hbar\omega_{\rm p})/2+\hbar^2k^2/(2m_{\rm e}) \tag{15.81}$$

$$\varepsilon_{2\boldsymbol{k}}^0 = -(E_{\rm g}-\hbar\omega_{\rm p})/2-\hbar^2k^2/(2m_{\rm h}) \tag{15.82}$$

能量零点取在半导体禁带中央. 这是电子与光子的总系统中的电子能量; 没有泵浦光时, 电子的能量是 $E_{\rm g}/2+\hbar^2k^2/(2m_{\rm e})$; 有泵浦光时, 特别是 $\hbar\omega_{\rm p}=E_{\rm g}$ 时, 总系统中的电子能量为 $\hbar^2k^2/(2m_{\rm e})$, 泵浦光使电子系统的实际能隙消失了, 即电子在光的辅助下可以无能隙地运动. 另外

$$\varepsilon_{1\boldsymbol{k}}^0-\varepsilon_{2\boldsymbol{k}}^0 = E_{\rm g}-\omega_{\rm p}+\hbar^2k^2/(2m_{\rm e})+\hbar^2k^2/(2m_{\rm h}) \tag{15.83}$$

光子 $\hbar\omega_{\rm p}$ 使导带 $(i=1)$ 电子与价带 $(i=2)$ 空穴之间的能量差减小了 $\hbar\omega_{\rm p}$, 或等效地认为光子 $\hbar\omega_{\rm p}$ 的存在使禁带宽度改变为 $E_{\rm g}-\hbar\omega_{\rm p}$(注意 $\hbar\omega_{\rm p}$ 有可能大于 $E_{\rm g}$). 另外注意

$$\varepsilon_{1\boldsymbol{k}}^0+\varepsilon_{2\boldsymbol{k}}^0 = \frac{k^2}{2}\left(\frac{1}{m_{\rm e}}-\frac{1}{m_{\rm h}}\right) \tag{15.84}$$

当 $m_{\rm e}=m_{\rm h}$ 时, $\varepsilon_{1\boldsymbol{k}}^0+\varepsilon_{2\boldsymbol{k}}^0=0$, 表示 $\varepsilon_{1\boldsymbol{k}}^0$ 与 $\varepsilon_{2\boldsymbol{k}}^0$ 对称地分布在能量零点的上方和下方.

对于无相互作用 e 和 h, 自能只有辐射自能. 它是与光场相互作用强度的量度, 即 $\Delta_{\boldsymbol{k}}^0=\mu E_{\rm p}$, 其中 μ 是带间偶极矩阵元 (假设为常量, 这时 $\Delta_{\boldsymbol{k}}^0$ 与 $\boldsymbol{k}$ 无关), 且在旋转波近似下 (in the rotating frame) 得到重正化准粒子谱 (推迟格林函数的极点)

$$\hbar\omega_{1,2\boldsymbol{k}}^0=\frac{1}{2}\left\{\varepsilon_{1\boldsymbol{k}}^0+\varepsilon_{2\boldsymbol{k}}^0\pm\left[\left(\varepsilon_{1\boldsymbol{k}}^0-\varepsilon_{2\boldsymbol{k}}^0\right)^2+4\left|\Delta_{\boldsymbol{k}}^0\right|^2\right]^{1/2}\right\}\tag{15.85}$$

若 e 和 h 与光场无相互作用, 即 $\Delta_{\boldsymbol{k}}^0=\mu E_{\rm p}=0$, 则

$$\hbar\omega_{1,2\boldsymbol{k}}^0=\begin{cases}\varepsilon_{1\boldsymbol{k}}^0 & \varepsilon_{1\boldsymbol{k}}^0\geqslant\varepsilon_{2\boldsymbol{k}}^0\\ \varepsilon_{2\boldsymbol{k}}^0 & \varepsilon_{1\boldsymbol{k}}^0\leqslant\varepsilon_{2\boldsymbol{k}}^0\end{cases}$$

就是前面的式 (15.81) 和式 (15.82).

与光场有相互作用的重正化 e 谱为 $E_{1\boldsymbol{k}}^0=\hbar\omega_{1,2\boldsymbol{k}}^0+\dfrac{\hbar\omega_{\rm p}}{2}$(式中 $\dfrac{1}{2}$ 与能量零点有关), 即

$$E_{1\boldsymbol{k}}^0=\begin{cases}\dfrac{1}{2}\left\{\varepsilon_{1\boldsymbol{k}}^0+\varepsilon_{2\boldsymbol{k}}^0+\omega_{\rm p}+\left[(\varepsilon_{1\boldsymbol{k}}^0-\varepsilon_{2\boldsymbol{k}}^0)^2+4\left|\Delta_{\boldsymbol{k}}^0\right|^2\right]^{1/2}\right\} & \varepsilon_{1\boldsymbol{k}}^0\geqslant\varepsilon_{2\boldsymbol{k}}^0\\ \dfrac{1}{2}\left\{\varepsilon_{1\boldsymbol{k}}^0+\varepsilon_{2\boldsymbol{k}}^0+\omega_{\rm p}-\left[(\varepsilon_{1\boldsymbol{k}}^0-\varepsilon_{2\boldsymbol{k}}^0)^2+4\left|\Delta_{\boldsymbol{k}}^0\right|^2\right]^{1/2}\right\} & \varepsilon_{1\boldsymbol{k}}^0\leqslant\varepsilon_{2\boldsymbol{k}}^0\end{cases}\tag{15.86}$$

对于 $\varepsilon_{1\boldsymbol{k}}^0\geqslant\varepsilon_{2\boldsymbol{k}}^0$, $E_{1\boldsymbol{k}}^0=\omega_{1\boldsymbol{k}}^0+\dfrac{\omega_{\rm p}}{2}$. 上式的几种特殊情况如下.

(1) 自能 $\Delta_{\boldsymbol{k}}^0=\mu E_{\rm p}=0$, 即 e 与光场无相互作用. 这时电子能量为

$$E_{1\boldsymbol{k}}^0=\hbar\omega_{1\boldsymbol{k}}^0+\frac{\hbar\omega_{\rm p}}{2}=\varepsilon_{1\boldsymbol{k}}^0+\frac{\hbar\omega_{\rm p}}{2}=\frac{E_{\rm g}}{2}+\frac{\hbar^2k^2}{2m_{\rm e}}\tag{15.87}$$

(2) 布里渊区中心 $\boldsymbol{k}=0$ 处, 有泵浦光存在时的电子能量.

由于 $\varepsilon_{1,\boldsymbol{k}=0}^0=(E_{\rm g}-\hbar\omega_{\rm p})/2$, $\varepsilon_{2,\boldsymbol{k}=0}^0=-(E_{\rm g}-\hbar\omega_{\rm p})/2$, 所以

$$E_{1\boldsymbol{k}}^0=\begin{cases}\dfrac{1}{2}\left\{\hbar\omega_{\rm p}+\left[(E_{\rm g}-\hbar\omega_{\rm p})^2+4\left|\Delta_{\boldsymbol{k}}^0\right|^2\right]^{1/2}\right\} & \varepsilon_{1\boldsymbol{k}}^0\geqslant\varepsilon_{2\boldsymbol{k}}^0\\ \dfrac{1}{2}\left\{\hbar\omega_{\rm p}-\left[(E_{\rm g}-\hbar\omega_{\rm p})^2+4\left|\Delta_{\boldsymbol{k}}^0\right|^2\right]^{1/2}\right\} & \varepsilon_{1\boldsymbol{k}}^0\leqslant\varepsilon_{2\boldsymbol{k}}^0\end{cases}\tag{15.88}$$

对于 $\varepsilon_{1\boldsymbol{k}}^0\geqslant\varepsilon_{2\boldsymbol{k}}^0$, 且 $E_{\rm g}>\hbar\omega_{\rm p}$, 有 $E_{1\boldsymbol{k}}^0\to\dfrac{E_{\rm g}}{2}+\dfrac{2\left|\Delta_{\boldsymbol{k}}^0\right|^2}{E_{\rm g}-\hbar\omega_{\rm p}}$(非共振激发).

对于 $\varepsilon_{1\boldsymbol{k}}^0\geqslant\varepsilon_{2\boldsymbol{k}}^0$, 而 $E_{\rm g}<\hbar\omega_{\rm p}$, 有 $E_{1\boldsymbol{k}}^0\to\dfrac{E_{\rm g}}{2}-\dfrac{2\left|\Delta_{\boldsymbol{k}}^0\right|^2}{\hbar\omega_{\rm p}-E_{\rm g}}=\dfrac{E_{\rm g}}{2}-\dfrac{2\left|\Delta_{\boldsymbol{k}}^0\right|^2}{\left|E_{\rm g}-\hbar\omega_{\rm p}\right|}$(共振激发).

(3) 布里渊区中心 $\boldsymbol{k}=0$ 处, 且 $\Delta_{\boldsymbol{k}}^0=\mu E_{\rm p}=0$ 的情况.

$$E_{1\boldsymbol{k}}^0=\begin{cases}\dfrac{1}{2}\left\{\hbar\omega_{\rm p}+|E_{\rm g}-\hbar\omega_{\rm p}|\right\} & \varepsilon_{1\boldsymbol{k}}^0\geqslant\varepsilon_{2\boldsymbol{k}}^0\\ \dfrac{1}{2}\left\{\hbar\omega_{\rm p}-|E_{\rm g}-\hbar\omega_{\rm p}|\right\} & \varepsilon_{1\boldsymbol{k}}^0\leqslant\varepsilon_{2\boldsymbol{k}}^0\end{cases}=\frac{E_{\rm g}}{2} \tag{15.89}$$

注意能量零点取在禁带中央.

与光场有相互作用的重正化 h 谱为 $E_{1\boldsymbol{k}}^0=\hbar\omega_{1,2\boldsymbol{k}}^0-\dfrac{\hbar\omega_{\rm p}}{2}$, 即

$$E_{2\boldsymbol{k}}^0=\begin{cases}\dfrac{1}{2}\left\{\varepsilon_{1\boldsymbol{k}}^0+\varepsilon_{2\boldsymbol{k}}^0-\hbar\omega_{\rm p}-\left[(\varepsilon_{1\boldsymbol{k}}^0-\varepsilon_{2\boldsymbol{k}}^0)^2+4\left|\Delta_{\boldsymbol{k}}^0\right|^2\right]^{1/2}\right\} & \varepsilon_{1\boldsymbol{k}}^0\geqslant\varepsilon_{2\boldsymbol{k}}^0\\ \dfrac{1}{2}\left\{\varepsilon_{1\boldsymbol{k}}^0+\varepsilon_{2\boldsymbol{k}}^0-\hbar\omega_{\rm p}+\left[(\varepsilon_{1\boldsymbol{k}}^0-\varepsilon_{2\boldsymbol{k}}^0)^2+4\left|\Delta_{\boldsymbol{k}}^0\right|^2\right]^{1/2}\right\} & \varepsilon_{1\boldsymbol{k}}^0\leqslant\varepsilon_{2\boldsymbol{k}}^0\end{cases} \tag{15.90}$$

下面分别讨论非共振激发 ($\hbar\omega_{\rm p}<E_{\rm g}$) 和共振激发 ($\hbar\omega_{\rm p}>E_{\rm g}$) 的情况.

(1) 非共振激发 ($\hbar\omega_{\rm p}<E_{\rm g}$).

这时

$$\varepsilon_{1\boldsymbol{k}}^0-\varepsilon_{2\boldsymbol{k}}^0=E_{\rm g}-\hbar\omega_{\rm p}+\hbar^2k^2/(2m_{\rm e})+\hbar^2k^2/(2m_{\rm h})=E_{\rm g}(k)-\hbar\omega_{\rm p}>0 \tag{15.91}$$

在 $\left|\Delta_{\boldsymbol{k}}^0\right|\ll\varepsilon_{1\boldsymbol{k}}^0-\varepsilon_{2\boldsymbol{k}}^0=E_{\rm g}(k)-\hbar\omega_{\rm p}$ 条件下, 重正化 e 谱为

$$E_{1\boldsymbol{k}}^0=\begin{cases}\dfrac{1}{2}\left\{\varepsilon_{1\boldsymbol{k}}^0+\varepsilon_{2\boldsymbol{k}}^0+\hbar\omega_{\rm p}+(\varepsilon_{1\boldsymbol{k}}^0-\varepsilon_{2\boldsymbol{k}}^0)\left[1+4\dfrac{\left|\Delta_{\boldsymbol{k}}^0\right|^2}{(\varepsilon_{1\boldsymbol{k}^0}-\varepsilon_{2\boldsymbol{k}}^0)^2}\right]^{1/2}\right\} & \varepsilon_{1\boldsymbol{k}}^0\geqslant\varepsilon_{2\boldsymbol{k}}^0\\ \dfrac{1}{2}\left\{\varepsilon_{1\boldsymbol{k}}^0+\varepsilon_{2\boldsymbol{k}}^0+\hbar\omega_{\rm p}+(\varepsilon_{2\boldsymbol{k}}^0-\varepsilon_{1\boldsymbol{k}}^0)\left[1+4\dfrac{\left|\Delta_{\boldsymbol{k}}^0\right|^2}{(\varepsilon_{2\boldsymbol{k}}^0-\varepsilon_{1\boldsymbol{k}}^0)^2}\right]^{1/2}\right\} & \varepsilon_{1\boldsymbol{k}}^0\leqslant\varepsilon_{2\boldsymbol{k}}^0\end{cases}$$

$$\approx\begin{cases}\varepsilon_{1\boldsymbol{k}}^0+\dfrac{\hbar\omega_{\rm p}}{2}+\dfrac{\left|\Delta_{\boldsymbol{k}}^0\right|^2}{\varepsilon_{1\boldsymbol{k}}^0-\varepsilon_{2\boldsymbol{k}}^0} & \varepsilon_{1\boldsymbol{k}}^0\geqslant\varepsilon_{2\boldsymbol{k}}^0\\ \varepsilon_{1\boldsymbol{k}}^0+\dfrac{\hbar\omega_{\rm p}}{2}-\dfrac{\left|\Delta_{\underline{\rm k}}^0\right|^2}{\varepsilon_{2\boldsymbol{k}}^0-\varepsilon_{1\boldsymbol{k}}^0} & \varepsilon_{1\boldsymbol{k}}^0\leqslant\varepsilon_{2\boldsymbol{k}}^0\end{cases}$$

$$=\frac{E_{\rm g}}{2}+\frac{\hbar^2k^2}{2m_{\rm e}}+\frac{\left|\Delta_{\boldsymbol{k}}^0\right|^2}{E_{\rm g}(k)-\hbar\omega_{\rm p}} \tag{15.92}$$

同理, 重正化 h 谱为

$$E_{2\boldsymbol{k}}^0=\begin{cases}\dfrac{1}{2}\left\{\varepsilon_{1\boldsymbol{k}}^0+\varepsilon_{2\boldsymbol{k}}^0-\hbar\omega_{\rm p}-[(\varepsilon_{1\boldsymbol{k}}^0-\varepsilon_{2\boldsymbol{k}}^0)^2+4\left|\Delta_{\boldsymbol{k}}^0\right|^2]^{1/2}\right\} & \varepsilon_{1\boldsymbol{k}}^0\geqslant\varepsilon_{2\boldsymbol{k}}^0\\ \dfrac{1}{2}\left\{\varepsilon_{1\boldsymbol{k}}^0+\varepsilon_{2\boldsymbol{k}}^0-\hbar\omega_{\rm p}+[(\varepsilon_{1\boldsymbol{k}}^0-\varepsilon_{2\boldsymbol{k}}^0)^2+4\left|\Delta_{\boldsymbol{k}}^0\right|^2]^{1/2}\right\} & \varepsilon_{1\boldsymbol{k}}^0\leqslant\varepsilon_{2\boldsymbol{k}}^0\end{cases}$$

$$= -\frac{E_{\rm g}}{2} - \frac{\hbar^2 k^2}{2m_{\rm h}} - \frac{\left|\Delta_{\boldsymbol{k}}^0\right|^2}{E_{\rm g}(k) - \hbar\omega_{\rm p}} \tag{15.93}$$

非共振激发 ($\hbar\omega_{\rm p} < E_{\rm g}$) 情况下的重正化 e 谱 $E_{1\boldsymbol{k}}^0$ 和 h 谱 $E_{2\boldsymbol{k}}^0$, 如图 15.5(a) 所示. 在非共振激发情况, 状态蓝移. 这是在光电场作用下电子能带的移动, 称为斯塔克移动, 斯塔克移动随泵浦频率失谐量 ($E_{\rm g}(k) - \hbar\omega_{\rm p}$) 的增加而减小, 即越偏离布里渊区中心, 斯塔克移动越小.

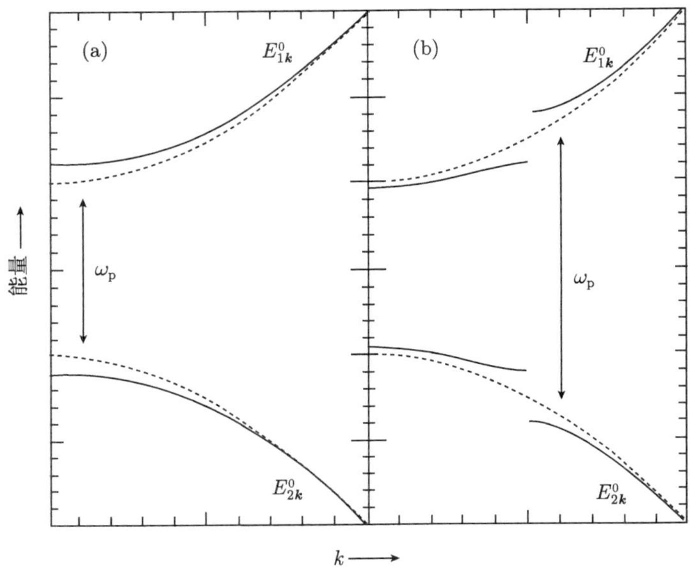

图 15.5 重正化导带和价带能量

(a) 非共振激发; (b) 共振激发, 虚线是未扰动能量

(2) 共振激发 ($\hbar\omega_{\rm p} > E_{\rm g}$).

这时

$$\varepsilon_{1\boldsymbol{k}}^0 - \varepsilon_{2\boldsymbol{k}}^0 = E_{\rm g} - \hbar\omega_{\rm p} + \hbar^2k^2/(2m_{\rm e}) + \hbar^2k^2/(2m_{\rm h}) = E_{\rm g}(k) - \hbar\omega_{\rm p} \begin{cases} <0 & k < k_{\rm p} \\ =0 & k = k_{\rm p} \\ >0 & k > k_{\rm p} \end{cases}$$

重正化 e 谱

$$E_{1\boldsymbol{k}}^0 = \begin{cases} \dfrac{1}{2}\left\{\varepsilon_{1\boldsymbol{k}}^0 + \varepsilon_{2\boldsymbol{k}}^0 + \hbar\omega_{\rm p} + \left[(\varepsilon_{1\boldsymbol{k}}^0 - \varepsilon_{2\boldsymbol{k}}^0)^2 + 4\left|\Delta_{\boldsymbol{k}}^0\right|^2\right]^{1/2}\right\} & \varepsilon_{1\boldsymbol{k}}^0 \geqslant \varepsilon_{2\boldsymbol{k}}^0 \text{即} E_{\rm g}(k) > \hbar\omega_{\rm p} \\ \dfrac{1}{2}\left\{\varepsilon_{1\boldsymbol{k}}^0 + \varepsilon_{2\boldsymbol{k}}^0 + \hbar\omega_{\rm p} - \left[(\varepsilon_{1\boldsymbol{k}}^0 - \varepsilon_{2\boldsymbol{k}}^0)^2 + 4\left|\Delta_{\boldsymbol{k}}^0\right|^2\right]^{1/2}\right\} & \varepsilon_{1\boldsymbol{k}}^0 \leqslant \varepsilon_{2\boldsymbol{k}}^0 \text{即} E_{\rm g}(k) < \hbar\omega_{\rm p} \end{cases} \tag{15.94}$$

同理, 重正化 h 谱为

$$E_{2\boldsymbol{k}}^0=\begin{cases}\dfrac{1}{2}\left\{\varepsilon_{1\boldsymbol{k}}^0+\varepsilon_{2\boldsymbol{k}}^0-\hbar\omega_{\rm p}-\left[(\varepsilon_{1\boldsymbol{k}}^0-\varepsilon_{2\boldsymbol{k}}^0)^2+4\left|\varDelta_{\boldsymbol{k}}^0\right|^2\right]^{1/2}\right\} & \varepsilon_{1\boldsymbol{k}}^0\geqslant\varepsilon_{2\boldsymbol{k}}^0\text{即}E_{\rm g}(k)>\hbar\omega_{\rm p}\\ \dfrac{1}{2}\left\{\varepsilon_{1\boldsymbol{k}}^0+\varepsilon_{2\boldsymbol{k}}^0-\hbar\omega_{\rm p}+\left[(\varepsilon_{1\boldsymbol{k}}^0-\varepsilon_{2\boldsymbol{k}}^0)^2+4\left|\varDelta_{\boldsymbol{k}}^0\right|^2\right]^{1/2}\right\} & \varepsilon_{1\boldsymbol{k}}^0\leqslant\varepsilon_{2\boldsymbol{k}}^0\text{即}E_{\rm g}(k)<\hbar\omega_{\rm p}\end{cases} \tag{15.95}$$

共振激发 ($\hbar\omega_{\rm p}>E_{\rm g}$) 情况下的重正化 e 谱 $E_{1\boldsymbol{k}}^0$ 和 h 谱 $E_{2\boldsymbol{k}}^0$, 如图 15.5(b) 所示. 共振激发情况下, 在 $\omega_{\rm p}$ 处产生能隙.

图 15.5(a) 和 (b) 分别是非共振激发 ($\hbar\omega_{\rm p}<E_{\rm g}$) 和共振激发 ($\hbar\omega_{\rm p}>E_{\rm g}$) 的电子能谱 $E_{1,2\boldsymbol{k}}^0$. 在非共振激发情况, 状态蓝移, 斯塔克移动随泵浦频率失谐量的增加而减小. 共振激发情况下, 在 $\omega_{\rm p}$ 处产生能隙. 对于电子与光子总系统的能量满足 $\varepsilon_{1\boldsymbol{k}}^0=\varepsilon_{2\boldsymbol{k}}^0$, 即 $E_{\rm g}(k)=\hbar\omega_{\rm p}$, 这时的系统状态是简并态, 即 N 个光子与 1 个价带电子的状态简并于 $N-1$ 个光子与导带电子的状态. 由于偶极相互作用, 简并解除, 能带在 $\omega_{\rm p}$ 处产生 Stark 分裂. 光产生能隙的大小为 $2\varDelta_{\boldsymbol{k}}^0=2\mu E_{\rm p}$, 对应着 Rabi 频率 $2\mu E_{\rm p}/\hbar$. 能量大于 $\hbar\omega_{\rm p}+\varDelta_{\boldsymbol{k}}^0$ 的状态产生蓝移, 而能量小于 $\hbar\omega_{\rm p}-\varDelta_{\boldsymbol{k}}^0$ 的状态产生红移.

15.3.3　其他的非共振非线性光学效应简介

当入射光子能量小于材料禁带宽度时, 在材料中虽然不会引起显著的吸收, 但仍存在着多种非共振非线性光学效应, 产生非共振吸收和非线性折射率. 主要的非共振非线性光学效应有双光子吸收 (2PA 或 TPA)、拉曼散射 (RS)、线性斯塔克效应 (LSE)、光斯塔克效应 (OSE) 等.

TPA、RS、LSE、OSE 等对于吸收的影响, 都可由不同的 F_2 函数 (式 (15.79)) 来描述. 进一步从 $K-K$ 关系, 可由 $\Delta\alpha$ 的结果求得非线性折射率的变化. 对于 $\omega_1=\omega_2$ 的简并情况, 可得到克尔系数

$$K_0=K\frac{\hbar c(E_{\rm p})^{1/2}}{n_0^2E_{\rm g}^4}G_2\left(\frac{\hbar\omega}{E_{\rm g}}\right) \tag{15.96}$$

其中色散函数 G_2 为

$$G_2(x_2)=\frac{2}{\pi}\int_0^\infty\frac{F_2(x_1,x_2)}{x_1^2-x_2^2}{\rm d}x_1 \tag{15.97}$$

上面所讨论的几种效应对于色散函数的贡献, 如图 15.6 所示. 对于色散函数的贡献即对于非线性折射率 Δn 的贡献, 最重要的是 TPA 过程, 特别是在能隙中央 $E_{\rm g}/2$ 附近; 在 $\hbar\omega=E_{\rm g}$ 附近, OSE 是主要因素; LSE 相对来说不重要.

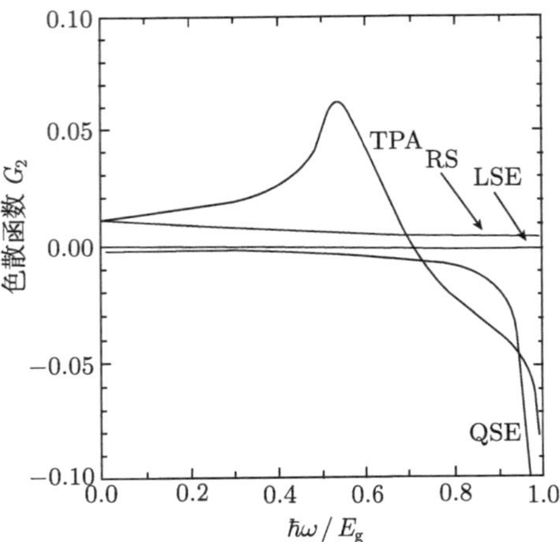

图 15.6 几种效应对非线性折射率的贡献

非线性折射率系数 n_2 的色散特性, 如图 15.7 所示. 一些实验结果分别由 Z 扫描测量和飞秒时间分辨技术测量得到. 非线性折射率系数 n_2 由下式计算

$$n_2 = K' \frac{(E_p)^{1/2}}{n_1 E_g^4} G_2 \left(\frac{\hbar\omega}{E_g} \right) \tag{15.98}$$

其中取 $K' = 0.94 \times 10^{-8}$, 如图 15.7(a) 实线所示; 对于宽能隙材料, 取 $K' = 0.86 \times 10^{-8}$ 拟合更好, 如图 15.7(a) 虚线和图 15.7(b) 所示. 若弱场折射率 n_1 与频率无关, 记 $n_1 = n_0$.

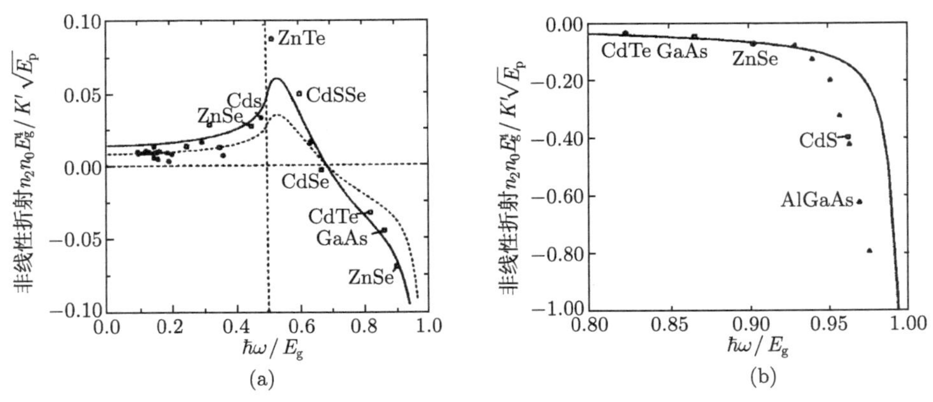

图 15.7 非线性折射率系数的色散特性

半导体 CdS($E_g = 2.42$eV, 折射率 $n_0 = 2.34$), 非线性折射率系数在 $\lambda = 1.06\mu$m 时, $n_2 = 0.028 \times 10^{-9}$(esu), 在 $\lambda = 0.53\mu$m 时, $n_2 = -0.340 \times 10^{-9}$(esu); 半导体 CdSe($E_g = 1.74$eV, 折射率 $n_0 = 2.56$), 在 $\lambda = 1.06\mu$m 时, $n_2 = 0.009 \times 10^{-9}$(esu);

宽带隙半导体 ZnO($E_g = 3.20$eV, 折射率 $n_0 = 1.96$), 在 $\lambda = 1.06\mu$m 时, 非线性折射率系数 $n_2 = 0.0023 \times 10^{-9}$(esu).

15.4　量子点中的非共振非线性光学效应

对于非共振非线性光学效应, 准单色波的三阶非线性可以方便地由极化率 $\chi^{(3)}$ 表示, 其实部和虚部分别直接与非线性折射率 (电子 Kerr 效应) 和双光子吸收系数相联系 (Cotter et al., 1992).

体材料的非共振非线性光学效应, Sheik-Bahae 及其合作者对于一个简单的双带、有效质量模型计算了 $\chi^{(3)}$(Sheik-Bahae et al., 1990), 结果与很多体材料的测量性质相一致. 已经证明这些材料的非线性折射率系数 (Re$\chi^{(3)}$) 是双光子吸收和光 Stark 效应的结果, 以及 Re$\chi^{(3)}$ 服从一般的色散关系, 即光子能量在刚低于基本吸收边 E_0 时为负, 在 E_0 与双光子吸收边 $E_0/2$ 之间改变符号, 在更低的能量处为正.

量子阱和量子点等半导体微结构, 小尺寸对于接近和高于基本吸收边的线性和非线性光学性质具有重要影响. 在共振区域之外, 电子三维受限的半导体微结构透明区域的 $\chi^{(3)}$ 色散等行为与三维半导体不同. 实验发现 (Cotter et al., 1992) 镶嵌在玻璃中的半径约 5nm 的半导体微晶的非线性折射率系数, 对于低于吸收边频率时一直是负的, 表示主要的作用是光 Stark 效应. 半导体体材料在合适的光激发下表现出直流电导, 而很小的微粒则没有, 微粒足够小使光电导被阻碍.

选取一种包含基本物理性质的一个简单理论模型, 即双带有效质量模型. 采用 Butcher 等的经典的态求和公式 (Butcher, 1963), 由双带有效质量模型计算跃迁能量 $\hbar\Omega$ 和动量矩阵元 p 时的三阶极化率 $\chi^{(3)}$, 得到 (Cotter et al., 1992)

$$\chi^{(3)} = \frac{2N\hbar(e/m)^4}{3V\varepsilon_0(\hbar\omega)^4}\sum_{\mathrm{v}abc} p_{\mathrm{va}}p_{ab}p_{bc}p_{c\mathrm{v}}\left[\frac{1}{(\Omega_{\mathrm{av}}-\omega)(\Omega_{\mathrm{bv}}-2\omega)(\Omega_{\mathrm{cv}}-\omega)}+\cdots\right] \quad (15.99)$$

其中省略号表示 5 项类似的项. 假设光是平面极化的, 式中 N 是体积 V 中的微晶数目, 下脚标 v 表示价带且假设价带是充满的. 方程 (15.99) 是对三阶过程的完全描述, 包括光 Stark 效应和双光子吸收. 它是从因果关系和真实性原理导出的. $\chi^{(3)}$ 严格服从 Kramers-Kronig 关系. 在模型中, 半导体粒子取作球形, 球壁不能穿过, 导带和价带具有各向同性的有效质量. 能级和带内矩阵元为无限深球形势阱中的情况.

图 15.8 是 $\chi^{(3)}$ 对于归一化光子能量 $\hbar\omega/E_0$ 的典型图, 其中 E_0 是导带底态与价带顶态之间的能量差. 其特点是对于 $\hbar\omega/E_0 <1$, Re$\chi^{(3)}$ 总是负的, 且随 $\hbar\omega$ 增大 Re$\chi^{(3)}$ 幅度增大. 这个特性 (Re$\chi^{(3)}$ 幅度) 与有效质量、球半径等参数有关, 这个特性与半导体体材料 $\chi^{(3)}$ 的普适色散关系不同.

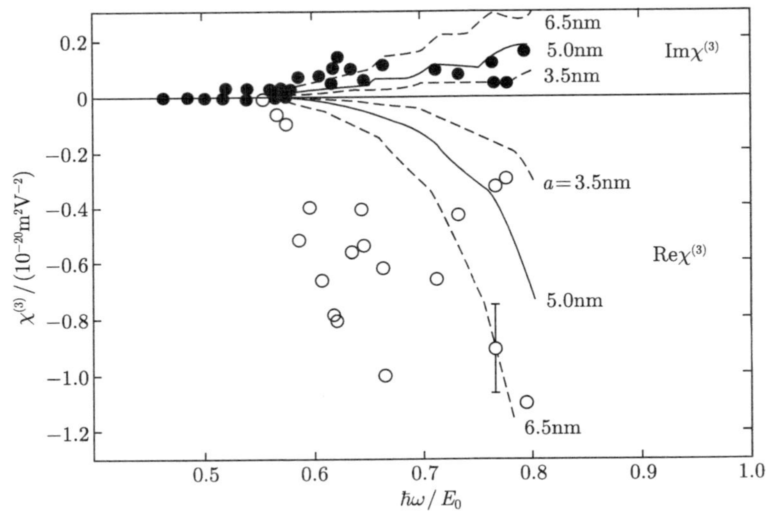

图 15.8　$\chi^{(3)}$ 对于归一化光子能量 $\hbar\omega/E_0$ 的典型图

实线是对于半径 a=5nm 球的 $\chi^{(3)}$ 的一个典型模型计算, 其中 $\hbar\omega = 1.17\mathrm{eV}(1.06\mu\mathrm{m})$, $\Delta E = 35\mathrm{meV}$. 虚线是对于不同的半径 a, 其他半导体参数和数密度相同. 曲线作图是对归一化光子能量 $\hbar\omega/E_0$, 取 E_0 为一个可变参数. 这些曲线的特点对于量子限制粒子是典型的 (且随参数不同而变化显著), 但与半导体体材料很不同. 在波长 1.06μm 对于 24 个半导体注入玻璃样品的 $\mathrm{Im}\chi^{(3)}$ 测量值 (实心圆) 和 $\mathrm{Re}\chi^{(3)}$ 测量值 (空心圆) 示于图中

实验样品是镶嵌于玻璃中的半导体微晶, 分析透明区域中 $\chi^{(3)}$ 的色散关系. 研究了含有 Cd(S, Se) 或 Cd(S, Se, Te) 微晶的至少 25 个样品 (Cotter et al., 1992). 样品具有市售截止型低通滤色片的形式, 每个样品在 1.5~2.4eV 区间有基本吸收边 E_0, 这取决于微晶的化学计量和尺寸. 这些市售滤色玻璃片中的微晶, 典型的半径为 3.5~6nm(尺寸分布的标准偏差为 ~20%) 以及占据 0.1%~1%的体积. 这样的微粒尺寸是电子玻尔半径的 1~2.5 倍. 样品之间 E_0 的变化主要是化学配比差异引起的体材料带隙不同的效应; 量子限制的变化影响 E_0 相对很小. 对于不同的样品测量了 $\chi^{(3)}$, 保持观测波长固定, 改变归一化光子能量 $\hbar\omega/E_0$. 这里报道的所有测量是在室温下进行, 使用一台 Nd:YAG 激光器 (YAG 是 yttrium aluminum garnet)、波长为 1.064μm、对应于能量在 E_0 以下至少 0.33eV(即 $\hbar\omega/E_0$ <0.8). 采用 Z 扫描方法观察透射的强度依赖性和光束形变效应. 由此可以确定 $\mathrm{Re}\chi^{(3)}$ 和 $\mathrm{Im}\chi^{(3)}$ 的幅度和符号, 使用液态 CS_2 作为标定的标准. 因为 Nd:YAG 激光器脉冲短 (75ps) 以及低重复率 (10Hz), 类似于电致收缩的非当地贡献和热非线性不重要. 由于 photodarkening 的长期效应也可忽略不计; 新样品的 $\chi^{(3)}$ 性质在强的长时间辐照后再次测量时不变. 图 15.9 是一个典型样品折射率和透射率的即刻变化, 横轴

是入射光强度. 与标志三阶非线性的强度依赖关系没有明显偏差, 即使对于接近于样品破坏阈值的强度 ($\geqslant 10\mathrm{GWcm}^{-2}$) 也是这样. 这样 5 阶非线性, 起源于双光子激发自由载流子引起的导带能级和俘获态的填充过程, 证明可以忽略. 每个样品的模 $|\chi^{(3)}|$ 独立地由皮秒、简并四波混频方法也得到确定. 这样得到的结果在实验误差范围内 (±20%) 与 Z 扫描测量完全一致. 四波混频产生的相共轭信号表现出与泵浦强度三次方关系, 直到接近于破坏阈值. 非线性的响应时间表现出比 75ps 的脉冲时间快得多, 没有可观察到的尾巴. 这些实验, 总起来说, 都是被动的 (无源的) 电子三阶非线性的特性.

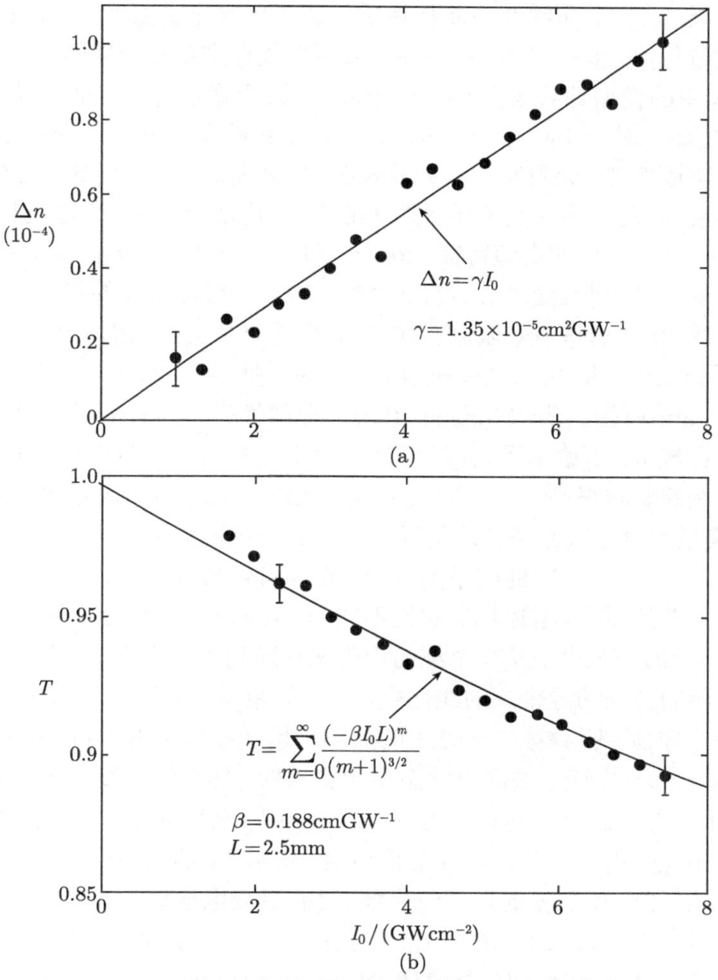

图 15.9　(a) 峰值非线性折射率和 (b) 归一化能量透射率 T

曲线是三阶过程的最小二乘拟合. 非线性折射率系数 γ 和双光子吸收系数 β 分别直接与 $\mathrm{Re}\chi^{(3)}$ 和 $\mathrm{Im}\chi^{(3)}$ 相联系

图 15.8 是不同玻璃样品 $\mathrm{Re}\chi^{(3)}$ 和 $\mathrm{Im}\chi^{(3)}$ 作为 $\hbar\omega/E_0$ 函数的测量值 (Cotter et al., 1992). 数值有一个很宽的分布. 这不奇怪, 因为除了 $\hbar\omega/E_0$, 样品之间很多其他参数可以不同, 例如, 粒子的化学配比、粒子尺寸的平均值和分布, 以及半导体材料的体积分数. 但是, 对于目前的讨论, 没有必要去仔细刻画这许多的不同; 尽管这样, 从图 15.8 可见一些突出的特征. 第一, 正如所期望的, $\mathrm{Im}\chi^{(3)}$ 仅仅对于高于双光子带边 ($\hbar\omega/E_0 \approx 0.5$) 的光子能量有明显的幅度. 第二, 仅当 $\hbar\omega/E_0 \geqslant 0.56$ 时, $\left|\mathrm{Re}\chi^{(3)}\right|$ 的测量值显著大于玻璃基质的背景值 ($\mathrm{Re}\chi^{(3)} \approx +10^{-22}\mathrm{m}^2\mathrm{V}^{-2}$). 第三, 也是最显著的, $\mathrm{Re}\chi^{(3)}$ 一直是负的, 对应于自散焦非线性. 这是研究的所有量子点玻璃的实验结果, 除了当非线性不能从基质玻璃自身的非线性相区分的情况. 第四, $\mathrm{Im}\chi^{(3)}$ 的测量值比 $\left|\mathrm{Re}\chi^{(3)}\right|$ 小 4~14 倍, 表示非线性主要是折射的.

图 15.8 中的模型计算大致与实验相符. 虽然计算倾向于低估半导体注入玻璃 $\mathrm{Re}\chi^{(3)}$ 的实验值, 对于 $\mathrm{Re}\chi^{(3)}$ 和 $\mathrm{Im}\chi^{(3)}$ 两者在数量级上均一致. 鉴于采用了简单的双带有效质量模型、无限深球形势阱假设、取和截断近似、局域场近似的不确定性和其他因素, 以及上述提及的样品之间的差异, 这是合理的. 但是, 引人注目的是模型应该精确预言显著的实验特征: $\mathrm{Re}\chi^{(3)}$ 和 $\mathrm{Im}\chi^{(3)}$ 在 $\hbar\omega/E_0 \geqslant 0.5$ 时的起始值, $\mathrm{Re}\chi^{(3)}$ 的不变负号, 以及随着 $\hbar\omega/E_0$ 的增大 $\mathrm{Re}\chi^{(3)}$ 幅度增加的趋势.

通过计算, 确认这些量子限制微粒 $\mathrm{Re}\chi^{(3)}$ 的负号主要起因于光学 Stark 效应, 带内过程例如双光子吸收 (2PA) 对 $\mathrm{Re}\chi^{(3)}$ 的贡献不强 (Cotter et al., 1992). 如 Shimizu 和 Fujii 所指出的 (Shimizu, 1991), 非线性光学过程的量子尺寸效应只在接近共振时比较大, 不论激子效应强与否. 对于光学 Stark 效应远离共振, 所以似乎受量子限制的影响很小. 另一方面, 在接近 2PA 共振, 量子限制将强烈影响该过程. 确实, 模型预言在双光子带边附近, 2PA 在一个量子点中相对于体材料而减小 (例如, 在 $\hbar\omega/E_0 = 0.65$ 时的因子为 ~ 2). 在体材料与量子点之间, 2PA 存在差异在物理上是合理的, 因为下述机制定性不同 (Cotter et al., 1992): 对于吸收第一个光子, 体晶体中的一个电子从一个纯的价带态跃迁到另一个态, 该态是初始价带态与一个具有相同波矢的导带态的线性叠加. 在导带态中找到这个电子的振幅很小, 因为能量尚不守恒. 吸收第二个光子的效应是增加在这个态中找到这个电子的振幅, 而没有进一步的跃迁, 如同束缚态中所要求的. 体材料中没有进一步跃迁是必须的, 其原因是导带态对于动量 $\boldsymbol{p}$ 存在一个非零期望值 (即表现为直流电导率), 因此电子与场相互作用 $-(e/m)\boldsymbol{A}\cdot\boldsymbol{p}$ 的期望值、矢势 $\boldsymbol{A}$ 的期望值也非零. 在量子点等束缚态系统, 任一态中 $\boldsymbol{p}$ 的期望值为零 (没有直流电导率), 第二个光子能被吸收的唯一途径是产生到第三个态的跃迁. 当我们只考虑一个双带模型 (该模型在半导体体材料中恰能给出 2PA 的很好描述 (Sheik-Bahae et al., 1990)), 当然, 量子点中直流电导率丧失的物理图像与这个双带假设无关. 我们的模型仍然通向具有丰富不同的带间和带内跃迁的多能级系统, 引入更复杂的半导体能带结构预计不会改变一般的结果.

结论如下 (Cotter et al., 1992), 证明了三维量子限制能够根本地改变透明波段中半导体的非线性光学性质. 研究结果可能对于超快光开关等实际器件具有深远的影响. 以前证明过, 对于半导体体材料, $\chi^{(3)}$ 固有的普适色散关系对于这些应用受到严重的限制; 器件应用的重要参数, 比值 $\left|\mathrm{Re}\chi^{(3)}/\mathrm{Im}\chi^{(3)}\right|$ 在带隙以下的大范围内很小 (Sheik-Bahae et al., 1990). 因此, 发现量子限制能够增强该比值, 对于器件中量子尺寸效应的实际开发开辟了新的机会.

15.5　Z 扫描技术

15.5.1　高斯光束

平面电磁波具有确定的传播方向, 但广延于全空间. 从激光器等反射出来的光束一般是很狭窄的光束, 场强在空间中的分布具有有限的宽度. 具有确定波矢量的电磁波是广延于全空间的, 任何有限宽度的波束都不能具有确定的波矢量 (郭硕鸿, 1997. p169).

设一光束沿 z 方向传播且对称轴为 z 轴, 如果光束的电场强度等物理量在横截面上的分布是高斯函数

$$\mathrm{e}^{-\frac{r^2}{w^2(z)}}, \quad r^2 = x^2 + y^2 \tag{15.100}$$

该光束称为高斯光束, 其中 w 表示光束的宽度, 即光束半径. 由于波动的特点, 光束在传播过程中一般不能保持截面不变, 因而, 光束宽度一般是 z 的函数. 光束变宽时, 场强相应减弱, 即波幅一般为 z 的函数. 一般地, 高斯光束的场强具有如下形式 (先不考虑时间因子)

$$E(z,r) = g(z)\mathrm{e}^{-f(z)r^2}\mathrm{e}^{\mathrm{i}kz} \tag{15.101}$$

其中

$$\mathrm{Re}f(z) = \frac{1}{w^2(z)} \tag{15.102}$$

是光束半径平方的倒数, $\mathrm{e}^{\mathrm{i}kz}$ 代表沿 z 方向的传播因子; 如果电磁波具有确定的沿 z 轴方向的波矢量 $\boldsymbol{k}$, 则该传播因子就是唯一的依赖于 z 的因子, 函数 $g(z)$ 和 $f(z)$ 均应与 z 无关. 一般情况下, 光束只能有大致确定的传播方向, 则传播因子 $\mathrm{e}^{\mathrm{i}kz}$ 只代表依赖于 z 的主要传播因子, 其余的因子中还含有对 z 缓变 (相对于 $\mathrm{e}^{\mathrm{i}kz}$ 为缓变) 的函数, 即 $g(z)$ 和 $f(z)$.

对于以一定频率作正弦振荡的时谐电磁波 (单色波), 由麦克斯韦方程组得到

$$\nabla \times (\nabla \times \boldsymbol{E}) = \omega^2 \varepsilon\mu \boldsymbol{E} \tag{15.103}$$

代入条件 $\nabla\cdot\boldsymbol{E}=0$, 得到光电场满足亥姆霍兹方程

$$\nabla^2\boldsymbol{E}+k^2\boldsymbol{E}=0 \tag{15.104}$$

其中 $k^2=\omega^2\varepsilon\mu$. 如果只考虑小角度发散的光束及折射率或 $\varepsilon\mu$ 在横向没有明显变化的介质, 则矢量方程可以简化为标量方程; 这时, 光电场的大小 $E(z,r)$ 仍满足亥姆霍兹方程

$$\nabla^2E+k^2E=0 \tag{15.105}$$

首先注意有限宽度的波束不能具有确定的波矢量. 若 $g(z)$ 和 $f(z)$ 与 z 无关, 且 $E(z,r)=g\mathrm{e}^{-fr^2}\mathrm{e}^{\mathrm{i}kz}$ 是亥姆霍兹方程的解, 只有 $f(1-fr^2)=0$, 这时 $f=0$, 解 $E(z,r)=g\mathrm{e}^{-fr^2}\mathrm{e}^{\mathrm{i}kz}$ 就是广延于全空间的平面波 $E(z)=g\mathrm{e}^{\mathrm{i}kz}$. 所以, 有限宽度的波束不能保持其宽度不变, 不能具有确定的波矢量.

下面求解满足亥姆霍兹方程的高斯光束场强式 (15.101) 中的函数 $g(z)$ 和 $f(z)$. 令

$$\psi(z,r)=g(z)\mathrm{e}^{-f(z)r^2} \tag{15.106}$$

高斯光束的光电场式 (15.101) 写为 $E(z,r)=\psi(z,r)\mathrm{e}^{\mathrm{i}kz}$, 代入亥姆霍兹方程, 得

$$\left(\frac{\partial^2\psi}{\partial x^2}+\frac{\partial^2\psi}{\partial y^2}\right)\mathrm{e}^{\mathrm{i}kz}+\frac{\partial}{\partial z}\left(\frac{\partial\psi}{\partial z}\mathrm{e}^{\mathrm{i}kz}+\psi\mathrm{i}k\mathrm{e}^{\mathrm{i}kz}\right)+k^2E=0 \tag{15.107}$$

考虑到 $\psi(z,r)$ 是 z 的缓变函数, 忽略 $\dfrac{\partial^2\psi}{\partial z^2}$(称为慢变化振幅近似), 得

$$\frac{\partial^2\psi}{\partial x^2}+\frac{\partial^2\psi}{\partial y^2}+\mathrm{i}2k\frac{\partial\psi}{\partial z}=0 \tag{15.108}$$

将式 (15.106) 代入, 得

$$2f(z)[f(z)r^2-1]+\mathrm{i}k\left[\frac{1}{g(z)}\frac{\partial g(z)}{\partial z}-r^2\frac{\partial f(z)}{\partial z}\right]=0 \tag{15.109}$$

若有 $g(z)=\mathrm{const}\cdot f(z)\equiv Bf(z)$, 上式成为

$$2f(z)[f(z)r^2-1]+\mathrm{i}k\left[\frac{1}{f(z)}\frac{\partial f(z)}{\partial z}-r^2\frac{\partial f(z)}{\partial z}\right]=0 \tag{15.110}$$

对于 $f(z)r^2-1\neq 0$, 得到 $2f(z)^2-\mathrm{i}k\dfrac{\partial f(z)}{\partial z}=0$, 即

$$\frac{\mathrm{d}f(z)}{f(z)^2}=\frac{\mathrm{d}2z}{\mathrm{i}k}$$

积分得到 $\dfrac{1}{f(z)}=\mathrm{i}\dfrac{2z}{k}+A$, 即

$$f(z)=\frac{1}{A+\mathrm{i}\dfrac{2z}{k}} \tag{15.111}$$

其中 A 是积分常数; 另外 $g(z)=\mathrm{const}\cdot f(z)\equiv Bf(z)$, B 是一常数, 则

$$g(z)=\frac{B}{A+\mathrm{i}\dfrac{2z}{k}}=\frac{E_0}{1+\mathrm{i}\dfrac{2z}{kA}} \tag{15.112}$$

其中 $E_0=B/A$ 是一个与积分常数 A 有关的常数, 由式 (15.101) 可知 E_0 的量纲是电场强度的量纲.

积分常数 A 一般是复数, 但由式 $f(z)=\dfrac{1}{A+\mathrm{i}\dfrac{2z}{k}}$ 可见, A 的虚部可以用一项 $-\mathrm{i}\dfrac{2z'}{k}$ 抵消, 即可以通过选择 z 轴的原点, 使 A 为实数. 取 A 为实数, $f(z)$ 写为

$$f(z)=\frac{1}{A\left[1+\left(\dfrac{2z}{kA}\right)^2\right]}\left(1-\mathrm{i}\frac{2z}{kA}\right) \tag{15.113}$$

注意到 $z=0$ 时, $f(z)=\dfrac{1}{A}$, 即 A 表示 $z=0$ 处光束半径的平方. 故令

$$A=w_0^2 \tag{15.114}$$

其中 w_0 是 $z=0$ 处的光束半径, 即束腰半径. 由于 $\mathrm{Re}f(z)=\dfrac{1}{w^2(z)}$ 是光束半径平方的倒数, 即

$$w^2(z)=A\left[1+\left(\frac{2z}{kA}\right)^2\right]=w_0^2\left[1+\left(\frac{2z}{kw_0^2}\right)^2\right]\equiv w_0^2\left[1+\frac{z^2}{z_{\mathrm{R}}^2}\right] \tag{15.115}$$

表示光束半径随 z 的变化, 其中

$$z_{\mathrm{R}}=\frac{kw_0^2}{2} \tag{15.116}$$

注意 $z=z_{\mathrm{R}}$ 时, $w^2(z_{\mathrm{R}})=2w_0^2$, 即 $w(z_{\mathrm{R}})=\sqrt{2}w_0$. 这时 $f(z)$ 表示为

$$f(z)=\frac{1}{w^2(z)}-\mathrm{i}\frac{z}{z_{\mathrm{R}}w^2(z)} \tag{15.117}$$

得到场强表示式中的高斯函数因子为

$$\mathrm{e}^{-f(z)r^2}=\exp\left[-\frac{r^2}{w^2(z)}+\mathrm{i}\frac{zr^2}{z_{\mathrm{R}}w^2(z)}\right] \tag{15.118}$$

高斯分布与光斑半径 $w(z)$, 如图 15.10 所示.

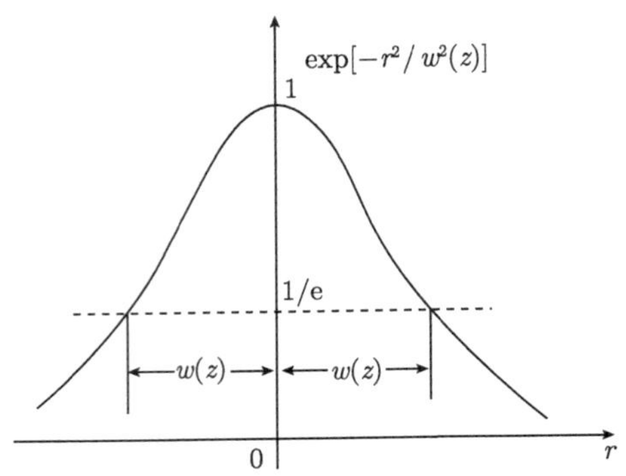

图 15.10　高斯分布与光斑半径

由式(15.112), 将$g(z)$式中分母的复数由代数式换为指数式, 然后代入式(15.115)即 $\dfrac{1}{1+\dfrac{z^2}{z_{\mathrm{R}}^2}}=\dfrac{w_0^2}{w^2(z)}$, 函数 $g(z)$ 可以写为

$$g(z)=\frac{E_0}{\sqrt{1+\left(\dfrac{z}{z_{\mathrm{R}}}\right)^2}\mathrm{e}^{\mathrm{i}\varphi(z)}}=E_0\frac{w_0}{w(z)}\mathrm{e}^{-\mathrm{i}\varphi(z)} \tag{15.119}$$

其中

$$\varphi(z)=\arctan\left(\frac{2z}{kA}\right)=\arctan\left(\frac{2z}{kw_0^2}\right)\equiv\arctan\left(\frac{z}{z_{\mathrm{R}}}\right) \tag{15.120}$$

场强表示为

$$E(z,r)=E_0\frac{w_0}{w(z)}\mathrm{e}^{-\mathrm{i}\varphi(z)}\exp\left[-\frac{r^2}{w^2(z)}+\mathrm{i}\frac{zr^2}{z_{\mathrm{R}}w^2(z)}\right]\mathrm{e}^{\mathrm{i}kz} \tag{15.121}$$

由该式可知 E_0 是束腰处 $(z=0)$ 光轴上 $(r=0)$ 的光电场强度, 整理得到

$$E(z,r)=E_0\frac{w_0}{w(z)}\exp\left[-\frac{r^2}{w^2(z)}+\mathrm{i}\frac{zr^2}{z_{\mathrm{R}}w^2(z)}\right]\mathrm{e}^{\mathrm{i}[kz-\varphi(z)]} \tag{15.122}$$

由于

$$\frac{z_{\mathrm{R}}}{z}w^2(z)=\frac{z}{z_{\mathrm{R}}}w_0^2\left(\frac{z_{\mathrm{R}}^2}{z^2}+1\right)=\frac{2z}{k}\left(1+\frac{z_{\mathrm{R}}^2}{z^2}\right) \tag{15.123}$$

上式又可写为

$$E(z,r)=E_0\frac{w_0}{w(z)}\exp\left[-\frac{r^2}{w^2(z)}+\mathrm{i}\frac{kr^2}{2z\left(1+\dfrac{z_{\mathrm{R}}^2}{z^2}\right)}\right]\mathrm{e}^{\mathrm{i}[kz-\varphi(z)]} \tag{15.124}$$

进一步, 记

$$R(z)=z\left(1+\frac{z_{\mathrm{R}}^2}{z^2}\right) \tag{15.125}$$

是高斯光束的曲率半径, 最后, 高斯光束的电场强度写为

$$E(z,r)=E_0\frac{w_0}{w(z)}\exp\left[-\frac{r^2}{w^2(z)}+\mathrm{i}\frac{kr^2}{2R(z)}\right]\mathrm{e}^{\mathrm{i}[kz-\varphi(z)]} \tag{15.126}$$

这个表达式只考虑了包含横向关系 $r=\sqrt{x^2+y^2}$ 的解, 没有讨论含方位角变量的解, 称为高斯光束的基模. 包含方位角变量的解, 称为高阶模.

高斯光束的基模以及高阶模的近轴、远轴光线的传输特性, 特别是通过薄样品以及厚样品时的情况、与样品非线性折射率和非线性吸收的关系, 都是人们关心的与实验研究密切相关的问题.

考虑时间因子, 式 (15.126) 的高斯光束电场强度为

$$E(z,r,t)=E_0\frac{w_0}{w(z)}\exp\left[-\frac{r^2}{w^2(z)}+\mathrm{i}\frac{kr^2}{2R(z)}\right]\mathrm{e}^{\mathrm{i}[kz+\omega t-\varphi(z)]}$$

为了与文献 (Sheik-Bahae et al., 1990; Kogelnik and Li, 1966) 中的形式相一致, 改写 $k\to -k$, 式 (15.101) 可改写为

$$E(z,r,t)=g(z)\mathrm{e}^{-f(z)r^2}\mathrm{e}^{-\mathrm{i}(kz-\omega t)} \tag{15.127}$$

这样, 上式的高斯光束电场强度改写为

$$E(z,r,t)=E_0\frac{w_0}{w(z)}\exp\left[-\frac{r^2}{w^2(z)}-\mathrm{i}\frac{kr^2}{2R(z)}\right]\mathrm{e}^{-\mathrm{i}[kz-\omega t+\varphi(z)]} \tag{15.128}$$

对于高斯光束 (基模) 的几个特征, 讨论如下.

1. 横截面内的场强分布为高斯分布

横截面内的场强大小分布, 如图 15.10 所示, 在任意 z 处横截面内的场强大小随 r 的变化为高斯函数. $w(z)$ 代表波束的宽度; 在 $z=0$ 点波束具有最小宽度, 该处称为光束腰部 (简称束腰), 束腰宽度为 w_0, 如图 15.11 所示. $E_0\dfrac{w_0}{w(z)}$ 是 z 轴 (光轴) 上 $(r=0)$ 波的振幅; 在束腰处 $(z=0)$, $w(0)=w_0$, 由此可知 E_0 是 z 轴上 $(r=0)$ 束腰处波的振幅.

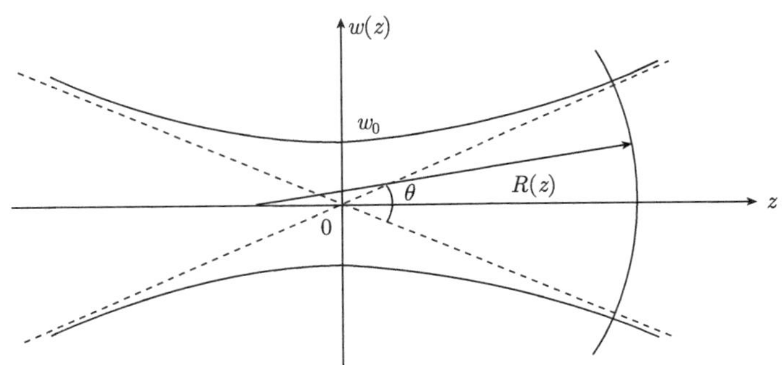

图 15.11　高斯光束的扩展

光束横截面内的光强分布为

$$|E(z,r,t)|^2 = \left|E_0 \frac{w_0}{w(z)}\right|^2 \exp\left[-2\frac{r^2}{w^2(z)}\right] \tag{15.129}$$

光强仍是一个高斯分布, 其半径减小为 $w(z)/\sqrt{2}$.

2. 高斯光束的扩展

光斑半径

$$w^2(z) = w_0^2\left(1+\frac{z^2}{z_{\mathrm{R}}^2}\right)$$

即

$$\frac{w^2(z)}{w_0^2} - \frac{z^2}{z_{\mathrm{R}}^2} = 1 \tag{15.130}$$

表示光斑半径随 z 按双曲线规律扩展, 如图 15.11 所示; 其中 $z_{\mathrm{R}} = \dfrac{kw_0^2}{2}$称为高斯光束的共焦参数. 只要知道了高斯光束的束腰半径, 就可确定任何位置 z 处的光斑半径.

在距束腰较远 $(z \gg z_{\mathrm{R}})$ 处, 光束半径与 z 成正比

$$w(z) = w_0\frac{z}{z_{\mathrm{R}}}$$

3. 高斯光束的曲率半径

首先写出位于 $z=0$ 处点光源发射的球面光波的场强表示式, 然后与高斯光束进行比较.

球心位于 $z=0$ 的球面波的场强表示式为

$$E \propto \frac{1}{R}\mathrm{e}^{\mathrm{i}kR} = \frac{1}{R}\mathrm{e}^{\mathrm{i}k\sqrt{x^2+y^2+z^2}} = \frac{1}{R}\mathrm{e}^{\mathrm{i}kz\sqrt{1+\frac{x^2+y^2}{z^2}}} \tag{15.131}$$

在 z 轴附近, $x^2+y^2 \ll z^2$ 时, 上式写为

$$E \propto \frac{1}{R}\mathrm{e}^{\left(\mathrm{i}kz+\mathrm{i}k\frac{x^2+y^2}{2R}\right)} \tag{15.132}$$

式中 $R=z$ 是球面波的曲率半径, $k\dfrac{x^2+y^2}{2R}$ 是与横向坐标 $r=\sqrt{x^2+y^2}$ 有关的相移.

上式的球面波场强与高斯光束比较, 可知式 (15.125) 定义的

$$R(z)=z\left(1+\frac{z_{\mathrm{R}}^2}{z^2}\right)=z+\frac{z_{\mathrm{R}}^2}{z}$$

就是高斯光束的曲率半径. 高斯光束的曲率半径大于球面波的曲率半径, 曲率中心总是位于 $z<0$ 区间, 如图 15.11 所示. 当

$$z \gg z_{\mathrm{R}}=\frac{kw_0^2}{2} \tag{15.133}$$

高斯光束的曲率半径趋近于球面波, 即 $R\approx z$, 曲率中心移向坐标原点. 不同 z 的曲率半径、曲率中心的变化, 如图 15.12 所示 (Gaskill, 1978).

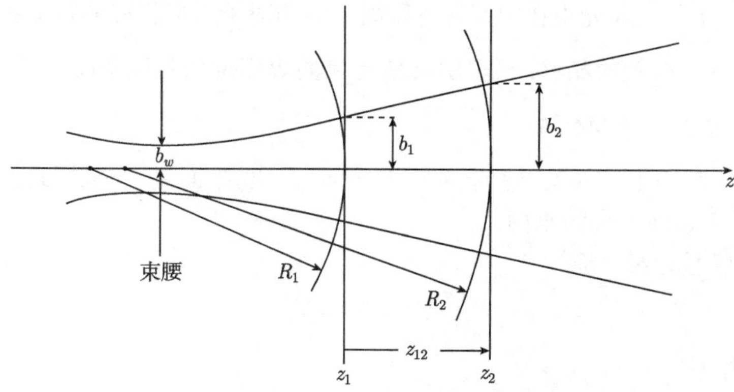

图 15.12　不同 z 的曲率半径和曲率中心示意图

当 $z=\pm z_{\mathrm{R}}$ 时, 曲率半径有极小值; 最小的曲率半径为

$$R_{\min}=2z_{\mathrm{R}} \tag{15.134}$$

这时曲率中心位于 $z=-z_{\mathrm{R}}$.

当 $0<z<z_{\mathrm{R}}$ 时, $R(z)>2z_{\mathrm{R}}$, 这时曲率中心位于区间 $(-\infty,-z_{\mathrm{R}})$; 当 $z>z_{\mathrm{R}}$ 时, 这时曲率中心位于区间 $(-z_{\mathrm{R}},0)$.

这里, 再讨论一下光束半径 $w(z)$ 与曲率半径 $R(z)$ 的关系. 由式 (15.115), 有

$$\frac{k}{2}w^2(z)=\frac{k}{2}w_0^2\left[1+\frac{z^2}{z_{\mathrm{R}}^2}\right]=\frac{z}{z_{\mathrm{R}}}\left[z\left(1+\frac{z_{\mathrm{R}}^2}{z^2}\right)\right]$$

即

$$\frac{k}{2}w^2(z)=\frac{z}{z_{\rm R}}R(z)$$

注意在 $z=z_{\rm R}$ 处, $w^2(z_{\rm R})=2w_0^2$.

4. 高斯光束的相位

这里讨论不含时间的相位. 记不含时 (令 $t=0$) 的场强

$$E(z,r)=E_0\frac{w_0}{w(z)}\exp\left[-\frac{r^2}{w^2(z)}\right]{\rm e}^{{\rm i}\varPhi} \tag{15.135}$$

其中 (由式 (15.126))

$$\varPhi=kz-\varphi(z)+\frac{kr^2}{2z\left(1+\dfrac{z_{\rm R}^2}{z^2}\right)}=kz-\arctan\left(\frac{z}{z_{\rm R}}\right)+\frac{kr^2}{2R(z)} \tag{15.136}$$

是波的相位. 高斯光束的相位变化有三项, kz 描述了高斯光束的几何相移; $-\arctan\left(\dfrac{z}{z_{\rm R}}\right)$ 是高斯光束在空间行进距离 z 时相对于几何相移的附加相移; $\dfrac{kr^2}{2R(z)}$ 是与横向坐标 r 有关的相移, 它表明高斯光束的等相位面是以 $R(z)$ 为半径的球面.

5. 高斯光束的等相位面

当 $z=0$ 时, $R(z)\to\infty$, 这时 $\varPhi=0$, 表示 $z=0$ 平面是一个波振面, 即束腰处的波振面是与 z 轴垂直的平面.

在距束腰较远处, 当

$$z\gg z_{\rm R}=\frac{kw_0^2}{2}$$

时, 等相面方程为

$$kz-\frac{\pi}{2}+\frac{kr^2}{2R(z)}={\rm const},\quad 即 kz+\frac{kr^2}{2R(z)}={\rm const} \tag{15.137}$$

得到距束腰较远处的等相面方程为

$$z\left(1+\frac{r^2}{2z^2\left(1+\dfrac{z_{\rm R}^2}{z^2}\right)}\right)={\rm const} \tag{15.138}$$

由条件 $z\gg z_{\rm R}$, 得

$$z\left(1+\frac{r^2}{2z^2}\right)={\rm const} \tag{15.139}$$

这时 $R=z$. 对于 $z^2 \gg r^2$, 有

$$\left(1+\frac{r^2}{z^2}\right)^{1/2} \approx 1+\frac{r^2}{2z^2} \tag{15.140}$$

所以, 等相面方程为

$$(z^2+x^2+y^2)^{1/2}=\text{const} \tag{15.141}$$

波振面从束腰处的平面逐渐过渡到远处的球面形状.

6. 高斯光束的远场发散角

高斯光束基模不是平面波, 也不是球面波, 它的能量传播方向是如图 15.11 所示的双曲线, 具有一定的发散性, 其发散度采用远场发散角 θ 表征.

对于 z 很大的远场, 双曲面式 (15.130)

$$\frac{w^2(z)}{w_0^2}-\frac{z^2}{z_{\mathrm{R}}^2}=1$$

渐进于圆锥面

$$\frac{r^2}{w_0^2}-\frac{z^2}{z_{\mathrm{R}}^2}=0, \text{即} r=\frac{w_0}{z_{\mathrm{R}}}z \tag{15.142}$$

代入 $z_{\mathrm{R}}=\dfrac{kw_0^2}{2}$, 得到 $r=\dfrac{2}{kw_0}z$; 发散角

$$\frac{r}{z}=\frac{2}{kw_0} \tag{15.143}$$

与束腰宽度成反比, 点光源和平面波是两个极端情况. 通常定义远场发散角

$$\theta=\lim_{z\to\infty}\frac{2w(z)}{z}=\frac{4}{kw_0} \tag{15.144}$$

7. 高斯光束通过圆孔光阑的功率

高斯光束在横截面内的光强分布为式 (15.129)

$$I(z,r)=|E(z,r,t)|^2=\left|E_0\frac{w_0}{w(z)}\right|^2\exp\left[-2\frac{r^2}{w^2(z)}\right]=I(z,0)\exp\left\{-\frac{r^2}{[w(z)/\sqrt{2}]^2}\right\}$$

对时间平均的能流密度用光强表示为 (式 (15.10))

$$\bar{S}=\varepsilon_0\left|E\right|^2 n_0 c=\varepsilon_0 n_0 c I$$

记作

$$\bar{S}=\eta I$$

高斯光束的总功率为 z 一定时平均能流密度对 r 的积分

$$P_{\text{tot}} = \int_0^{2\pi}\int_0^{\infty}\eta I(z,r)r\mathrm{d}r\mathrm{d}\theta = 2\pi\eta I(z,0)\int_0^{\infty}\exp\left\{-\frac{r^2}{[w(z)/\sqrt{2}]^2}\right\}r\mathrm{d}r \quad (15.145)$$

积分, 得

$$P_{\text{tot}} = 2\pi\eta I(z,0)\frac{1}{2}\left[\frac{w(z)}{\sqrt{2}}\right]^2 = \frac{\pi}{2}\eta I(z,0)w^2(z) \quad (15.146)$$

将 $I(z,0) = \left|E_0\frac{w_0}{w(z)}\right|^2$ 代入, 得到高斯光束的总功率

$$P_{\text{tot}} = \eta\frac{|E_0|^2}{2}\pi w_0^2 \quad (15.147)$$

高斯光束是扩展光束, 高斯光束通过 z 一定时的无限大平面的总功率都相等; 对于 $z=0$(束腰处) 平面, 高斯光束的总功率又等于光轴上 $(r=0)$ 的有效光强 $|E_0|^2/2$ 对应的平均能流密度 $\bar{S}(0,0)=\eta I(0,0)=\eta\frac{|E_0|^2}{2}$ 乘以束腰的有效面积 πw_0^2.

高斯光束通过半径为 r_a 的圆孔光阑的功率为 (Gaskill, 1978)

$$P_{\text{T}} = \int_0^{2\pi}\int_0^{r_a}\eta I(z_a,r)r\mathrm{d}r\mathrm{d}\theta = 2\pi\eta I(z_a,0)\int_0^{r_a}\exp\left\{-\frac{r^2}{\left[w(z_a)/\sqrt{2}\right]^2}\right\}r\mathrm{d}r \quad (15.148)$$

积分, 得

$$\begin{aligned}P_{\text{T}} =& 2\pi\eta I(z_a,0)\frac{1}{2}\left[\frac{w(z_a)}{\sqrt{2}}\right]^2\left[1-\exp\left\{-\frac{r_a^2}{[w(z_a)/\sqrt{2}]^2}\right\}\right]\\ =& P_{\text{tot}}\left[1-\exp\left\{-\frac{2r_a^2}{w^2(z_a)}\right\}\right]\end{aligned} \quad (15.149)$$

若光阑半径 $r_a=w(z_a)$, $\exp\left\{-\frac{2r_a^2}{w^2(z_a)}\right\}=\mathrm{e}^{-2}=0.135$, $P_{\text{T}}=P_{\text{tot}}\times 86.5\%$; 对于光阑 $r_a=2w(z_a)$, $\exp\left\{-\frac{2r_a^2}{w^2(z_a)}\right\}=\mathrm{e}^{-8}=0.000335$, $P_{\text{T}}=P_{\text{tot}}\times 99.98\%$.

15.5.2 *Z* 扫描基本原理

1990 年 IEEE 的 Sheik-Bahae, Said, Wei, Hagan 和 Stryland 提出了采用一束光灵敏测量光学非线性 (sensitive measurement of optical nonlinearities using a single beam) 的 Z 扫描技术 (Sheik-Bahae et al., 1990), 图 15.13 是他们的 Z 扫描实验装置. 由于该技术灵敏有效和测量方便, Z 扫描已经成为材料非线性光学性质研究的一个重要的常规手段.

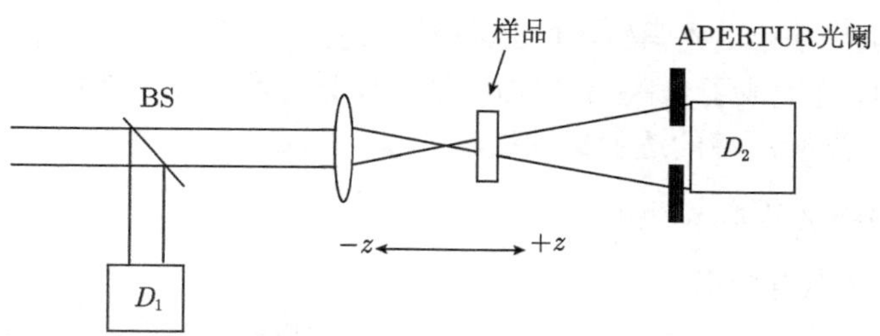

图 15.13　Z 扫描实验装置. 改变样品的位置 z 即 Z 扫描, 记录比值 D_2/D_1 的变化

1. Z 扫描测量的定性描述

Z 扫描技术采用一束高斯激光光束, 对于通过非线性介质的透射光, 测量通过远场的有限光阑的透射比 D_2/D_1 随样品距离焦平面的位置 z 的变化. 这也是该技术取名 "Z 扫描" 的原因.

在光学非线性情况下, 介质的折射率与光强有关, 可以表示为

$$n = n_0 + n_2 I \tag{15.150}$$

其中 n_0 是弱光折射率, $n_2 I$ 是非线性折射率, n_2 是非线性折射率系数, I 是光强

$$I = |E|^2 = \left|\frac{E_{\mathrm{p}}}{\sqrt{2}}\right|^2 = \frac{1}{2}|E_{\mathrm{p}}|^2 \tag{15.151}$$

E_{p} 是光电场的峰值. 介质的折射率还常表示为

$$n = n_0 + \gamma I_S \tag{15.152}$$

其中 I_S 是平均能流密度 (能流密度即坡印亭矢量, 通常记作 $\boldsymbol{S}$, 平均能流密度记作 $\bar{S}$. 在 Z 扫描的文献 (Sheik-Bahae et al., 1990) 中, 记号 S 一般用于光阑的线性透射率 (光阑半径 $r_a \to \infty$ 时 $S = 1$), 故本节中平均能流密度记作 I_S).

Z 扫描测量结果直接反映了样品的非线性折射率. 下面做一个定性说明, 以一个具有负非线性折射率以及厚度小于聚焦光束衍射长度的薄介质为例. 这可以看做是一个具有可变焦距 (variable focal length) 的薄透镜. 扫描从负 z 方向距离焦点很远的位置开始, 这时光强小、非线性折射可以忽略; 随样品位置 z 的变化通过有限光阑的透射比 D_2/D_1 保持不变. 随着样品接近焦点, 光强增大, 光在样品中产生自透镜 (self-lensing) 效应. 在焦点之前的负自透镜效应使光线趋向平行, 使光阑处的光束变窄, 导致测量的透射比增大. 继续向正 z 方向扫描, 当样品通过焦平面到达右侧 (z 为正), 同样的自散焦 (self-defocusing) 作用增大了光束的发散性, 使光阑处的光束变宽、透射比减小. 样品在焦平面处时, 透射比应不变. 样品继续向正 z

方向扫描, 当远离焦点、光强较小时, 透射比又变为线性的、不随样品位置 z 的变化而变化. 这样就完成了一次 Z 扫描测量. 对于上述负非线性折射率的自散焦介质, Z 扫描得到先峰后谷的透射比曲线.

2. Z 扫描测量的基本原理

高斯光束的光电场记作

$$E(z,r,t)=E_0(t)\frac{w_0}{w(z)}\exp\left[-\frac{r^2}{w^2(z)}-\frac{\mathrm{i}kr^2}{2R(z)}\right]\mathrm{e}^{-\mathrm{i}\phi(z,t)} \tag{15.153}$$

其中 $E_0(t)$ 代表焦点处 z 轴上的光电场振幅, 并且包含激光脉冲的时间包络 (temporal envelope); 如果不是脉冲光, 对于稳恒光, 则光电场振幅 $E_0(t)=E_0$ 与时间无关; 式中 $R(z)=z\left(1+\dfrac{z_{\mathrm{R}}^2}{z^2}\right)$ 是波前 z 处的曲率半径; $z_{\mathrm{R}}=\dfrac{kw_0^2}{2}$ 也称为光束的瑞利衍射长度 (Rayleigh diffraction length, 或 Rayleigh length), 在有的文献 (Sheik-Bahae et al., 1990) 中记作 z_0, $k=\dfrac{2\pi}{\lambda}$ 是波矢, λ 是波长; 以上诸量都是在自由空间中的量; 对于 He-Ne 激光 $\lambda=632.8\mathrm{nm}$, $k=\dfrac{2\pi}{\lambda}=9.929\times10^6\mathrm{m}^{-1}$, 则

$$z_{\mathrm{R}}=\frac{kw_0^2}{2}=4.965\times10^6(\mathrm{m}^{-1})\times w_0^2$$

若 $w_0=1\mathrm{mm}$, 则 $z_{\mathrm{R}}=4.965\mathrm{m}$; 若 $w_0=0.5\mathrm{mm}$, 则 $z_{\mathrm{R}}=1.24\mathrm{m}$; 若 $w_0=0.1\mathrm{mm}$, 则 $z_{\mathrm{R}}=0.05\mathrm{m}=5\mathrm{cm}$. $\mathrm{e}^{-\mathrm{i}\phi(z,t)}$ 是横向均匀的 z 方向相位因子. 与式 (15.128) 相比较, 有

$$\phi(z,t)=kz-\omega t+\varphi(z) \tag{15.154}$$

当只计算横向相位变化 $\Delta\phi(r)$ 时, 可以应用慢变包络近似 (slowly varying envelope approximation, SVEA), 所有其他的对于 r 均匀的相位变化可以忽略.

下面主要介绍薄样品的 Z 扫描实验分析.

(1) 薄样品. 如果样品厚度很小, 在样品内部由于衍射 (diffraction) 或非线性折射在光束直径方向 (横向) 产生的不同可以忽略, 这样的样品 (或介质) 称为薄样品, 这种情况下的自折射过程称为外部自作用 (external self-action) 过程. 对于线性衍射, 这意味着样品厚度满足

$$L\ll z_{\mathrm{R}} \tag{15.155}$$

而对于非线性折射, 则意味着

$$L\ll\frac{z_{\mathrm{R}}}{\Delta\phi(0)} \tag{15.156}$$

在大多数 Z 扫描实验中, 由于 $\Delta\phi$ 很小, 第二个条件自动满足. 另外, 对于线性衍射的第一个条件过于严格, 由 $L<z_{\mathrm{R}}$ 来替代就足够了. 通过实验可以验证这一点, 即在同样材料中对于不同的 z_{R} 测量 n_2, 同样的分析会得到几乎相同的 n_2 数值.

(2)SVEA 近似下薄样品的相移. 这样的假设使问题得到很大简化, 记 z' 为光在样品中的传播深度, 在 SVEA 近似下, 作为 z' 函数的电场幅度 $\sqrt{I}$ 和相位 ϕ 满足简单的方程

$$\frac{\mathrm{d}\Delta\phi}{\mathrm{d}z'} = \Delta n(I_S)k \tag{15.157}$$

$$\frac{\mathrm{d}I_S}{\mathrm{d}z'} = -\alpha(I_S)I_S \tag{15.158}$$

其中 $\alpha(I_S)$ 是吸收系数 (包括线性和非线性吸收). 注意 z' 不是样品的位置 z. 为了理解上面两式的意义, 可以将式 (15.157) 写为

$$\mathrm{d}\Delta\phi = \Delta n(I_S)2\pi\frac{\mathrm{d}z'}{\lambda}, \quad 即\mathrm{d}\Delta\phi = 2\pi\frac{\mathrm{d}z'}{\lambda/\Delta n(I_S)}$$

式 (15.158) 是吸收系数的一种定义式, 在线性吸收即吸收系数与能流密度无关的情况下, 式 (15.158) 的解为

$$I_S(z') = I_S(0)\mathrm{e}^{-\alpha z'} \tag{15.159}$$

在三次非线性和可忽略非线性吸收情况下 $(\alpha(I_S) \approx \alpha)$, 解方程 (15.157) 和 (15.158). 首先由方程 (15.158) 得到样品中的能流密度

$$I_S(z'; z, r, t) = I_S(z' = 0; z, r, t)\mathrm{e}^{-\alpha z'} \tag{15.160}$$

其中 z 是样品的位置, 为了清楚起见, 也可以记作 $z = z_{\mathrm{s}}$. 由式 (15.153), 得到平均能流密度

$$I_S = \frac{n_2}{\gamma}I = \frac{n_2}{2\gamma}|E_0(t)|^2\frac{1}{1+\dfrac{z^2}{z_{\mathrm{R}}^2}}\exp\left[-\frac{2r^2}{w^2(z)}\right] \tag{15.161}$$

记 $I_{S0}(t) = \dfrac{n_2}{2\gamma}|E_0(t)|^2$ 为光轴上 $(r = 0)$ 焦点处 $(z = 0)$ 的能流密度 (irradiance), 则

$$I_S = I_{S0}(t)\frac{1}{1+\dfrac{z^2}{z_{\mathrm{R}}^2}}\exp\left[-\frac{2r^2}{w^2(z)}\right] \tag{15.162}$$

将上式代入样品中的能流密度式 (15.160), 即 $I_S(z' = 0; z, r, t) = I_S$, 得

$$I_S(z'; z, r, t) = I_{S0}(t)\frac{1}{1+\dfrac{z^2}{z_{\mathrm{R}}^2}}\exp\left[-\frac{2r^2}{w^2(z)}\right]\mathrm{e}^{-\alpha z'} \tag{15.163}$$

在解出样品中的光能流密度 $I_S(z'; z, r, t)$ 的基础上, 得到非线性折射率

$$\Delta n(I_S) = \gamma I_S(z'; z, r, t) = \gamma I_{S0}(t)\frac{1}{1+\dfrac{z^2}{z_{\mathrm{R}}^2}}\exp\left[-\frac{2r^2}{w^2(z)}\right]\mathrm{e}^{-\alpha z'} \tag{15.164}$$

代入方程 (15.157), 得

$$\frac{\mathrm{d}\Delta\phi}{\mathrm{d}z'}=k\gamma I_{S0}(t)\frac{1}{1+\dfrac{z^2}{z_{\mathrm{R}}^2}}\exp\left[-\frac{2r^2}{w^2(z)}\right]\mathrm{e}^{-\alpha z'} \tag{15.165}$$

积分得

$$\Delta\phi=k\gamma I_{S0}(t)\frac{1}{1+\dfrac{z^2}{z_{\mathrm{R}}^2}}\exp\left[-\frac{2r^2}{w^2(z)}\right]L_{\mathrm{eff}} \tag{15.166}$$

得到样品出射面处的相移 $\Delta\phi$, 其中 $L_{\mathrm{eff}}=\dfrac{1-\mathrm{e}^{-\alpha L}}{\alpha}$(吸收系数很小, 或 αL 为小量时, 有 $L_{\mathrm{eff}}\approx L$), L 是样品厚度, α 是线性吸收系数. 记作 (Sheik-Bahae et al., 1990)

$$\Delta\phi(z,r,t)=\Delta\phi_0(z,t)\exp\left[-\frac{2r^2}{w^2(z)}\right] \tag{15.167}$$

注意这里 z 是样品的位置, $z=z_{\mathrm{s}}$. 其中光轴上 $(r=0)$ 的相移

$$\Delta\phi_0(z,t)=k\gamma I_{S0}(t)\frac{1}{1+\dfrac{z^2}{z_{\mathrm{R}}^2}}L_{\mathrm{eff}}\equiv\frac{\Delta\varPhi_0(t)}{1+\dfrac{z^2}{z_{\mathrm{R}}^2}} \tag{15.168}$$

$\Delta\varPhi_0(t)$ 是焦点处光轴上的 (通过样品的) 相移 (on-axis phase shift), 定义为

$$\Delta\varPhi_0(t)=2\pi\frac{\Delta n_0(t)L_{\mathrm{eff}}}{\lambda}=k\Delta n_0(t)L_{\mathrm{eff}} \tag{15.169}$$

这里

$$\Delta n_0=\gamma I_{S0}(t) \tag{15.170}$$

是光轴上 $(r=0)$ 焦点处 $(z=0)$ 的非线性折射率, $I_{S0}(t)$ 是光轴上焦点处的能流密度. 忽略 Fresnel 反射损失, $I_{S0}(t)$ 就是样品中的能流密度. $\Delta\varPhi_0(t)$ 的正负取决于非线性折射率即折射率变化 $\Delta n_0(t)$ 的正或负.

焦点处光轴上的相移 $\Delta\varPhi_0$, 对于薄样品 $(L\ll z_{\mathrm{R}})$ 有时写作 (Hermann et al., 1993; Chapple et al., 1994)

$$\Delta\varPhi_0=\frac{1}{2}\beta\frac{L}{n_0 z_{\mathrm{R}}} \tag{15.171}$$

其中

$$\beta=2k\Delta n_0 z_{\mathrm{R}}n_0=2k\gamma I_{S0}z_{\mathrm{R}}n_0=2k\gamma I_{S0}^{(0)}z_{\mathrm{R}}n_0^2 \tag{15.172}$$

其中样品中的能流密度

$$I_{S0}=\varepsilon_0\varepsilon_{\mathrm{r}}\left|E\right|^2\frac{c}{n_0}=\varepsilon_0\left|E\right|^2 n_0 c=\frac{1}{2}\varepsilon_0\left|E_0\right|^2 n_0 c=n_0 I_{S0}^{(0)} \tag{15.173}$$

$I_{S0}^{(0)}$ 是真空中的能流密度; 或者用光强或光电场表示为

$$\beta = 2kn_2 I z_{\mathrm{R}} n_0 = 2kn_2 |E|^2 z_{\mathrm{R}} n_0 = kn_2 |E_0|^2 z_{\mathrm{R}} n_0 \tag{15.174}$$

注意这里的 $\Delta\Phi_0$ 表达式, 不适用于厚样品.

(3) 薄样品后表面的出射电场. 经过样品之后出射的复电场 E_{e} 包含了样品的吸收因子和非线性相位变化 $(\phi(z,t) \to \phi(z,t) + \Delta\phi(z,r,t))$, 为

$$E_{\mathrm{e}}(z,r,t) = E(z,r,t)\mathrm{e}^{-\alpha L/2}\mathrm{e}^{-\mathrm{i}\Delta\phi(z,r,t)} \tag{15.175}$$

式中的两个指数因子概括了样品对高斯光束的影响, $E(z,r,t)$ 是无样品情况下的高斯电场式 (15.153).

定义复的光束参量

$$\frac{1}{q(z)} = -\mathrm{i}\frac{2}{kw^2(z)} + \frac{1}{R(z)} \tag{15.176}$$

高斯电场简记为

$$E(z,r,t) = E_0(z,t)\exp\left[-\frac{\mathrm{i}kr^2}{2q(z)}\right] \tag{15.177}$$

其中

$$E_0(z,t) = E_0(t)\frac{w_0}{w(z)}\mathrm{e}^{-\mathrm{i}\phi(z,t)} \tag{15.178}$$

(4) 经过样品之后的出射光束. 无样品情况下的高斯光束 $E(z,r,t)$, 对应的光强为

$$I(z,r) = \frac{1}{2}|E(z,r,t)|^2 = I_0(z,0)\exp\left[-\frac{2r^2}{w^2(z)}\right] \tag{15.179}$$

光轴上 $(r=0)$ 的光强为

$$I(z,0) = \frac{1}{2}|E(z,0,t)|^2 = \frac{1}{2}\left|E_0(t)\frac{w_0}{w(z)}\right|^2 = \frac{I_0(0,0)}{1+\dfrac{z^2}{z_{\mathrm{R}}^2}} \tag{15.180}$$

下面分析经过样品之后的出射光束. 将无样品情况下的高斯电场式 (15.153) 代入式 (15.175), 得

$$\begin{aligned} E_{\mathrm{e}}(z,r,t) =& E_0(t)\mathrm{e}^{-\alpha L/2}\frac{w_0}{w(z)}\exp\left[-\frac{r^2}{w^2(z)} - \frac{\mathrm{i}kr^2}{2R(z)}\right]\mathrm{e}^{-\mathrm{i}\phi(z,t)}\mathrm{e}^{-\mathrm{i}\Delta\phi(z,r,t)} \\ =& E_0(z,t)\mathrm{e}^{-\alpha L/2}\exp\left[-\frac{\mathrm{i}kr^2}{2q(z)}\right]\mathrm{e}^{-\mathrm{i}\Delta\phi(z,r,t)} \end{aligned} \tag{15.181}$$

对应的光强为

$$I_{\mathrm{e}}(z,r) = \frac{1}{2}|E_{\mathrm{e}}(z,r,t)|^2 = \frac{1}{2}\left|E_0(t)\mathrm{e}^{-\alpha L/2}\frac{w_0}{w(z)}\right|^2\exp\left[-\frac{2r^2}{w^2(z)}\right]$$

$$=\frac{I_0(0,0)\mathrm{e}^{-\alpha L}}{1+\dfrac{z^2}{z_{\mathrm{R}}^2}}\exp\left[-\frac{2r^2}{w^2(z)}\right] \tag{15.182}$$

特殊的在光轴上 $(r=0)$ 的出射光电场

$$E_{\mathrm{e}}(z,0,t)=E_0(t)\mathrm{e}^{-\alpha L/2}\frac{w_0}{w(z)}\mathrm{e}^{-\mathrm{i}\phi(z,t)}\mathrm{e}^{-\mathrm{i}\Delta\phi(z,0,t)} \tag{15.183}$$

对应的光轴上光强为

$$I_{\mathrm{e}}(z,0)=\frac{1}{2}\left|E_{\mathrm{e}}(z,0,t)\right|^2=\frac{1}{2}\left|E_0(t)\mathrm{e}^{-\alpha L/2}\frac{w_0}{w(z)}\right|^2 \tag{15.184}$$

下面讨论经过样品之后的出射光束的传播, 分析光阑处的光电场及其通过光阑的透射比实验曲线.

在近轴情况下, 式 (15.167) 近似为

$$\Delta\phi(z,r,t)=\Delta\phi_0(z,t)-\Delta\phi_0(z,t)\frac{2r^2}{w^2(z)} \tag{15.185}$$

其中光轴上 $(r=0)$ 的相移, 还是式 (15.168). 这时光电场式 (15.181) 成为

$$\begin{aligned}E_{\mathrm{e}}(z,r,t)=&E_0(t)\mathrm{e}^{-\alpha L/2}\frac{w_0}{w(z)}\exp\left[-\frac{r^2}{w^2(z)}-\frac{\mathrm{i}kr^2}{2}\left(\frac{1}{R(z)}-\Delta\phi_0(z,t)\frac{4}{kw^2(z)}\right)\right]\\&\mathrm{e}^{-\mathrm{i}\phi(z,t)}\mathrm{e}^{-\mathrm{i}\Delta\phi_0(z,t)}\end{aligned} \tag{15.186}$$

没有样品时的曲率半径为 $R(z)$, 通过样品之后, 相位的变化带来曲率半径的变化.

定义复光束参量 (比照曲率半径 $R(z)$ 在式中的位置, 该量可称为复曲率半径)(Kwak, 1999)

$$\frac{1}{q_{\mathrm{e}}}=-\mathrm{i}\frac{2}{kw^2(z)}+\frac{1}{R(z)}-\Delta\phi_0(z,t)\frac{4}{kw^2(z)} \tag{15.187}$$

即

$$\frac{1}{q_{\mathrm{e}}}=\frac{1}{q}-\Delta\phi_0(z,t)\frac{4}{kw^2(z)} \tag{15.188}$$

注意式中的 z 是样品位置, 可以记作 $z=z_{\mathrm{s}}$, 出射光电场写为

$$\begin{aligned}E_{\mathrm{e}}(z,r,t)=&E_0(t)\mathrm{e}^{-\alpha L/2}\frac{w_0}{w(z)}\exp\left[-\frac{\mathrm{i}kr^2}{2q_{\mathrm{e}}(z)}\right]\mathrm{e}^{-\mathrm{i}\phi(z,t)}\mathrm{e}^{-\mathrm{i}\Delta\phi_0(z,t)}\\=&E_{0\mathrm{e}}(z,t)\exp\left[-\frac{\mathrm{i}kr^2}{2q_{\mathrm{e}}(z)}\right]\end{aligned} \tag{15.189}$$

其中

$$\begin{aligned}E_{0\mathrm{e}}(z,t)=&E_0(z,t)\mathrm{e}^{-\alpha L/2}\mathrm{e}^{-\mathrm{i}\Delta\phi_0(z,t)}\\=&E_0(t)\frac{w_0}{w(z)}\mathrm{e}^{-\mathrm{i}\phi(z,t)}\mathrm{e}^{-\alpha L/2}\mathrm{e}^{-\mathrm{i}\Delta\phi_0(z,t)}\end{aligned} \tag{15.190}$$

由样品后表面出射的光电场, 传播到光阑. 记光阑处的光束半径为 $w_a(z)$, 波前的曲率半径为 $R_a(z)$. 记样品后表面到光阑的距离为 D, 则光阑处的复光束参量为

$$q_a = q_{\mathrm{e}} + D \tag{15.191}$$

在 Z 扫描实验中, 光阑不动, 即 $z + D = z_a$(不变), 样品沿光轴 (z 轴) 从光束焦点 (束腰) 的一侧扫描到焦点的另一侧, 扫描的同时记录通过位于较远处的光阑的能流.

有 (Kwak, 1999)

$$w_a^2(z) \equiv w_a^2(z+D) = w^2(z)\left[g^2 + \left(\frac{2D}{kw^2}\right)^2\right] \tag{15.192}$$

$$R_a(z) \equiv R_a(z+D) = D\left[1 - \frac{g}{g^2 + \left(\dfrac{2D}{kw^2}\right)^2}\right]^{-1} \tag{15.193}$$

其中

$$g = 1 + \left[\frac{1}{R(z)} - \frac{4}{kw^2(z)}\Delta\phi_0(z,t)\right]D \tag{15.194}$$

光阑处的电场写为

$$E_a(z,r,\Delta\phi_0) = E_{0\mathrm{e}}(z,t)\frac{w}{w_a}\mathrm{e}^{\mathrm{i}\eta(z)}\exp\left[-\frac{\mathrm{i}kr^2}{2q_a}\right] \tag{15.195}$$

其中

$$\frac{w}{w_a}\mathrm{e}^{\mathrm{i}\eta(z)} = \left(g + \mathrm{i}\frac{2D}{kw^2}\right)^{-1} \tag{15.196}$$

$$\frac{1}{q_a} = \frac{1}{R_a(z)} - \mathrm{i}\frac{2}{kw_a^2(z)} \tag{15.197}$$

光轴上远场 ($D \gg z_{\mathrm{R}}$) 针孔 (pinhole) 光阑或小光阑的透射比为 (Sheik-Bahae et al., 1990; Kwak, 1999)

$$T(z,\Delta\phi_0) = \frac{|E_a(z,0,\Delta\phi_0)|^2}{|E_a(z,0,\Delta\phi_0=0)|^2} \tag{15.198}$$

将 $\dfrac{1}{q_a}=-\mathrm{i}\dfrac{2}{kw_a^2(z)}+\dfrac{1}{R_a(z)}$ 和 $\dfrac{w}{w_a}\mathrm{e}^{\mathrm{i}\eta(z)}=\left(g+\mathrm{i}\dfrac{2D}{kw^2}\right)^{-1}$ 代入式 (15.195), 得

$$E_a(z,r,\Delta\phi_0)=E_{0\mathrm{e}}(z,t)\left(g+\mathrm{i}\frac{2D}{kw^2}\right)^{-1}\exp\left[-\frac{r^2}{w_a^2(z)}-\frac{\mathrm{i}kr^2}{2R_a(z)}\right] \tag{15.199}$$

即

$$\begin{aligned}E_a(z,r,\Delta\phi_0)=&E_0(t)\mathrm{e}^{-\alpha L/2}\frac{w_0}{w(z)}\mathrm{e}^{-\mathrm{i}\phi(z,t)}\mathrm{e}^{-\mathrm{i}\Delta\phi_0(z,t)}\left(g+\mathrm{i}\frac{2D}{kw^2}\right)^{-1}\\&\exp\left[-\frac{r^2}{w_a^2(z)}-\frac{\mathrm{i}kr^2}{2R_a(z)}\right]\end{aligned} \tag{15.200}$$

在光轴上

$$E_a(z,0,\Delta\phi_0)=E_0(t)\mathrm{e}^{-\alpha L/2}\frac{w_0}{w(z)}\mathrm{e}^{-\mathrm{i}\phi(z,t)}\mathrm{e}^{-\mathrm{i}\Delta\phi_0(z,t)}\left(g+\mathrm{i}\frac{2D}{kw^2}\right)^{-1} \tag{15.201}$$

又由

$$\begin{aligned}g=&1+\left[\frac{1}{R(z)}-\frac{4}{kw^2(z)}\Delta\phi_0(z,t)\right]D\\=&1+\left[\frac{1}{R(z)}-\frac{4}{kw^2(z)}\frac{\Delta\Phi_0(t)}{1+\dfrac{z^2}{z_{\mathrm{R}}^2}}\right]D\end{aligned} \tag{15.202}$$

有

$$E_a(z,0,0)=E_0(t)\mathrm{e}^{-\alpha L/2}\frac{w_0}{w(z)}\mathrm{e}^{-\mathrm{i}\phi(z,t)}\left(1+\frac{D}{R(z)}+\mathrm{i}\frac{2D}{kw^2}\right)^{-1} \tag{15.203}$$

则

$$T(z,\Delta\phi_0)=\frac{\left|\left(g+\mathrm{i}\dfrac{2D}{kw^2}\right)^{-1}\right|^2}{\left|\left(1+\dfrac{D}{R(z)}+\mathrm{i}\dfrac{2D}{kw^2}\right)^{-1}\right|^2}=\frac{1}{\left|1-\dfrac{\dfrac{4}{kw^2(z)}\dfrac{\Delta\Phi_0(t)}{1+\dfrac{z^2}{z_{\mathrm{R}}^2}}D}{1+\dfrac{D}{R(z)}+\mathrm{i}\dfrac{2D}{kw^2}}\right|^2} \tag{15.204}$$

记 $x=\dfrac{z}{z_{\mathrm{R}}}$, 有

$$w^2(z)=w_0^2\left(1+\frac{z^2}{z_{\mathrm{R}}^2}\right)=w_0^2(1+x^2)$$

$$R(z) = z\left(1+\frac{z_{\mathrm{R}}^2}{z^2}\right) = z_{\mathrm{R}}x\left(1+\frac{1}{x^2}\right) = z_{\mathrm{R}}\frac{x^2+1}{x}$$

代入上式, 形式简化为

$$T(z,\Delta\Phi_0) = \frac{1}{\left|1-\dfrac{2\Delta\Phi_0(t)}{\dfrac{z_{\mathrm{R}}}{D}(x^2+1)^2+x(x^2+1)+\mathrm{i}(x^2+1)}\right|^2} \tag{15.205}$$

对于远场 ($D \gg z_{\mathrm{R}}$) 情况, 光阑的透射率近似为 (Kwak, 1999)

$$T(z,\Delta\Phi_0) \approx \frac{1}{1-\dfrac{4x}{(x^2+1)^2}\Delta\Phi_0(t)+\dfrac{4}{(x^2+1)^3}\Delta\Phi_0^2(t)} \tag{15.206}$$

首先讨论 $|x|$ 较大的极限情况. $|x|$ 较大时, 由上式得到 $T(z,\Delta\Phi_0) \to 1$, 反映了样品的自焦作用对于光阑透射率的影响变小, 可忽略. 具体较细致地讨论, 有

$$T(z,\Delta\Phi_0) \to \frac{1}{1-\dfrac{4x}{(x^2+1)^2}\Delta\Phi_0(t)} \tag{15.207}$$

对于负非线性折射率 $\Delta\Phi_0$, 当 $x<0$ 时, $T(z,\Delta\Phi_0)>1$, 而 $x>0$ 时, $T(z,\Delta\Phi_0)<1$, 即 Z 扫描谱的形状为先峰后谷; 对于正非线性折射率, Z 扫描谱的形状则是先谷后峰. 这是 Z 扫描测量的一个重要结果.

通过透射谱的一阶导数和二阶导数的计算, 可以得到透射谱的大体形状. 其中峰与谷之间的距离为 Δx 即 $\Delta z/z_{\mathrm{R}}$, 由实验结果 Δz 值可以确定样品的 z_{R}; 由透射率的峰谷高差 $\Delta T_{\mathrm{p-v}}$ 实验值可以确定 $\Delta\Phi_0$, 由此可以计算得到样品的非线性折射率 Δn 或非线性折射率系数 n_2.

3. 一般情况下的高斯分解

由惠更斯原理, 通过 E_{e} 的零阶汉克尔变换 (Gaskill, 1978), 可以得到光阑平面处的光束远场情况. 下面对于高斯入射光束采用一个更容易的 Weaire 提出的高斯分解法 (Gaussian decomposition, GD)(Weaire et al., 1974), 通过把非线性相位因子 $\mathrm{e}^{-\mathrm{i}\Delta\phi(z,r,t)}$ 进行泰勒展开, 把样品出射平面处的复电场分解为高斯光束之和. 由泰勒展开式

$$\mathrm{e}^{-\mathrm{i}ax} = \sum_{m=0}^{\infty}\frac{(-\mathrm{i}a)^m}{m!}x^m \tag{15.208}$$

得到非线性相位因子 $\mathrm{e}^{-\mathrm{i}\Delta\phi(z,r,t)} = \mathrm{e}^{-\mathrm{i}\Delta\phi_0(z,t)\exp\left[-\frac{2r^2}{w^2(z)}\right]}$ 的泰勒展开式为 (Sheik-Bahae et al., 1990)

$$\mathrm{e}^{-\mathrm{i}\Delta\phi(z,r,t)} = \sum_{m=0}^{\infty}\frac{[-\mathrm{i}\Delta\phi_0(z,t)]^m}{m!}\mathrm{e}^{-2mr^2/w^2(z)} \tag{15.209}$$

代入式 (15.181), 得

$$E_{\mathrm{e}}(z,r,t)=E_0(t)\mathrm{e}^{-\alpha L/2}\frac{w_0}{w(z)}\exp\left[-\frac{r^2}{w^2(z)}-\frac{\mathrm{i}kr^2}{2R(z)}\right]\mathrm{e}^{-\mathrm{i}\phi(z,t)}\sum_{m=0}^{\infty}\frac{[-\mathrm{i}\Delta\phi_0(z,t)]^m}{m!}\mathrm{e}^{-2mr^2/w^2(z)} \tag{15.210}$$

即

$$E_{\mathrm{e}}(z,r,t)=E_0(t)\mathrm{e}^{-\alpha L/2}\sum_{m=0}^{\infty}\frac{[-\mathrm{i}\Delta\phi_0(z,t)]^m}{m!}\frac{w_0}{w(z)}\exp\left[-\frac{(2m+1)r^2}{w^2(z)}-\frac{\mathrm{i}kr^2}{2R(z)}-\mathrm{i}\phi(z,t)\right]$$

其中 $\Delta\phi_0(z,t)=k\gamma I_{S0}(t)\dfrac{1}{1+\dfrac{z^2}{z_0^2}}L_{\mathrm{eff}}\equiv\dfrac{\Delta\varPhi_0(t)}{1+\dfrac{z^2}{z_0^2}}$.

经过样品之后的出射光束, 可以看做是一系列高斯光束的叠加. 各个高斯光束独立传播, 然后在光阑处再叠加起来. 其中, 样品后表面处第 m 个高斯光束的光斑半径为

$$w_{m\mathrm{s}}^2(z)=\frac{w^2(z)}{2m+1} \tag{15.211}$$

相应的束腰半径为

$$w_{m\mathrm{s}}^2(0)=w_{m\mathrm{s}}^2(0)=\frac{w^2(0)}{2m+1}=\frac{w_0^2}{2m+1} \tag{15.212}$$

在样品后表面处 $z=z_{\mathrm{s}}$, 第 m 个高斯光束记为

$$E_{\mathrm{e}m}(z,r,t)=E(z,r=0,t)\mathrm{e}^{-\alpha L/2}\frac{[-\mathrm{i}\Delta\phi_0(z_{\mathrm{s}},t)]^m}{m!}\frac{w_{m\mathrm{s}}(0)}{w_{m\mathrm{s}}(z)}\exp\left[-\frac{r^2}{w_{m\mathrm{s}}^2(z)}-\frac{\mathrm{i}kr^2}{2R(z)}\right] \tag{15.213}$$

其中

$$E(z,r=0,t)=E_0(t)\mathrm{e}^{-\mathrm{i}\phi(z,t)} \tag{15.214}$$

在 Z 扫描实验中, 样品的位置记作 z. 出射光电场写为

$$E_{\mathrm{e}}(z,r,t)=E_0(t)\mathrm{e}^{-\alpha L/2}\sum_{m=0}^{\infty}\frac{[-\mathrm{i}\Delta\phi_0(z,t)]^m}{m!}\frac{w_{m\mathrm{s}}(0)}{w_{m\mathrm{s}}(z)}\exp\left[-\frac{r^2}{w_{m\mathrm{s}}^2(z)}-\frac{\mathrm{i}kr^2}{2R(z)}-\mathrm{i}\phi(z,t)\right] \tag{15.215}$$

令 D 为自由空间中由样品后表面到光阑 (aperture) 平面之间的距离. 每一个高斯光束按照前面讲述的高斯光束的传播过程传播到光阑平面, 再求和得到光阑处的光束. 考虑聚焦光束的初始曲率, 光阑处的电场为

$$E_a(r,t)=E(z,r=0,t)\mathrm{e}^{-\alpha L/2}\sum_{m=0}^{\infty}\frac{[-\mathrm{i}\Delta\phi_0(z,t)]^m}{m!}\frac{w_{m0}}{w_m}\exp\left(-\frac{r^2}{w_m^2}-\frac{\mathrm{i}kr^2}{2R_m}+\mathrm{i}\theta_m\right) \tag{15.216}$$

光阑处第 m 个高斯光束的半径和曲率半径为

$$w_m^2=w_{m\mathrm{s}}^2(z)\left(g^2+\frac{D^2}{D_m^2}\right)=\frac{w^2(z)}{2m+1}\left(g^2+\frac{D^2}{D_m^2}\right) \tag{15.217}$$

$$w_{m0}=w_m(0) \tag{15.218}$$

$$R_m=D\left(1-\frac{g}{g^2+\dfrac{D^2}{D_m^2}}\right)^{-1} \tag{15.219}$$

式中

$$D_m=\frac{kw_{m\mathrm{s}}^2(z)}{2}=\frac{k}{2}\left[\frac{w^2(z)}{2m+1}\right] \tag{15.220}$$

$$g=1+\frac{D}{R(z)} \tag{15.221}$$

$$\theta_m=\arctan\frac{D/D_m}{g} \tag{15.222}$$

4. 一般情况下光阑的透射率

通过光阑的透射功率, 即平均能流密度 $I_S=\varepsilon_0\left|E_{\mathrm{rms}}\right|^2n_0c=\frac{1}{2}\varepsilon_0\left|E_{\mathrm{p}}\right|^2n_0c$ 对于光阑面积的积分, 由电场 $E_a(r,t)$ 的平方对于光阑面积的积分得到

$$P_T[\Delta\varPhi_0(t)]=cn_0\int_0^{r_a}\frac{\varepsilon_0}{2}\left|E_a(r,t)\right|^2\pi 2r\mathrm{d}r \tag{15.223}$$

其中 ε_0 是真空介电常数. 以无样品时的光阑透射率为标准, 对 Z 扫描透射率进行归一化. 考虑脉冲时间变化, 归一化的 Z 扫描透射率 (transmittance)$T(z)$ 由下式计算

$$T(z)=\frac{\displaystyle\int_{-\infty}^{\infty}P_T[\Delta\varPhi_0(t)]\mathrm{d}t}{S\displaystyle\int_{-\infty}^{\infty}P_i(t)\mathrm{d}t} \tag{15.224}$$

其中

$$P_i(t)=\frac{1}{2}\pi w_0^2I_{S0}(t) \tag{15.225}$$

是瞬时入射功率, $I_{S0}(t)$ 是光轴上焦点处 ($z=0$) 的能流密度 (irradiance). 式中的

$$S = 1 - \exp\left(-2\frac{r_a^2}{w_a^2}\right) \tag{15.226}$$

是光阑的线性透射率, 光阑半径 $r_a \to \infty$ 时 $S=1$, 式中 w_a 是光阑处的光束半径.

远场的归一化透射率 $T(z)$ 如图 15.14 所示, 图中 $\Delta\Phi_0 = \pm 0.25$ 以及小光阑 ($S=0.01$). 对于正的非线性 (自聚焦介质) 为谷–峰 (v-p) 曲线, 而负的非线性为峰–谷 (p-v) 曲线.

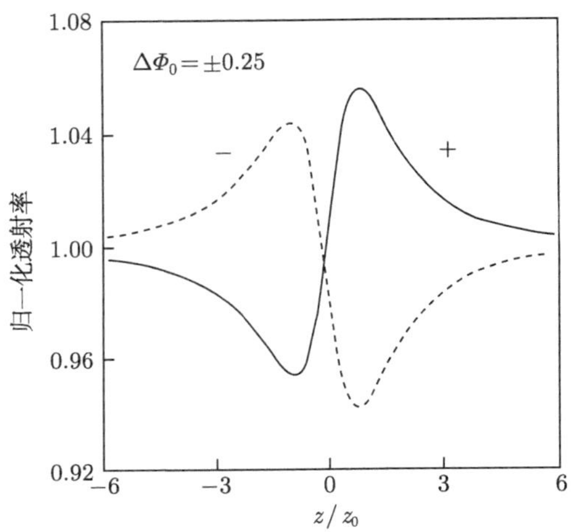

图 15.14　自聚焦介质 (+) 和自散焦介质 (−) 的 Z 扫描曲线

$$\Delta\Phi_0(t) = k\Delta n_0(t)L_{\text{eff}} \tag{15.227}$$

对于 $\Delta n_0 = \gamma I_{S0} = n_2 I_0$, 样品吸收很弱时 $L_{\text{eff}} \approx L$, 有

$$\Delta\Phi_0 = 2\pi\Delta n_0\frac{L}{\lambda} \tag{15.228}$$

对于 $\lambda = 632.8\text{nm} = 632.8\times10^{-6}\text{mm}$, 有

$$\Delta\Phi_0 = \frac{2\pi}{632.8\times10^{-6}}\Delta n_0\frac{L}{[\text{mm}]}$$

或解出

$$\Delta n_0 = \frac{632.8\times10^{-6}}{2\pi}\frac{[\text{mm}]}{L}\Delta\Phi_0 \tag{15.229}$$

对于功率为 W=10mW 的激光, 有平均能流密度

$$I_{S0} = \frac{W}{A} \tag{15.230}$$

A 是激光的光斑面积 (area). 对于厚度为 $L = 1\text{mm}$ 的实验样品, $\Delta\Phi_0 = 0.25$ 对应于 $\Delta n_0 = \dfrac{632.8\times10^{-6}}{2\pi}\times1\times0.25 = 25.18\times10^{-6}$.

对于小 $|\Delta\Phi_0|$, 峰和谷出现的地方与焦点的距离相等; 对于三阶非线性, 该距离为 $\approx 0.86z_{\mathrm{R}}$; 对于大的相位变化 ($|\Delta\Phi_0| > 1$), 这种对称性不再存在, 峰和谷向同一方向移动, 移动方向 $\pm z$ 与非线性 ($\pm\Delta\Phi_0$) 的符号相对应; 这样, 峰与谷之间的距离几乎不变, 为

$$\Delta z_{\mathrm{p-v}} \approx 1.7z_{\mathrm{R}} \tag{15.231}$$

定义实验可测的量 $\Delta T_{\mathrm{p-v}}$ 为归一化的峰与谷的透射率 (transmittance) 之差

$$\Delta T_{\mathrm{p-v}} = T_{\mathrm{p}} - T_{\mathrm{v}} \tag{15.232}$$

$\Delta T_{\mathrm{p-v}}$ 作为 $|\Delta\Phi_0|$ 的函数, 对于不同光阑尺寸的计算结果, 如图 15.15 所示. 对于所有光阑尺寸, $\Delta T_{\mathrm{p-v}}$ 随 $|\Delta\Phi_0|$ 的变化几乎是线性的. 对于小的相位畸变 (distortion) 和小的光阑 ($S \approx 0$), 有

$$\Delta T_{\mathrm{p-v}} = 0.406\,|\Delta\Phi_0| \tag{15.233}$$

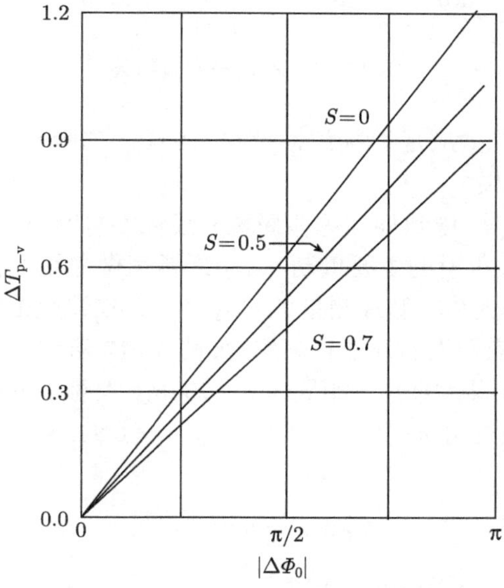

图 15.15　不同光阑尺寸的计算结果

5. *Z* 扫描测量的实例

采用 Z 扫描技术, 研究一些材料的非线性折射率. 图 15.16 是 1mm 厚的透明

小容器 (NaCl 窗口) 中充满 CS_2、300ns 的 TEA CO_2 激光脉冲 (能量为 0.85mJ) 情况下的 Z 扫描实验结果. 该 Z 扫描的先峰后谷的峰谷结构表明 CS_2 具有负的 (自散焦) 非线性. 图 15.16 中的实线是 $\langle \Delta \Phi_0 \rangle = -0.6$ 的计算结果, 由式 (15.228) 得到对应的折射率变化为 $\langle \Delta n_0 \rangle \approx -1 \times 10^{-3}$.

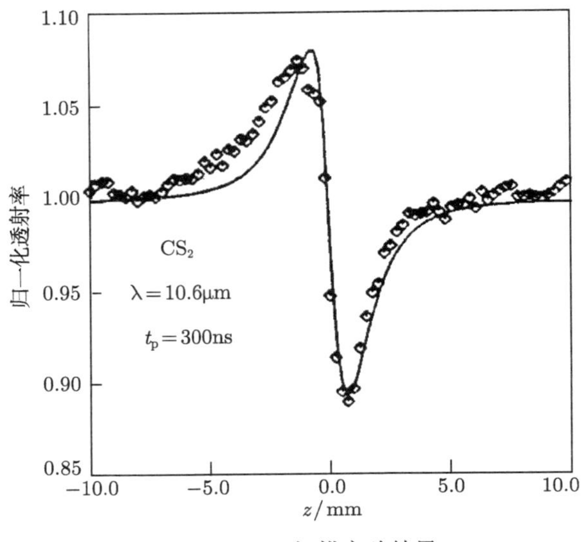

图 15.16 Z 扫描实验结果

图 15.16 中的散焦效应是 CS_2 线性吸收 (10.6μm 的吸收系数为 $\alpha \approx 0.22\text{cm}^{-1}$) 而产生热非线性的结果.

对于超短脉冲, 热、电致伸缩等非局域非线性不再明显. CS_2 中, 分子取向的 Kerr 效应成为非线性折射的主要机制. CS_2 经常用做非线性材料的标准参考. 用 10.6、1.06 和 0.53μm 的皮秒脉冲测量了 CS_2 的 n_2, 在误差范围内得到相同数值.

CS_2 的 Kerr 效应产生的外部自聚焦, 如图 15.17 所示, 这是倍频 Nd:YAG 激光器的 27ps(FWHM) 脉冲聚焦为束腰 $w_0 = 25\mu\text{m}$、入射 1mm 厚充满 CS_2 的容器的 Z 扫描. 谷峰结构表明 n_2 为正. 由于 $\Delta T_{\text{p-v}} = 0.24$, 对于 40% 光阑 ($S = 0.4$), 可以得到

$$\langle \Delta n_0 \rangle = 5.6 \times 10^{-5}$$

已知峰辐照度为 2.6GW/cm^2, 由

$$\begin{aligned} n_2[\text{esu}] &= \frac{1}{40\pi} n_0 \frac{c}{[\text{m} \cdot \text{s}^{-1}]} \frac{\gamma(\omega)}{[\text{W}^{-1} \cdot \text{m}^2]} (\text{erg}^{-1} \cdot \text{cm}^3) \\ &= \frac{1}{40\pi} n_0 \times 3 \times 10^8 \frac{\gamma(\omega)}{[\text{W}^{-1} \cdot \text{m}^2]} \end{aligned} \tag{15.234}$$

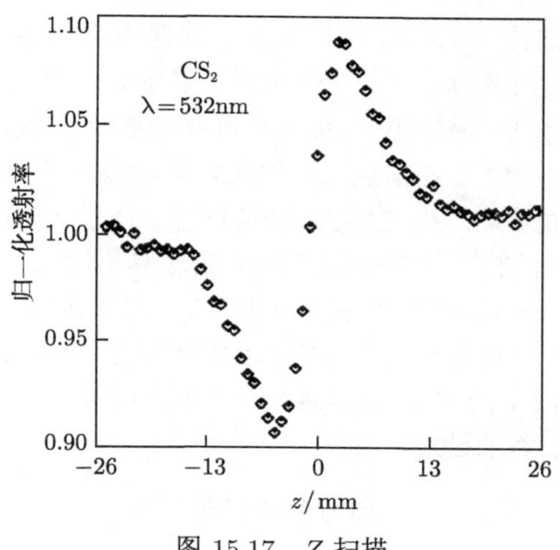

图 15.17　Z 扫描

得到 $\langle \Delta n_0 \rangle = 5.6 \times 10^{-5}$ 对应有

$$n_2 \approx (1.2 \pm 0.2) \times 10^{-11}\text{esu}$$

$\Delta T_{\text{p-v}}$ 随峰辐照度的变化, 对于同一个 CS_2 样品的不同 Z 扫描的结果, 如图 15.18 所示. 线性行为与三次非线性导出的关系式相一致.

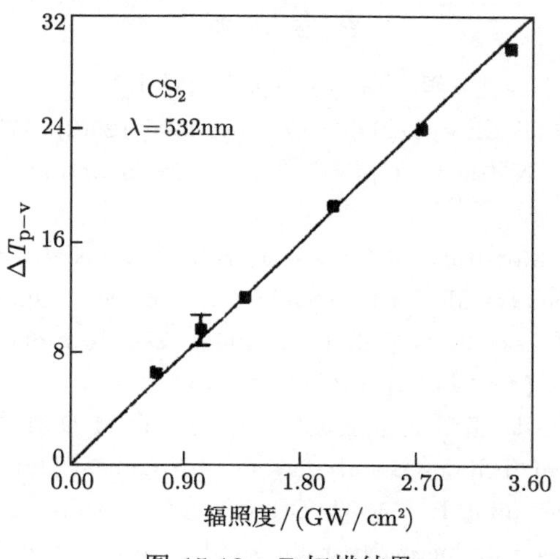

图 15.18　Z 扫描结果

6. Z 扫描测量小结

Z 扫描测量结果直接反映了样品的非线性折射率. 下面做一个定性说明, 以一个具有负非线性折射率以及厚度小于聚焦光束衍射长度的薄介质为例. 这可以看做是一个具有可变焦距 (variable focal length) 的薄透镜. 扫描从负 z 方向距离焦点很远的位置开始, 这时光强小、非线性折射可以忽略; 随样品位置 z 的变化通过有限光阑的透射比 D_2/D_1 保持不变. 随着样品接近焦点, 光强增大, 光在样品中产生自透镜 (self-lensing) 效应. 在焦点之前的负自透镜效应使光线趋向平行, 使光阑处的光束变窄, 导致测量的透射比增大. 继续向正 z 方向扫描, 当样品通过焦平面到达右侧 (z 为正), 同样的自散焦 (self-defocusing) 作用增大了光束的发散性, 使光阑处的光束变宽, 透射比减小. 样品在焦平面处时, 透射比应不变. 样品继续向正 z 方向扫描, 当远离焦点、光强较小时, 透射比又变为线性的、不随样品位置 z 的变化而变化. 这样就完成了一次 Z 扫描测量. 对于上述负非线性折射率的自散焦介质, Z 扫描得到先峰后谷的透射比曲线.

思考题和习题

1. 比较两个非线性折射率系数.
2. 简述双光子吸收现象.
3. 列举四种非共振非线性光学效应.
4. 简述高斯光束及其传播特性.
5. 叙述 Z 扫描技术的实验过程.
6. 对于自聚焦样品, 描述和分析 Z 扫描实验曲线的峰谷结构.

参 考 文 献

钱士雄, 王恭明. 2001. 非线性光学. 上海: 复旦大学出版社

Braunstein R. 1962. Nonlinear optical effects. Phys Rev, 125(2): 175

Braunstein R, Ockman N. 1964. Optical double-photon absorption in CdS. Phys Rev, 134(2A): A499

Castillo M D I, Sanchez-Mondragon J J, Stepanov S I. 1995. Peculiarities of Z-scan technique in liquids with thermal nonlinearity (steady state regime) . Optik, 100(2): 49-56

Chapple P B, Staromlynska J, McDuff R G. 1994. Z-scan studies in the thin- and the thick-sample limits. J Opt Soc Am B, 11(6): 975

Chapple P B, Staromlynska J, Hermann J A, McKay and McDuff R G. 1997. Single-beam Z-scan: measurement techniques and analysis. J Nonlinear Opt Phys Mater, 6(3): 251

Cotter D, Burt M G, Manning R J. 1992. Below-band-gap third-order optical nonlinearity of nanometer-size semiconductor crystallites. Phys Rev Lett, 68(8): 1200

Ganeev R A, Ryasnyansky A I, Tugushev R I, Usmanov T. 2003. Investigation of nonlinear refraction and nonlinear absorption of semiconductor nanoparticle solutions prepared by laser ablation. J Opt A: Pure Appl Opt, 5: 409

Gaskill J D. 1978. Linear System, Fourier Transforms, and Optics. New York: Wiley

Guo S F, Tian Q. 2010. Z-scan analysis of high-order nonlinear refraction effect induced by using elliptic Gaussian beam. Chinese Physics B, 19(6): 067802

Haug H (ed.). 1987. Optical Nonlinearities and Instabilities in Semiconductors. New York: Academic

Hermann J A, McDuff R G. 1993. Analysis of spatial scanning with thick optically nonlinear media. J Opt Soc Am B, 10(11): 2056

Kaiser W, Garrett C G B. 1961. Two-photon excitation in CaF_2:Eu^{2+}. Phys Rev Lett, 7: 229

Kogelnik H , Li T. 1966. Laser beams and resonators. Applied Optics, 5(10): 1550

Lara E R, Meza Z N, Castillo M D I, Palacios C G T. 2007. Influence of the photoinduced focal length of a thin nonlinear materiel in the Z-scan technique. OPTICS EXPRESS, 15(5): 2517

Mohanta D, Choudhury A. 2006. Measurement of third order susceptibility by nonresonant nondegenerate four wave mixing in polymer embedded cadmium sulfide quantum dot systems. Optical Materials(in press)

Sheik-Bahae M, Hagan D J, van Stryland E W. 1990. Dispersion and band-gap scaling of the electronic Kerr effect in solids associated with two-photon absorption. Phys Rev Lett, 65 (1): 96

Sheik-Bahae M, Hutchings D C, Hagan D J, van Stryland E W. 1991. IEEE J Quantum Electron, QE-27: 1296

Sheik-Bahae M, Said A A, Wei T H, Hagan D J, Stryland E W. 1990. Sensitive measurement of optical nonlinearities using a single beam. IEEE J Quantum Electronics, 26(4): 760

Weaire D, Wherrett B S, Miller D A B, Smith S D. 1974. Effect of low-power nonlinear refraction on laser beam propagation in InSb. Opt Lett, 4: 331-333

第 16 章　超导和超流

16.1　超导现象

1908 年荷兰莱顿大学的物理学家昂纳斯 (K. Onnes) 成功地将氦气液化, 获得 4.2K 的低温, 再经过减压, 温度可低达 1K. 实现了这样极低的低温后, 1911 年昂纳斯和他的学生测量汞的电阻率, 发现汞在约 4.15K 处电阻突然降到仪表无法检测的程度, 如图 16.1 所示. 他们发现, 一旦汞处于 4.15K 以上, 汞的电阻又得到恢复.

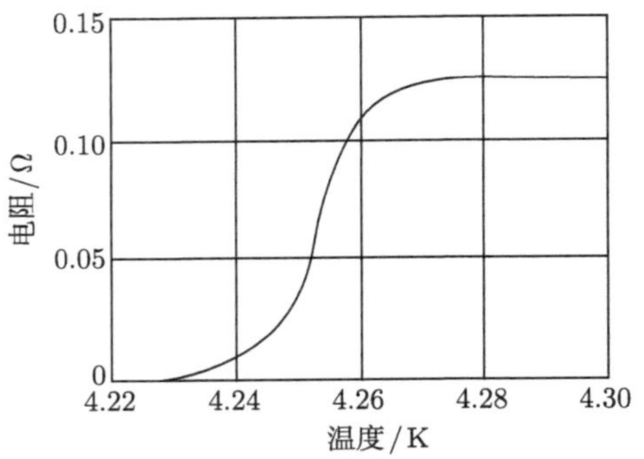

图 16.1　汞的电阻在低温下的变化

经过两年的精心实验验证, 确认汞在低于 4.15K 以后, 电阻突然消失, 汞进入一种完全新的状态, 这种状态称为超导态.

具有超导电性的物质称做超导体, 超导体的电阻突然消失时的温度称为临界温度, 通常以 T_{c} 来表示.

1987 年, 发现 YBaCuO 化合物具有超导特性, 其超导临界温度 T_{c} 上升到液氮温区, 为 $T_{\mathrm{c}} \approx 90\mathrm{K}$, 这是 20 世纪人类的一个重大发现. 这类超导体不是纯金属, 也不是合金, 而是正常态为半导体或绝缘体的氧化物, 这类超导体称为氧化物超导体. 超导临界温度 T_{c} 高于液氮温度, 或者说, 在液氮温区超导的现象就称为高温超导现象; 高温超导现象的发现, 使超导体的广泛应用成为可能.

利用超导体的磁性已能提供高达 15T 的磁场, 测定小至 $10^{-14}\mathrm{V}$ 的电压, 超导在工业上的应用前景十分广阔, 如超导磁悬浮、超导磁控核聚变反应 (托卡马克装置)、作为计算机的记忆元件、利用超导材料进行电力传输等, 正是由于这些原因, 超导电性的研究成为受人们重视的研究领域之一.

16.2　超导体的基本电磁学性质

16.2.1　零电阻

超导体进入超导态, 电阻突然降到零, 这一零电阻现象是超导电性的基本实验事实.

实验中, 超导态的零电阻现象, 可直接通过测量电阻观察到. 现在观察这一现象的一个常用技术是在由超导材料做成的闭合环路中激发一个电流, 并测量由这个电流引起的磁场; 在正常态, 电流将在 10^{-12}s 内衰减掉, 可是在超导态, 这个电流可持续很长很长的时间, 最长的一个实验做了近三年, 尚没有任何可观察到的衰减, 由此求得超导的电阻率的上限小于 $10^{-26}\Omega\cdot\mathrm{cm}^{-1}$, 所以, 实际上可看做零电阻.

当材料处于临界温度 T_c 以下, 为零电阻超导态; 当材料处于 T_c 以上时, 超导体与通常的材料一样, 具有一定的电阻, 超导体处于正常态. 物质由超导态转变为正常态, 或由正常态转变到超导态, 是一种可逆的相变. 这种转变是在一定的温度间隔内实现的, 这个温度间隔称做转变宽度, 记为 ΔT_c, 它与材料的纯度、晶格的完整性、样品的内应力等因素有关.

所谓超导态, 就是物质在极低温下大量库珀对的有序凝聚状态. 当然, 这是动量的凝聚, 而不是位置的凝聚. 整个系统是确定的、互相关联的, 所以, 超导态是一个长程有序状态.

超导态是一种宏观量子状态, 超导效应是一种宏观量子效应. 库珀电子对并不是两个靠得很近的电子, 它们之间平均距离都比较大, 例如钨的库珀对平均距离为 10^{-3}cm, 这在宏观上也是不可忽略的长度, 而两个离子之间的距离约为 10^{-8}cm, 所以, 超导效应是在宏观尺度上表现出来的量子效应, 称为宏观量子效应.

16.2.2　迈斯纳效应

零电阻是超导体的一个基本特性, 超导体的另一个基本特性是完全抗磁性, 即迈斯纳效应.

由于超导态的零电阻, 在超导态的物体内部不可能存在电场, 根据电磁感应定律, 磁通量不可能改变. 施加外磁场时, 磁通量将不能进入超导体内, 这种磁性是零电阻的结果.

1933 年迈斯纳等为了判断超导态的磁性是否完全由零电阻所决定, 进行了一项实验, 实验的结果揭示了超导态的另一项最基本的特征. 实验是把一个圆柱形样品, 在垂直轴的磁场中冷却到超导态, 并以小的检测线圈检查样品四周的磁场分布. 结果证明, 经过由正常态到超导态的转变, 磁场分布发生变化, 磁通量完全被排斥于圆柱体之外, 并且, 在撤去外磁场后, 磁场完全消失, 如图 16.2 所示. 在以后几年中, 不同的人以柱形以及球形样品做了更精确的实验和分析, 完全肯定了在磁场中发生超导转变时, 磁通量完全被排斥于体外的结果.

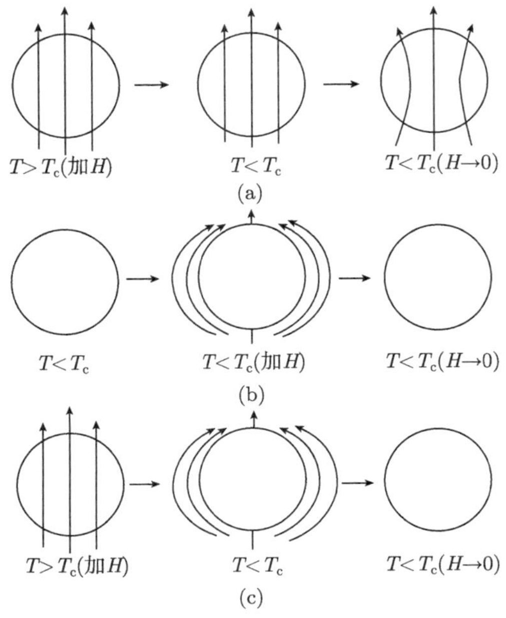

图 16.2 迈斯纳效应

(a) 理想导体; (b) 理想导体; (c) 超导体

这个重要的效应说明, 超导态具有特有的磁性, 并不能简单地由零电阻导出. 如果超导态仅仅意味着零电阻, 则只要求体内的磁通量不变, 那么, 在上述实验中, 转变温度以上原来存在于体内的磁通量将仍然存在于体内不会被排出, 当撤去外磁场后, 则为了保持体内磁通量将会引起永久感生电流, 在体外产生相应的磁场. 图 16.2 对比了这种单纯由零电阻所导出的结论和超导转变的实际情况.

16.3 约瑟夫森效应

约瑟夫森效应是在弱连接超导体中的超导隧道效应. 1962 年, 当时还在英国皇家学会门德实验室当研究生的布赖恩 • 约瑟夫森 (Brian Josephson), 在导师皮帕德关于一个库珀电子对能穿透一种绝缘势垒的可能性的启发下, 从理论上做出了超导隧道电流的预言, 被称为约瑟夫森效应. 这一预言 1963 年为安德森 (Phil Anderson) 和罗韦尔 (Rowell) 的实验所证实. 约瑟夫森由于预言了隧道超导电流的存在, 获得了 1973 年度诺贝尔物理学奖的一半. 约瑟夫森在诺贝尔奖获奖演说 (Josephson,

1974) 中说到, 毫无疑问, 正是由于门德实验室学术气氛的激励, 正是由于安德森教授当时在剑桥大学的学术访问, 正是由于超导隧道效应在实验和理论方面所取得的研究进展, 给约瑟夫森以直觉并进而得出非凡结论提供了理想的背景条件.

约瑟夫森的预言及其随后的实验证实, 不仅开辟了物理学的重要新篇章, 而且开辟了多种鼓舞人心的应用新前景.

16.3.1　弱连接超导体

1962 年 Josephson 研究了两块超导体被一层薄绝缘层分开的 SIS 结. SIS 结常称为约瑟夫森超导隧道结, 它是一种弱连接超导体. 所谓弱连接超导体, 是指两个超导体用另一个物体 (可以是超导体, 也可以是包括绝缘介质在内的非导体) 把它们连接起来. 如果这个体系能够而且只能够让很小的超导电流 I_S 从一个超导体流向另一个超导体, 就把它叫做弱连接超导体.

图 16.3 画出了几种典型的弱连接超导体.

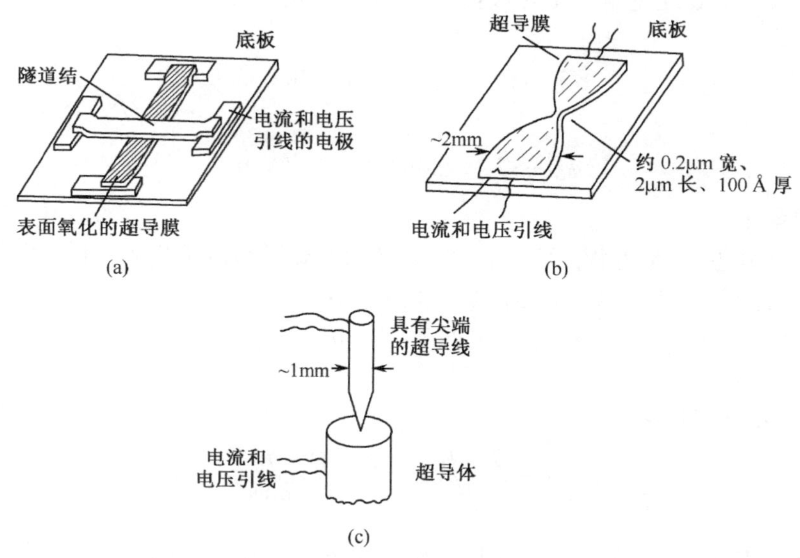

图 16.3　典型的弱连接超导体

(a) 约瑟夫森隧道结; (b) 超导微桥; (c) 点接触

其中图 16.3(a) 就是约瑟夫森隧道结, 通常的制备方法是在衬底板上用蒸发等方法淀积一层超导膜 S_1, 用热氧化等方法生长很薄一层绝缘膜后, 再蒸发另一层超导膜 S_2, 在 S_1 和 S_2 交叉处便形成了超导结. 超导结的临界电流一般介于 10μA 至几十毫安之间.

图 16.3(b) 是超导微桥, 它是由同一种超导材料制成的超导薄膜, 中部有一狭窄区域 (或称做细颈), 称为桥区. 桥区长度一般为 0.3~1μm, 桥区宽度为 0.3~0.5μm, 膜厚一般为 0.05~0.3μm. 超导微桥使得两侧超导体实现弱连接呈现约瑟夫森效应. 临界电流的大小由桥区的宽度决定, 它的数量级为 1μA 至 1mA .

图 16.3(c) 为点接触. 将一超导线的一端磨尖, 加工成圆锥状, 尖部进行抛光, 让它的尖端与另一个经研磨抛光的超导体表面轻轻接触便形成了点接触. 由于点接触的触点情况对机械压力很敏感, 它的临界电流随接触压力加大而增大, 数量级约为 0.1μA 至 1mA .

还有一些其他形式的弱连接超导体, 这三种是实际应用较多的.

弱连接的两块超导体组成的整个系统, 在两块超导体之间已经实现了相位的相关, 在某种程度上将表现为一块超导体那样; 不同于一般的超导电性, 弱连接超导体中的现象常被称为弱超导电性.

16.3.2 超导环中的磁通量子化

超导环中的磁通是量子化的, 这是一种宏观的量子现象. 超导环中的磁通量 $\varPhi_L$ 可以表示为

$$\varPhi_L = n\varPhi_0 \quad (n = 0, 1, 2, 3, \cdots) \tag{16.1}$$

式中

$$\varPhi_0 = \frac{h}{2e} = 2.0678 \times 10^{-15}\text{Wb} \tag{16.2}$$

称为磁通量子.

利用金兹堡–朗道方程, 可以证明超导环内的磁通是量子化的. 由金兹堡–朗道方程可以得到超导环上电子对波函数的相位梯度为

$$\nabla\phi = \frac{2e}{\hbar}\boldsymbol{A} + \frac{m}{\hbar e|\psi|^2}\boldsymbol{j}_\text{s} \tag{16.3}$$

在超导环内取环路积分

$$\oint_L \nabla\phi \cdot \text{d}\boldsymbol{l} = \frac{2e}{\hbar}\oint_L \boldsymbol{A} \cdot \text{d}\boldsymbol{l} + \oint_L \frac{m}{\hbar e|\psi|^2}\boldsymbol{j}_\text{s} \cdot \text{d}\boldsymbol{l} \tag{16.4}$$

由于超导环内 $\boldsymbol{j}_\text{s} = 0$, 故上式右边第二项为零; 另外, 为保持波函数的单值性, 上式左边的相位应为 2π 的整数倍, 即

$$\oint_L \nabla\phi \cdot \text{d}\boldsymbol{l} = n2\pi \tag{16.5}$$

则超导环中的磁通量 $\varPhi_L$ 为

$$\varPhi_L = \iint_S \boldsymbol{B} \cdot \text{d}\boldsymbol{S} = \iint_S \nabla \times \boldsymbol{A} \cdot \text{d}\boldsymbol{S} = \oint_L \boldsymbol{A} \cdot \text{d}\boldsymbol{l}$$

$$=n2\pi\frac{\hbar}{2e}=n\frac{h}{2e}=n\varPhi_0 \tag{16.6}$$

是磁通量子的整数倍.

16.3.3　直流约瑟夫森效应

约瑟夫森从理论上预言, 当弱连接超导体两端的电压为零时, 可以存在一股很小的超导电流, 这是超导电子对的隧道电流, 电流密度的数值在 j_c 与 $-j_c$ 之间. 这就是直流约瑟夫森效应. 直流约瑟夫森效应表明超导电流能够穿过绝缘层并不引起电压降, 夹在两侧超导体之间的绝缘层也具有了超导电性.

设超导态的有效波函数写为

$$\psi(\boldsymbol{r},t)=\sqrt{n_{\rm s}(\boldsymbol{r},t)}{\rm e}^{{\rm i}\phi(\boldsymbol{r},t)} \tag{16.7}$$

其中 $\phi(\boldsymbol{r},t)$ 为相位因子, $n_{\rm s}(\boldsymbol{r},t)$ 为超导电子对数. 设 $\Delta\phi=\phi_2-\phi_1$ 表示两侧超导态有效波函数的相位差, 可以证明, 通过约瑟夫森结的电流为

$$j=j_{\rm c}\sin\Delta\phi \tag{16.8}$$

这就是约瑟夫森第一方程, 式中 $j_{\rm c}=\dfrac{4ek}{\hbar}\sqrt{n_{\rm s1}n_{\rm s2}}$ 为约瑟夫森临界电流密度, k 为耦合系数. 该式表明, 在外加电压 $V=0$ 时, 有一直流超导电流, 电流密度的数值在 $j_{\rm c}$ 与 $-j_{\rm c}$ 之间, 由相位差 $\Delta\phi=\phi_2-\phi_1$ 决定, 这就是直流约瑟夫森效应.

约瑟夫森预言这一现象之后几个月, 安德森和洛韦尔测量了约瑟夫森超导结的电流 - 电压特性, 证实了这一预言. 图 16.4 给出了典型的电流–电压关系曲线.

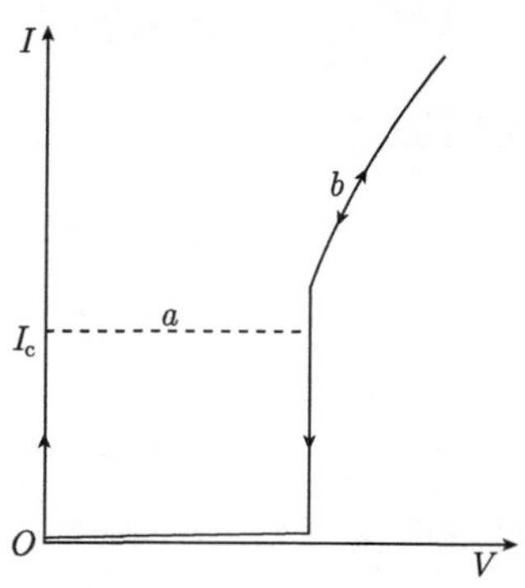

图 16.4　直流约瑟夫森效应的电流–电压关系

假定结是由理想的电流源供电, 只要电流不超过临界电流, 结的两端不会有电压降; 一旦电流超过临界电流值, 就会沿图中虚线 a 跳到单粒子隧道效应的曲线 b. 此后, 若降低电压, 电流将沿单粒子隧道效应的曲线下降.

16.3.4 交流约瑟夫森效应

假定在结的两侧加上电压 V_0, 约瑟夫森从理论上预言, 仍然存在有超导电子对的隧道电流, 但这是一个交变的超导电流, 其圆频率 Ω 与电压 V_0 成正比, 满足

$$\Omega = \frac{2eV_0}{\hbar} \tag{16.9}$$

外加一个频率为 ω 的交变 (微波辐照) 电磁场, 会对结内的交变电流起频率调制作用, 从而产生直流分量. 在直流 I-V 特性曲线上会出现一系列台阶, 该电流台阶所对应的电压值满足

$$\frac{2eV_0}{\hbar} = n\omega \tag{16.10}$$

这种现象称为交流约瑟夫森效应, 如图 16.5 所示.

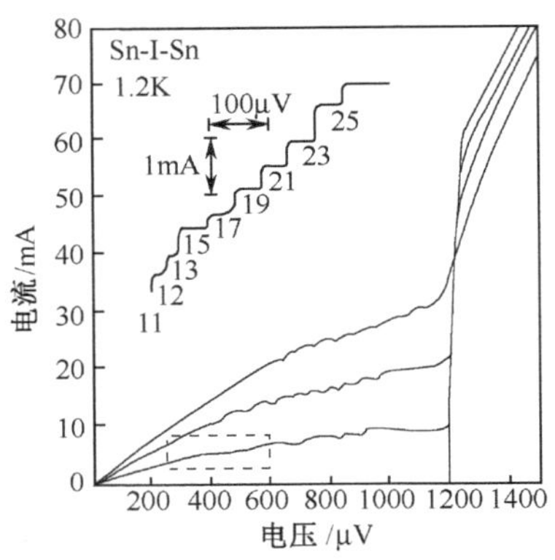

图 16.5 微波辐照下约瑟夫森结的电流–电压关系

微波辐照下, 约瑟夫森结上的总电压为

$$V(t) = V_0 + v\cos(\omega t) \tag{16.11}$$

流过约瑟夫森结的总电流为

$$I(t) = I_{\rm d} + I_{\rm n} + I_{\rm s} \tag{16.12}$$

其中 $I_{\rm d}$ 是流过结电容 C 的位移电流, 得

$$I(t) = C\frac{{\rm d}V(t)}{{\rm d}t} + \frac{V(t)}{R} + I_C \sin\Delta\phi \tag{16.13}$$

代入约瑟夫森第二方程 (又称为约瑟夫森关系)

$$\frac{{\rm d}\Delta\phi}{{\rm d}t} = \frac{2eV(t)}{\hbar} \tag{16.14}$$

记 $\varphi = \Delta\phi$, 得

$$\alpha\ddot{\varphi} + \beta\dot{\varphi} + I_C \sin\varphi = A + B\cos(\omega t) \tag{16.15}$$

其中

$$\alpha = \frac{\hbar C}{2e}, \quad \beta = \frac{\hbar}{2eR}, \quad A + B\cos(\omega t) = I(t) \tag{16.16}$$

A 是流过结的常值电流, B 是微波电流振幅. 这是一个非线性二阶微分方程. 该方程在形式上与外周期力驱动的阻尼摆的非线性耗散动力学方程完全相同, 通过数值计算或圆映象理论分析表明, 该方程的解呈现锁模现象, 随着电压 V_0 的变化电流出现一系列台阶.

在测量时, 固定辐照频率 ω, 在 I-V 特性曲线上, 随着电压变化, 每当电压值满足上式时, 就会出现电流的台阶, 称为微波感应台阶. 由于这一现象首先是被夏皮罗 (Shapiro) 在 1963 年观察到的, 因而又被称为夏皮罗台阶.

16.3.5　SQUID 器件

SQUID 器件, 是 superconducting quantum interference device 的缩写, 即超导量子干涉器, 它是约瑟夫森效应的一个重要应用. 超导量子干涉器是包含一个或两个弱连接的超导环, 图 16.6 示意地画出了包含有两个相同隧道结 A 和 B 的超导环.

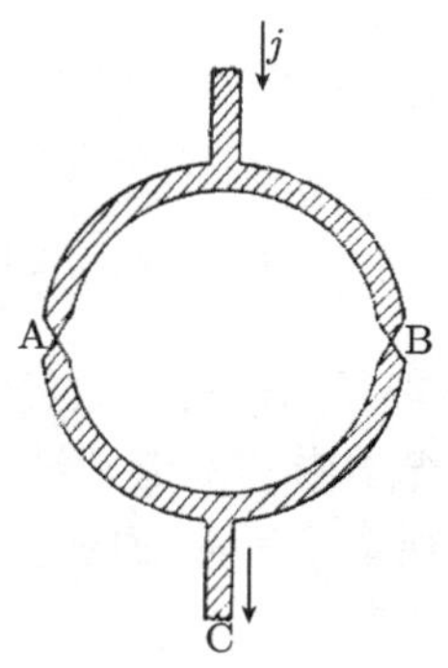

图 16.6　超导量子干涉器

当没有外加磁场时, 结 A 两侧的相位差 ϕ_a 和结 B 两侧的相位差 ϕ_b 是相同的, 总电流为

$$j = j_c \sin\phi_a + j_c \sin\phi_b = 2j_c \sin\phi \tag{16.17}$$

其中引用了 $\phi_a = \phi_b = \phi$.

若外加垂直于环平面的磁场, 穿过超导环的磁通量为

$$\varPhi = \oint \boldsymbol{A} \cdot \mathrm{d}\boldsymbol{l} \tag{16.18}$$

磁场沿环产生一个相位差

$$\frac{2e}{\hbar}\oint \boldsymbol{A}\cdot \mathrm{d}\boldsymbol{l}=\frac{2e}{\hbar}\varPhi=2\pi\frac{\varPhi}{\varPhi_0} \tag{16.19}$$

其中 $\varPhi_0$ 为磁通量子. 磁场产生的这一相位差与结 A、结 B 之间的相位差应满足

$$\phi_b-\phi_a-2\pi\frac{\varPhi}{\varPhi_0}=2\pi n \tag{16.20}$$

n 为整数. 或

$$\phi_b-\phi_a=2\pi\left(\frac{\varPhi}{\varPhi_0}+n\right) \tag{16.21}$$

设

$$\phi_b=\phi_0+\pi\left(\frac{\varPhi}{\varPhi_0}+n\right) \tag{16.22}$$

$$\phi_a=\phi_0-\pi\left(\frac{\varPhi}{\varPhi_0}+n\right) \tag{16.23}$$

则通过两个结的电流为

$$j_a=j_{\mathrm{c}}\sin\phi_a=j_{\mathrm{c}}\sin\left(\phi_0+\pi\frac{\varPhi}{\varPhi_0}\right) \tag{16.24}$$

$$j_b=j_{\mathrm{c}}\sin\phi_b=j_{\mathrm{c}}\sin\left(\phi_0-\pi\frac{\varPhi}{\varPhi_0}\right) \tag{16.25}$$

总电流为

$$j=j_a+j_b=2j_{\mathrm{c}}\sin\phi_0\cos\left(\pi\frac{\varPhi}{\varPhi_0}\right) \tag{16.26}$$

可见, 电流随 $\varPhi$ 变化, 当 $\varPhi$ 等于 $\varPhi_0$ 的整数倍时, 电流出现极值, 图 16.7 是一具体实验结果. 这个图样与物理光学中的双缝干涉图样是很相似的, 这是超导电流 j_a 与超导电流 j_b 之间出现的宏观量子干涉效应.

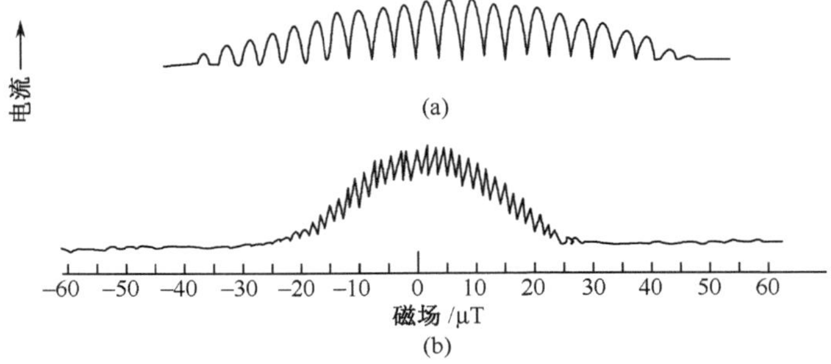

图 16.7 约瑟夫森电流与磁场关系的实验曲线

利用超导的宏观量子干涉效应, SQUID 器件可以用于探测很小的磁场强度的变化. 从上面的分析知道, 超导环中的磁通量只需改变两个磁通量子 Φ_0, 电流就变化一个周期; 而磁通量子约为 2.0×10^{-15}Wb. 因此, 外加磁场极微小的变化, 都可以从电流的变化观测到.

16.4　氧化物超导体和高温超导

16.4.1　氧化物超导体

氧化物具有超导电性首先是在 1964 年发现的, 当时测出 $SrTiO_3$ 的 T_c 为 0.4K; 过了 10 年左右, 人们先后发现尖晶石结构的 $Li_{1+x}Ti_{2-x}O_4$ 与钙钛矿结构的 $BaPb_{1-x}Bi_xO_3$ 的 T_c 分别达到 13.7K 和 13K. 1986 年氧化物超导体的临界温度突破了传统超导体的 30K 大关, 并随之很快上升到液氮温区, 发现了液氮温区的高温超导体. 至今已发现数十种氧化物超导体.

氧化物超导体具有如下的共同特征:

(1) 超导临界温度 T_c 相对而言比较高, 但载流子浓度比较低, 约为 $10^{27}m^{-3}$, 即 $10^{21}cm^{-3}$ 数量级;

(2) 临界温度 T_c 随组分呈非单调变化, 且在某一组分时会过渡到绝缘态;

(3) 在 T_c 以上温区, 往往呈现类似半导体的电阻–温度关系;

(4)T_c 和其他超导参数都对无序程度十分敏感.

16.4.2　高温超导现象的发现

液氮温区的高温超导研究是一个既具重要理论意义又有巨大应用前景的研究领域, 从而爆发了一场全球性的研究热潮.

超导临界温度提高的历史记录如图 16.8 所示, 1986 年之后的几年间, 超导临界温度的提高可谓日新月异.

Bednorz 和 Müller 在 1987 年诺贝尔奖获奖演说中, 曾经介绍了他们从事氧化物超导体研究以及突破的过程.

1978 年, Bednorz 初到瑞士苏黎世 IBM 实验室工作时, 就和 Binnig 一起研究 $SrTiO_3$ 的超导电性, 他们尝试用掺铌来提高 T_c , 获得 T_c=1.2K 的结果. 这项工作没有继续进行下去.

Müller 是一位素以氧化物晶体中结构相变的研究而知名于世的物理学家, 1978 年他曾利用假期到美国 Yorktown Heights 的 IBM 实验室从事超导电性的研究一年. 到 1983 年, Müller 考虑开展一个新的研究领域, 就开始了氧化物超导电性的研究. 当时 Müller 受到两方面理论工作的影响, 既为 Schneider 关于金属氢超导电性的讨论所吸引, 后又受到 Hock 和 Thomas 关于 Jahn-Teller 效应极化子理论的启发.

他就打算来探讨氧化物中是否存在 Jahn-Teller 极化子的超导性. 他约请 Bednorz 一起工作. 他们首先研制了镍的氧化物, 未观测到超导性, 转而研究铜的氧化物.

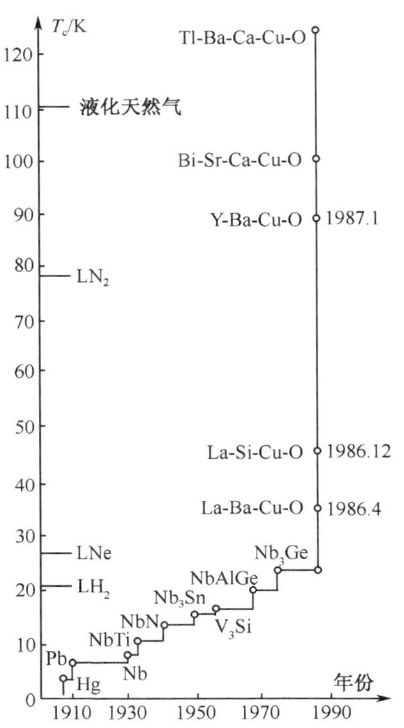

图 16.8 超导临界温度提高的历史记录

1985 年法国学者报道了 LaBaCuO 系化合物的研究工作, 表明这类化合物在 100~300K 温区内具有金属导电性. 但他们着眼于研究其高温催化性质, 没有顾及低温导电性质. 这样, Bednorz 和 Müller 就比较顺利地制备了这类化合物的样品, 并于 1986 年 4 月进行了电阻测量, 发现当 LaBaCuO 化合物冷却到 35K 时开始其超导转变. 随后又补做的磁性测量验证了 Meissner 效应, 进一步肯定了它的超导电性.

1986 年底, 日本东京大学、美国休斯敦大学、中国科学院物理研究所的科学工作者, 重复了 Bednorz 和 Müller 的结果, 并用 Sr 置换 Ba, 将超导临界温度 T_c 提高到 40~50K.

1987 年 2 月, 美籍华裔学者朱经武和吴茂昆等在美国宣布发现 T_c 上升到液氮温区的氧化物超导体 ($T_c \approx 90$K); 不久, 中国科学院物理研究所的赵忠贤等独立地发现 $T_c \approx 90$K 的 YBaCuO 化合物, 并首先公布其成分.

1988 年初, 相继有 BiSrCaCuO 系和 TlBaCaCuO 系超导体的报道发表, T_c 超过 100K, 最高达 125K. 北京师范大学物理系孟宪仁研究小组制备的 TlBaCaCuO 系超导体的 T_c 超过 120K. 虽然文献中还有不少 T_c 超过 125K 的报道, 但迄今为止, 尚未获得可靠的重复实验予以肯定.

超导体临界温度的迅速提高令人振奋, 有关其物性的研究亦已全面展开; 研究人数之多、声势之大, 都是空前未有的, 发表论文的数量也是令人吃惊的. 十多年过去了, 物性研究开始有了一些眉目, 但还有很多疑团, 尚有待于澄清.

由于 Müller 和 Bednorz 的开创性工作, 导致了在全世界范围内探索高温超导体的热潮, 人们终于实现了获得液氮温区超导体的梦想. 为了表彰 Müller 和 Bednorz 在高温超导方面的杰出贡献, 1987 年 10 月 14 日, 瑞典皇家科学院宣布, 将 1987 年度的诺贝尔物理学奖授予 Müller 和 Bednorz. 从发现高温超导体, 到给他们颁奖, 只用了不到两年的时间, 这在诺贝尔奖的颁奖史上是非常少见的.

16.4.3　我国的氧化物高温超导研究

赵忠贤是中国科学院物理研究所的研究员. 他 1964 年从中国科学技术大学毕业后, 被分配到中国科学院物理研究所工作, 一直从事低温物理和超导电性的研究.

1986 年, Müller 和 Bednorz 在 LaBaCuO 系超导材料的研究方面做出了重要突破, 发现了 35K 的高温超导电性, 有关的研究论文于同年 9 月发表. 然而, 这项成果却被许多人所怀疑, 而不是予以认真的重视. 1986 年 9 月, 赵忠贤在看到这篇重要论文后, 认为是有道理的; 于是, 赵忠贤找到了熟悉变价系统、从事快离子导体研究的陈立泉教授合作, 与其他科技人员一起, 立即开始了有关的研究工作. 正如柏诺兹所讲的那样, 赵忠贤是国际上最早认识到他们的工作意义的人之一.

1986 年 12 月底, 赵忠贤等在多相的 SrLaCuO 系统中, 观察到了起始转变温度为 48.6K 的超导转变, 在某些 BaLaCuO 样品中多次看到了在 70K 的超导迹象, 但结果不稳定. 1987 年 2 月中旬, 他们从广播中得知, 在美国的朱经武等已做出了 90K 的新超导体; 这时, 赵忠贤和他的合作者们正在坚持多相系统、掺杂和替换元素的方法, 试验了钪、钇、镱、镝、钬等稀土元素的替换. 1987 年 2 月 19 日中午, 第一块在液氮温区稳定地超导的 YBaCuO 获得了, 他们又继续奋战到 20 日凌晨 2 点, 进一步的实验完全肯定了这一结果; 在分辨率为 10^{-8}V 的情况下, 零电阻出现在 78.5K, 出现抗磁性的温度为 93K, 起始临界转变温度在 100K 以上. 2 月 21 日,《科学通报》接受了有关的研究论文; 在这一期间, 赵忠贤等连续工作了 48 小时未曾休息. 2 月 23 日, 他们又制出了第二批样品, 证明其制造工艺是可以重复的. 2 月 24 日, 中国科学院数理学部在新闻发布会上宣布, 中国科学家获得液氮温区的 YBaCuO 超导体. 2 月 25 日, 新华社和《人民日报》发表了这一重要新闻, 将成功的喜讯传遍全国、传遍全世界. 由于这是第一次公布液氮温区超导体的成分, 一切都不是秘密了, 它对于国内外高临界温度超导体的研究工作起了重要的推动作用; 很快地, 各国科学家纷纷取得了相似的成果, 高温超导材料也不再限于 YBaCuO, 实现了人类多年的梦想.

Müller 教授在他 1987 年诺贝尔奖获奖演讲中, 曾三次谈到赵忠贤等的工作, 而且在 1987 年诺贝尔物理学奖的颁奖公告中, 也提到了中国的工作, 由此也可以看出赵忠贤等工作的重要性和影响.

由于赵忠贤出色的贡献, 他获得了 1987 年第三世界科学院的物理学奖, 并成为第三世界科学院的院士.

此后, 国内的北京大学、南京大学、中国科学技术大学和北京师范大学等单位, 相继又取得了重要的成就. 中国科学家以其出色的工作跻身于世界超导研究的先进行列, 为祖国赢得了荣誉.

16.5 超导的应用

超导研究发展和应用的历史, 可以划分为三个阶段:

(1) 从 1911 年到 1957 年, 这是人类对超导的基本探索和认识阶段. 1911 年发现超导电性之后的很长一段时间内, 除了进行科学研究外, 超导基本上没有多少实际的应用.

(2) 从 1958 年到 1985 年, 属于人类对超导技术应用的准备阶段. 这在 20 世纪 60 年代达到高峰, 由于非理想第二类超导体以及约瑟夫森效应和量子干涉效应的发现、超导磁体和超导量子干涉器件的研制成功, 使超导的应用研究真正地逐步展开. 主要有四大方面的发展: 一是实用超导材料的发展, 二是超导电子器件的发展, 三是大量技术应用的实验室初探, 四是千方百计寻找超导转变温度高的新超导材料.

1986 年以前, 超导的实际应用由于受 T_c 低的制约, 主要局限在科研机构、大专院校和某些尖端的工业部门内.

(3) 1986 年发现铜氧化物高温超导体以后, 高温超导的研究有了重大突破, 揭开了人类对超导技术开发的序幕, 超导大规模的应用阶段真正开始了.

超导的应用范围很广泛, 包括电能输运、电力工程、磁流体发电、受控热核反应、超导线圈储能技术、超导电子计算机、超导电子学器件、超导磁体技术、超导磁悬浮列车、地球物理探矿技术、地震研究技术、军事应用、生物磁学、医学临床应用、强磁场下物性学、有机超导研究等. 已故的超导材料权威 Matthias 曾讲过: “如能在常温下, 例如 300K 左右实现超导电性, 那么现代文明的一切技术都将发生变化.”

超导的应用, 基本上可以分为强电强磁应用和弱电弱磁应用两大类.

16.5.1　超导强电强磁应用

利用超导体线材绕制的电磁铁, 能产生很强的磁场, 在工业上的应用前景十分广阔, 如超导磁悬浮、超导磁控核聚变反应 (托卡马克) 等, 利用超导材料能进行无损耗电力传输, 还有超导电子器件等. 正是由于这些原因, 超导电性的应用研究成为受人们重视的研究领域之一.

2000 年 11 月, 我国科学家成功生产出 110 多米长的铋系高温超导带材, 这是我国在高温超导带材产业化方面迈出的重要一步. 能够生产出 100~1000m 长度的带材, 是高温超导产业化可能性的重要标志.

2000 年 12 月, 我国科学家成功研制出可载流 2000A、6m 长的高温超导电缆, 这是克服了生产高温超导电缆一切技术障碍的标志.

中国科学院电工研究所 2003 年 11 月研制成功我国首台三相 26kVA/400V 高温超导变压器样机, 这是继美国、瑞士、德国、日本等少数几个国家之后, 我国研究成功的第一台高温超导变压器样机. 630kVA/10.5kV 高温超导变压器的研究开发工作正在进行, 并即将挂网运行.

1. *磁悬浮列车*

高温超导磁悬浮列车, 利用高温超导强磁场使列车悬浮起来, 大幅度地减少了列车运行过程中列车与铁轨之间的摩擦, 减少了能耗, 提高了速度. 超导磁悬浮列车的提升系统有排斥式和吸引式两种. 排斥式通过两个通有反向电流的超导圆线圈产生排斥力, 提升列车, 使列车悬浮起来. 日本的超导磁悬浮列车采用的就是排斥式提升系统. 日本磁悬浮列车的样机, 长 22m、宽 3m、高 3.7m, 重 17t, 有 44 个座位; 列车底部的超导线圈用于悬浮, 列车侧面的超导线圈用于推进; 2003 年 11 月创无人状态磁悬浮列车时速 579km、载人时速 570km 的纪录, 有人称其为铁轨限制下的飞机; 实验表明时速 580km 为磁悬浮运行最高时限, 日本未来的磁悬浮营业运行时速定为 500km; 但据估计, 此种磁悬浮列车实际投入运营还需要 20 年左右的时间.

超导磁悬浮列车的另一种提升系统是吸引式. 利用异性磁极相吸的原理, 使列车上的电磁铁与位于其上方的导向轨电磁铁相吸引, 从而使列车悬浮起来. 其结构原理如图 16.9 所示.

吸引式系统的工艺精度要求较高, 但其行驶质量较平稳. 德国开发的磁悬浮列车是采用吸引式提升系统.

我国西南交通大学, 在新中国成立 50 周年成就展上, 展出了他们的超导磁悬浮列车模型. 该模型采用吸引式提升系统, 可使车身上浮 10 ~ 20mm, 推进系统为直线电动机. 2001 年 1 月 3 日 CCTV 报道, 西南交通大学已成功制造出样机, 可载 5 人, 运行平稳; 2001 年 8 月 14 日, 我国的第一辆超导磁悬浮列车下线, 成为继日德之后第三个掌握超导磁悬浮列车技术的国家.

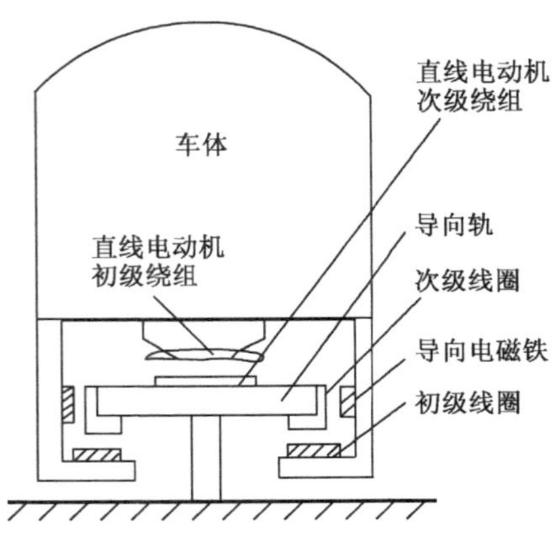

图 16.9 磁悬浮列车吸引式结构原理

2. 受控热核聚变反应

受控热核聚变反应是公认的解决人类长期能源需求的一个十分重要的途径.

能源是人类须臾不可离开的东西, 能源的消费水平直接反映了人类的生产和生活水平. 目前, 我国年人均能耗约为世界平均水平的 1/3, 只及日本的 1/8, 美国的 1/20 . 由于社会的发展和人们生活水平的提高, 能源消耗的速度大大超过了人口的增长速度, 可以说, 没有能源的生产和消耗, 就没有社会的文明和进步. 目前人类所用的能源中, 绝大多数是从地下开采出来的化石燃料; 经过多年的开采, 地下化石燃料的储量已经不多了, 到 2030 年, 煤将只剩下原始储量的 10%, 而到 2032 年, 石油也将只剩下原始储量的 10%; 据估计, 地下所剩的化石燃料的储量只能供人类再使用 100 年左右. 这些有限的化石燃料用尽了怎么办? 这是人类迫切需要回答和解决的问题. 另一方面, 这些化石燃料在燃烧时, 会释放出大量的二氧化碳、二氧化硫和氧化氮, 使空气质量恶化. 北京近些年大气环境污染严重, 成为世界十大污染城市之一, 一个重要的原因就是使用燃煤锅炉. 所以, 煤、石油、天然气等化石燃料, 既不能满足现代社会发展的需要, 更不能作为未来世界能源的依托.

核能是有前途的、可以大规模替代煤炭的清洁能源; 核电技术已经成熟并进入商用阶段. 核能有核裂变能和核聚变能. 核裂变的链式反应若不加以控制, 它会在极短的时间内释放出大量的能量, 形成核爆炸; 原子弹就是利用这一原理研制的. 核裂变能的可控释放, 已经通过核反应堆得以实现, 利用特殊的吸收材料将多余的中子吸收掉, 而只让一个中子去引发新的核裂变, 这样就可以将链式反应稳定地进行下去, 从而维持稳定的能量释放, 而不致引起核爆炸, 这样的装置叫做核反应堆.

核裂变能的可控释放, 已经通过核反应堆得以实现. 现代的核电站就是利用反应堆产生的热能来发电的设施. 目前, 利用核电比例较大的国家是法国、立陶宛、比利时、瑞典、瑞士、德国、日本、韩国和美国, 其中法国、立陶宛两国的核电已占到它们各自总发电量的 70%∼80%.

我国大陆现在已有 4 座核电站 (秦山核电站、大亚湾核电站、岭澳核电站和田湾核电站). 在建的还有 3 座核电站 (红沿河核电站、宁德核电站和阳江核电站) 位于浙江省嘉兴市东南 40 公里的秦山核电站, 是我国自行设计的第一座重水反应堆电站, 它于 1991 年 12 月 15 日零时 15 分, 一次并网发电成功, 从而结束了中国大陆没有核能发电站的历史. 秦山位于浙江杭州湾畔, 核电站依山临海, 它是一座安全可靠的核电站, 即使住在厂区附近的居民, 受到的辐射也比人们经常看电视时受到的辐射剂量还小. 2003 年 7 月 24 日, 我国首座商用重水堆核电站 —— 秦山三期核电站二号机组正式投入商业运行; 秦山三期核电站工程 1998 年 6 月 8 日开工, 一号机组于 2002 年底投入商业运行, 2003 年 10 月秦山三期核电站全面投入使用.

我国台湾省已有 6 台核发电机组, 总装机容量为 4.88×10^9W, 核电占总发电量的 26%.

核聚变能是通过氢的两种同位素氘 (D) 和氚 (T) 在高温下发生聚变反应而产生的. 氘在海水中的含量丰富, 可以说是取之不尽、用之不竭; 氚可以用成熟的技术途径进行生产. 因此, 受控核聚变一旦实现, 将为人类提供丰富、经济、无环境污染的理想能源. 为了进行受控热核反应, 必须人为地造成一个温度约数千万度到上亿度的高温等离子体, 在这样的高温下, 一切固体材料早已熔化, 因而, 对这样的高温等离子体, 用任何材料组成的容器来加以约束都是不现实的. 目前提出的有希望用来约束和容纳热核反应高温等离子体的方法, 主要有两种途径, 即磁约束聚变 (magnetic confinement fusion, MCF) 和惯性约束聚变 (inertial confinement fusion, ICF). 惯性约束聚变是通过惯性, 约束高温高密度 DT 等离子体发生聚变反应, 激光聚变就是属于这个研究领域. 磁约束聚变系统的关键装置是超导磁体. 超导托卡马克装置, 实质上就是一个受控热核聚变的原子炉, 在其中要完成热核反应的点火、高温等离子体的约束和使热核反应稳定连续运行等任务; 从结构上看, 它的主要构成部分是一个巨大的环形超导磁体.

3. *磁流体发电*

磁流体发电在新能源开发中占有重要的地位, 各工业化国家在磁流体发电的研究上, 均投入了许多人力和物力, 并取得了实质性的进展. 磁流体发电是将气体加热到很高的温度, 例如 2500K 以上, 使原子电离形成等离子体, 然后让等离子体通过两平行的极板之间. 两极板之间加上很强的磁场, 当正负离子经过这磁场时, 根据洛仑兹力规律, 正负离子将分别向两个极板偏转, 结果使一个极板带正电, 另一个极板带负电, 这样在两个极板之间就产生了电压. 实践表明, 磁流体发电的输出功率与磁场强度 B 的平方成正比, 也与发电通道的体积成正比. 因此, 能否得到一个强磁场就成了磁流体发电的关键问题. 磁流体发电第一次大规模地实现了热能向电能的直接转化.

4. 超导磁体贮能

超导磁体能无焦耳损耗地贮存巨大的能量, 超导磁体贮能是一个新的超导应用领域, 可用以提供巨大的瞬时能量密度, 或在电力系统中调峰均荷以提高电力系统的稳定性.

16.5.2　超导弱电弱磁应用

以约瑟夫森效应为基础、以建立极灵敏的电子测量装置为目标的超导电子学, 作为低温电子学的主体, 与超导磁体相并列, 成为目前超导电性的另一大类实际应用, 即超导弱电弱磁应用.

超导电子学主要是指约瑟夫森效应的各个应用领域; 高温超导体发现以后, 超导电子学得到了进一步的充实和发展. 超导微波无源器件, 如滤波器、谐振器、延迟线、耦合器、微波开关等, 已成为一个活跃的超导电子学应用领域. 超导红外辐射计开辟了超导电子学在红外领域的应用.

这部分内容的基础知识在约瑟夫森效应一节中有一些介绍, 进一步的丰富内容可参见超导电子学等有关的书籍.

16.6　超　　流

超导是在极低温下电子的无阻流动. 原子是否也可能发生无阻流动呢?

自 1908 年昂纳斯 (K. Onnes) 在绝对零度附近获得了液态氦以后, 另一位荷兰科学家基索姆 (W. H. Keesom) 在 1930 年发现, He^4 的比热曲线在 2.2K 处出现 λ 形状的尖峰, 并与 He^4 的密度最大值相对应, 如图 16.10 所示. X 射线衍射结果表明, T_λ 的上下均为液态. 他们就称 T_λ 以上的液氦为氦 I, 在 T_λ 以下的液氦为氦 II.

1936 年, 英国的爱仑 (J. Allen) 与前苏联的卡皮查 (Kapitza), 对氦 II 的物性进行了深入的研究, 发现氦 II 的特征在于液体的黏滞性丧失殆尽, 从而呈现出许多令人惊讶的奇妙性质. 当温度降至 2.17K 时, 液态氦的性质发生了突变, 其黏滞系数几乎等于零, 能够无阻力地流动. 如果将液氦盛在开口烧杯之中, 它可以沿烧杯内壁形成液膜, 爬行到外壁, 最终可将烧杯中所盛的氦 II 完全流尽. 氦 II 可以无阻尼地通过毛细管道流动, 如果在液氦中插入一支内径小于 10^{-5}cm 的毛细管, 它就会像喷泉一样溢流出管外, 而且流速与液面的压强差和毛细管的长度无关, 如图 16.11

所示. 这一现象被卡皮查称为超流动性, 这是对比超导而得名的.

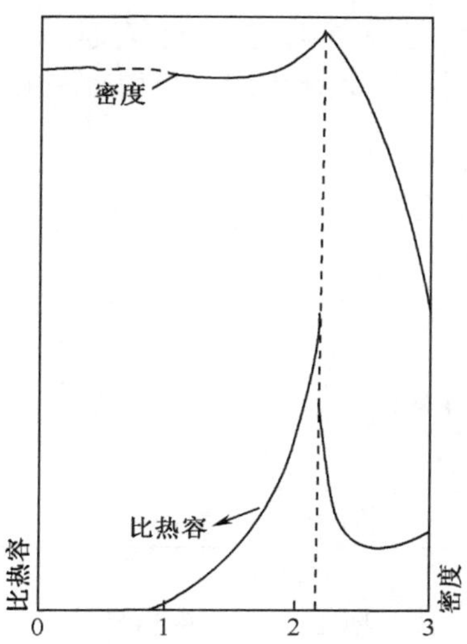

图 16.10　超流转变中比热和密度随温度的变化

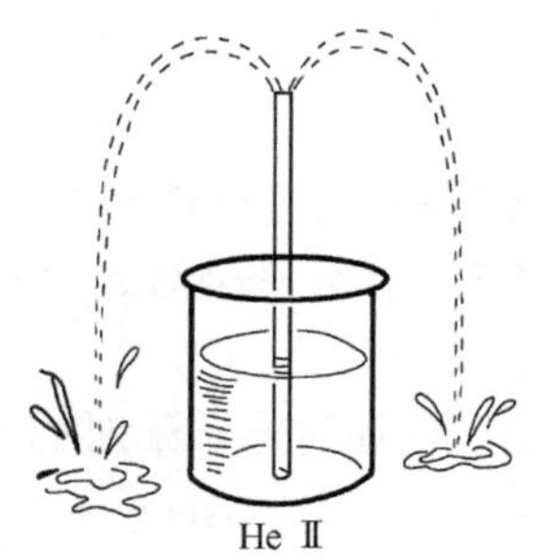

图 16.11　液氦的超流现象

正常液氦称为氦 I , 处于超流状态的液氦叫氦 II . 图 16.12 是氦的相图, 其中 λ 线是两种液氦的相平衡曲线, λ 点是气态氦、氦 I 和氦 II 的三相平衡共存的点.

奇怪的是, 人们发现, 氦 II 的超流特性仅发生在它与器壁相接触的极薄一层边界上, 这一层的流速甚至可达 200m/s. 超流是否在氦 II 的内部也存在呢? 这还是一个没有弄清楚的问题. 但可以肯定, 氦 II 发生了原子的无阻流动.

佛 · 伦敦 (F. London) 在 1950 年的专著《超流体》中, 首次在理论上明确指出超流性与超导电性的物理根源是相似的, 氦 II 的超流也是一种宏观量子效应. 氦原子 (确切地说是 He^4) 与电子有不同的量子力学性质; 电子是费米子, 它们的能量状态服从泡利不相容原理; 氦原子是玻色子, 不遵从泡利不相容原理, 一个能级上可以容纳任意多个原子. 在绝对零度, 所有玻色子都会凝聚到一个单一的最低能级上, 这种现象称为玻色凝聚. 这就是说, 在绝对零度附近, 由于玻色凝聚, 所有氦原子状态相同, 应具有相同的行为. 系统内应是长程有序的, 是一种宏观量子状态.

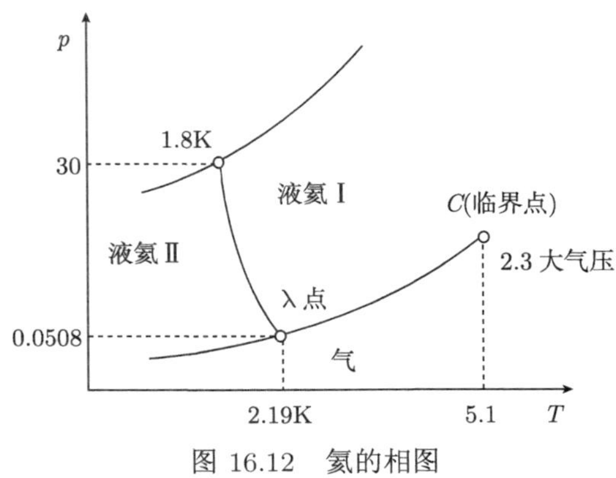

图 16.12　氦的相图

因为所有氦原子都凝聚到动量 $p=0$ 的状态上, 从微观粒子的波粒二象性知道, 波长 λ 与动量 p 之间的关系为

$$\lambda=\frac{h}{p} \tag{16.27}$$

所以, 氦原子的波长趋于无限大, 原子的波动作用是长程的. 因此, 整个系统中原子有一种集体行为, 要么大家都不动, 要么一起都动; 若有一个原子被迫运动, 就会出现整体运动, 显示出超流特性.

He^3 原子是费米子, 是否也可以通过原子配对的方式来实现超流态呢? 经过多年探索, 1972 年美国康奈尔大学的 D. D. Osheroff, R. C. Richardson 和 D. M. Lee 在 2mK 的极低温条件下, 发现了 He^3 超流态. 两个 He^3 配对成为玻色子. 但与通常超导电子配对有显著差异: 原子对的总角动量不为零, 因而是各向异性的超流体 (He^4 超流体是各向同性的).

He^3 超流态, 不仅仅是极低温实验室的珍品, 还具有普遍意义的一面. 天体物理学家将快速旋转的脉冲星认定为中子星, 其内部的中子物质可能是超流体; 虽然其温度达到 10^8K, 但特高的密度 10^{17}kg/m^3 可使其简并温度达到 10^{11}K. 中子和 He^3 原子一样也是费米子, 而中子配对的机制和 He^3 原子配对相似. 但由于配对基于强相互作用, 超流态的 T_c 相应地非常高, 为 $T_c\approx 10^{10}$K .

地球上是否还可能发现其他的超流相? 是否可以在气体中发现超流相呢? 这些都有待于今后的科学发现.

思考题和习题

1. 什么是超导体的基本电磁学性质?
2. 什么是高温超导体? 简述高温超导体研究的意义.
3. 什么是直流约瑟夫森效应? 什么是交流约瑟夫森效应?
4. 什么是 SQUID 器件? 简述 SQUID 器件的主要用途.
5. 列举两个超导强电强磁应用的具体实例, 并加以说明.
6. 请描述超流现象.

参 考 文 献

陈徐宗, 周小计, 陈帅, 王义道. 2002. 物质的新状态：玻色–爱因斯坦凝聚. 物理, 31(3): 141

田强. 1996. 交流约瑟夫森效应与锁频现象. 大学物理, 15(9): 8

Josephson B D. 1962. Phys Lett, 1: 251

Josephson B D. 1974. The discovery of tunneling supercurrents. Rev Mod Phys, 46: 251

Shapiro S. 1963. Currents in superconducting tunneling: The effect of microwaves and other observations. Phys Rev Lett, 11: 80